L. Borucki
Digitaltechnik

Moeller

Leitfaden der Elektrotechnik

Herausgegeben von
Professor Dr.-Ing. Hans Fricke
Technische Universität Braunschweig
Professor Dr.-Ing. Heinrich Frohne
Universität Hannover
Professor Dr.-Ing. Karl-Heinz Löcherer
Universität Hannover
Professor Dr.-Ing. Paul Vaske †

B. G. Teubner Stuttgart

Digitaltechnik

Von Dipl.-Ing. Lorenz Borucki
Professor an der Fachhochschule Niederrhein, Krefeld
unter Mitwirkung von
Dipl.-Ing. Georg Stockfisch
Professor an der Fachhochschule Niederrhein, Krefeld

3., überarbeitete und erweiterte Auflage
Mit 318 Bildern, 82 Tafeln und 55 Beispielen

B. G. Teubner Stuttgart 1989

CIP-Titelaufnahme der Deutschen Bibliothek

Leitfaden der Elektrotechnik / Moeller.
Hrsg. von Hans Fricke ... Stuttgart : Teubner.
NE: Moeller, Franz [Begr.] ; Fricke, Hans [Hrsg.]
Borucki, Lorenz: Digitaltechnik. - 3., überarb. u. erw. Aufl. - 1989

Digitaltechnik
von Lorenz Borucki unter Mitw. von Georg Stockfisch
3., überarb. u. erw. Aufl.
Stuttgart : Teubner, 1989
    (Leitfaden der Elektrotechnik)
    Bis 2. Aufl. u. d. T.: Borucki, Lorenz: Grundlagen der Digitaltechnik

ISBN 978-3-519-26415-6   ISBN 978-3-322-91800-0 (eBook)
DOI 10.1007/978-3-322-91800-0

Gesamtherstellung: Zechnersche Buchdruckerei GmbH, Speyer
Umschlaggestaltung: M. Koch, Reutlingen

Vorwort zur dritten Auflage

Die ziffernmäßige Darstellung von Größen in der Digitaltechnik hat gegenüber der analogen Darstellung drei entscheidende Vorteile: Erstens können Zahlen einfach gespeichert werden, zweitens sind der Genauigkeit prinzipiell keine Grenzen gesetzt, und drittens ist theoretisch eine fehlerfreie Weiterverarbeitung möglich.

Die Vorteile der ziffernmäßigen Darstellung sowie die der integrierten Technik haben dazu geführt, daß die Digitaltechnik in allen Gebieten der Elektrotechnik Eingang gefunden und teilweise sogar die Analogtechnik verdrängt hat. Daher gehört die Digitaltechnik wie die Analogtechnik zum Grundwissen eines jeden Elektroingenieurs. Beide zusammen sind das Rüstzeug zur Lösung elektrotechnischer Aufgabenstellungen.

Die stürmische Entwicklung der Halbleiter- und Digitaltechnik läßt Details rasch veralten. Daher muß ein Lehrbuch wie dieses die bleibenden Grundlagen vermitteln. Die grundsätzlichen Wirkungsweisen von Digitalschaltungen und die Arbeitsmethoden der Digitaltechnik stehen daher im Vordergrund der Betrachtungen. Mit diesen Kenntnissen wird es möglich sein, den jeweiligen Stand der Digitaltechnik zu erfassen.

In den Abschnitten 1 bis 4 werden die allgemeinen, mathematischen, codierungstheoretischen und schaltalgebraischen Grundlagen sowie in den Abschnitten 5 bis 7 die elektrischen Grundlagen behandelt. Abschnitt 8 befaßt sich mit der Analyse und der Synthese von Folgeschaltungen. Standardbaugruppen der Digitaltechnik, wie Zähler, Schieberegister, Addierer, Vergleicher, Code-Umsetzer, Multiplexer und Halbleiterspeicher, sind in den Abschnitten 9 bis 13 und 15 dargestellt. Bussysteme, Schnittstellen, Pegelumsetzung und mikroprogrammierbare Steuerungen werden in den Abschnitten 14 und 16 behandelt. Den Abschluß bilden die Abschnitte 17 und 18 mit Digital-Analog- sowie Analog-Digital-Umsetzern.

Die häufig vorgenommene Unterteilung der Baugruppen in Schaltnetze bzw. kombinatorische Schaltungen und Schaltwerke bzw. sequentielle Schaltungen wird bewußt unterlassen, weil dabei eine praxisbezogene Unterteilung nach Funktionen nicht möglich ist. Der Praxisbezug steht jedoch im Vordergrund, da das Buch primär als Lehrbuch für Studiengänge an Fachhochschulen gedacht ist. Es vermittelt aber auch die Grundkenntnisse für ein Universitätsstudium. Das positive Echo der zweiten Auflage bestätigt das gewählte Konzept.

Gegenüber der zweiten Auflage wurde das Buch um den Abschnitt 7.3.3, das Glossar im Anhang, 22 zusätzliche Beispiele sowie eine Reihe kleinerer Ergänzungen erweitert. Außerdem wurde der gesamte Abschnitt 16 überarbeitet.

Danken möchten wir Herrn Professor Dr.-Ing. Hans Fricke für die kritische Durchsicht des Manuskripts sowie seine wertvollen Ratschläge zur Gestaltung der dritten Auflage. Unser Dank gilt ferner dem Verlag für die gute Zusammenarbeit, die sorgfältige Herstellung und die gute Ausstattung des Buches.

Krefeld, April 1989   Lorenz Borucki, Georg Stockfisch

Inhalt

4 Schaltalgebra (Lorenz Borucki)

5 Elektronische Schalter (Lorenz Borucki)

6 Logische Schaltungen (Lorenz Borucki)

7 Kippstufen (Lorenz Borucki)

18 Analog-Digital-Umsetzer (Lorenz B o r u c k i)

Anhang

Hinweise auf DIN-Normen in diesem Werk entsprechen dem Stand der Normung bei Abschluß des Manuskriptes. Maßgebend sind die jeweils neuesten Ausgaben der Normblätter des DIN Deutsches Institut für Normung e. V. im Format A 4, die durch die Beuth-Verlag GmbH, Berlin und Köln zu beziehen sind. – Sinngemäß gilt das gleiche für alle in diesem Buche angezogenen amtlichen Richtlinien, Bestimmungen, Verordnungen usw.

1 Digitaltechnik und Nachrichtentechnik

1.1 Definition der Digitaltechnik

Das Wort „digital" hat im Deutschen zwei Bedeutungen. Einmal wird es vom lateinischen „digitus" = Finger hergeleitet und bedeutet dann „mit Hilfe der Finger", zum anderen wird es auf das englische „digit" = Ziffer oder Stelle bezogen, wobei es die Bedeutung „in Ziffernform" erhält. Die beiden Bedeutungen sind miteinander verwandt; denn das einfachste Hilfsmittel zum Zählen sind die Finger, und gerade die fünf Finger einer Hand entsprechen der Fünferbündelung des römischen Zahlensystems.

In der Technik wird das Wort „digital" immer im Sinne der zweiten Bedeutung „in Ziffernform" verwendet. Unter Digitaltechnik versteht man daher diejenige Technik, die sich mit der ziffernmäßigen Darstellung irgendwelcher Größen befaßt.

Die Digitaltechnik ist eine relativ junge Technik, deren Aufschwung mit der Entwicklung elektronischer Bauelemente Hand in Hand geht und etwa 1950 begann. Sie hat inzwischen in vielen Gebieten der Elektrotechnik Eingang gefunden. Man spricht heute von digitaler Steuerungstechnik, digitaler Regelungstechnik, digitaler Meßtechnik, digitaler Übertragungstechnik und digitaler Datenverarbeitungstechnik. Der Grund für die rasche Verbreitung der Digitaltechnik liegt darin, daß Zahlen einfach registriert und theoretisch ohne Genauigkeitsverlust weiterverarbeitet werden können.

In allen Gebieten der Digitaltechnik werden Befehle, Signale, Kenngrößen, Informationen oder Nachrichten durch Zahlen dargestellt, die übertragen, empfangen, gespeichert, umgewandelt, verteilt und verarbeitet werden. Die Digitaltechnik ist daher für die Nachrichtentechnik von großer Bedeutung insbesondere bei der digitalen Nachrichtenverarbeitung und der digitalen Nachrichtenübertragung. Natürlich spielt sie aber auch in der Energietechnik sowie allgemein in der Steuerungs-, Regelungs- und Meßtechnik eine wichtige Rolle.

1.2 Darstellungsarten von Nachrichten

Für den technischen Umgang mit Nachrichten müssen sie in eine hierfür geeignete Form gebracht werden. Man stellt sie durch einen Träger dar. Träger einer Nachricht ist stets der Zustand einer physikalischen Größe. Da zum Wesen einer Nachricht die Änderung (Überraschung) gehört, liegt die Nachricht im zeitlichen Verlauf des Zustands der physikalischen Größe, den man Signal nennt. Die Nachricht kann in verschiedenen Eigenschaften (Parametern) des Signals liegen. Diejenige Eigenschaft des Signals, die die Nachricht enthält, wird Nachrichtenparameter genannt. Nachrichtenparameter einer Schwingung kann ihre Amplitude, ihre Frequenz und ihre Phasenlage sein, Nachrichtenparameter eines Impulses kann seine Amplitude, seine Dauer und seine zeitliche Lage sein.

Bei der Darstellung von Nachrichten durch ein Trägersignal unterscheidet man die analoge und die digitale Darstellung. Die Darstellung heißt analog (Bild 1.1a), wenn dem kontinuierlichen Wertebereich der Nachricht N ebenfalls ein kontinuierlicher Bereich des Trägersignals S eindeutig umkehrbar zugeordnet ist. Die Darstellung heißt hingegen digital (Bild 1.1b), wenn dem kontinuier-

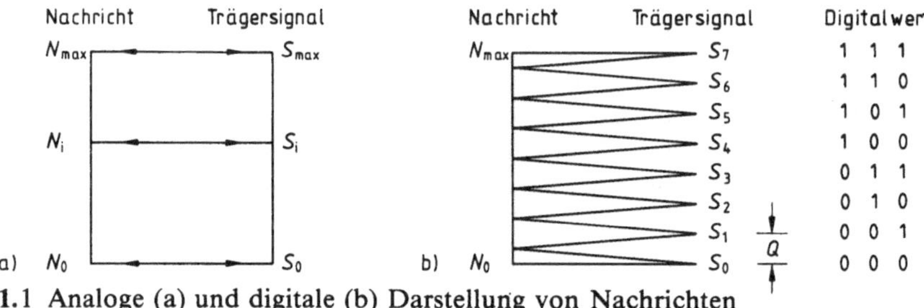

1.1 Analoge (a) und digitale (b) Darstellung von Nachrichten

lichen Bereich der Nachricht nur endlich viele diskrete Signalwerte entsprechen, die durch verschiedene Zeichen eines Zifferncodes ausgedrückt werden. Einem Zeichen des Signalwerts ist ein Teilbereich des kontinuierlichen Nachrichtenbereichs zugeordnet. Einzelne diskrete Signalwerte werden meist aus ganzzahligen Vielfachen eines kleinsten Grundwertes, des Quants Q, gebildet.

1.3 Nachrichtenverarbeitende Systeme

Die Lösung der verarbeitungstechnischen Probleme ist stark abhängig von der Darstellungsart der Nachrichten, die sich dabei nicht nur auf die einzelnen Verknüpfungsschaltungen, sondern auch auf die prinzipielle Art und den gesamten Ablauf des Verknüpfungsproblems auswirkt. Man unterscheidet zwischen analogen und digitalen nachrichtenverarbeitenden Systemen.

Analoge nachrichtenverarbeitende Systeme erfassen den gesamten Wertebereich des kontinuierlichen Trägersignals. Man benötigt daher stetig arbeitende Verstärker und Stellglieder. Zum Vergleichen und Sortieren von

Nachrichten verwendet man Nullverstärker und Schwellwertschalter, zum Verknüpfen beschaltete Operationsverstärker (s. Band XII)[1]. Speicher für lange Speicherzeiten und schnellen Zugriff sind aufwendig (geeignet dafür sind Transfluxoren und beschaltete Operationsverstärker). Mathematische Probleme werden über die Auswertung von Versuchen gelöst. Beim Aufbau eines Versuches entspricht jeder Operation der mathematischen Gleichung ein spezielles Schaltungselement. Verschiedene mathematische Probleme erfordern verschiedene Versuchsaufbauten. Um mit einem technisch vernünftig realisierbaren System auszukommen, muß man meist sowohl im Amplituden- als auch im Zeitbereich des Signals normieren. (Soll z. B. eine Temperaturregelung mit großen Zeitkonstanten auf einem Analogrechner mit Sichtausgabe über einen Oszillographen nachgerechnet werden, dann wird man die Zeitkonstanten um mehrere Zehnerpotenzen verkleinern, erhält dadurch allerdings den gesamten zeitlichen Ablauf komprimiert.) Die Genauigkeit eines analogen Verarbeitungssystems hängt hauptsächlich von der Güte der verwendeten Bauelemente ab. Gebräuchliche Systeme arbeiten mit relativen Fehlern von 10^{-2} bis 10^{-3}. Typische Systeme der analogen Nachrichtenverarbeitung sind kontinuierliche Regelkreise sowie der Analogrechner, der aber heute an Bedeutung verliert.

Digitale nachrichtenverarbeitende Systeme brauchen nur die diskreten Werte des diskontinuierlichen Trägersignals zu verarbeiten, im Spezialfall der binären Technik nur zwei Werte. Als Verstärker genügt meist der gesteuerte Schalter. Zum Verknüpfen, Vergleichen und Sortieren von Nachrichten verwendet man einfache „logische Schaltungen". Speicher für lange Speicherzeiten und schnellen Zugriff sind relativ einfach zu realisieren, verwendet werden Halbleiterspeicher, Magnetblasenspeicher, Magnetplatten, Magnetbänder und Ringkerne. Mathematische Probleme werden numerisch (mit Zahlen) gelöst, und zwar stets über die vier Grundrechenarten, wobei sogar häufig die Subtraktion, die Multiplikation und die Division auf die Addition zurückgeführt werden. Die numerische Lösung hat allerdings zur Folge, daß kein Differentialquotient gebildet werden kann. Man rechnet dafür ersatzweise mit dem Differenzenquotienten und nähert Differentialgleichungen durch Differenzengleichungen an. Verschiedene mathematische Probleme können mit derselben Schaltungsanordnung gelöst werden. Sie müssen allerdings für die Anordnung aufbereitet werden, was durch das Programmieren geschieht. Die Genauigkeit eines digitalen Verarbeitungssystems kann durch Erhöhen der Stellenzahl beliebig groß gemacht werden; natürlich steigt damit auch der Aufwand. Typische Systeme der digitalen Nachrichtenverarbeitung sind Digitalrechner, numerisch gesteuerte Werkzeugmaschinen, digitale Frequenzmesser und Zähler, Sortier- und Klassieranlagen mit digitaler Eingabe sowie Beleglesemaschinen. Wichtigste Komponente der Systeme zur digitalen Nachrichtenverarbeitung ist der Mikroprozessor.

---

[1] Zusammenstellung der Leitfadenbände am Schluß des Buches

2 Zahlen

Zahlen spielen in der Digitaltechnik eine wichtige Rolle. Sie müssen übertragen, gespeichert und verarbeitet werden, bei der Analog-Digital-Umsetzung aus dem Analogwert gebildet und bei der Digital-Analog-Umsetzung in eine analoge Größe überführt werden.

Unter einer Zahl versteht man die Größenangabe einer Menge. Bei einer Herde von 50 Rindern ist die Zahl 50 nicht individuelles Merkmal der Rinder, sondern der Menge der Rinder. Dasselbe Merkmal hat eine Herde von 50 Schafen, eine Kette aus 50 Perlen oder eine Schaltung aus 50 Bauelementen. Die Zahl ist also ein Charakteristikum für eine Menge.

2.1 Zahlensysteme

Um mit Zahlen mathematische Operationen wie die der Addition, der Subtraktion, der Multiplikation und der Division ausführen zu können, müssen sie in einer geeigneten Darstellungsweise vorliegen. Während man für einfache Zählvorgänge Strichlisten führen kann, in denen die Zahlen als Strichmengen vorliegen, ist diese Darstellung für eine Verarbeitung nicht sinnvoll, schon gar nicht, wenn die Verarbeitung maschinell ausgeführt werden soll. Auch das römische Zahlensystem ist für Rechen- und Verarbeitungszwecke wenig geeignet, da die Null als Ziffer nicht existiert, die Stellen einer Zahl keinen festen Wert haben und Zahlen, die nur um wenige Einheiten differieren, sich in der Stellenzahl stark unterscheiden können ($400 \triangleq CD$; $399 \triangleq CCCIC$).

Das uns geläufige dezimale Zahlensystem ist für Rechen- und Verarbeitungszwecke geeignet. Es gehört zu den Stellenwertsystemen (auch polyadische Systeme genannt), die durch eine Basis B charakterisiert sind. Die Dezimalzahl 3970,25 ist eine abgekürzte Schreibweise für folgende Summe

$$3970,25 = 3 \cdot 1000 + 9 \cdot 100 + 7 \cdot 10 + 0 \cdot 1 + 2 \cdot 0,1 + 5 \cdot 0,01$$
$$= 3 \cdot 10^3 + 9 \cdot 10^2 + 7 \cdot 10^1 + 0 \cdot 10^0 + 2 \cdot 10^{-1} + 5 \cdot 10^{-2}.$$

Diese Summe besteht also aus Produkten von Koeffizienten zwischen 0 und 9 und Zehnerpotenzen. Von dieser Summe werden lediglich die Koeffizienten geschrieben, und zwar der Koeffizent der höchsten Zehnerpotenz links und daran anschließend nach rechts die folgenden Koeffizienten. Jede Stelle einer

Zahl hat bei dieser Darstellung eine feste Wertigkeit. Diese verkürzte Summenschreibweise gilt für alle polyadischen Zahlensysteme. Als Basis kann jede beliebige ganze Zahl $B \geqq 2$ dienen. Eine Zahl Z ergibt sich dann in der allgemein gültigen Form

$$Z = c_{n-1}B^{n-1} + c_{n-2}B^{n-2} + \cdots + c_1 B^1 + c_0 B^0$$
$$+ c_{-1}B^{-1} + c_{-2}B^{-2} + \cdots + c_{-(m-1)}B^{-(m-1)} + c_{-m}B^{-m} \tag{2.1}$$

bzw. in verkürzter Schreibweise

$$Z = \sum_{v=-m}^{n-1} c_v B^v \tag{2.2}$$

mit n als Stellenzahl links vom Komma, m als Stellenzahl rechts vom Komma, B als Basis des Zahlensystems, c_v als Koeffizient sowie der Ordnungszahl v.
Für die Koeffizienten gilt

$$0 \leqq c_v \leqq B - 1. \tag{2.3}$$

In der digitalen Verarbeitungstechnik wird vorwiegend das **duale** Zahlensystem mit der Basis 2 sowie den Ziffern 0 und 1 verwendet. Drei Gründe sprechen dafür:

1. Eine Dualstelle kann technisch leicht durch ein binäres (zweiwertiges) Element (Relais, Transistorschalter, Magnetkern) realisiert werden. Dadurch wird das System störunempfindlich.

2. Der Ziffernaufwand S (Summe aller erforderlichen Ziffern) zum Darstellen von Zahlen in einem vorgegebenen Bereich ist beim dualen Zahlensystem um 1/3 kleiner als beim dezimalen. Dadurch werden Speicher kleiner und billiger.

3. Schaltungen zum Verarbeiten von Dualzahlen lassen sich mit Hilfe der Schaltalgebra (s. Abschn. 4) leicht entwerfen.

Im Zusammenhang mit dem Ziffernaufwand ergibt sich die Frage, welche Basis die günstigste ist. Aufschluß hierüber liefert die folgende Rechnung.

In einem polyadischen Zahlensystem können mit n Stellen und der Basis B

$$N = B^n \tag{2.4}$$

unterschiedliche Zahlen dargestellt werden. Der Ziffernaufwand beträgt dabei

$$S = Bn. \tag{2.5}$$

Hierbei werden je Stelle B Ziffern angesetzt. Man kann zwar in der höchsten Stelle eine Ziffer, nämlich die 0, einsparen, da man Zahlen normalerweise ohne führende Nullen schreibt, technisch ergibt dies jedoch keinen Vorteil, da sich hierdurch der Ziffernaufwand nur um eine Konstante verringert, die beim Differenzieren entfällt. Löst man Gl. (2.4) nach n auf, so erhält man

$$n = \log_B N = \frac{\log_A N}{\log_A B}. \tag{2.6}$$

Mit $A = \mathrm{e}$ ergibt sich als Ziffernaufwand

$$S = B\,\frac{\ln N}{\ln B}\,. \tag{2.7}$$

Gl. (2.7) stellt S als Funktion von B dar und ist in Bild **2.1** wiedergegeben. Das Minimum des Ziffernaufwands erhält man, indem man S nach B differenziert und das Ergebnis 0 setzt

$$\frac{\mathrm{d}S}{\mathrm{d}B} = \ln N\,\frac{(\ln B)-1}{(\ln B)^2} = 0\,. \tag{2.8}$$

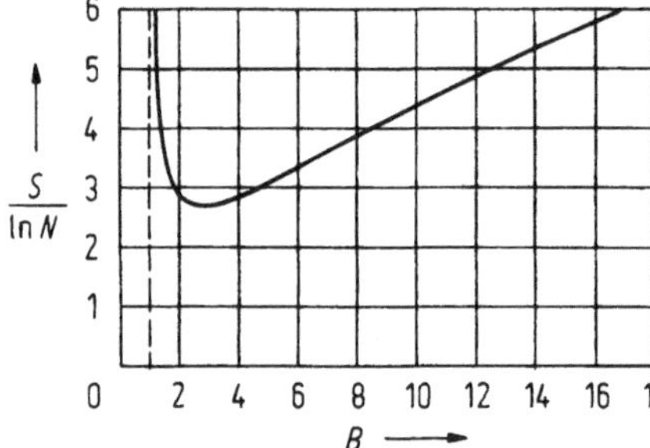

2.1
Auf $\ln N$ bezogener Ziffernaufwand $S/\ln N$ als Funktion der Basis B des verwendeten Zahlensystems

Die Lösung von Gl. (2.8) liefert $B = \mathrm{e}$. Im Hinblick auf den Ziffernaufwand wäre also das Zahlensystem zur Basis e das beste. Da die Basis jedoch ganzzahlig sein muß, scheidet e aus. Als nächstbester Wert bietet sich 3 an, der jedoch wegen der schlechteren Realisierbarkeit gegenüber 2 kaum verwendet wird.

2.2 Umwandlungen von und in Dezimalzahlen

Das dezimale Zahlensystem ist uns aufgrund der Zahlwörter unserer Sprache am geläufigsten. Sie sind nämlich bis auf wenige Ausnahmen (elf, zwölf, Dutzend, Gros, Schock) auf das Dezimalsystem abgestimmt. Es fällt uns daher schwer, in einem anderen Zahlensystem als dem dezimalen zu arbeiten. Deswegen werden in der Digitaltechnik Zahlen, die von Menschen gelesen und beurteilt werden müssen, meistens im Dezimalsystem ausgegeben.

In diesem Zusammenhang interessiert, wie eine Zahl aus einem polyadischen System mit beliebiger Basis in das Dezimalsystem umgewandelt werden kann und umgekehrt. Ausgangspunkt für derartige Rechnungen ist Gl. (2.1). Um von der verkürzten Darstellung auf diese Gleichung zu kommen, muß jeder Koeffizient der Stellen links vom Komma so oft mit der Basis des Zahlensystems multipliziert werden, wie es der Potenz der betreffenden Stelle entspricht. Die Koeffizienten der Stellen rechts vom Komma müssen hingegen so oft durch die Basis geteilt werden, wie es der Potenz der entsprechenden Stelle entspricht.

Daher gilt für die Umwandlung ins Dezimalsystem

$$[c_{n-1}c_{n-2}c_{n-3} \ldots c_1 c_0, \, c_{-1}c_{-2} \ldots c_{-m}]$$
$$\hat{=} [(((((c_{n-1}B+c_{n-2})B+c_{n-3})B+ \cdots)B+c_1)B+c_0)$$
$$+ (((c_{-m}/B+c_{-(m-1)})/B+ \cdots)/B+c_{-1})/B]. \tag{2.9}$$

Ein übersichtlicher Formalismus ist für die Stellen links und rechts vom Komma getrennt in den Tafeln **2.2** und **2.3** gegeben, wobei Tafel **2.2** für die Stellen links vom Komma, also für ganze Zahlen, und Tafel **2.3** für die Stellen rechts vom Komma, also für echte Brüche gilt, und die gesamte Dezimalzahl die Summe aus S_n und s_n ist.

Tafel **2.2**
Umwandlung des ganzzahligen Anteils von Zahlen beliebiger Basis in Dezimalzahlen

$$\begin{array}{rl} & c_{n-1} = S_1 \\ S_1 & \cdot B + c_{n-2} = S_2 \\ S_2 & \cdot B + c_{n-3} = S_3 \\ & \vdots \\ S_{n-2} \cdot B + c_1 & = S_{n-1} \\ S_{n-1} \cdot B + c_0 & = S_n \end{array}$$

Tafel **2.3**
Umwandlung des echt gebrochenen Anteils von Zahlen beliebiger Basis in Dezimalzahlen

$$\begin{array}{rl} & c_{-m} = s_1 \\ s_1 & /B + c_{-(m-1)} = s_2 \\ s_2 & /B + c_{-(m-2)} = s_3 \\ & \vdots \\ s_{m-1}/B + c_{-1} & = s_m \\ s_m \ /B & = s_n \end{array}$$

Beispiel 2.1. Die Dualzahl 111000,011 ist in eine Dezimalzahl umzuwandeln. Entsprechend den Tafeln **2.2** und **2.3** erhält man

$$\begin{array}{ll} 1=1 & 1=1 \\ 1 \cdot 2 + 1 = 3 & 1/2 + 1 = 1,5 \\ 3 \cdot 2 + 1 = 7 & 1,5/2 + 0 = 0,75 \\ 7 \cdot 2 + 0 = 14 & 0,75/2 + 0 = 0,375 \\ 14 \cdot 2 + 0 = 28 & \\ 28 \cdot 2 + 0 = 56 & \\ \end{array}$$
$$111000,011_{\text{dual}} \hat{=} 56,375_{\text{dez}}$$

Beispiel 2.2. Die Oktalzahl 374,24 (Zahl im System zur Basis 8) ist in eine Dezimalzahl umzuwandeln.
Man findet

$$\begin{array}{ll} 3=3 & 4=4 \\ 3 \cdot 8 + 7 = 31 & 4/8 + 2 = 2,5 \\ 31 \cdot 8 + 4 = 252 & 2,5/8 + 0 = 0,3125 \\ \end{array}$$
$$374,24_{\text{oktal}} \hat{=} 252,3125_{\text{dez}}$$

Die Umwandlungen von Dezimalzahlen in Zahlen mit anderer Basis gehen ebenfalls von der Summendarstellung nach Gl. (2.1) aus. Auch hier muß man die Stellen links und rechts vom Komma getrennt behandeln. Liegt eine ganze Zahl

$$Z = c_{n-1}B^{n-1} + c_{n-2}B^{n-2} + \cdots + c_1 B^1 + c_0 B^0 \tag{2.10}$$

vor, so erhält man nach Division durch die Basis B

$$Z/B = c_{n-1}B^{n-2} + c_{n-2}B^{n-3} + \cdots + c_1 B^0 \quad \text{Rest } c_0. \tag{2.11}$$

Eine weitere Division des ganzzahligen Ergebnisses durch B liefert als neuen Rest den Koeffizienten c_1. Nach n Divisionen findet man den Koeffizienten c_{n-1}.

Bei den Umwandlungen von Zahlen kleiner 1 muß anstelle der Division eine Multiplikation mit der Basis B des Zahlensystems ausgeführt werden

$$Z = c_{-1}B^{-1} + c_{-2}B^{-2} + \cdots + c_{-(m-1)}B^{-(m-1)} + c_{-m}B^{-m}. \tag{2.12}$$

Nach Multiplikation mit der Basis B ergibt sich

$$ZB = c_{-1} + c_{-2}B^{-1} + \cdots + c_{-(m-1)}B^{-(m-2)} + c_{-m}B^{-(m-1)}. \tag{2.13}$$

Man erhält also zunächst den Koeffizienten c_{-1}. Nach m Multiplikationen ist der Koeffizient c_{-m} isoliert. Die Koeffizienten sind jeweils die Anteile des Ergebnisses, die beim Produkt links vom Komma stehen. Ein übersichtlicher Formalismus ist wiederum für die Stellen links und rechts vom Komma getrennt in den Tafeln **2.4** und **2.5** gegeben.

Tafel **2.4**
Umwandlung ganzer Dezimalzahlen in Zahlen beliebiger Basis

$Z\quad /B = S_1$	Rest c_0
$S_1\quad /B = S_2$	Rest c_1
$S_2\quad /B = S_3$	Rest c_2
$\vdots$	
$S_{n-2}/B = S_{n-1}$	Rest c_{n-2}
$S_{n-1}/B = 0$	Rest c_{n-1}

Tafel **2.5**
Umwandlung echter Dezimalbrüche in Zahlen beliebiger Basis

$Z\quad \cdot B = s_1 + c_{-1}$	
$s_1\quad \cdot B = s_2 + c_{-2}$	
$s_2\quad \cdot B = s_3 + c_{-3}$	
$\vdots$	
$s_{m-1}\cdot B = s_m + c_{-(m-1)}$	
$s_m\quad \cdot B = s_n + c_{-m}$	

Beispiel 2.3. Die Dezimalzahl $109{,}78125$ ist a) in eine Dualzahl und b) in eine Oktalzahl umzuwandeln.
Entsprechend den Tafeln **2.4** und **2.5** erhält man

a)
$$109/2 = 54 \text{ Rest } 1 \qquad 0{,}78125 \cdot 2 = 0{,}5625 + 1$$
$$54/2 = 27 \text{ Rest } 0 \qquad 0{,}5625 \cdot 2 = 0{,}125 + 1$$
$$27/2 = 13 \text{ Rest } 1 \qquad 0{,}125 \cdot 2 = 0{,}25 + 0$$
$$13/2 = 6 \text{ Rest } 1 \qquad 0{,}25 \cdot 2 = 0{,}5 + 0$$
$$6/2 = 3 \text{ Rest } 0 \qquad 0{,}5 \cdot 2 = 0{,}0 + 1$$
$$3/2 = 1 \text{ Rest } 1$$
$$1/2 = 0 \text{ Rest } 1$$
$$109{,}78125_{\text{dez}} \triangleq 1101101{,}11001_{\text{dual}}$$

b)
$$109/8 = 13 \text{ Rest } 5 \qquad 0{,}78125 \cdot 8 = 0{,}25 + 6$$
$$13/8 = 1 \text{ Rest } 5 \qquad 0{,}25 \cdot 8 = 0{,}0 + 2$$
$$1/8 = 0 \text{ Rest } 1$$
$$109{,}78125_{\text{dez}} \triangleq 155{,}62_{\text{oktal}}$$

2.3 Fest- und Gleitkommadarstellung von Zahlen

Es gibt ganze und gebrochene Zahlen. Ganze Zahlen sind 0, ± 1, ± 2, ± 3 ...
bis $\pm \infty$. Gebrochene Zahlen stellen die Zwischenwerte dar, sie müssen mit
Komma geschrieben werden, z. B. 3,1415; 0,0237; 167,352. Für die Darstellung
von Zahlen mit Komma gibt es zwei Möglichkeiten, die Festkomma- und die
Gleitkommadarstellung. Bei der Festkommadarstellung steht das Komma
an einer bestimmten, festgelegten Stelle, im Rechnungswesen mit Mark und
Pfenning z. B. vor der zweiten Stelle von rechts (246,75 DM). Bevorzugte Kom-
mastellungen in der maschinellen Verarbeitungstechnik sind rechts von der
niedrigsten Stelle (dann sind alle Zahlen ganz) oder links von der höchsten
Stelle (dann sind alle Zahlen echt gebrochen). Das ausschließliche Verwenden
von ganzen oder echt gebrochenen Zahlen scheint für Rechenmaschinen ungünstig zu sein. Das ist aber nicht der Fall, denn man kann jede beliebige Zahl
durch Multiplikation mit einer Basispotenz in den gewählten Zahlenbereich
hineintransponieren. Die Basispotenzen werden Maßstabsfaktoren genannt.
Beim maschinellen Verarbeiten von Festkommazahlen werden Maßstabsfaktoren nicht in die Maschine eingegeben. Der Programmierer muß also darauf
achten, daß nur Zahlen mit gleichen Maßstabsfaktoren verarbeitet werden.

In technisch-wissenschaftlichen Aufgaben kommen Zahlen sehr unterschiedli-
cher Größe vor. Hier ist die Festkommadarstellung z. T. sehr umständlich; außerdem reicht häufig ihr Zahlenbereich nicht aus. Für solche Aufgaben verwendet man die Gleitkommadarstellung. Zahlen in Gleitkommadarstellung werden durch eine Mantisse und einen Exponenten dargestellt. Man
spricht hierbei von halblogarithmischer Darstellung, obwohl die Mantisse lediglich aus den Ziffernstellen der Zahl und nicht aus ihrem Logarithmus besteht. In Gleitkommazahlen steht das Komma vor der höchsten Mantissen-
stelle und der Exponent nach der Mantisse. Bei einigen Programmiersprachen
steht vor dem Exponenten eine Kennzeichnung, die z. B. bei FORTRAN (Abkürzung für formula translation) oder BASIC (Abkürzung für beginner's all
purpose symbolic instruction code) ein E und bei ALGOL (Abkürzung für al-
gorithmic language) eine tief gesetzte 10 ist. Hat die ursprüngliche Zahl mehr
Stellen als die Mantisse der Gleitkommazahl, so werden die überschüssigen
Stellen bei den niedrigen Wertigkeiten unterdrückt.

Beispiel 2.4.   Die Zahlen 43,5; 156,378; 0,00032703 und 237438965,17 sind in Gleitkommazahlen mit acht Mantissenstellen in FORTRAN- oder BASIC-Darstellung umzuwandeln.

$$
\begin{aligned}
43,5 \quad &= 0,435 \cdot 10^2 \quad &&= 0.43500000 \, \text{E} + 2 \\
156,378 \quad &= 0,156378 \cdot 10^3 \quad &&= 0.15637800 \, \text{E} + 3 \\
0,00032703 \quad &= 0,32703 \cdot 10^{-3} \quad &&= 0.32703000 \, \text{E} - 3 \\
237438965,17 \quad &= 0,23743896517 \cdot 10^9 \quad &&= 0.23743896 \, \text{E} + 9
\end{aligned}
$$

Um bei der Gleitkommadarstellung das Vorzeichen des Exponenten einzusparen, das im Dezimalsystem viel weniger Information beinhaltet als eine Zif-

fernstelle, wird der Exponent häufig um eine bestimmte Zahl, die Charakteristik, vergrößert oder verkleinert. Bei einer Charakteristik von 50 wird der wahre Exponent 0 durch 50 ersetzt. Durch Einführen der Charakteristik läßt sich der darstellbare Zahlenbereich wesentlich vergrößern. Sind z. B. zwei Stellen für den Exponenten reserviert, so lassen sich bei dezimalen Exponenten mit Vorzeichen nur 19 verschiedene Exponenten darstellen ($+9$, $+8$, ... $+0$, -1, -2, ... -9), mit einer Charakteristik von 50 hingegen 100 verschiedene Exponenten (99, 98, ... 01, 00 entsprechend $+49$, $+48$, ... ±00, -01, ... -49, -50).

Eine Gleitkommazahl, bei der die erste Stelle hinter dem Komma keine Null ist, heißt normalisiert. In Rechnern wird meist die normalisierte Form gewählt. Ein Vergleich zwischen gleichlangen Fest- und Gleitkommazahlen zeigt, daß Festkommazahlen wegen der größeren Anzahl an Ziffern genauer als Gleitkommazahlen sind. Mit Gleitkommazahlen lassen sich dafür größere Zahlenbereiche erfassen. Als Beispiel sind in Tafel 2.6 die größten und die kleinsten von Null verschiedene zehnstelligen Dezimalzahlen in Festkomma-, Gleitkomma- und Gleitkommadarstellung mit der Charakteristik 50 sowie jeweils die Anzahl der darstellbaren Zahlen angegeben. Bei den Gleitkommazahlen dienen von den zehn Stellen acht für die Mantisse und zwei für den Exponenten.

Tafel 2.6 Größte und kleinste von Null verschiedene zehnstellige Dezimalzahlen in Festkomma-, Gleitkomma- und Gleitkommadarstellung mit der Charakteristik 50 sowie Anzahl der jeweils darstellbaren Zahlen

	größte Zahl	kleinste von Null verschiedene Zahl	Anzahl der darstellbaren Zahlen
Festkomma	$9999999999 \approx 10^{10}$	$0000000001 = 1$	10^{10}
Gleitkomma	$,99999999+9 \approx 10^9$	$,00000001-9 = 10^{-17}$	$1{,}9 \cdot 10^9$
Gleitkomma mit Charakteristik 50	$,9999999999 \approx 10^{49}$	$,0000000100 = 10^{-58}$	10^{10}

2.4 Darstellung positiver und negativer Zahlen

Positive und negative Zahlen werden in der Mathematik normalerweise durch ihren Betrag und ihr Vorzeichen dargestellt. Diese Darstellungsart nennt man die Vorzeichen-Betrags-Darstellung. Sie ist auch in der Digitaltechnik gebräuchlich, wobei das positive Vorzeichen $+$ normalerweise durch die binäre 0 und das negative Vorzeichen $-$ durch die binäre 1 dargestellt wird. Vorzeichen und Betrag werden also gleichartig durch Binärstellen, sogenannte Bits (s. Abschn. 3.2), dargestellt, so daß sie zunächst nicht voneinander zu unter-

scheiden sind. Das Vorzeichenbit steht in der Regel links von den Betrags-
bits. Tafel 2.7 zeigt in der Spalte 2 die Vorzeichen-Betrags-Darstellung für 16
Dualzahlen, die den Dezimalzahlen +7 bis −7 entsprechen.

Tafel 2.7 Darstellungsarten von positiven und negativen Dualzahlen

1	2	3	4	5
Dezimal-zahl	Vorzeichen-Betrags-Darstellung	Einer-Komplement-Darstellung	Zweier-Komplement-Darstellung	Offset-binäre Darstellung
+7	0 1 1 1	0 1 1 1	0 1 1 1	1 1 1 1
+6	0 1 1 0	0 1 1 0	0 1 1 0	1 1 1 0
+5	0 1 0 1	0 1 0 1	0 1 0 1	1 1 0 1
+4	0 1 0 0	0 1 0 0	0 1 0 0	1 1 0 0
+3	0 0 1 1	0 0 1 1	0 0 1 1	1 0 1 1
+2	0 0 1 0	0 0 1 0	0 0 1 0	1 0 1 0
+1	0 0 0 1	0 0 0 1	0 0 0 1	1 0 0 1
+0	0 0 0 0	0 0 0 0	0 0 0 0	1 0 0 0
−0	1 0 0 0	1 1 1 1	0 0 0 0	1 0 0 0
−1	1 0 0 1	1 1 1 0	1 1 1 1	0 1 1 1
−2	1 0 1 0	1 1 0 1	1 1 1 0	0 1 1 0
−3	1 0 1 1	1 1 0 0	1 1 0 1	0 1 0 1
−4	1 1 0 0	1 0 1 1	1 1 0 0	0 1 0 0
−5	1 1 0 1	1 0 1 0	1 0 1 1	0 0 1 1
−6	1 1 1 0	1 0 0 1	1 0 1 0	0 0 1 0
−7	1 1 1 1	1 0 0 0	1 0 0 1	0 0 0 1
−8			1 0 0 0	0 0 0 0

Die Vorzeichen-Betrags-Darstellung ist in der Digitaltechnik nicht immer opti-
mal. Bei arithmetischen Operationen bevorzugt man die Komplement-Darstellung für negative Zahlen. Man spricht hierbei auch von konegativen
Zahlen. Bei der Komplement-Darstellung gibt es die Einer- und die Zweier-
Komplement-Darstellung. Das Einer-Komplement einer negativen Zahl erhält man durch einfache Inversion, d.h. durch Vertauschen von Nullen und
Einsen der positiven Zahl in der Vorzeichen-Betrags-Darstellung. Das Zwei-
er-Komplement erhält man aus dem Einer-Komplement, indem eine 1 in der
niedrigsten Stelle hinzu addiert wird. Tafel 2.7 zeigt in den Spalten 3 und 4 die
beiden Komplement-Darstellungsarten. Zu beachten ist, daß sich +0 und −0
in der Einer-Komplement-Darstellung unterscheiden, in der Zweier-Komplement-Darstellung hingegen nicht. Die Zweier-Komplement-Darstellung erfaßt
stets eine negative Zahl mehr als die Einer-Komplement-Darstellung.

Bei Analog-Digital-Umsetzern und Digital-Analog-Umsetzern (s. Abschn. 17
und 18), die bipolare, d.h. positive und negative analoge Größen erfassen, wird
meist die offsetbinäre Darstellung verwandt. Hierbei wird die negativste
Zahl durch das Bitmuster 00 ... 00 dargestellt. Die Zahl Null erfährt dadurch
einen Offset, d.h. eine Verschiebung in die Mitte des binären Wertebereichs (s.
Spalte 5 in Tafel 2.7), woraus sich der Name dieser Darstellungsart herleitet.

Die positiven Zahlen beginnen mit einer 1, die negativen mit einer 0. Bis auf das Vorzeichenbit stimmt die offsetbinäre Darstellung mit der Zweier-Komplement-Darstellung überein.

2.5 Dualarithmetik

Für das Verarbeiten von Zahlen in Rechenmaschinen ist die Kenntnis der arithmetischen Operationen wichtig. Da Digitalrechner fast ausnahmslos mit Dualzahlen arbeiten, wird hier auf die Besonderheiten der maschinellen Verarbeitung von Dualzahlen und der Dualarithmetik eingegangen.

2.5.1 Addition

Die Addition von Dualzahlen wird völlig analog zu der von Dezimalzahlen ausgeführt. Bei ihr muß man lediglich beachten, daß der Übertrag zu einer höheren Stelle bereits bei $1 + 1 = 10$ auftritt. In langen Kettensummationen ergeben sich daher viel mehr Überträge als im Dezimalsystem. Digitalrechner addieren allerdings stets nur zwei Summanden, so daß diese Schwierigkeit unerheblich ist.

2.5.2 Subtraktion

Die Subtraktion von Dualzahlen wird in Digitalrechnern meist nicht direkt, sondern über die Addition des Komplements (Ergänzung zu einer größeren Zahl) ausgeführt. Bei dieser Methode erhält man die Differenz D, indem man zum Minuenden M zunächst das Komplement $K = B^n - S$ des Subtrahenden S zu B^n addiert und anschließend B^n wieder subtrahiert, wobei n die maximale Stellenzahl links vom Komma ist

$$D = M - S = M + (B^n - S) - B^n$$
$$= M + K - B^n. \tag{2.14}$$

Das Komplement K des Subtrahenden S zu B^n erhält man dadurch, daß man zunächst für den Subtrahenden stellenweise die Ergänzung zur höchsten Ziffer $(B-1)$ des verwendeten Zahlensystems bildet und zu diesem Ergebnis eine 1 in der niedrigsten Stelle m addiert. Mit c_{Sv} als Koeffizient des Subtrahenden in der Stelle v erhält man

$$K = B^n - S = \{B^n - B^{-m}\} - S + B^{-m}$$
$$= \{(B-1)B^{n-1} + \cdots + (B-1)B^0 + (B-1)B^{-1} + \cdots + (B-1)B^{-m}\}$$
$$- c_{Sn-1}B^{n-1} - c_{Sn-2}B^{n-2} - \cdots - c_{S0}B^0$$
$$- c_{S-1}B^{-1} - \cdots - c_{S-m}B^{-m} + B^{-m}. \tag{2.15}$$

Die Ergänzung zur höchsten Ziffer des verwendeten Zahlensystems ist im Dezimalen das Neunerkomplement und im Dualen das Einerkomplement, das man durch einfaches Vertauschen (Inversion) von 0 und 1 erhält.

Nach Gl. (2.14) muß zum Schluß die Subtraktion von B^n ausgeführt werden. Ist der Minuend größer als der Subtrahend, so erhält man das Ergebnis dieser Subtraktion dadurch, daß man von der Summe $M+K$ die führende 1 in der Stelle $n+1$ wegläßt. Ist der Subtrahend hingegen größer als der Minuend, so steht in der Stelle $n+1$ eine 0. Sie zeigt an, daß das Ergebnis negativ ist. Bei der weiteren Berechnung geht man dann von folgender Beziehung aus

$$M+K-B^n = -(B^n-M-K). \tag{2.16}$$

Die Differenz B^n-M-K wird entsprechend Gl. (2.15) ausgeführt. Da $M+K$ über das Komplement des Subtrahenden zu B^n gefunden wurde und nun nochmals komplementiert werden muß, spricht man beim zweiten Mal vom Rückkomplementieren.

Beispiel 2.5. Die Differenz $123-11$ ist a) im Dezimal- und b) im Dualsystem über die Addition des Komplements zu berechnen.

a) Dezimal ergibt sich

$$\begin{aligned}
123-11 &= 123+(1000-11)-1000 \\
&= 123+(999-11+1)-1000 \\
&= 123+(988+1)-1000 \\
&= 123+989-1000 \\
&= 1112-1000 = 112.
\end{aligned}$$

b) Dual erhält man

$$123_{\text{dez}} \triangleq 1111011_{\text{dual}} \qquad 11_{\text{dez}} \triangleq 1011_{\text{dual}}$$

$$\begin{aligned}
1111011-1011 &= 1111011+(10000000-1011)-10000000 \\
&= 1111011+(1111111-1011+1)-10000000 \\
&= 1111011+(1110100+1)-10000000 \\
&= 1111011+1110101-10000000 \\
&= 11110000-10000000 = 1110000
\end{aligned}$$

$$1110000_{\text{dual}} \triangleq 112_{\text{dez}}.$$

Beispiel 2.6. Die Differenz $53-417$ ist a) im Dezimal- und b) im Dualsystem über die Addition des Komplements zu berechnen.

a) Dezimal erhält man

$$\begin{aligned}
52-417 &= 52+(1000-417)-1000 \\
&= 52+(999-417+1)-1000 \\
&= 52+(582+1)-1000 \\
&= 52+583-1000 \\
&= 635-1000 \\
&= -(1000-635) \\
&= -(999-635+1) \\
&= -(364+1) = -365.
\end{aligned}$$

b) Dual ergibt sich

$$52_{dez} \triangleq 110100_{dual} \quad 417_{dez} \triangleq 110100001_{dual}$$

$$\begin{aligned}
110100 - 110100001 &= 110100 + (1000000000 - 110100001) - 1000000000 \\
&= 110100 + (111111111 - 110100001 + 1) - 1000000000 \\
&= 110100 + (001011110 + 1) - 1000000000 \\
&= 110100 + 001011111 - 1000000000 \\
&= 10010011 - 1000000000 \\
&= -(1000000000 - 10010011) \\
&= -(111111111 - 10010011 + 1) \\
&= -(101101100 + 1) = -101101101
\end{aligned}$$

$$101101101_{dual} \triangleq 365_{dez} \,.$$

2.5.3 Multiplikation

Die Multiplikation ist im Dualen wesentlich einfacher als im Dezimalen, da hier das „kleine Einmaleins" wirklich nur ein „Einmaleins" ist. Im Dezimalen gibt es nämlich 36 von 0 verschiedene Multiplikationsergebnisse, im Dualen hingegen nur ein einziges. Dadurch wird eine Multiplikation sehr einfach. Für jede 1 im Multiplikator muß der Multiplikand lediglich angesetzt und um so viele Stellen verschoben werden, wie der Exponent der Multplikatorstelle angibt.

Beispiel 2.7. Das Produkt $217 \cdot 35$ ist im Dualen zu berechnen.
Über $217_{dez} \triangleq 11011001_{dual}$ und $35_{dez} \triangleq 100011_{dual}$ findet man

$$\begin{array}{r}
1101101 \cdot 100011 \\
\hline
11011001 \\
11011001 \\
11011001 \\
\hline
1110110101011 \\
\end{array}$$

$$1110110101011_{dual} \triangleq 7595_{dez} \,.$$

2.5.4 Division

Die Division wird im Dualen genauso wie im Dezimalen über die fortlaufende Subtraktion ausgeführt. Da jeweils nur der einfache Wert und nicht Vielfache des Divisors abgezogen werden, ist die Division im Dualen leichter als im Dezimalen. Die fortlaufende Subtraktion wird im Digitalrechner meist wiederum über die Addition des Komplements gelöst, wobei das Komplement des Divisors zur nächsthöheren Basispotenz gebildet wird. Ergibt die Addition des Komplements keinen Übertrag, so ist das entsprechende Teilergebnis 0. Es muß danach mit dem alten Minuenden plus der nächsten Stelle des Dividenden weitergerechnet werden.

Beispiel 2.8. Der Quotient $667/29$ ist im Dualen zu berechnen.

Es gilt $667_{\text{dez}} \triangleq 1010011011_{\text{dual}}$ und $29_{\text{dez}} \triangleq 11101_{\text{dual}}$. Nun wird das Komplement des Divisors zur nächsthöheren Basispotenz gebildet.

$$100000 - 11101 = 11111 - 11101 + 1$$
$$= 00010 + 1 = 00011.$$

Damit ergibt sich weiter

$$
\begin{array}{l}
1010011011/11101 = 010111 \\
\underline{00011} \\
\underline{010111} \\
101001 \\
\underline{00011} \\
1011001 \\
\underline{00011} \\
\underline{011100} \\
110010 \\
\underline{00011} \\
1101011 \\
\underline{00011} \\
\underline{1011101} \\
\underline{00011} \\
100000
\end{array}
$$

$$10111_{\text{dual}} \triangleq 23_{\text{dez}}.$$

3 Codes

In der Digitaltechnik werden mit Zahlen sehr unterschiedliche Operationen ausgeführt. Sie werden übertragen, gespeichert, verarbeitet, aus einem Analogwert gebildet oder in eine analoge Größe überführt. Für die einzelnen Operationen gelten unterschiedliche Gesichtspunkte bei der Darstellung der Zahlen, dem Codieren. Beim Übertragen von Zahlen strebt man danach, Übertragungsfehler erkennen oder gar korrigieren zu können; beim Speichern möchte man die Darstellungsweise wählen, die den geringsten Speicheraufwand erfordert; bei der Verarbeitung wiederum ist man bemüht, einfache und schnelle Verarbeitungsschaltungen benutzen zu können; bei der Analog-Digital-Umsetzung von Wegen und Winkeln muß man einen Code wählen, der Abtastfehler vermeidet. Diese Beispiele zeigen, daß es keinen einheitlichen Gesichtspunkt zur Codierung von Zahlen gibt, sondern je nach Aufgabenstellung diese oder jene Darstellungsart gewählt werden muß. Daher gibt es eine große Anzahl verschiedener Codes. Hier können nur die technisch wichtigsten behandelt werden.

3.1 Begriffsbestimmung

In DIN 44300 findet man als Begriffsbestimmung für einen Code:

Ein Code ist eine Vorschrift für die eindeutige Zuordnung der Zeichen eines Zeichenvorrats zu denjenigen eines anderen Zeichenvorrats.

Zu dieser Definition muß hinzugefügt werden, daß die Zuordnung nicht notwendigerweise direkt umkehrbar zu sein braucht.

Ein Beispiel für eine Codierung ist das Morsealphabet. Hier sind die Zeichen des einen Zeichenvorrats die Buchstaben des Alphabets und die Zeichen des anderen Zeichenvorrats die entsprechenden Punkt-Strich-Kombinationen. Dieser Code ist direkt umkehrbar. Ebenso direkt umkehrbar ist die Codierung der Dezimalzahlen durch Dualzahlen. Nicht direkt umkehrbar ist die Zuordnung der Buchstabenkombinationen *ei, ai, ey, ay* zu der Lautschriftkombination *εi* oder die Codierung von Buchstaben, Ziffern und Sonderzeichen zu den Fünf-Bit-Kombinationen des Fernschreibcodes (s. Tafel 3.1).

Tafel **3.**1 Direkt und nicht direkt umkehrbare Codierungen

direkt umkehrbare Codierungen		nicht direkt umkehrbare Codierungen	
$a \leftrightarrow \cdot -$	$0 \leftrightarrow 00$	$ei \rightarrow \varepsilon i$	$e \rightarrow 00001$
$b \leftrightarrow - \cdots$	$1 \leftrightarrow 01$	$ai \rightarrow \varepsilon i$	$3 \rightarrow 00001$
$c \leftrightarrow - \cdot - \cdot$	$2 \leftrightarrow 10$	$ey \rightarrow \varepsilon i$	$t \rightarrow 10000$
$d \leftrightarrow - \cdot \cdot$	$3 \leftrightarrow 11$	$ay \rightarrow \varepsilon i$	$5 \rightarrow 10000$

Einfache Beispiele für die Codierung von Zahlen erhält man durch die Zuordnung der Zahlen in den verschiedenen Zahlensystemen. Tafel **3.**2 zeigt dies für Dual-, Oktal-, Dezimal- und Hexadezimalzahlen (Zahlen im System zur Basis 16). Im Hexadezimalsystem werden 16 verschiedene Ziffern benötigt. Wir kennen jedoch nur die zehn Ziffern des Dezimalsystems. Als Ersatz für die fehlenden Ziffern werden die Großbuchstaben A bis F benutzt.

Man erhält aus einem bestimmten Zahlensystem den entsprechenden Code, indem eine bestimmte Anzahl von Stellen vereinbart wird, die immer mit einer Ziffer besetzt sein müssen. Alle Zeichen eines Codes haben also dieselbe Län-

Tafel **3.**2 Codierung von Zahlen im Dual-, Oktal-, Dezimal- und Hexadezimalsystem

Dual 2^4 2^3 2^2 2^1 2^0	Oktal 8^1 8^0	Dezimal 10^1 10^0	Hexadezimal 16^1 16^0
0 0 0 0 0	0 0	0 0	0 0
0 0 0 0 1	0 1	0 1	0 1
0 0 0 1 0	0 2	0 2	0 2
0 0 0 1 1	0 3	0 3	0 3
0 0 1 0 0	0 4	0 4	0 4
0 0 1 0 1	0 5	0 5	0 5
0 0 1 1 0	0 6	0 6	0 6
0 0 1 1 1	0 7	0 7	0 7
0 1 0 0 0	1 0	0 8	0 8
0 1 0 0 1	1 1	0 9	0 9
0 1 0 1 0	1 2	1 0	0 A
0 1 0 1 1	1 3	1 1	0 B
0 1 1 0 0	1 4	1 2	0 C
0 1 1 0 1	1 5	1 3	0 D
0 1 1 1 0	1 6	1 4	0 E
0 1 1 1 1	1 7	1 5	0 F
1 0 0 0 0	2 0	1 6	1 0
1 0 0 0 1	2 1	1 7	1 1
1 0 0 1 0	2 2	1 8	1 2
1 0 0 1 1	2 3	1 9	1 3
1 0 1 0 0	2 4	2 0	1 4
1 0 1 0 1	2 5	2 1	1 5
$\cdot$ $\cdot$ $\cdot$ $\cdot$ $\cdot$	$\cdot$ $\cdot$	$\cdot$ $\cdot$	$\cdot$ $\cdot$
1 1 1 1 0	3 6	3 0	1 E
1 1 1 1 1	3 7	3 1	1 F

ge. Der Unterschied zwischen der Dualzahl 1 und der Codierung der 1 im fünfstelligen Dualcode sind die vier führenden Nullen.

Alle Codes, die aus einem Zahlensystem hervorgehen, sind bewertbare Codes. Bei ihnen ist jeder Stelle ein fester Zahlenwert zugeordnet. Die einer Codierung entsprechende Dezimalzahl ergibt sich damit aus der Summe der mit 1 besetzten Wertigkeiten.

3.2 Binär-dezimale Codes (BCD-Codes)

Unter binär-dezimalen Codes versteht man Codes, bei denen lediglich die zehn Dezimalziffern 0 bis 9 durch Kombinationen von Binärstellen (Bits) codiert werden (Binär Codierte Dezimalziffern). Bei der Überführung von Dezimalzahlen in einen BCD-Code bleibt daher die Stellenaufteilung der Dezimalzahl erhalten. Die Zahl stellt sich im BCD-Code durch eine Anzahl von Blöcken dar, wobei jeder Block einer Stelle der Dezimalzahl entspricht.

Um zehn Zeichen binär zu codieren, braucht man mindestens vier Binärstellen. Mit vier Binärstellen kann man jedoch $2^4 = 16$ Zeichen bilden. Von den 16 Zeichen werden jeweils 10 verwendet und 6 ausgeklammert. Hierbei gibt es $2^4! \, / \, 6! \approx 2{,}9 \cdot 10^{10}$ Codierungsmöglichkeiten. Von dieser Unzahl von Möglichkeiten werden allerdings nur verschwindend wenige benutzt. Es ergibt sich die Frage, nach welchen Gesichtspunkten man einen Code aus der Vielzahl der Möglichkeiten aussucht. Einige Gesichtspunkte sind die Bewertbarkeit, die Rechenfähigkeit, die Abtastsicherheit, die Übertragungssicherheit.

Unter der Bewertbarkeit ist zu verstehen, daß jeder Stelle des Binärzeichens eine feste Wertigkeit zugeordnet ist. Die codierte Dezimalziffer ergibt sich dabei als Summe der mit 1 belegten Stellen. Die Bewertbarkeit ist bei der Digital-Analog-Umsetzung (s. Abschn. 17) und der Analog-Digital-Umsetzung nach dem Kompensationsverfahren (s. Abschn. 18.3) erforderlich, jedoch nicht beim Rechnen. Für das Festlegen der Wertigkeiten gilt:

1. Die niedrigste Wertigkeit muß 1 sein.

2. Die Summe aller Wertigkeiten W muß mindestens 9 ergeben

$$\sum_{v=1}^{4} W_v \geqq 9. \tag{3.1}$$

3. Eine Wertigkeit darf nur um 1 größer sein als die Summe der niedrigeren Wertigkeiten

$$W_n \leqq \sum_{v=1}^{n-1} W_v + 1. \tag{3.2}$$

Unter Beachtung dieser Regeln erhält man die in Tafel **3.**3 angegebenen 17 verschiedenen Bewertungen von BCD-Codes. Natürlich kann man die einzelnen Stellen noch untereinander vertauschen, wie es z. B. beim Aiken-Code geschehen ist.

Tafel **3.**3 Mögliche Wertigkeiten von BCD-Codes

5 2 1 1	6 2 2 1	4 4 2 1
4 3 1 1	3 3 2 1	5 4 2 1
5 3 1 1	4 3 2 1	6 4 2 1
6 3 1 1	5 3 2 1	7 4 2 1
4 2 2 1	6 3 2 1	8 4 2 1
5 2 2 1	7 3 2 1	

Die Rechenfähigkeit sagt etwas darüber aus, ob der Code den speziellen Anforderungen des maschinellen Rechnens genügt. Nach Abschn. 1.3 und 2.5 werden alle Rechenoperationen fast immer auf die Addition zurückgeführt. Die Subtraktion geschieht dabei über die Addition des Komplements. Soll ein BCD-Code rechenfähig sein, so muß er eine einfache Komplementbildung gestatten.

Die Abtastsicherheit ist wichtig bei der Codierung von Strecken und Winkeln. Hier kann es beim Übergang von einem Zeichen zum nächsten Fehler geben, wenn sich mehr als eine Stelle im Zeichen ändert. Man benötigt hierfür einschrittige Codes, die in Abschn. 3.3 behandelt werden.

Bei der Übertragung von Zeichen können Störquellen Fehler verursachen. Wird durch Fehler ein vereinbartes Zeichen in ein anderes vereinbartes Zeichen verfälscht, so ist die Verfälschung nicht erkennbar. Es müssen daher besondere Maßnahmen zur Übertragungssicherung ergriffen werden, die in Abschn. 3.4 behandelt werden.

In Tafel **3.**4 sind die gebräuchlichsten vierstelligen BCD-Codes in ihrer Zuordnung zum vollständigen 4-Bit-Code zusammengestellt, während Tafel **3.**5 die geschlossenen Darstellungen für die Dezimalziffern 0 bis 9 zeigt. Die Codes 1, 2, 3, 5 und 6 sind bewertbar, wovon 2 und 3 dieselben Wertigkeiten haben. Der Aiken- und der Stibitz-Code sind negationssymmetrisch, d. h., die Zeichen für die Dezimalziffern 5 bis 9 entsprechen denjenigen für die Dezimalziffern 4 bis 0, wenn bei diesen Nullen und Einsen vertauscht werden. Durch diese Negationssymmetrie sind beide Codes rechenfähig; denn man findet bei ihnen das Neunerkomplement durch einfache Inversion, d. h. durch Vertauschen von Nullen und Einsen. Der Stibitz-Code hat noch den Vorteil, daß er das Null- und das Einswort (0000 bzw. 1111) vermeidet. Beide Wörter können nämlich bei Fehlern im Verarbeitungssystem leicht auftreten. Der 4-2-2-1-Code gestattet den Bau von sehr schnellen Zählern. Der White-Code steht hier als ein Beispiel für einen Code mit nicht nur dualen Wertigkeiten; außerdem hat er ebenso wie der Code II nach O'Brien eine Fünfer-Bündelung, wodurch sich für gewisse Fälle eine einfache Umsetzung in das Dezimalsystem ergibt. Die Codes 7 bis 10 sind einschrittig, wovon der Gray-Code eigentlich stets alle Möglichkeiten (hier 16) ausnutzt.

Tafel **3.4** Gebräuchliche vierstellige BCD-Codes in ihrer Zuordnung zum vollständigen 4-Bit-Code

Nr.	1	2	3	4	5	6	7	8	9	10
Name	8-4-2-1-Code	Aiken-Code	unsymmetrischer 2-4-2-1-Code	Stibitz-Code (Exzeß-3-Code)	4-2-2-1-Code	White-Code	Gray-Code	Glixon-Code	O'Brien-Code II	reflektierter Exzeß-3-Code
Stellenwert / Codierung	8 4 2 1	2 4 2 1	2 4 2 1		4 2 2 1	5 2 1 1				
0000	0	0	0	–	0	0	0	0	–	–
0001	1	1	1	–	1	1	1	1	0	–
0010	2	2	2	–	2	–	3	3	2	0
0011	3	3	3	0	3	2	2	2	1	–
0100	4	4	4	1	–	–	7	7	4	4
0101	5	–	5	2	–	3	6	6	–	3
0110	6	–	6	3	4	–	4	4	3	1
0111	7	–	7	4	5	4	5	5	–	2
1000	8	–	–	5	–	5	(15)	9	–	–
1001	9	–	–	6	–	6	(14)	–	9	–
1010	–	–	–	7	6	–	(12)	–	7	9
1011	–	5	–	8	7	7	(13)	–	8	–
1100	–	6	–	9	–	–	8	8	5	5
1101	–	7	–	–	–	8	9	–	–	6
1110	–	8	8	–	8	–	(11)	–	6	8
1111	–	9	9	–	9	9	(10)	–	–	7

Tafel **3.5** Gebräuchliche vierstellige BCD-Codes in geschlossener Darstellung

Nr.	1	2	3	4	5	6	7	8	9	10
Name	8-4-2-1-Code	Aiken-Code	unsymmetrischer 2-4-2-1-Code	Stibitz-Code (Exzeß-3-Code)	4-2-2-1-Code	White-Code	Gray-Code	Glixon-Code	O'Brien-Code II	reflektierter Exzeß-3-Code
Stellenwert / Dezimalziffer	8 4 2 1	2 4 2 1	2 4 2 1		4 2 2 1	5 2 1 1				
0	0000	0000	0000	0011	0000	0000	0000	0000	0001	0010
1	0001	0001	0001	0100	0001	0001	0001	0001	0011	0110
2	0010	0010	0010	0101	0010	0011	0011	0011	0010	0111
3	0011	0011	0011	0110	0011	0101	0010	0010	0110	0101
4	0100	0100	0100	0111	0110	0111	0110	0110	0100	0100
5	0101	1011	0101	1000	0111	1000	0111	0111	1100	1100
6	0110	1100	0110	1001	1010	1001	0101	0101	1110	1101
7	0111	1101	0111	1010	1011	1011	0100	0100	1010	1111
8	1000	1110	1110	1011	1110	1101	1100	1100	1011	1110
9	1001	1111	1111	1100	1111	1111	1101	1000	1001	1010

3.3 Einschrittige Codes

Sollen Strecken oder Winkel codiert werden, so benutzt man dazu Codestäbe oder Codescheiben. Beim Abtasten dieser Codiereinrichtungen kann es am Übergang zwischen zwei Zeichen zu großen Fehlern kommen, wenn sich die benachbarten Zeichen in mehr als einer Stelle unterscheiden. Das soll am Beispiel des Dualcodes erläutert werden, der am Übergang der Zeichen 0111 und 1000 abgetastet wird (s. Bild 3.6). Lesen alle Abtastelektroden noch im linken Feld ab oder bereits alle im rechten, so ist die Abtastung korrekt. Da nämlich

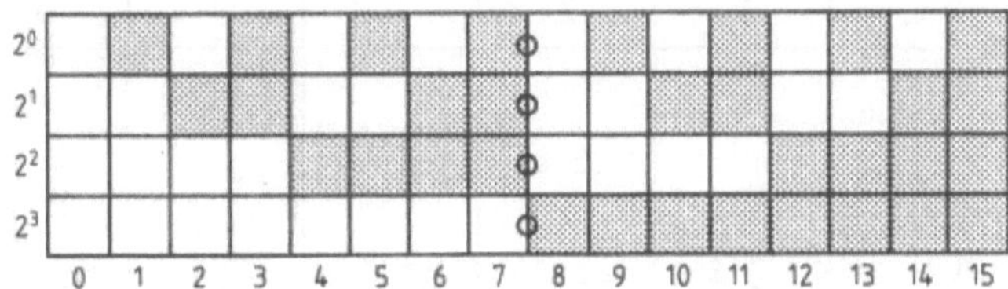

3.6
Abtastung des Dualcodes an kritischer Stelle

keine feinere Unterteilung vorgenommen ist, kann bei korrekter Abtastung am Übergang nur entweder die 7 oder die 8 entstehen. Wird nun aber in der Bahn 2^3 bereits bei der 8, in den übrigen Bahnen jedoch noch bei der 7 abgetastet, dann wird das der dezimalen 15 entsprechende Zeichen 1111 ausgegeben, was einen Fehler von 100% ausmacht. Entsprechend erhält man den Dezimalwert 0 und wiederum einen Fehler von 100%, wenn in der Bahn 2^3 noch bei der 7, in den übrigen Bahnen jedoch bereits bei der 8 abgetastet wird. Je nach Abtastung in den einzelnen Bahnen können an diesem Übergang alle Werte von 0 bis 15 ausgegeben werden. Ähnliche Unsicherheiten treten beim Abtasten an den Übergängen 1/2, 3/4, 5/6, 9/10, 11/12 und 13/14 auf. Korrekte Abtastergebnisse erhält man hingegen an den Übergängen 0/1, 2/3, 4/5, 6/7, 8/9, 10/11, 12/13 und 14/15, an denen sich stets nur eine Stelle der Zeichen ändert. Man nennt diese Übergänge einschrittig. Um nun in allen Fällen ein richtiges Abtastergebnis zu erhalten, muß man Codes benutzen, bei denen alle Übergänge einschrittig sind. Diese Codes nennt man **einschrittige Codes**.

Tafel **3.**7 zeigt den **Gray**-Code, der wegen seines Bildungsgesetzes auch **binärreflektierter** Code genannt wird. Findet nämlich in einer höheren Stelle (II, III, IV) ein Wechsel von 0 nach 1 statt, so werden die niedrigeren Stellen in der umge-

Tafel **3.7** Gray-Code

Dezimalzahl	IV	III	II	I
0	0	0	0	0
1	0	0	0	1
2	0	0	1	1
3	0	0	1	0
4	0	1	1	0
5	0	1	1	1
6	0	1	0	1
7	0	1	0	0
8	1	1	0	0
9	1	1	0	1
10	1	1	1	1
11	1	1	1	0
12	1	0	1	0
13	1	0	1	1
14	1	0	0	1
15	1	0	0	0

kehrten Reihenfolge der davorliegenden Zeichen besetzt, also gespiegelt (reflektiert). Die Linie A ist also für die erste Stelle, die Linie B für die ersten beiden Stellen und die Linie C für die Stellen I bis III Reflexionslinie.

Der Gray-Code ist für eine binär-dezimale Codierung nicht geeignet, da sich die Zeichen für die dezimale 9 und die dezimale 0 in drei Stellen unterscheiden. Diesen Nachteil vermeiden die in Tafel **3.**8 angegebenen Codes. Von besonderer Bedeutung sind die Codes 4 bis 6, da sie das Neunerkomplement durch Inversion der höchsten Stelle bilden.

Tafel **3.**8 Gebräuchliche einschrittige BCD-Codes

Nr.	1	2	3	4	5	6	7
Name Dezimal-ziffer	Glixon-Code	Tompkins-Code I	Tompkins-Code II	O'Brien-Code I	O'Brien-Code II	reflektierter Exzeß-3-Code	Johnson- oder Libaw-Craig-Code
0	0000	0000	0010	0000	0001	0010	00000
1	0001	0001	0011	0001	0011	0110	00001
2	0011	0011	0111	0011	0010	0111	00011
3	0010	0010	0101	0010	0110	0101	00111
4	0110	0110	0100	0110	0100	0100	01111
5	0111	1110	1100	1110	1100	1100	11111
6	0101	1111	1101	1010	1110	1101	11110
7	0100	1101	1001	1011	1010	1111	11100
8	1100	1100	1011	1001	1011	1110	11000
9	1000	1000	1010	1000	1001	1010	10000

Tafel **3.**9 Codierung von zweistelligen Dezimalzahlen im Glixon-Code

Dezimalzahl	Glixon-Code	
00	0000	0000
.		
09	0000	1000
10	0001	0000
.		
19	0001	1000
20	0011	0000
.		
29	0011	1000
30	0010	0000
.		
.		
99	1000	1000

Tafel **3.**10 Einschrittige Codierung von zweistelligen Dezimalzahlen im reflektierten Exzeß-3-Code

Dezimalzahl	reflektierter Exzeß-3-Code auf- und absteigend	
00	0010	0010
.		
09	0010	1010
10	0110	1010
.		
19	0110	0010
20	0111	0010
.		
29	0111	1010
30	0101	1010
.		
.		
99	1010	0010

Bei der Codierung von mehrstelligen Dezimalzahlen durch einschrittige BCD-Codes erhält man ohne besondere Vorkehrungen beim Ziffernwechsel in einer höheren Dezimalstelle keine Einschrittigkeit, wie aus Tafel **3.9** für den Glixon-Code zu ersehen ist. Um auch die Dekadenübergänge einschrittig zu erhalten, muß man in jeder Stelle die Codierungen abwechselnd auf- und absteigend ansetzen (Tafel **3.**10). Beim Beispiel von zweistelligen Dezimalzahlen muß die Einerstelle bei geraden Werten der Zehnerstelle aufsteigend und bei ungeraden Werten der Zehnerstelle absteigend besetzt werden. Um beim Lesen die richtige Dezimalzahl zu erhalten, muß für die Einerstelle bei geraden Zehnerwerten der direkte Wert und bei ungeraden Zehnerwerten das Neunerkomplement ausgegeben werden, was bei den Codes 4 bis 6 besonders einfach ist, weil dort lediglich eine Stelle zu invertieren ist.

3.4 Gesicherte Codes

Die bisher behandelten Codes sind im wesentlichen ungesichert, d. h., wird in einem Zeichen eine Stelle z. B. durch fehlerhafte Übertragung verfälscht, so entsteht meist ein anderes zulässiges Zeichen. Man kann den Fehler nicht erkennen. Bei den binär-dezimalen Codes gibt es jedoch jeweils sechs nicht zulässige Zeichen, da von den mit vier Binärstellen möglichen 16 Zeichen nur zehn benutzt werden. Tritt nun nach einem Fehler eines dieser sechs nicht zulässigen Zeichen auf, dann kann der Fehler erkannt werden. Das Erkennen derartiger Fehler beruht darauf, daß bei einem Code die Möglichkeiten der Binärstellen nicht voll ausgenutzt sind. Man nennt einen solchen Code re dun dant oder weitschweifig. Die Redundanz ermöglicht das Erkennen und unter Umständen sogar das Korrigieren von Übertragungsfehlern. Bei gesicherten Codes unterscheidet man zwischen fehlererkennbaren und fehlerkorrigierbaren Codes.

3.4.1 Fehlererkennbare Codes

Fehlererkennbare Codes sind Codes, bei denen immer ein einfacher Fehler, d.h. eine Verfälschung von 0 in 1 oder von 1 in 0 erkennbar ist. Es gibt auch fehlererkennbare Codes, bei denen unter gewissen Umständen zwei oder mehr Fehler erkennbar sind.

3.4.1.1 Quersummenprüfung. Die einfachste Art der Codesicherung ist die Quersummenprüfung, bei der die Einsen des Zeichens durch eine Zusatzstelle auf eine gerade (oder ungerade) Anzahl ergänzt werden. Diese Zusatzstelle wird Paritäts- oder Prüfbit genannt; denn sie macht den Code über die Parität (Gleichartigkeit) der Quersumme prüfbar. Bei diesem Verfahren können Einzelfehler erkannt werden, der Code ist „ein-Fehler-erkennbar" geworden. Treten gleichzeitig zwei Fehler auf (Doppelfehler), so heben sie sich gegenseitig auf und werden nicht erkannt. Tafel **3.**11 zeigt den durch Paritätsbit auf gerade Quersumme ergänzten dreistelligen Dualcode. Der Code besteht nun aus vier Stellen, mit denen 16 Zeichen gebildet werden können, von denen jedoch nur 8 benutzt werden; er ist also redundant.

Tafel **3.**11 Dreistelliger Dualcode mit Paritätsbit PB für gerade Quersumme

Dezimalzahl	2^2	2^1	2^0	PB
0	0	0	0	0
1	0	0	1	1
2	0	1	0	1
3	0	1	1	0
4	1	0	0	1
5	1	0	1	0
6	1	1	0	0
7	1	1	1	1

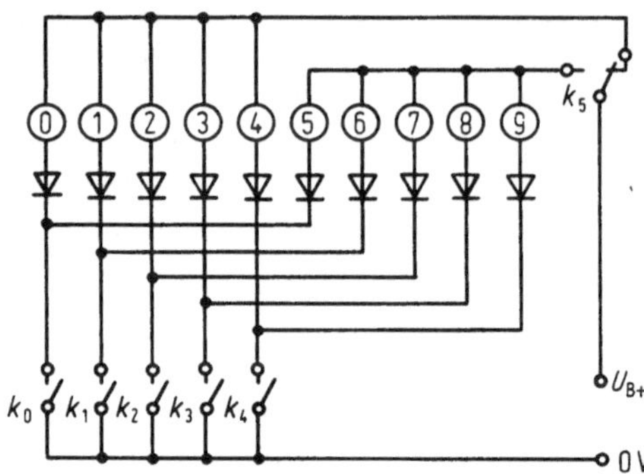

3.12 Kontaktanordnung zur Umsetzung des Biquinärcodes in den (1 aus 10)-Code für einen Ziffernanzeiger

3.4.1.2 Gleichgewichtige Codes. Es gibt Codes, bei denen in allen Zeichen dieselbe Anzahl von Einsen enthalten ist, die also von Hause aus dieselbe Parität haben. Mannt nennt sie g l e i c h g e w i c h t i g e oder (*m* aus *n*)-C o d e s. Unter dem Gewicht wird die Anzahl der Einsen eines Zeichens verstanden; *m* aus *n* bedeutet, daß von *n* Gesamtstellen stets *m* mit 1 besetzt sind. In Tafel **3.**13 sind einige gebräuchliche (*m* aus *n*)-Codes aufgeführt. Zum (2 aus 5)-Code ist zu bemerken, daß die Bewertung nur für die Ziffern 1 bis 9 stimmt; denn für die 0 ergibt sich aus der Summe der mit 1 besetzten Wertigkeiten der Dezimalwert 11 und nicht 0. Der Biquinär- und Quibinärcode sind (2 aus 7)-Codes. Sie erlauben eine sehr einfache Überführung in den (1 aus 10)-Code, was in Bild **3.**12 für den Biquinärcode anhand eines Ziffernanzeigers mit Glühlampen gezeigt ist. Die Kontakte müssen über Relais von den angegebenen Wertigkeiten gesteuert werden.

Die Anzahl N der möglichen Zeichen eines (*m* aus *n*)-Codes berechnet sich nach dem binomischen Satz

$$N = \binom{n}{m} = \frac{n!}{m!(n-m)!} . \tag{3.3}$$

Für den (2 aus 5)-Code erhält man z. B.

$$N = \binom{5}{2} = \frac{5!}{2!3!} = \frac{1 \cdot 2 \cdot 3 \cdot 4 \cdot 5}{1 \cdot 2 \cdot 1 \cdot 2 \cdot 3} = 10 .$$

Die Stellen des (2 aus 5)-Codes sind also in bezug auf die Anzahl der verwendeten Zeichen nur gering ausgenutzt; denn mit fünf Binärstellen können

Tafel 3.13 Gebräuchliche (*m* aus *n*)-Codes

Name	(2 aus 5)-Code	(1 aus 10)-Code	Biquinär-Code	Quibinär-Code
Stellenwert Dezimalzahl	7 4 2 1 0	9 8 7 6 5 4 3 2 1 0	0 5 4 3 2 1 0	8 6 4 2 0 1 0
0	1 1 0 0 0	0 0 0 0 0 0 0 0 0 1	1 0 0 0 0 0 1	0 0 0 0 1 0 1
1	0 0 0 1 1	0 0 0 0 0 0 0 0 1 0	1 0 0 0 0 1 0	0 0 0 0 1 1 0
2	0 0 1 0 1	0 0 0 0 0 0 0 1 0 0	1 0 0 0 1 0 0	0 0 0 1 0 0 1
3	0 0 1 1 0	0 0 0 0 0 0 1 0 0 0	1 0 0 1 0 0 0	0 0 0 1 0 1 0
4	0 1 0 0 1	0 0 0 0 0 1 0 0 0 0	1 0 1 0 0 0 0	0 0 1 0 0 0 1
5	0 1 0 1 0	0 0 0 0 1 0 0 0 0 0	0 1 0 0 0 0 1	0 0 1 0 0 1 0
6	0 1 1 0 0	0 0 0 1 0 0 0 0 0 0	0 1 0 0 0 1 0	0 1 0 0 0 0 1
7	1 0 0 0 1	0 0 1 0 0 0 0 0 0 0	0 1 0 0 1 0 0	0 1 0 0 0 1 0
8	1 0 0 1 0	0 1 0 0 0 0 0 0 0 0	0 1 0 1 0 0 0	1 0 0 0 0 0 1
9	1 0 1 0 0	1 0 0 0 0 0 0 0 0 0	0 1 1 0 0 0 0	1 0 0 0 0 1 0

$2^5 = 32$ Zeichen gebildet werden; es werden jedoch nur 10 benutzt. Durch diese geringe Stellenausnutzung wird aber eine höhere Sicherheit gegen Übertragungsfehler erreicht. Bei einem (2 aus 5)-Code gilt nämlich für die Fehlererkennung:

Einfachfehler werden immer erkannt.

Doppelfehler werden nur erkannt, wenn sie einseitig (s. u.) sind.

Dreifachfehler werden als solche erkannt, wenn nur Verfälschungen von 0 in 1 vorliegen; sonst werden sie als Einfachfehler gewertet.

Das bedeutet, daß bei einem (2 aus 5)-Zeichen fünf verschiedene Einfachfehler, vier verschiedene einseitige Doppelfehler und ein 0-in-1-Dreifachfehler erkannt werden.

Unter einseitigen, gleichseitigen oder gleichgerichteten Fehlern versteht man solche, bei denen nur 0-in-1-Verfälschungen oder nur 1-in-0-Verfälschungen vorkommen. Die Betrachtung solcher Fehler ist interessant, da es Übertragungskanäle gibt, in denen sich Störungen nur in einer Richtung auswirken können. Bei solchen Kanälen werden mit Vorteil (*m* aus *n*)-Codes zur Sicherung angewendet.

Interessanterweise werden bei einem BCD-Code mit angehängtem Paritätsbit weniger Fehler erkannt als bei einem (2 aus 5)-Code, obwohl beide fünfstellig sind und von den möglichen 32 Zeichen nur 10 verwenden. Für einen BCD-Code mit Paritätsbit gilt:

Einfachfehler werden immer erkannt.

Doppelfehler werden nur erkannt, wenn sich durch sie ein nicht verwendetes Zeichen ergibt.

Dreifachfehler werden nicht erkannt, sondern nur als Einfachfehler gewertet.

Das bedeutet, daß bei einem durch Paritätsbit gesicherten BCD-Zeichen fünf verschiedene Einfachfehler, im Schnitt 3,4 Doppelfehler (je nach Zeichen 2 bis 5) und keine Dreifachfehler erkannt werden.

Beispiel 3.1. Welche Fehlerarten und wieviel Fehler jeder Art werden bei einem (3 aus 6)-Code erkannt?

Ein (3 aus 6)-Code hat das Gewicht 3, da von 6 Gesamtstellen stets 3 mit 1 besetzt sind. Einfachfehler führen zum Gewicht 2 oder 4 und werden daher erkannt. Bei 6 Gesamtstellen können 6 verschiedene Einfachfehler auftreten.

Doppelfehler können nur dann erkannt werden, wenn durch sie das Gewicht 3 verändert wird. Beidseitige Doppelfehler (aus einer 0-1- und einer 1-0-Verfälschung) verändern jedoch das Gewicht nicht und bleiben daher unerkannt. Einseitige Doppelfehler hingegen führen zum Gewicht 1 oder 5 und werden daher erkannt. Durch einen 0-1-Doppelfehler werden 2 von 3 Nullen in Einsen verfälscht. Es können also daher 3 verschiedene 0-1-Doppelfehler auftreten. Entsprechendes gilt für 1-0-Doppelfehler, so daß insgesamt 6 verschiedene einseitige Doppelfehler erkannt werden.

Dreifachfehler können als solche nur erkannt werden, wenn sie einseitig sind. Das gilt für einen 0-1- und einen 1-0-Dreifachfehler.

3.4.2 Fehlerkorrigierbare Codes

Sollen Fehler, die bei der Übertragung eines Zeichens entstanden sind, nicht nur erkannt, sondern auch korrigiert werden, so muß die Redundanz des Codes weiter erhöht werden. Am einfachsten wird dies erreicht, indem man fehlererkennbare Zeichen überträgt, die vom Empfänger überprüft werden. Stellt der Empfänger einen Fehler fest, fordert er den Sender zur Wiederholung des Zeichens auf. Der Sender muß daher stets abwarten, ob die Aufforderung zur Wiederholung kommt. Da er in dieser Zeit weitere Zeichen übertragen könnte, kann man deren Elemente zu den gesendeten Zeichen schlagen, wodurch sich die Redundanz des Codes vergrößert. Man nennt dieses Verfahren das Rückfrageverfahren. Um hierbei die Redundanz nicht übermäßig zu vergrößern, werden häufig mehrere Zeichen zu einem Block zusammengefaßt, der im ganzen empfangsseitig geprüft wird. Da bei diesem Verfahren die Gesamtübertragungszeit weder bekannt noch konstant ist, hat es eine geringere Bedeutung als die beiden anderen Verfahren, die im folgenden behandelt werden.

3.4.2.1 Blockverfahren. Beim Blockverfahren wird ein Block aus fehlererkennbaren Zeichen und einem zusätzlichen Prüfwort Y übertragen. Das Prüfwort wird so gebildet, daß der Block auch spaltenweise fehlererkennbar wird. Bei Ergänzung auf gerade Quersummen ergibt sich dabei automatisch, daß das Prüfwort selbst eine gerade Quersumme erhält und damit fehlererkennbar wird. Bild **3.14a** zeigt einen solchen Block, der die Dezimalzahl 741376 im Aiken-Code mit Prüfbit für gerade Quersumme überträgt. Bild **3.14b** zeigt denselben Block mit einem Übertragungsfehler in der dritten Zeile und der dritten Spalte. Dieser Fehler kann eindeutig lokalisiert und daher auch korrigiert wer-

```
7   1 1 0 1 1        1 1 0 1 1        1 1 0 1 1        1 1(1)1 1 ←
4   0 1 0 0 1        0 1 0 0 1        0 1 0 0 1        0 1 0(1)1 ←
1   0 0 0 1 1        0 0(1)1 1 ←     0(1)(1)1 1        0 0 0 1 1
3   0 0 1 1 0        0 0 1 1 0        0 0 1 1 0        0 0 1 1 0
7   1 1 0 1 1        1 1 0 1 1        1 1 0 1 1        1 1 0 1 1
6   1 1 0 0 0        1 1 0 0 0        1 1 0 0 0        1 1 0 0 0
Y   1 0 1 0 0        1 0 1 0 0        1 0 1 0 0        1 0 1 0 0
                              ↑              ↑ ↑              ↑ ↑
      a)             b)              c)              d)
```

3.14 Codekorrektur nach dem Blockverfahren
    a) fehlerfreier Block aus fehlererkennenden Zeichen und Prüfwort Y
    b) Block mit einem Fehler
    c) zwei Fehler in einer Zeile
    d) zwei Fehler in verschiedenen Zeilen und Spalten

den. Treten zwei Übertragungsfehler auf, so kann der Block nur als fehlerhaft erkannt, eine Korrektur jedoch nicht mehr ausgeführt werden, wie die Bilder 3.14 c und 3.14 d zeigen.

3.4.2.2 Hamming-Codes. Eine andere Art der Fehlerkorrektur bei Codes hat Hamming angegeben. Bei seinem Verfahren können Fehler in einem einzelnen Zeichen korrigiert werden. Man spricht daher von Hamming-Codes oder von Codes mit korrigierbaren Einzelzeichen.

Beim Blockverfahren kann ein Fehler dadurch lokalisiert werden, daß jedes einzelne Bit des Blocks in zwei Prüfvorgängen erfaßt wird. Soll in einem einzelnen Zeichen ein Fehler korrigiert werden können, so muß auch bei ihm jedes einzelne informationstragende Bit zweimal überprüft werden. Das erfordert aber mehr als nur eine zusätzliche Prüfstelle. Schon bei einem einzigen informationstragenden Bit müssen zwei zusätzliche Prüfstellen aufgewendet werden, um festzustellen, ob dieses Bit oder eines der beiden Prüfbits bei der Übertragung verfälscht wurde. Wird nämlich nur ein Prüfbit hinzugefügt, dann kann bei einem Übertragungsfehler nicht festgestellt werden, ob das informationstragende Bit oder das Prüfbit verfälscht wurde. Werden jedoch zwei Prüfbits angehängt, die beide getrennt auf eine vereinbarte Quersumme ergänzen, dann muß die empfangsseitige Überprüfung mit beiden Prüfbits eine Abweichung von der vereinbarten Quersumme ergeben, wenn das Informationsbit verfälscht wurde. Ist hingegen nur ein Prüfergebnis falsch, so kann nur das für diese Überprüfung zuständige Prüfbit verfälscht worden sein. Setzt man die Prüfbits an die erste und zweite und das Informationsbit an die dritte Stelle von rechts, so ergeben sich folgende Möglichkeiten für die richtige und die einfehlerbehaftete Übertragung des Zeichens 111, das durch die Prüfbits auf gerade Quersumme ergänzt wurde.

    111   richtig; denn 1. und 3. Stelle ergeben gerade Quersumme, und 2. und 3. Stelle ergeben ebenfalls gerade Quersumme.

    110   1. Prüfstelle falsch; denn 1. und 3. Stelle ergeben ungerade Quersumme, 2. und 3. Stelle jedoch gerade Quersumme.

101   2. Prüfstelle falsch; denn 1. und 3. Stelle ergeben gerade, 2. und
3. Stelle jedoch ungerade Quersumme.

011   Informationsbit falsch; denn 1. und 3. Stelle sowie 2. und
3. Stelle ergeben ungerade Quersumme.

Besteht das zunächst noch ungesicherte informationstragende Zeichen aus mehreren Bits, so müssen mehr als zwei Prüfstellen angefügt werden. Auch dann gilt, daß bei der Verfälschung eines Prüfbits nur ein Prüfergebnis falsch sein kann, während bei der Verfälschung eines Informationsbits mindestens zwei Prüfergebnisse falsch sein müssen. Sollen die nebeneinander geschriebenen Prüfergebnisse als Dualzahl gelesen die Stelle im Zeichen angeben, die verfälscht wurde, so müssen die Prüfbits auf die Stellen kommen, die sich aus Dualzahlen mit nur einer 1 ergeben, also auf die Stellen 1, 2, 4, 8, 16 usw. Die informationstragenden Stellen werden dazwischen gereiht, und zwar in aufsteigender Reihenfolge. Um festzustellen, welche informationstragende Stelle (m) von welcher Prüfstelle (k) geprüft werden muß, stellt man die Fehlertabelle auf, in der mit den Prüfstellen alle Dualzahlen gebildet werden, die möglich sind, und ordnet diesen Dualzahlen die Gesamtstellen (n) zu. (Tafel 3.15 zeigt die Fehlertabelle von drei Prüfstellen.) Nun sucht man unter den einzelnen Prüfbits in der Fehlertabelle die Zeilen heraus, in denen eine 1 steht. Die in diesen Zeilen stehenden informationstragenden Stellen müssen von den betreffenden Prüfbits ergänzt werden. Aus Tafel 3.15 ergibt sich bei vier informationstragenden Stellen:

$$k_1 \text{ ergänzt } m_1, m_2, m_4;$$

$$k_2 \text{ ergänzt } m_1, m_3, m_4;$$

$$k_3 \text{ ergänzt } m_2, m_3, m_4.$$

Es stellt sich noch die Frage, wieviel Prüfstellen k benötigt werden, um ein Zeichen aus m informationstragenden Stellen korrigierbar zu machen. Für die Gesamtstellenzahl gilt

$$n = m + k. \tag{3.4}$$

Tafel **3.**15 Fehlertabelle von drei Prüfstellen

	k_3	k_2	k_1	
	0	0	0	kein Fehler
$n_1:k_1$	0	0	1	Fehler in Stelle n_1, also k_1 falsch
$n_2:k_2$	0	1	0	Fehler in Stelle n_2, also k_2 falsch
$n_3:m_1$	0	1	1	Fehler in Stelle n_3, also m_1 falsch
$n_4:k_3$	1	0	0	Fehler in Stelle n_4, also k_3 falsch
$n_5:m_2$	1	0	1	Fehler in Stelle n_5, also m_2 falsch
$n_6:m_3$	1	1	0	Fehler in Stelle n_6, also m_3 falsch
$n_7:m_4$	1	1	1	Fehler in Stelle n_7, also m_4 falsch

Aufgrund der Fehlertabelle ergibt sich, daß mit den k Prüfstellen im Dualen bis n gezählt werden muß. Daraus folgt

$$2^k - 1 \geqq m + k = n, \tag{3.5}$$

bzw.

$$2^k - k \geqq m + 1. \tag{3.6}$$

Die Auswertung von Gl. (3.6) ist in Tafel **3.16** angegeben.

Tafel **3.16** Auswertung von Gl. (3.6)

m	1	2 3 4	5 6 7 8 9 10 11	12 13 ...... 25 26	27 28 ....
k	2	3	4	5	6
n	3	5 6 7	9 10 11 12 13 14 15	17 18 ...... 30 31	33 34 ....

Beispiel 3.2. Der vierstellige Dualcode soll durch zusätzliche Prüfstellen, die auf gerade Quersumme ergänzen, ein-Fehler-korrigierbar gemacht werden.

Nach Gl. (3.6) bzw. Tafel **3.16** werden drei Prüfstellen benötigt. Sie kommen auf die Gesamtstellen n_1, n_2 und n_4 und die informationstragenden Stellen auf n_3, n_5, n_6 und n_7. Die Auswertung von Tafel **3.15** ergibt:

k_1 ergänzt die Stellen m_1, m_2, m_4 auf gerade Quersumme;

k_2 ergänzt die Stellen m_1, m_3, m_4 auf gerade Quersumme;

k_3 ergänzt die Stellen m_2, m_3, m_4 auf gerade Quersumme.

Hiermit erhält man den in Tafel **3.17** wiedergegebenen Code.

Tafel **3.17** Ein-Fehler-korrigierbarer Code mit vier dual bewerteten Informationsstellen (m_1 bis m_4) und drei Prüfstellen (k_1 bis k_3), die auf gerade Quersumme ergänzen

| n_7 | n_6 | n_5 | n_4 | n_3 | n_2 | n_1 | n_7 | n_6 | n_5 | n_4 | n_3 | n_2 | n_1 |
m_4	m_3	m_2	k_3	m_1	k_2	k_1	m_4	m_3	m_2	k_3	m_1	k_2	k_1
0	0	0	0	0	0	0	1	0	0	1	0	1	1
0	0	0	0	1	1	1	1	0	0	1	1	0	0
0	0	1	1	0	0	1	1	0	1	0	0	1	0
0	0	1	1	1	1	0	1	0	1	0	1	0	1
0	1	0	1	0	1	0	1	1	0	0	0	0	1
0	1	0	1	1	0	1	1	1	0	0	1	1	0
0	1	1	0	0	1	1	1	1	1	1	0	0	0
0	1	1	0	1	0	0	1	1	1	1	1	1	1

Beispiel 3.3. In einem gestörten Übertragungskanal werden Zeichen des im Beispiel 3.2 aufgestellten ein-Fehler-korrigierbaren Dualcodes übertragen. Es wird das Zeichen 0010100 empfangen. Welcher Dezimalwert wurde gesendet?

Die empfangsseitige Überprüfung von $m_4 = 0$, $m_3 = 0$, $m_2 = 1$ und $k_3 = 0$ ergibt eine ungerade Quersumme, also im Prüfergebnis eine 1; dasselbe gilt für $m_4 = 0$, $m_3 = 0$, $m_1 = 1$ und $k_2 = 0$. Das Prüfergebnis von $m_4 = 0$, $m_2 = 1$, $m_1 = 1$ und $k_1 = 0$ hingegen ist geradzahlig. Die Prüfergebnisse als Dualzahl geschrieben ergeben 110, was der Dezimalzahl 6 entspricht. Also ist die Stelle $n_6 = m_3$ verfälscht. Die dort befindliche 0 muß invertiert werden. Somit ergibt sich nach der Korrektur mit den informationstragenden Stellen das Zeichen 0111, das dem Dezimalwert 7 entspricht.

Bei dieser Art der Codesicherung darf nur ein Fehler auftreten, der dann auch korrigiert werden kann. Treten zwei Fehler auf, so werden sie nur als ein Fehler gewertet, der jedoch an einer anderen Stelle liegt. Das soll am Beispiel des Zeichens 1010010 gezeigt werden. Tritt bei der Übertragung nur ein Fehler auf, der z. B. die fünfte Stelle von 1 nach 0 verfälscht, wird also 1000010 empfangen, dann ergibt die Überprüfung das Ergebnis 101, was bedeutet, daß die fünfte Stelle verfälscht ist. Nach der Inversion dieser Stelle erhält man wieder das ursprüngliche Zeichen. Wird nun außer der fünften auch noch die vierte Stelle verfälscht, also 1001010 empfangen, dann lautet das Prüfergebnis 001, was bedeutet, daß die erste Stelle verfälscht ist. Bei der Korrektur wird nun zu den zwei Fehlern ein weiterer hinzugefügt, wodurch sich wieder ein zulässiges Zeichen ergibt. Durch die zwei Fehler hat das empfangene Zeichen 1001010 mehr Ähnlichkeit mit dem Zeichen 1001011 erhalten, in das es dann korrigiert wird. Man spricht deshalb bei dieser Art der Codekorrektur auch von der Ähnlichkeitskorrektur.

3.5 Alphanumerische Codes

Alphanumerische Codes sind Codes für Buchstaben, Ziffern und Sonderzeichen, wie sie in der Maschinensteuerung, im internationalen Fernschreibbetrieb und in der Datenverarbeitung gebraucht werden. Da diese Codes früher häufig auf Lochkarten oder Lochstreifen gespeichert wurden, werden sie auch Lochkarten- und Lochstreifen-Codes genannt.

Bild 3.18 zeigt eine 80-spaltige Lochkarte mit dem nach DIN 66 006 genormten Zeichen für die Programmierung von Digitalrechnern in ALGOL. Auf ihr werden Ziffern durch eine Lochung in den Zeilen 0 bis 9, Buchstaben durch zwei Lochungen, und zwar eine in den Zeilen 1 bis 9 und die zweite in den Zeilen

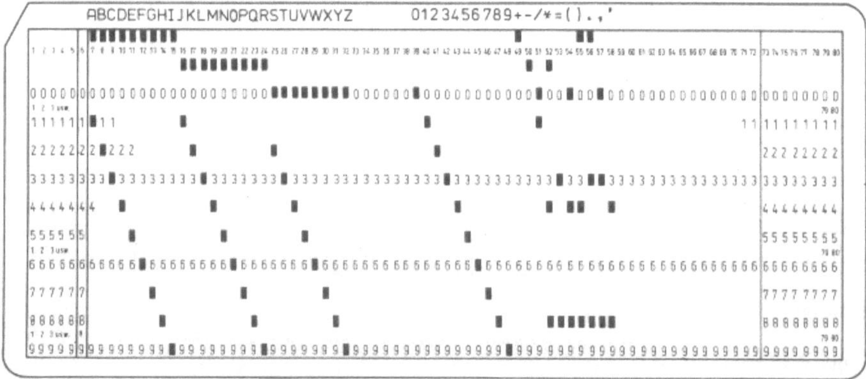

3.18 80-spaltige Lochkarte mit Code für ALGOL-Programmierung

12, 11 oder 0, sowie Sonderzeichen durch unterschiedliche Anzahl von Lochungen codiert.

Es gibt weitere Lochkarten, die unterschiedlich codiert sind. Gemeinsam für die meisten Lochkarten ist ihre Aufteilung in 12 Zeilen, wohingegen die Spaltenzahl unterschiedlich ist und zwischen 21 und 160 variiert.

Der oben gezeigte Lochkarten-Code ist ein 12-Bit-Code, mit dem bei voller Ausnutzung aller Bits $2^{12} = 4096$ verschiedene Zeichen codiert werden könnten. Es sind hier jedoch nur 46 Zeichen codiert. Für Sonderzwecke werden häufig noch 10 bis 18 weitere Codierungen benutzt. Bei insgesamt 64 Zeichen genügen jedoch 6 Bit. Dafür wurde der Standard-BCD-Universal-Code geschaffen. Tafel **3.**19 zeigt diesen Code. Aus Platzgründen sind die Kombinationen

Tafel **3.**19 Standard-BCD-Universal-Code

n_4 n_3 n_2 n_1	0 0	1 0	0 1	1 1	n_5 n_6
0 0 0 0	ZW		–	+	
0 0 0 1	1	/	J	A	
0 0 1 0	2	S	K	B	
0 0 1 1	3	T	L	C	
0 1 0 0	4	U	M	D	
0 1 0 1	5	V	N	E	
0 1 1 0	6	W	O	F	
0 1 1 1	7	X	P	G	
1 0 0 0	8	Y	Q	H	
1 0 0 1	9	Z	R	I	
1 0 1 0	0				
1 0 1 1	=				
1 1 0 0	'	(	*	)	
1 1 0 1					
1 1 1 0					
1 1 1 1					

mit den binären Stellen n_1 bis n_6 nicht fortlaufend untereinander, sondern flächig angeordnet. Die Codierung eines Zeichens entspricht also der Zeilen- und der Spaltencodierung. Für den Buchstaben A gilt daher A = 110001. Dem Standard-BCD-Universal-Code wird meist noch ein siebentes, hier nicht gezeigtes Bit angehängt, das die Zeichen auf gerade Parität ergänzt.

Um auch Kleinbuchstaben darstellen zu können, wurde der achtstellige EBCDI-Code (Extended-BCD-Interchange-Code) geschaffen. Mit seinen acht Stellen n_1 bis n_8 lassen sich 256 verschiedene Zeichen codieren. Das sind weit mehr als gebraucht werden, so daß noch viele Codierungen für Steueraufgaben zur Verfügung stehen (Tafel 3.20).

Speziell für den Datenaustausch zwischen verschiedenen Datenverarbeitungsanlagen oder Teilen von solchen wurde der ASCII-Code (American Stan-

Tafel **3.**20 EBCDI-Code mit Codierungen für Klein- und Großbuchstaben, Ziffern sowie Sonderzeichen

$n_4\,n_3\,n_2\,n_1$																	
	0	1	0	1	0	1	0	1	0	1	0	1	0	1	0	1	n_5
	0	0	1	1	0	0	1	1	0	0	1	1	0	0	1	1	n_6
	0	0	0	0	1	1	1	1	0	0	0	0	1	1	1	1	n_7
	0	0	0	0	0	0	0	0	1	1	1	1	1	1	1	1	n_8
0 0 0 0					ZW	&	–									0	
0 0 0 1							/		a	j			A	J		1	
0 0 1 0									b	k	s		B	K	S	2	
0 0 1 1									c	l	t		C	L	T	3	
0 1 0 0									d	m	u		D	M	U	4	
0 1 0 1									e	n	v		E	N	V	5	
0 1 1 0									f	o	w		F	O	W	6	
0 1 1 1									g	p	x		G	P	X	7	
1 0 0 0									h	q	y		H	Q	Y	8	
1 0 0 1									i	r	z		I	R	Z	9	
1 0 1 0					¢	!		:									
1 0 1 1					.	$	,	#									
1 1 0 0					<	×	%										
1 1 0 1					(	)	—	'									
1 1 1 0					+	;	>	=									
1 1 1 1					|	¬	?	"									

dard Code of Information Interchange) geschaffen. Er ist ein 8-Bit-Code, bei dem das 8. Bit die übrigen sieben Informationsbits auf gerade Quersumme ergänzt. Im Unterschied zum EBCDI-Code sind beim ASCII-Code die Buchstaben durch eine fortlaufende Folge von Binärzeichen codiert. Tafel **3.**21 zeigt

Tafel **3.**21 ASCII-Code ohne Paritätsbit

$n_4\,n_3\,n_2\,n_1$									
	0	1	0	1	0	1	0	1	n_5
	0	0	1	1	0	0	1	1	n_6
	0	0	0	0	1	1	1	1	n_7
0 0 0 0	NUL	DLE	SP	0	@	P	`	p	
0 0 0 1	SOH	DC1	!	1	A	Q	a	q	
0 0 1 0	STX	DC2	"	2	B	R	b	r	
0 0 1 1	ETX	DC3	#	3	C	S	c	s	
0 1 0 0	EOT	DC4	$	4	D	T	d	t	
0 1 0 1	ENQ	NAK	%	5	E	U	e	u	
0 1 1 0	ACK	SYN	&	6	F	V	f	v	
0 1 1 1	BEL	ETB	'	7	G	W	g	w	
1 0 0 0	BS	CAN	(	8	H	X	h	x	
1 0 0 1	HT	EM	)	9	I	Y	i	y	
1 0 1 0	LF	SUB	*	:	J	Z	j	z	
1 0 1 1	VT	ESC	+	;	K	[	k	{	
1 1 0 0	FF	FS	,	<	L	\	l	|	
1 1 0 1	CR	GS	–	=	M	]	m	}	
1 1 1 0	SD	RS	.	>	N	^	n	~	
1 1 1 1	SI	US	/	?	O	_	o	DEL	

den ASCII-Code ohne das Paritätsbit, Tafel **3.**22 erklärt die Steuerbefehle, bei denen es Übertragungs- (Ü), Format- (F) und Trenn- (T) Befehle gibt.

Der Fernschreib-Code CCIT Nr. 2, auch Baudot-Code genannt, wurde 1932 vom Comité Consultatif International Télégraphique, dem internationalen beratenden Telegraphen-Comite in Paris, für den internationalen Fernschreibbetrieb festgelegt. Er ist ein Fünf-Bit-Code. Grundsätzlich sind mit fünf Bit nur $2^5 = 32$ Zeichen darstellbar. Will man neben den 26 Buchstaben noch die 10 Ziffern 0 bis 9 sowie etwa 12 Sonderzeichen (Satzzeichen, +, −, (,), /), also insgesamt 48 Zeichen darstellen, so ist das nicht direkt möglich. Man kann nun diese 48 Zeichen in zwei Gruppen aufteilen und den einzelnen Fünf-Bit-Kombinationen je ein Zeichen aus der ersten und aus der zweiten Gruppe zuordnen. Dadurch wird aber der Code nicht direkt umkehrbar. Man muß nun zusätzliche Fünf-Bit-Zeichen festlegen, die angeben, ob es sich bei den folgenden

Tafel **3.**22 Erklärung der Steuerbefehle des ASCII-Codes

Befehl	Art	Bedeutung englisch	Bedeutung deutsch
NUL		Null	Null (nichts)
SOH	Ü	Start of Heading	Anfang des Kopfes
STX	Ü	Start of Text	Anfang des Textes
ETX	Ü	End of Text	Ende des Textes
EOT	Ü	End of Transmission	Ende der Übertragung
ENQ	Ü	Enquiry	Anfrage
ACK	Ü	Acknowledge	Bestätigung
BEL	Ü	Bell	Klingel
BS	F	Back Space	Rückwärtsschritt
HT	F	Horizontal Tabulation	Horizontal-Tabulator
LF	F	Line Feed	Zeilenvorschub
VT	F	Vertical Tabulation	Vertikal-Tabulator
FF	F	Form Feed	Formularvorschub
CR	F	Carriage Return	Wagenrücklauf
SO	F	Shift Out	Ausrücken
SI	F	Shift In	Einrücken
DLE	Ü	Data Link Escape	Datenübertragungsumschaltung
DC	Ü	Device Control	Gerätesteuerung
NAK	Ü	Negative Acknowledge	Fehlermeldung
SYN	Ü	Synchronous Idle	Synchronisierung
ETB	Ü	End of Transmission Block	Ende des Übertragungsblocks
CAN	Ü	Cancel	Widerruf
EM	Ü	End of Medium	Ende der Aufzeichnung
SUB	Ü	Substitute Character	Substitution
ESC	Ü	Escape	Umschaltung
FS	T	File Separator	Block-Trennung
GS	T	Group Separator	Gruppen-Trennung
RS	T	Record Separator	Listen-Trennung
US	T	Unit Separator	Teilgruppen-Trennung
SP	F	Space	Zwischenraum
DEL	Ü	Delete	Löschen

Codierungen um Zeichen aus der ersten oder der zweiten Gruppe handelt.
Diese zusätzlichen Fünf-Bit-Zeichen müssen eindeutig belegt sein.

Beim Fernschreib-Code CCIT Nr. 2 (Bild **3**.23) umfaßt die erste Gruppe die
Buchstaben, die zweite die Ziffern und die Sonderzeichen. Entsprechend gibt
es die eindeutige Belegung für Buchstabenumschaltung (bei der Fernschreib-
maschine werden nur die Buchstabentasten freigegeben) und für Ziffernumschaltung (nur die Tasten der Ziffern und der Sonderzeichen werden freigegeben). Weitere eindeutige Belegungen sind für den Wagenrücklauf, den Zeilenvorschub und den Zwischenraum festgelegt. Das Zeichen für die Buchstabenumschaltung besteht aus fünf Einsen (Löchern) und wird daher auch benutzt,
um falsche Lochungen zu löschen.

CCIT-Nr.	32	5	28	31	27	20	1	9	14	15	19	18	8	4	12	26	21	3	13	6	7	10	16	23	2	25	11	22	24	30	17	29
5er Schrittgruppe / Transportlöcher — 1		●					●				●			●		●	●			●		●		●	●	●	●		●	●	●	●
2			●				●	●				●			●		●	●			●	●	●	●			●	●		●	●	●
Transportlöcher	○	○	○	○	○	○	○	○	○	○	○	○	○	○	○	○	○	○	○	○	○	○	○	○	○	○	○	○	○	○	○	○
3				●				●	●		●		●				●	●	●	●			●			●	●	●	●		●	●
4					●				●	●		●		●				●	●	●	●	●			●		●	●	●	●		●
5						●				●			●		●	●			●		●		●	●	●	●		●	●	●	●	●
ZSC 3 (Bu)	⊖	E	≡	ZWR	<	T	A	I	N	O	S	R	H	D	L	Z	U	C	M	F	G	J	P	W	B	Y	K	V	X	Zi	Q	Bu
ZSC 3 (Zi)	⊖	−	≡	ZWR	<	.	+	Ω	,	%	‰	/	*	✠	)	µ	1	8	7	4	0	2	9	3	6	5	(	=	±		□	
CCIT-Nr. 2 (Bu)	⊖	E	≡	ZWR	<	T	A	I	N	O	S	R	H	D	L	Z	U	C	M	F	G	J	P	W	B	Y	K	V	X	Zi	Q	Bu
CCIT-Nr. 2 (Zi)	⊖	3	≡	ZWR	<	5	−	8	,	9	'	4	▼	✠	)	+	7	:	·	▼	▼	🔔	0	2	?	6	(	=	/		1	

✠ wer da?   ⊖ unbenutzt   ≡ Zeilenvorschub   1 (Zi) Ziffernumschaltung   ZWR Zwischenraum
🔔 Klingel   < Wagenrücklauf   A (Bu) Buchstabenumschaltung   ▼ frei für Sonderzeichen

3.23 Fernschreib-Code CCIT Nr. 2 und Ziffernsicherungs-Code Nr. 3

Der Fernschreib-Code hat keine Redundanz und ist daher gegen Übertragungsfehler nicht gesichert. Um zumindest bei der Datenfernübertragung eine
gewisse Sicherheit gegenüber Störungen zu erzielen, hat man aus dem Fernschreib-Code den Ziffernsicherungs-Code gebildet. Bei dem ebenfalls in Bild
3.23 dargestellten Z i f f e r n s i c h e r u n g s - C o d e   N r . 3 (ZSC 3) werden die Ziffern den zehn Zeichen mit je drei Einsen zugeordnet. Diese Zeichen sind
gleichgewichtig und damit ein-Fehler-erkennbar. Die Buchstabenbelegung ist
dieselbe wie beim interstaatlichen Telegraphenalphabet CCIT Nr. 2.

4 Schaltalgebra

4.1 Grundlagen

In der Digitaltechnik wird überwiegend mit Schaltungen aus gesteuerten elektronischen oder elektromechanischen Schaltern gearbeitet, die binäres Verhalten haben. Für den Ausgang solcher Binärschaltungen lassen sich stets Bedingungen angeben, wann das eine und wann das andere binäre Signal ansteht. Diese Bedingungen sind für die Grundschaltungen der Digitaltechnik einfache logische Zusammenhänge wie „und", „oder", „nicht", „weder-noch", „gleich", „ungleich". Daher werden diese Verknüpfungsschaltungen auch logische Schaltungen genannt. Da sprachliche Formulierungen bisweilen den Nachteil der Mehrdeutigkeit haben, was zu Mißverständnissen Anlaß geben kann, hat man nach einer mathematischen Beschreibung für Verknüpfungsvorgänge gesucht und sie in der Schaltalgebra gefunden.

Die Schaltalgebra baut auf der von dem englischen Mathematiker Georg Boole im Jahre 1847 gefundenen Algebra der Logik auf, die nach ihm auch Boolesche Algebra genannt wird. Sie gestattet es, logische Zusammenhänge rechnerisch zu erfassen. Shannon hat diese Algebra erstmalig zum Berechnen von Verknüpfungsschaltungen benutzt und sie dafür weiterentwickelt. In dieser weiterentwickelten Form spricht man heute von Schaltalgebra oder logischer Algebra. Formell soll in diesem Buche die Schaltalgebra von der gewöhnlichen Algebra dadurch unterschieden werden, daß die Variablen mit dem Buchstaben e und die Funktionen mit dem Buchstaben a bezeichnet werden. Verschiedene Variable oder Funktionen unterscheiden sich durch verschiedene Indizes (e_1, e_2, ... e_n; a_1, a_2, ... a_n). Diese Buchstabenwahl soll bereits verdeutlichen, daß die Variablen e Eingangsgrößen und die Funktionen a Ausgangsgrößen von Verknüpfungsschaltungen sind.

Der eigentliche Unterschied zwischen der gewöhnlichen und der Schaltalgebra liegt jedoch in den Variablen selbst. In der gewöhnlichen Algebra kann eine Variable unendlich viele Werte (von $-\infty$ bis $+\infty$) annehmen, in der Schaltalgebra jedoch nur zwei (0 und 1). Während man in der gewöhnlichen Algebra aus der Ungleichung $x \neq 5$ nur entnehmen kann, daß x alle Werte bis auf 5 haben kann, führt in der Schaltalgebra die Angabe $e \neq 0$ zwangsläufig zu $e = 1$. Die Ungleichung bzw. die Negation bringt also in der Schaltalgebra wegen des binären Charakters der Variablen eindeutige Aussagen. Ein weiterer Unterschied zur gewöhnlichen Algebra liegt darin, daß in der Schaltalgebra mit end-

lich vielen Variablen auch nur endlich viele Funktionen gebildet werden können, während in der gewöhnlichen Algebra bereits mit einer Variablen unendlich viele Funktionen gebildet werden können.

4.2 Funktionen der Schaltalgebra

Die in der Schaltalgebra beschriebenen Zusammenhänge zwischen den binären
Variablen und den von ihnen abhängigen Größen bezeichnet man analog zur
gewöhnlichen Algebra ebenfalls als Funktionen. Für die Variablen und die
Funktionen stehen allerdings nur die beiden binären Werte 0 und 1 zur Verfügung, Variablen und Funktionen sind also binär. Der funktionelle Zusammenhang zwischen den Variablen und der von ihnen abhängigen Funktionsgröße
besteht darin, daß jeder Variablenkombination ein Funktionswert zugeordnet ist.

4.2.1 Funktionstabelle

Der in einer Verknüpfungsfunktion ausgedrückte Zusammenhang zwischen
den Variablen und der von ihnen abhängigen Verknüpfungsgröße läßt sich in
Form einer Tabelle darstellen. Diese Tabelle wird Funktionstabelle oder
Wahrheitstabelle genannt. In dieser Tabelle sind alle Variablenkombinationen aufgeführt, und jeder Kombination ist der ihr entsprechende Funktionswert zugeordnet. Soll z. B. das Schaltverhalten von zwei in Reihe liegenden Ar-
beitskontakten beschrieben werden, so stellt man eine Tabelle mit zwei Variablen auf. Die Variablen werden bei geschlossenem Kontakt mit 1 und bei geöffnetem Kontakt mit 0 besetzt. Die Funktionsgröße soll 1 werden, wenn zwischen den beiden Endpunkten A und E der Kontaktreihenschaltung eine leitende Verbindung besteht. Man erhält so die in Bild **4.1** neben den Kontakten
angegebene Tabelle, die das logische „UND" ausdrückt; denn die Funktion a
wird dann und nur dann 1, wenn e_1 und e_2 gleichzeitig 1 werden.

e_1	0	1	0	1
e_2	0	0	1	1
a	0	0	0	1

4.1
Kontaktreihenschaltung (a)
mit zugehöriger Funktionstabelle (b)

Schaltalgebraische Funktionen werden häufig in einer Kurzform der Art a_ν^n angegeben (gesprochen $a \, v \, n$, also z. B. a_3^2 als „a drei zwei"). Hierbei bezeichnet
die Hochzahl n die an der Funktion beteiligten Variablen. Der Index ν ergibt
sich aus der Funktionstabelle, wenn man die Ziffernfolge der Funktionszeile a
als Dualzahl auffaßt und diese in eine Dezimalzahl umwandelt. Voraussetzung
für die Eindeutigkeit dieses Index ν ist jedoch, daß im Kopf der Funktionstabelle die Variablen nach fortlaufendem Index untereinander angesetzt und mit
ihnen von links nach rechts aufsteigend alle Dualzahlen gebildet werden.

Beispiel 4.1. Für die Funktion a^3_{112} ist die Funktionstabelle anzugeben.

Die Hochzahl 3 gibt an, daß es sich um eine Funktion von drei Variablen handelt. Mit drei Variablen lassen sich $2^3 = 8$ verschiedene Kombinationen bilden, denen 0- oder 1-Werte der Funktion zugeordnet sind. Um die 0-1-Belegung der Variablenkombinationen zu erhalten, muß man die Dezimalzahl 112 in eine achtstellige Dualzahl umwandeln. Da $112_{dez} \triangleq 1110000_{dual}$ nur eine siebenstellige Dualzahl ergibt, muß noch eine führende 0 vorgesetzt werden. Man erhält 01110000. Dieser Wert wird nun als Funktionszeile in die Funktionstabelle (Tafel 4.2) eingesetzt.

Tafel **4**.2 Funktionstabelle der
Funktion a^3_{112}

e_1	0 1 0 1 0 1 0 1
e_2	0 0 1 1 0 0 1 1
e_3	0 0 0 0 1 1 1 1
a	0 1 1 1 0 0 0 0

4.2.2 Funktionen von einer Binärvariablen

Mit einer Binärvariablen lassen sich $2^{(2^1)} = 4$ verschiedene Funktionen bilden, die in Tafel 4.3 aufgeführt sind. Die Funktionen sind dort mit ihrer Kurzform, der Funktionstabelle, der Bezeichnung für den Funktionstyp, der logischen Bedeutung, der algebraischen Schreibweise, dem Schaltzeichen und einer Kontaktanordnung angegeben. Bei der logischen Bedeutung wird versucht, die Funktion durch Worte des täglichen Sprachgebrauchs auszudrücken, während die algebraische Schreibweise die mathematische Darstellung der Funktion ist. Die Schaltzeichen sind DIN 40 700 entnommen. Die letzte Spalte der Tafel bringt als Beispiel einer technischen Realisierung die Kontaktanordnung einer

Tafel **4**.3 Funktionen von einer Binärvariablen

Signal	Wert	Funktionstyp	logische Bedeutung	algebraische Schreibweise	Schaltzeichen	Kontaktanordnung
e	0 1					
a^1_0	0 0	Nullfunktion	nie	$a = 0$		
a^1_1	0 1	Variablenfunktion		$a = e$		
a^1_2	1 0	Negation	nicht	$a = \bar{e}$		
a^1_3	1 1	Einsfunktion	immer	$a = 1$		

Relaisschaltung. Die Relais ziehen an, wenn die Variable mit 1 besetzt ist. Die Kontaktanordnung stellt zwischen beiden Endpunkten eine leitende Verbindung her, wenn die Funktion 1 wird.

Die Funktionen a_0^1 und a_3^1 sind trivial und ohne Bedeutung, da sie konstante Werte darstellen. Uninteressant scheint die Funktion a_1^1 zu sein, weil mit der Variablen keine Veränderung vorgenommen wird. Bedeutung hat sie jedoch als Darstellung der Leistungsverstärkung in der digitalen Verarbeitungstechnik. Logisch interessant ist die Funktion a_2^1, die Negation bzw. Inversion. Sie wird schaltalgebraisch durch einen Strich über der Variablen dargestellt. Die Gleichung

$$a = \bar{e}$$

wird „a gleich nicht e" gesprochen.

4.2.3 Funktionen von zwei Binärvariablen

Mit zwei Binärvariablen lassen sich $2^{(2^2)} = 16$ Funktionen bilden, die in Tafel 4.4 zusammengestellt sind. Die Funktionen a_0^2 und a_{15}^2 sind wiederum ohne Bedeutung, da sie konstante Werte darstellen. a_3^2, a_5^2, a_{10}^2 und a_{12}^2 sind nur Funktionen von einer Veränderlichen und bilden die Variablen direkt (a_3^2 und a_5^2) oder negiert (a_{10}^2 und a_{12}^2) ab. Es bleiben noch zehn echte Funktionen der beiden Variablen übrig, und zwar

vier Konjunktionen	$a_1^2, a_2^2, a_4^2, a_8^2,$
vier Disjunktionen	$a_7^2, a_{11}^2, a_{13}^2, a_{14}^2,$
die Äquivalenz	$a_9^2,$
das exklusive ODER bzw. die Antivalenz	$a_6^2.$

Konjunktion. Die Konjunktion ist die Funktion, die das logische „UND" realisiert. Sie wird dann und nur dann 1, wenn alle miteinander verbundenen Größen 1 werden. Unter einer Größe wird hierbei eine bejahte oder eine verneinte Variable verstanden. Die Funktionszeile enthält nur eine 1. Als Funktionsgleichung schreibt man

$$a = e_1 \cdot e_2 \quad \text{bzw.} \quad a = e_1 \wedge e_2.$$

Man spricht diese Gleichung „a gleich e_1 und e_2". Das früher gebräuchliche & ist in der Schaltalgebra nicht mehr zugelassen. Es wird allerdings als Funktionskennzeichen im Schaltzeichen benutzt. Die Konjunktion kann für beliebig viele Binärvariablen erweitert werden.

Disjunktion. Die Disjunktion ist die Funktion, die das logische „ODER" mit einschließender Wirkung, das „inklusive ODER" realisiert. Sie wird immer dann 1, wenn eine der miteinander verbundenen Größen 1 wird. Die Funk-

Tafel **4.4** Funktionen von zwei Binärvariablen

Si-gnal	Wert	Funktions-typ	logische Bedeutung	algebraische Schreibweise	Schaltzeichen	Kontakt-anordnung
e_1	0 1 0 1					
e_2	0 0 1 1					
a_0^2	0 0 0 0	Null-funktion	nie	0		
a_1^2	0 0 0 1	Konjunktion; UND	und	$e_1 \cdot e_2$	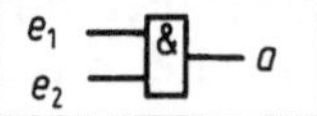	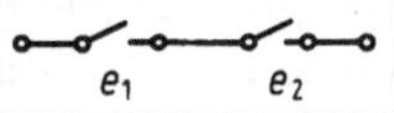
a_2^2	0 0 1 0	Konjunktion	nicht-und	$\overline{e_1} \cdot e_2$	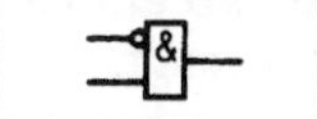	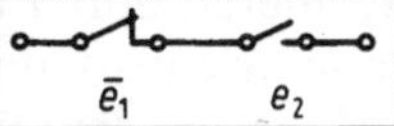
a_3^2	0 0 1 1	Variable		e_2	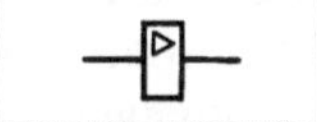	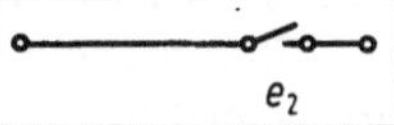
a_4^2	0 1 0 0	Konjunktion	und nicht	$e_1 \cdot \overline{e_2}$	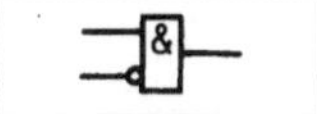	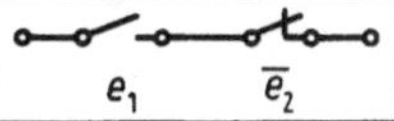
a_5^2	0 1 0 1	Variable		e_1	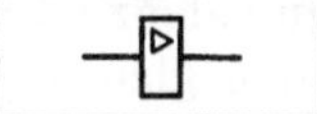	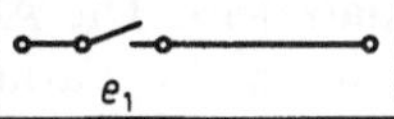
a_6^2	0 1 1 0	Antivalenz; exklusives ODER	ungleich; oder	$e_1 \leftrightarrow\!\!\!/\ e_2$	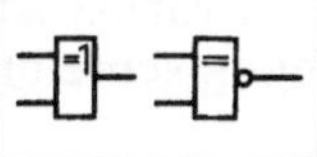	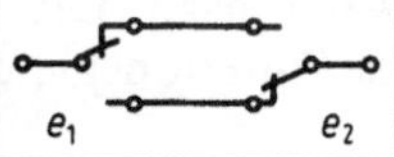
a_7^2	0 1 1 1	Disjunktion; inklusives ODER	oder	$e_1 \vee e_2$	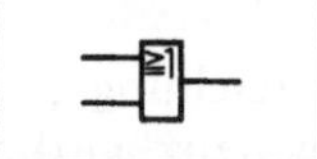	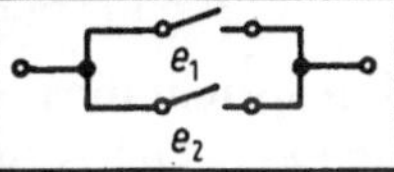
a_8^2	1 0 0 0	Konjunktion; NOR	weder-noch	$\overline{e_1} \cdot \overline{e_2} = \overline{e_1 \vee e_2}$	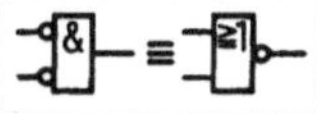	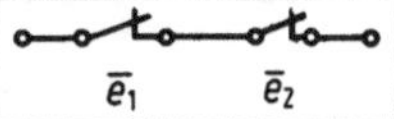
a_9^2	1 0 0 1	Äquivalenz	gleich	$e_1 \leftrightarrow e_2$	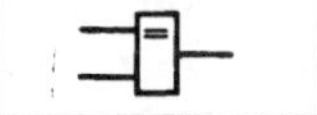	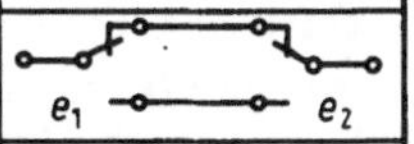
a_{10}^2	1 0 1 0	Negation	nicht	$\overline{e_1}$	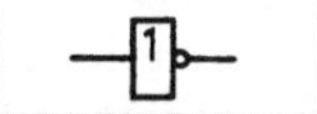	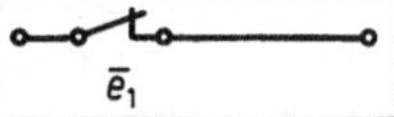
a_{11}^2	1 0 1 1	Disjunktion	nicht-oder	$\overline{e_1} \vee e_2$	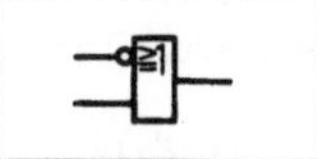	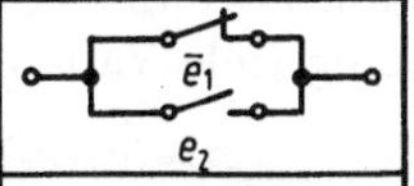
a_{12}^2	1 1 0 0	Negation	nicht	$\overline{e_2}$	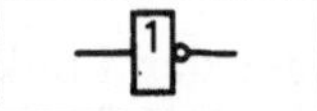	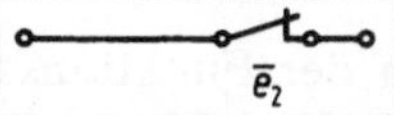
a_{13}^2	1 1 0 1	Disjunktion	oder nicht	$e_1 \vee \overline{e_2}$	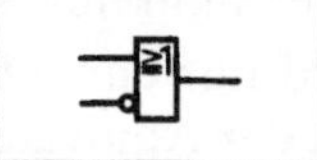	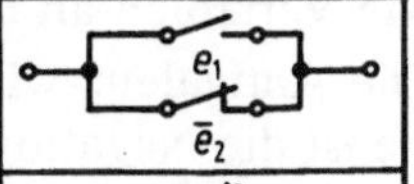
a_{14}^2	1 1 1 0	Disjunktion; NAND	nicht-oder nicht	$\overline{e_1} \vee \overline{e_2} = \overline{e_1 \cdot e_2}$	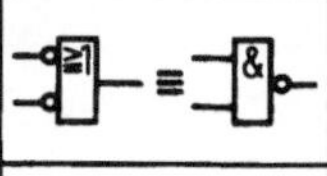	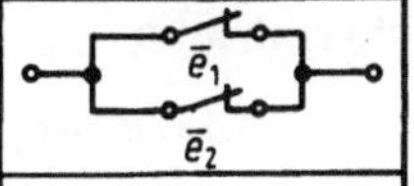
a_{15}^2	1 1 1 1	Eins-funktion	immer	1		

tionszeile enthält nur eine 0. Als Funktionsgleichung schreibt man

$$a = e_1 \vee e_2.$$

Man spricht diese Gleichung „a gleich e_1 oder e_2". Die Disjunktion läßt sich ebenfalls für beliebig viele Binärvariablen erweitern.

Die Funktionen a_{11}^2 und a_{13}^2 werden auch I m p l i k a t i o n e n oder S u b j u n k - t i o n e n genannt. Ihre Bedeutung wird dabei mit „wenn-dann" angegeben. Diese sprachliche Formulierung läßt sich allerdings nicht so einfach aus der Funktionstabelle entnehmen oder in sie übertragen wie z. B. die Formulierung „nicht-oder". Die zweite Ausdrucksweise bedeutet, daß z. B. die Funktion a_{11}^2 überall dort 1 ist, wo e_1 nicht 1, also 0 ist, oder wo e_2 1 ist. Die Ausdrucks- weise „wenn-dann" besagt, daß für $e_1 = 1$ die Funktion nur dann 1 wird, wenn auch $e_2 = 1$ wird; für $e_1 = 1$ und $e_2 = 0$ ist die Funktion 0. Über den Fall $e_1 = 0$ ist eigentlich nichts gesagt, hierbei könnte die Funktion entweder 0 oder 1 sein, sie wird allerdings mit 1 angegeben.

Äquivalenz. Die Äquivalenz realisiert das logische „gleich". Sie wird nur dann 1, wenn die Variablen gleiche Werte haben. Die Funktionszeile enthält nur zwei Einsen. Die Äquivalenz ist für beliebig viele Binärvariablen erweiterbar. Als Funktionsgleichung schreibt man

$$a = e_1 \leftrightarrow e_2.$$

Man spricht diese Gleichung „a gleich e_1 äquivalent e_2", bzw. „a gleich e_1 iden- tisch e_2". Die Äquivalenz wird auch B i j u n k t i o n genannt.

Exklusives ODER und Antivalenz. Die Funktion a_6^2 ist doppeldeutig. Als e x - k l u s i v e s ODER steht sie zwischen der Disjunktion und der Konjunktion und realisiert das logische „ODER" mit ausschließender Wirkung, als A n t i v a l e n z ist sie jedoch das Gegenteil zur Äquivalenz. Das exklusive ODER wird nur dann 1, wenn eine der miteinander verbundenen Variablen 1 wird; es ist für be- liebig viele Variablen erweiterbar. Als Funktionsgleichung schreibt man

$$a = (e_1 \cdot \overline{e_2}) \vee (\overline{e_1} \cdot e_2).$$

In der Funktionszeile der Funktionstabelle stehen immer nur soviel Einsen, wie Variablen an der Funktion beteiligt sind.

Die Antivalenz wird nur dann 1, wenn die Variablen ungleiche Werte haben; sie ist die Negation der Äquivalenz. Als Funktionsgleichung für die Antivalenz schreibt man

$$a = e_1 \nleftrightarrow e_2.$$

Man spricht diese Gleichung „a gleich e_1 ungleich e_2", bzw. „a gleich e_1 antiva- lent e_2", bzw. „a gleich e_1 nicht identisch e_2".

NOR- und NAND-Funktion. Da jede logische Funktion allein durch Konjunktionen und Negationen oder durch Disjunktionen und Negationen dargestellt werden kann, sind die Konjunktion und die Disjunktion die wichtigsten der vier Funktionen von zwei Binärvariablen. Unter den vier Konjunktionen nimmt die Funktion a_8^2, die NOR-Funktion (NOR als Abkürzung für die englischen Worte not or) eine Sonderstellung ein, weil sie die zum Darstellen von beliebigen Funktionen nötige Negation beinhaltet. Man kann daher jede logische Funktion auf die NOR-Funktion zurückführen. Die NOR-Funktion kann entweder als Konjunktion für verneinte Variablen oder als Negation der Disjunktion für bejahte Variablen dargestellt werden. Bei n Variablen gilt

$$a = \overline{e_1} \cdot \overline{e_2} \cdot \overline{e_3} \cdot \dots \cdot \overline{e_n} = \overline{e_1 \vee e_2 \vee e_3 \vee \dots \vee e_n}. \tag{4.1}$$

Entsprechend diesen beiden Darstellungsweisen gibt es auch zwei verschiedene Schaltzeichen, die in Bild **4.5** gezeigt sind.

Unter den vier Disjunktionen nimmt die Funktion a_{14}^2, die NAND-Funktion (NAND als Abkürzung für die englischen Worte not and) eine Sonderstellung ein, weil sie ebenfalls wie die NOR-Funktion die zum Darstellen von beliebigen Funktionen nötige Negation beinhaltet.

4.5
Schaltzeichen der NOR-Funktion

4.6
Schaltzeichen der NAND-Funktion

Man kann daher jede logische Funktion auf die NAND-Funktion zurückführen. Die NAND-Funktion kann entweder als Disjunktion für verneinte Variablen oder als Negation der Konjunktion für bejahte Variablen dargestellt werden. Bei n Variablen gilt

$$a = \overline{e_1} \vee \overline{e_2} \vee \overline{e_3} \vee \dots \vee \overline{e_n} = \overline{e_1 \cdot e_2 \cdot e_3 \cdot \dots \cdot e_n}. \tag{4.2}$$

Entsprechend diesen beiden Darstellungsweisen gibt es wiederum zwei verschiedene Schaltzeichen, die in Bild **4.6** gezeigt sind.

4.3 Vollformen und Normalformen

4.3.1 Vollkonjunktionen und Volldisjunktionen

Unter einer Vollkonjunktion, einem Minterm, versteht man eine Konjunktion, in der sämtliche vereinbarten Variablen entweder bejaht oder verneint vorkommen. Unter einer Volldisjunktion, einem Maxterm, versteht man eine Disjunktion, in der sämtliche vereinbarten Variablen entweder bejaht oder verneint vorkommen. Sind z. B. drei Variablen vereinbart, so gibt es $2^3 = 8$ verschiedene Vollkonjunktionen und Volldisjunktionen. Es sind

$$k_0^3 = \overline{e_3} \cdot \overline{e_2} \cdot \overline{e_1} \qquad d_0^3 = e_3 \vee e_2 \vee e_1$$

$$k_1^3 = \overline{e_3} \cdot \overline{e_2} \cdot e_1 \qquad d_1^3 = e_3 \vee e_2 \vee \overline{e_1}$$

$$k_2^3 = \overline{e_3} \cdot e_2 \cdot \overline{e_1} \qquad d_2^3 = e_3 \vee \overline{e_2} \vee e_1$$

$$k_3^3 = \overline{e_3} \cdot e_2 \cdot e_1 \qquad d_3^3 = e_3 \vee \overline{e_2} \vee \overline{e_1}$$

$$k_4^3 = e_3 \cdot \overline{e_2} \cdot \overline{e_1} \qquad d_4^3 = \overline{e_3} \vee e_2 \vee e_1$$

$$k_5^3 = e_3 \cdot \overline{e_2} \cdot e_1 \qquad d_5^3 = \overline{e_3} \vee e_2 \vee \overline{e_1}$$

$$k_6^3 = e_3 \cdot e_2 \cdot \overline{e_1} \qquad d_6^3 = \overline{e_3} \vee \overline{e_2} \vee e_1$$

$$k_7^3 = e_3 \cdot e_2 \cdot e_1 \qquad d_7^3 = \overline{e_3} \vee \overline{e_2} \vee \overline{e_1}$$

Die Vollformen sind ähnlich den Verknüpfungsfunktionen durch ihre Kurzbezeichnung mit Hochzahl und Index eindeutig bestimmt. Die Hochzahl gibt wiederum die Anzahl der Variablen an, während der Index die spezielle Vollform bezeichnet. Um den Index zu erhalten, müssen die Variablen von rechts nach links aufsteigend angeordnet werden. Bei den Vollkonjunktionen werden die verneinten Variablen durch 0, die bejahten durch 1 ersetzt, bei den Volldisjunktionen umgekehrt. Die so entstandenen Ziffernfolgen werden als Dualzahlen gelesen und ins Dezimale übersetzt. Zwischen Vollkonjunktionen und Volldisjunktionen besteht folgender Zusammenhang

$$d_\nu^n = \overline{k_\nu^n}. \tag{4.3}$$

Beispiel 4.2. Man beweise in der Funktionstabelle $d_4^3 = \overline{k_4^3}$.
Die algebraischen Schreibweisen für d_4^3 und k_4^3 sind

$$d_4^3 = \overline{e_3} \vee e_2 \vee e_1 \qquad k_4^3 = e_3 \cdot \overline{e_2} \cdot \overline{e_1}.$$

Für die Volldisjunktion d_4^3 muß überall dort in der Funktionstabelle 4.7 eine 1 eingesetzt werden, wo e_3 verneint, e_2 bejaht und e_1 bejaht ist.

Tafel **4.7** Funktionstabelle der
Volldisjunktion d_4^3

e_1	0	1	0	1	0	1	0	1
e_2	0	0	1	1	0	0	1	1
e_3	0	0	0	0	1	1	1	1
d_4^3	1	1	1	1	0	1	1	1

In der Funktionstabelle bleibt nach dem Eintragen der Volldisjunktion nur eine einzige 0, die bei der Variablenkombination $e_1 = 0$, $e_2 = 0$ und $e_3 = 1$ steht, also bei der Vollkonjunktion $e_3 \cdot \overline{e_2} \cdot \overline{e_1} = k_4^3$. Diese Vollkonjunktion ist also nicht 1 sondern 0.

Die Bezeichnungen Minterm für eine Vollkonjunktion und Maxterm für eine Volldisjunktion lassen sich wie folgt erklären: Bei der Verknüpfung von n Variablen ergibt die Vollkonjunktion diejenige Funktion, die nur in einem einzigen Falle 1 wird, während die Volldisjunktion eine Funktion ergibt, die mit Ausnahme eines einzigen Falles immer 1 wird. Eine Volldisjunktion von n Variablen läßt sich in $2^n - 1$ Vollkonjunktionen umrechnen, eine Vollkonjunktion in $2^n - 1$ Volldisjunktionen.

4.3.2 Disjunktive und konjunktive Normalform

Jede logische Funktion kann durch eine Reihe von Vollkonjunktionen dargestellt werden, die untereinander disjunktiv verknüpft sind. Diese Darstellung heißt disjunktive Normalform. Ebenso kann jede Funktion durch eine Reihe von Volldisjunktionen dargestellt werden, die untereinander konjunktiv verknüpft sind. Diese Darstellung heißt konjunktive Normalform. Man erhält die disjunktive Normalform aus der Funktionstabelle, indem man für die Spalten, in denen die Funktion 1 wird, die Vollkonjunktionen der Variablen ansetzt. Hierbei wird die Variable bejaht, wenn in der Variablenzeile eine 1 steht, und verneint, wenn in der Variablenzeile eine 0 steht. Diese Vollkonjunktionen werden dann untereinander disjunktiv verknüpft. Die konjunktive Normalform erhält man aus der Funktionstabelle, indem man für die Spalten, in denen die Funktion 0 wird, die Volldisjunktionen der Variablen ansetzt. Hierbei wird die Variable bejaht, wenn in der Variablenzeile eine 0 steht, und verneint, wenn in der Variablenzeile eine 1 steht. Diese Volldisjunktionen werden dann untereinander konjunktiv verknüpft.

Beispiel 4.3. Man gebe die konjunktive Normalform der UND-Funktion a_1^3 und die disjunktive Normalform der NAND-Funktion a_{254}^3 von drei Variablen an.

Tafel 4.8 Funktionstabelle der
Funktionen a_1^3 und a_{254}^3

e_1	0 1 0 1 0 1 0 1
e_2	0 0 1 1 0 0 1 1
e_3	0 0 0 0 1 1 1 1
a_1^3	0 0 0 0 0 0 0 1
a_{254}^3	1 1 1 1 1 1 1 0

Die Funktion a_1^3 wird in die Funktionstabelle 4.8 eingetragen. Für alle Fälle, in denen die Funktion 0 ist, werden die Volldisjunktionen angesetzt und konjunktiv verknüpft.

$$a_1^3 = (e_3 \vee e_2 \vee e_1) \cdot (e_3 \vee e_2 \vee \overline{e_1}) \cdot (e_3 \vee \overline{e_2} \vee e_1) \cdot (e_3 \vee \overline{e_2} \vee \overline{e_1})$$
$$\cdot (\overline{e_3} \vee e_2 \vee e_1) \cdot (\overline{e_3} \vee e_2 \vee \overline{e_1}) \cdot (\overline{e_3} \vee \overline{e_2} \vee e_1)$$

Die NAND-Funktion a_{254}^3 ist die Negation der UND-Funktion a_1^3. Also brauchen in der Funktionszeile nur unter die Nullen der Funktion a_{254}^3 Einsen bei der Funktion a_{254}^3 geschrieben zu werden und umgekehrt. Für alle 1-Fälle werden nun die Vollkonjunktionen angesetzt und untereinander disjunktiv verknüpft.

$$a_{254}^3 = (\overline{e_3} \cdot \overline{e_2} \cdot \overline{e_1}) \vee (\overline{e_3} \cdot \overline{e_2} \cdot e_1) \vee (\overline{e_3} \cdot e_2 \cdot \overline{e_1}) \vee (\overline{e_3} \cdot e_2 \cdot e_1)$$
$$\vee (e_3 \cdot \overline{e_2} \cdot \overline{e_1}) \vee (e_3 \cdot \overline{e_2} \cdot e_1) \vee (e_3 \cdot e_2 \cdot \overline{e_1})$$

Die disjunktive und die konjunktive Normalform einer logischen Funktion spielen eine besondere Rolle für das systematische Vereinfachen von Verknüpfungsfunktionen (s. Abschn. 4.6).

4.4 Rechenregeln der Schaltalgebra

4.4.1 Allgemeine Regeln

Die konjunktive und die disjunktive Verknüpfung sind in der Schaltalgebra grundsätzlich gleichwertig. Daher bindet das Konjunktionszeichen in Gleichungen nicht stärker als das Disjunktionszeichen. Es müssen deshalb sowohl bei der konjunktiven Verknüpfung von Disjunktionen

$$(e_1 \vee e_2) \cdot (e_3 \vee e_4)$$

als auch bei der disjunktiven Verknüpfung von Konjunktionen

$$(e_1 \cdot e_2) \vee (e_3 \cdot e_4)$$

Klammern gesetzt werden. (Früher hatte die Konjunktion Vorrang vor der Disjunktion, da die Regeln über die konjunktive Verknüpfung der Festwerte 0 und 1 analog zu denen der Produktbildung der gewöhnlichen Algebra sind.)

Das Negationszeichen bindet stärker als alle anderen Zeichen. Daher können Klammern um Terme entfallen, über denen das Negationszeichen steht. Die folgenden Schreibweisen

$$e_1 \cdot \overline{(e_2 \vee e_3)} = e_1 \cdot \overline{e_2 \vee e_3}$$

sind also beide zulässig.

Das k o m m u t a t i v e G e s e t z besagt, daß die Reihenfolge der Variablen bei einer Verknüpfung vertauscht werden kann. Es gilt

für die Konjunktion	$e_1 \cdot e_2 = e_2 \cdot e_1,$	(4.4)
für die Disjunktion	$e_1 \vee e_2 = e_2 \vee e_1,$	(4.5)
für die Äquivalenz	$e_1 \leftrightarrow e_2 = e_2 \leftrightarrow e_1,$	(4.6)
für die Antivalenz	$e_1 \leftrightarrow\!\!\!/\, e_2 = e_2 \leftrightarrow\!\!\!/\, e_1.$	(4.7)

Das assoziative Gesetz besagt, daß bei einem längeren Ausdruck zuerst beliebige Teile zusammengefaßt werden können. Es gilt

für die Konjunktion $e_1 \cdot e_2 \cdot e_3 \cdot e_4 = (e_1 \cdot e_2) \cdot (e_3 \cdot e_4),$ (4.8)

für die Disjunktion $e_1 \vee e_2 \vee e_3 \vee e_4 = (e_1 \vee e_2) \vee (e_3 \vee e_4).$ (4.9)

Das assoziative Gesetz hat technische Konsequenzen (s. Bild **4**.9), denn aus ihm folgt, daß umfangreiche konjunktive oder disjunktive Verknüpfungen aufgeteilt werden können.

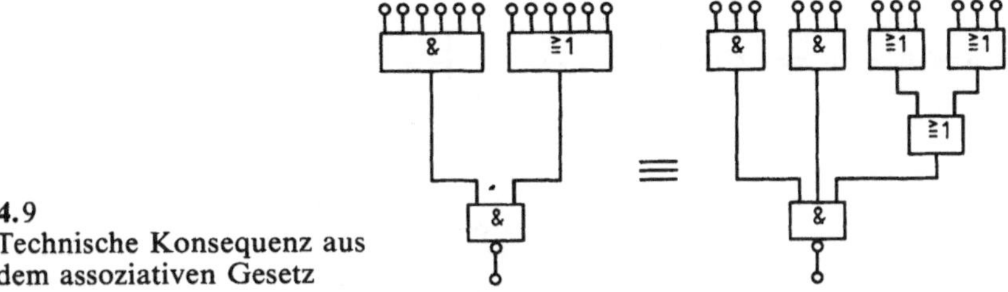

4.9
Technische Konsequenz aus
dem assoziativen Gesetz

Das distributive Gesetz besagt, daß Klammern aufgelöst werden können. Daraus folgt auch, daß jede Variable als Funktion von anderen Variablen aufgefaßt werden darf; man darf also „einsetzen". Das distributive Gesetz gilt sowohl für die konjunktive Verknüpfung von Disjunktionen

$$(e_1 \vee e_2) \cdot (e_3 \vee e_4) = (e_1 \cdot e_3) \vee (e_1 \cdot e_4) \vee (e_2 \cdot e_3) \vee (e_2 \cdot e_4)$$ (4.10)

als auch für die disjunktive Verknüpfung von Konjunktionen

$$(e_1 \cdot e_2) \vee (e_3 \cdot e_4) = (e_1 \vee e_3) \cdot (e_1 \vee e_4) \cdot (e_2 \vee e_3) \cdot (e_2 \vee e_4).$$ (4.11)

Die umgekehrte Anwendung des distributiven Gesetzes ist das Ausklammern. Es wird angewandt, um konjunktiv oder disjunktiv verknüpfte Ausdrücke zu verkürzen, und spielt eine wichtige Rolle beim Vereinfachen von schaltalgebraischen Funktionen. Die obigen Gleichungen sind also sowohl in der Lesart von links nach rechts im Sinne vom Auflösen von Klammern als auch in der Lesart von rechts nach links im Sinne vom Ausklammern wichtig.

4.4.2 Regeln für Festwerte

Für das Rechnen mit den beiden binären Werten 0 und 1, den Festwerten der Schaltalgebra, gelten die folgenden Regeln, die auch als Postulate der Schaltalgebra bezeichnet werden.

$$\text{Negation:} \qquad \overline{0}=1 \qquad \overline{1}=0 \qquad \overline{\overline{0}}=0 \qquad \overline{\overline{1}}=1$$

$$\text{Konjunktion:} \quad 0\cdot 0=0 \qquad 0\cdot 1=0 \qquad 1\cdot 0=0 \qquad 1\cdot 1=1$$

$$\text{Disjunktion:} \quad 0\vee 0=0 \qquad 0\vee 1=1 \qquad 1\vee 0=1 \qquad 1\vee 1=1$$

$$\text{Äquivalenz:} \quad 0\leftrightarrow 0=1 \qquad 0\leftrightarrow 1=0 \qquad 1\leftrightarrow 0=0 \qquad 1\leftrightarrow 1=1$$

$$\text{Antivalenz:} \quad 0\leftrightarrow\!\!\!\!\not\;\; 0=0 \qquad 0\leftrightarrow\!\!\!\!\not\;\; 1=1 \qquad 1\leftrightarrow\!\!\!\!\not\;\; 0=1 \qquad 1\leftrightarrow\!\!\!\!\not\;\; 1=0$$

Die Regeln für die Konjunktion und die Disjunktion können leicht mit Reihenschaltungen für die Konjunktion und mit Parallelschaltungen für die Disjunktion sowie einer Drahtbrücke für die binäre 1 und einer Unterbrechung für

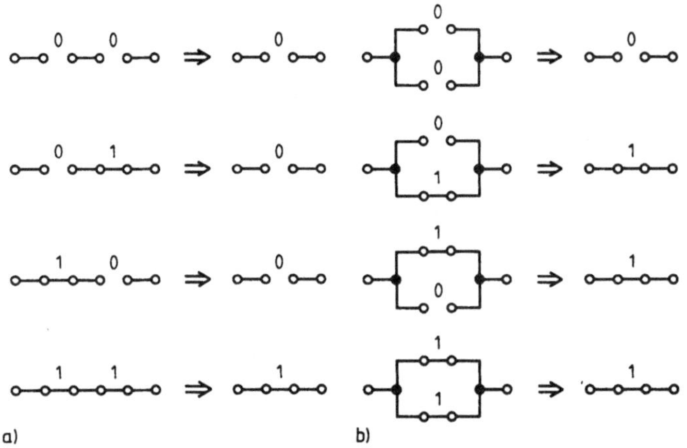

4.10
Realisierung der Konjunktion (a) und der Disjunktion (b) der binären Festwerte 0 und 1

die binäre 0 nachgewiesen werden (Bild **4.**10). Die Regeln für die Äquivalenz und die Antivalenz lassen sich auf die Regeln für die Konjunktion und die Disjunktion zurückführen, indem die ausführlichen Schreibweisen der Äquivalenz

$$e_1\leftrightarrow e_2=(\overline{e_1}\cdot\overline{e_2})\vee(e_1\cdot e_2)$$

und der Antivalenz

$$e_1\leftrightarrow\!\!\!\!\not\;\; e_2=(e_1\cdot\overline{e_2})\vee(\overline{e_1}\cdot e_2)$$

benutzt und statt der Variablen e_1 und e_2 die Festwerte 0 und 1 eingesetzt werden. Für die Äquivalenz $0\leftrightarrow 1$ erhält man so

$$0\leftrightarrow 1=(\overline{0}\cdot\overline{1})\vee(0\cdot 1)=(1\cdot 0)\vee(0\cdot 1)=0\vee 0=0.$$

4.4.3 Regeln für eine Variable und Festwerte

Für das Rechnen mit einer Variablen und den beiden Festwerten 0 und 1 gelten die folgenden Regeln, die auch als Theoreme der Schaltalgebra bezeichnet werden.

Konjunktion:	$e \cdot 0 = 0$	$e \cdot 1 = e$	$e \cdot e = e$	$e \cdot \bar{e} = 0$
Disjunktion:	$e \vee 0 = e$	$e \vee 1 = 1$	$e \vee e = e$	$e \vee \bar{e} = 1$
Äquivalenz:	$e \leftrightarrow 0 = \bar{e}$	$e \leftrightarrow 1 = e$	$e \leftrightarrow e = 1$	$e \leftrightarrow \bar{e} = 0$
Antivalenz:	$e \leftrightarrow\!\!\!\!\leftrightarrow 0 = e$	$e \leftrightarrow\!\!\!\!\leftrightarrow 1 = \bar{e}$	$e \leftrightarrow\!\!\!\!\leftrightarrow e = 0$	$e \leftrightarrow\!\!\!\!\leftrightarrow \bar{e} = 1$

Die Regeln für die Konjunktion und die Disjunktion können wiederum leicht mit Reihenschaltungen für die Konjunktion und mit Parallelschaltungen für die Disjunktion sowie einem Arbeitskontakt (Schließer) für die bejahte Variable, einem Ruhekontakt (Öffner) für die verneinte Variable, einer Drahtbrücke für die binäre 1 und einer Unterbrechung für die binäre 0 nachgewiesen werden (Bild **4.11**). Die Regeln für die Äquivalenz und die Antivalenz lassen sich wie in Abschn. 4.4.2 auf die Regeln der Konjunktion und der Disjunktion zurückführen.

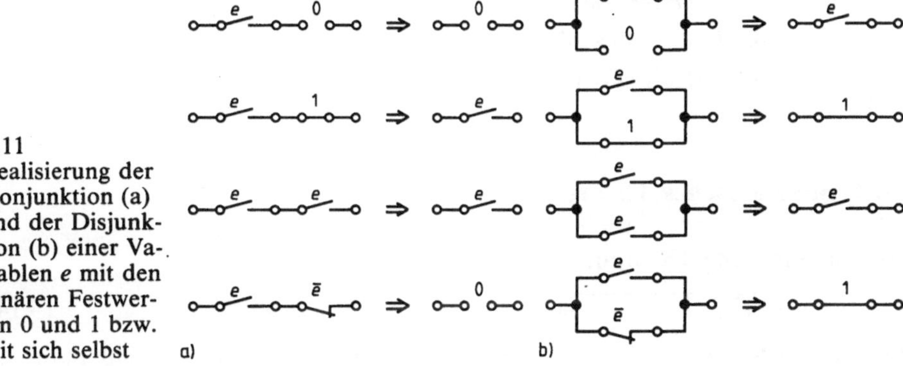

4.11 Realisierung der Konjunktion (a) und der Disjunktion (b) einer Variablen e mit den binären Festwerten 0 und 1 bzw. mit sich selbst

Aus den Beziehungen $e \leftrightarrow \bar{e} = 0$ und $e \leftrightarrow\!\!\!\!\leftrightarrow e = 0$ sowie $e \leftrightarrow\!\!\!\!\leftrightarrow \bar{e} = 1$ und $e \leftrightarrow e = 1$ findet man den folgenden Zusammenhang

$$e \leftrightarrow \bar{e} = e \leftrightarrow\!\!\!\!\leftrightarrow e \qquad (4.12)$$

$$e \leftrightarrow\!\!\!\!\leftrightarrow \bar{e} = e \leftrightarrow e \qquad (4.13)$$

zwischen der Äquivalenz und der Antivalenz, mit dem sich jede Äquivalenz in eine Antivalenz und jede Antivalenz in eine Äquivalenz umwandeln läßt.

Alle in diesem Abschnitt aufgeführten Regeln gelten auch dann, wenn die Variable durch eine Funktion von mehreren Variablen ersetzt wird.

Beispiel 4.4. Man zeige $a \cdot \bar{a} = 0$ für $a = \overline{e_1} \vee e_2 \vee e_3$.

Es ist
$$(\overline{e_1} \vee e_2 \vee e_3) \cdot \overline{(\overline{e_1} \vee e_2 \vee e_3)} = (\overline{e_1} \vee e_2 \vee e_3) \cdot (e_1 \cdot \overline{e_2} \cdot \overline{e_3})$$
$$= (\overline{e_1} \cdot e_1 \cdot \overline{e_2} \cdot \overline{e_3}) \vee (e_2 \cdot e_1 \cdot \overline{e_2} \cdot \overline{e_3}) \vee (e_3 \cdot e_1 \cdot \overline{e_2} \cdot \overline{e_3})$$
$$= ((\overline{e_1} \cdot e_1) \cdot \overline{e_2} \cdot \overline{e_3}) \vee ((e_2 \cdot \overline{e_2}) \cdot e_1 \cdot \overline{e_3}) \vee ((e_3 \cdot \overline{e_3}) \cdot e_1 \cdot \overline{e_2})$$
$$= (0 \cdot \overline{e_2} \cdot \overline{e_3}) \vee (0 \cdot e_1 \cdot \overline{e_3}) \vee (0 \cdot e_1 \cdot \overline{e_2})$$
$$= 0 \vee 0 \vee 0 = 0$$

Beispiel 4.5. Man berechne $a_0 = (a_1 \leftrightarrow a_2) \nleftrightarrow a_3$ für $a_1 = e_1 \cdot e_2$, $a_2 = e_2 \cdot e_3$ und $a_3 = e_1 \cdot e_3$.
Es wird zunächst die Antivalenz von a_3 mit der Klammer ausgeführt; danach werden die Verknüpfungen zwischen a_2 und a_3 behandelt. Man erhält:

$$
\begin{aligned}
a_0 &= ((\overline{a_1 \leftrightarrow a_2}) \cdot a_3) \vee ((a_1 \leftrightarrow a_2) \cdot \overline{a_3}) \\
&= ((a_1 \nleftrightarrow a_2) \cdot a_3) \vee ((a_1 \leftrightarrow a_2) \cdot \overline{a_3})) \\
&= (\overline{a_1} \cdot a_2 \cdot a_3) \vee (a_1 \cdot \overline{a_2} \cdot a_3) \vee (\overline{a_1} \cdot \overline{a_2} \cdot \overline{a_3}) \vee (a_1 \cdot a_2 \cdot \overline{a_3}) \\
&= ((\overline{e_1 \cdot e_2}) \cdot (e_2 \cdot e_3) \cdot (e_1 \cdot e_3)) \\
&\quad \vee ((e_1 \cdot e_2) \cdot (\overline{e_2 \cdot e_3}) \cdot (e_1 \cdot e_3)) \\
&\quad \vee ((\overline{e_1 \cdot e_2}) \cdot (\overline{e_2 \cdot e_3}) \cdot (\overline{e_1 \cdot e_3})) \\
&\quad \vee ((e_1 \cdot e_2) \cdot (e_2 \cdot e_3) \cdot (\overline{e_1 \cdot e_3})) \\
&= ((\overline{e_1} \vee \overline{e_2}) \cdot e_1 \cdot e_2 \cdot e_3) \vee ((\overline{e_2} \vee \overline{e_3}) \cdot e_1 \cdot e_2 \cdot e_3) \\
&\quad \vee ((\overline{e_1} \vee \overline{e_2}) \cdot (\overline{e_2} \vee \overline{e_3}) \cdot (\overline{e_1} \vee \overline{e_3})) \\
&\quad \vee ((\overline{e_1} \vee \overline{e_3}) \cdot e_1 \cdot e_2 \cdot e_3) \\
&= (0 \vee 0) \vee (0 \vee 0) \vee ((\overline{e_1} \vee \overline{e_2}) \cdot (\overline{e_2} \vee \overline{e_3}) \cdot (\overline{e_1} \vee \overline{e_3})) \vee (0 \vee 0) \\
&= (\overline{e_1} \vee \overline{e_2}) \cdot (\overline{e_2} \vee \overline{e_3}) \cdot (\overline{e_1} \vee \overline{e_3}).
\end{aligned}
$$

4.4.4 Shannonsches Theorem

Das Shannonsche Theorem

$$
\overline{a(e_m, \overline{e_n}, \cdot, \vee, \leftrightarrow, \nleftrightarrow)} = a(\overline{e_m}, e_n, \vee, \cdot, \nleftrightarrow, \leftrightarrow) \tag{4.14}
$$

behandelt die Negation einer beliebigen Funktion. Es besagt, daß man die Negation einer beliebigen Funktion dadurch erhält, daß man die bejahten Variablen verneint, die verneinten Variablen bejaht, Konjunktionen in Disjunktionen, Disjunktionen in Konjunktionen, Äquivalenzen in Antivalenzen und Antivalenzen in Äquivalenzen umwandelt.

Das Shannonsche Theorem schließt die Theoreme von De Morgan ein, die nur die Negation der Konjunktion

$$
\overline{e_1 \cdot e_2 \cdot e_3} = \overline{e_1} \vee \overline{e_2} \vee \overline{e_3}
$$

und der Disjunktion

$$
\overline{e_1 \vee e_2 \vee e_3} = \overline{e_1} \cdot \overline{e_2} \cdot \overline{e_3}
$$

behandeln und von der NAND-Funktion und der NOR-Funktion her inhaltlich bekannt sind.

Beispiel 4.6. Die Gültigkeit des Shannonschen Theorems soll anhand der Funktion $a = (e_1 \leftrightarrow e_2) \vee e_3$ in der Funktionstabelle gezeigt werden.
Zunächst wird die gegebene Funktion schrittweise in der Funktionstabelle in Tafel 4.12 dargestellt (a_1 bis a_3) und anschließend negiert (a_4). Sodann wird auf die gegebene

Tafel 4.12 Funktionstabelle zum Beispiel 4.6

e_1	0 1 0 1 0 1 0 1
e_2	0 0 1 1 0 0 1 1
e_3	0 0 0 0 1 1 1 1
$a_1 = e_1 \leftrightarrow e_2$	1 0 0 1 1 0 0 1
$a_2 = e_3$	0 0 0 0 1 1 1 1
$a_3 = a_1 \vee a_2$	1 0 0 1 1 1 1 1
$a_4 = \overline{a_3}$	0 1 1 0 0 0 0 0
$a_5 = e_1 \leftrightarrow\hspace{-0.5em}/\, e_2$	0 1 1 0 0 1 1 0
$a_6 = \overline{e_3}$	1 1 1 1 0 0 0 0
$a_7 = a_5 \cdot a_6$	0 1 1 0 0 0 0 0

Funktion das Shannonsche Theorem

$$\overline{(e_1 \leftrightarrow e_2) \vee e_3} = (e_1 \leftrightarrow\hspace{-0.5em}/\, e_2) \cdot \overline{e_3}$$

angewandt und das Ergebnis ebenfalls schrittweise in der Funktionstabelle dargestellt (a_5 bis a_7). Der Vergleich der Zeilen a_4 und a_7 zeigt die Übereinstimmung der Ergebnisse.

Beispiel 4.7. Die folgende Funktion ist zu vereinfachen:

$$a = \overline{\overline{e_1} \vee e_2} \vee \overline{\overline{e_2} \vee e_3} \cdot e_1 \leftrightarrow e_2 .$$

Zunächst wird auf die Funktion das Shannonsche Theorem angewandt und die Äquivalenz umgewandelt.

$$a = (e_1 \cdot \overline{e_2}) \vee (e_2 \cdot \overline{e_3}) \vee (e_1 \leftrightarrow e_2)$$
$$= (e_1 \cdot \overline{e_2}) \vee (e_2 \cdot \overline{e_3}) \vee (\overline{e_1} \cdot \overline{e_2}) \vee (e_1 \cdot e_2)$$

Nun wird durch Zusammenfassen vereinfacht.

$$a = (e_1 \cdot (\overline{e_2} \vee e_2)) \vee (\overline{e_2} \cdot (e_1 \vee \overline{e_1})) \vee (e_2 \cdot \overline{e_3})$$
$$= (e_1 \cdot 1) \vee (\overline{e_2} \cdot 1) \vee (e_2 \cdot \overline{e_3}) = e_1 \vee \overline{e_2} \vee (e_2 \cdot \overline{e_3})$$
$$= e_1 \vee ((\overline{e_2} \vee e_2) \cdot (\overline{e_2} \vee \overline{e_3}))$$
$$= e_1 \vee (1 \cdot (\overline{e_2} \vee \overline{e_3})) = e_1 \vee \overline{e_2} \vee \overline{e_3}$$

4.5 Aufstellen von Funktionen

Liegt ein steuerungstechnisches Problem zum Auslösen von Schaltvorgängen an, so läßt sich dies oft direkt in eine entsprechende Schaltung umsetzen. Bei größeren Problemen geht man jedoch besser systematisch vor, indem man die zu dem Problem gehörende Schaltfunktion aufstellt, für deren schaltungstechnische Realisierung eindeutige Vorschriften existieren. Die Schaltfunktion gestattet es auch erst, eventuell mögliche Vereinfachungen systematisch durchzuführen. Es ergibt sich also zunächst die Frage, wie man die zu einem Problem gehörende Schaltfunktion aufstellen kann.

4.5.1 Eindeutige Funktionen

Beim Aufstellen der Schaltfunktion geht man von der Funktionstabelle aus. Die Funktionstabelle gibt die Abhängigkeit der Funktionsgröße a von den Eingangsvariablen e_1 bis e_n an. Man muß daher fragen, welche Größen beim vorliegenden Problem die unabhängigen Eingangsvariablen sind. Mit den gefundenen Variablen bildet man zunächst sämtliche möglichen Kombinationen. Dann ordnet man in der Rubrik der abhängigen Größe a denjenigen Variablenkombinationen eine 1 zu, die einen Schaltvorgang auslösen; die übrigen Kombinationen erhalten eine 0. Aus der so gebildeten Funktionstabelle erhält man eine Funktionsgleichung, indem man entweder die disjunktive oder die konjunktive Normalform ansetzt.

Beispiel 4.8. Eine Treppenhausbeleuchtung soll von vier verschiedenen Stellen aus mit einpoligen Kippschaltern, die auf eine Schützensteuerung wirken, betätigt werden können. Wenn alle Schalter ausgeschaltet sind, soll kein Licht brennen. Wie lautet die Funktionsgleichung für eingeschaltetes Licht?
Die unabhängigen Eingangsvariablen sind die vier Kippschalter. Die von ihnen abhängige Größe ist das eingeschaltete Licht. Mit vier Variablen lassen sich $2^4 = 16$ Kombinationen bilden. Die Kombination 0000 soll voraussetzungsgemäß keinen Schaltvorgang auslösen; daher erhält a hier eine 0. Ist nur ein Schalter betätigt, so muß Licht brennen. Also erhalten alle Kombinationen mit einer 1 und drei Nullen in der a-Zeile eine 1. Sind zwei Schalter betätigt, darf kein Licht brennen; denn mit dem einen Schalter wird das Licht eingeschaltet und mit dem anderen wieder aus. Folglich bekommen alle Kombinationen mit zwei Einsen in der a-Zeile eine 0. Entsprechend muß bei allen Kombinationen mit drei Einsen in der a-Zeile eine 1 stehen, während bei 1111 eine 0 stehen muß.

Tafel 4.13 Funktionstabelle der Schützensteuerung
für eine Treppenhausbeleuchtung

e_1	0 1 0 1 0 1 0 1 0 1 0 1 0 1 0 1
e_2	0 0 1 1 0 0 1 1 0 0 1 1 0 0 1 1
e_3	0 0 0 0 1 1 1 1 0 0 0 0 1 1 1 1
e_4	0 0 0 0 0 0 0 0 1 1 1 1 1 1 1 1
a	0 1 1 0 1 0 0 1 1 0 0 1 0 1 1 0

Aus der Funktionstabelle 4.13 erhält man nun in Form der disjunktiven Normalform die Funktionsgleichung für eingeschaltetes Licht

$$a = (e_1 \cdot \overline{e_2} \cdot \overline{e_3} \cdot \overline{e_4}) \vee (\overline{e_1} \cdot e_2 \cdot \overline{e_3} \cdot \overline{e_4}) \vee (\overline{e_1} \cdot \overline{e_2} \cdot e_3 \cdot \overline{e_4}) \vee (e_1 \cdot e_2 \cdot e_3 \cdot \overline{e_4})$$
$$\vee (\overline{e_1} \cdot \overline{e_2} \cdot \overline{e_3} \cdot e_4) \vee (e_1 \cdot e_2 \cdot \overline{e_3} \cdot e_4) \vee (e_1 \cdot \overline{e_2} \cdot e_3 \cdot e_4) \vee (\overline{e_1} \cdot e_2 \cdot e_3 \cdot e_4).$$

4.5.2 Redundante Funktionen

Im Beispiel 4.6 kann jede Variablenkombination durch entsprechende Kombination der Kippschalterstellungen eintreten. Für jede dieser Variablenkombinationen ist die Funktion eindeutig mit 0 oder mit 1 definiert. Es gibt jedoch auch Funktionen, bei denen einige der theoretisch möglichen Variablenkombinationen praktisch nicht vorkommen. Soll z.B. der (2 aus 5)-Code in den Aiken-Code umgewandelt werden, so stellt jede Stelle des Aiken-Codes eine Funktion der fünf Stellen (Variablen) des (2 aus 5)-Codes dar. Der (2 aus 5)-Code hat nur zehn verschiedene Zeichen, obwohl mit fünf Binärstellen theoretisch $2^5 = 32$ Zeichen möglich sind. Es gibt also für die vier Funktionen, die die vier Stellen des Aiken-Codes darstellen, 22 Variablenkombinationen, für die die Funktionen weder mit 0 noch mit 1 definiert sind, da ihnen keine Dezimalziffern entsprechen. Man bezeichnet derartige Variablenkombinationen, die zwar theoretisch möglich sind, praktisch aber nicht vorkommen, als Redundanzen und kennzeichnet sie in der Funktionstabelle mit X (s. Tafel 4.14). Beim Vereinfachen von Schaltfunktionen können diese Redundanzen mitverwendet werden. Man erhält dabei meist einfachere Ergebnisse als ohne ihre Berücksichtigung.

Tafel 4.14 Funktionstabelle zur Umwandlung des (2 aus 5)-Codes in den Aiken-Code

e_1	0	1	0	1	0	1	0	1	0	1	0	1	0	1	0	1	0	1	0	1	0	1	0	1	0	1	0	1	0	1	0	1
e_2	0	0	1	1	0	0	1	1	0	0	1	1	0	0	1	1	0	0	1	1	0	0	1	1	0	0	1	1	0	0	1	1
e_3	0	0	0	0	1	1	1	1	0	0	0	0	1	1	1	1	0	0	0	0	1	1	1	1	0	0	0	0	1	1	1	1
e_4	0	0	0	0	0	0	0	0	1	1	1	1	1	1	1	1	0	0	0	0	0	0	0	0	1	1	1	1	1	1	1	1
e_5	0	0	0	0	0	0	0	0	0	0	0	0	0	0	0	0	1	1	1	1	1	1	1	1	1	1	1	1	1	1	1	1
Dezimalzahl	–	–	–	1	–	2	3	–	–	4	5	–	6	–	–	–	–	7	8	–	9	–	–	–	0	–	–	–	–	–	–	–
a_1	X	X	X	1	X	0	1	X	X	0	1	X	0	X	X	X	X	1	0	X	1	X	X	X	0	X	X	X	X	X	X	X
a_2	X	X	X	0	X	1	1	X	X	0	1	X	0	X	X	X	X	0	1	X	1	X	X	X	0	X	X	X	X	X	X	X
a_3	X	X	X	0	X	0	0	X	X	1	0	X	1	X	X	X	X	1	1	X	1	X	X	X	0	X	X	X	X	X	X	X
a_4	X	X	X	0	X	0	0	X	X	0	1	X	1	X	X	X	X	1	1	X	1	X	X	X	0	X	X	X	X	X	X	X

4.6 Vereinfachen von Funktionen

Die aus der Funktionstabelle gewonnene disjunktive oder konjunktive Normalform einer Funktion ist häufig nicht die kürzeste und einfachste Form. Oft läßt sich die Funktion noch vereinfachen und zwar derart, daß aus einigen Ausdrücken Variablen eliminiert werden. Die technische Realisierung der vereinfachten Funktion erfordert dann einen geringeren Aufwand als die der Normalform.

Man kann logische Funktionen durch Anwenden der in Abschn. 4.4 angegebenen Regeln vereinfachen. Bisweilen fällt es jedoch schwer, das Minimum zu finden, wenn man nicht streng systematisch vorgeht. Für das systematische Vereinfachen muß die Funktion entweder in disjunktiver oder in konjunktiver Normalform vorliegen. Es gibt mehrere Vereinfachungsverfahren, von denen hier das rechnerische Verfahren von Quine und McCluskey sowie das wegen seiner Übersichtlichkeit besonders anschauliche graphische Verfahren nach Karnaugh und Veitch behandelt werden.

Mehrere Lösungen. Auf eine Eigenart beim Vereinfachen von Funktionen muß noch hingewiesen werden. Es gibt häufig für eine Aufgabe mehrere gleichberechtigte Lösungen, deren technische Realisierungen bisweilen sogar denselben Aufwand erfordern. Als Beispiel diene die folgende Funktion in disjunktiver Normalform

$$a = (\overline{e_3} \cdot e_2 \cdot e_1) \vee (e_3 \cdot \overline{e_2} \cdot e_1) \vee (\overline{e_3} \cdot \overline{e_2} \cdot e_1) \vee (\overline{e_3} \cdot e_2 \cdot \overline{e_1}) \vee (e_3 \cdot e_2 \cdot \overline{e_1}) \vee (e_3 \cdot \overline{e_2} \cdot \overline{e_1}). \quad (4.15)$$

Faßt man die erste und die vierte, die zweite und die dritte sowie die fünfte und die sechste Vollkonjunktion zusammen, so erhält man die erste Lösung

$$a_1 = (\overline{e_3} \cdot e_2 \cdot (e_1 \vee \overline{e_1})) \vee (\overline{e_2} \cdot e_1 \cdot (e_3 \vee \overline{e_3})) \vee (e_3 \cdot \overline{e_1} \cdot (e_2 \vee \overline{e_2}))$$
$$= (\overline{e_3} \cdot e_2) \vee (\overline{e_2} \cdot e_1) \vee (e_3 \cdot \overline{e_1}). \quad (4.16)$$

Faßt man hingegen die erste und die dritte, die zweite und die sechste sowie die vierte und die fünfte Vollkonjunktion zusammen, so erhält man die zweite Lösung

$$a_2 = (\overline{e_3} \cdot e_1 \cdot (e_2 \vee \overline{e_2})) \vee (e_3 \cdot \overline{e_2} \cdot (e_1 \vee \overline{e_1})) \vee (e_2 \cdot \overline{e_1} \cdot (\overline{e_3} \vee e_3))$$
$$= (\overline{e_3} \cdot e_1) \vee (e_3 \cdot \overline{e_2}) \vee (e_2 \cdot \overline{e_1}). \quad (4.17)$$

Beide Lösungen werden technisch durch drei Negationen, drei Konjunktionen und eine Disjunktion realisiert. Den geringsten Aufwand erfordert jedoch die Realisierung, die von der konjunktiven Normalform ausgeht, wie die folgende Rechnung zeigt

$$a_3 = (\overline{e_1} \vee \overline{e_2} \vee \overline{e_3}) \cdot (e_1 \vee e_2 \vee e_3)$$
$$= \overline{(e_1 \cdot e_2 \cdot e_3)} \cdot (e_1 \vee e_2 \vee e_3). \quad (4.18)$$

Hier benötigt man nur noch ein NAND, eine Disjunktion und eine Konjunktion. Die zu Gl. (4.16) bis (4.18) gehörenden Schaltungen zeigt Bild **4.15**.

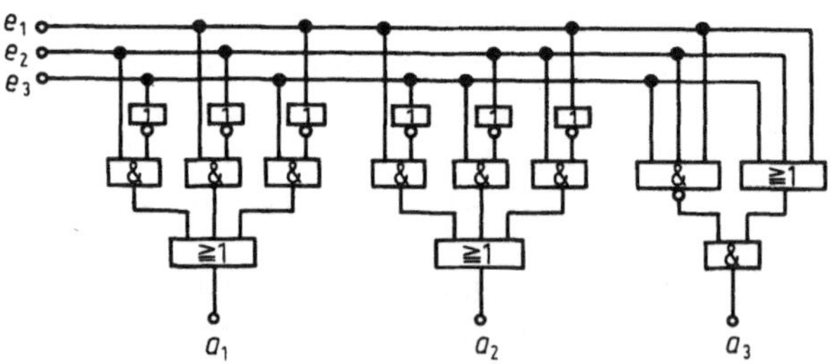

4.15
Verschiedene Realisierungen derselben Funktion a durch die Lösungen a_1, a_2 und a_3

4.6.1 Rechnerisches Verfahren nach Quine und McCluskey

Das rechnerische Vereinfachungsverfahren von Quine und McCluskey geht von der disjunktiven Normalform der Verknüpfungsfunktion aus. Die einzelnen Vollkonjunktionen werden systematisch miteinander verglichen, um Variablen nach der Beziehung $(e \vee \bar{e}) = 1$ zu eliminieren. Da aus zwei Vollkonjunktionen nur dann eine Variable eliminiert werden kann, wenn sich beide in nur einer Variablen unterscheiden, kann eine Vollkonjunktion aus n Variablen, von denen m bejaht sind, auch nur mit einer Vollkonjunktion kombiniert werden, in der $m + 1$ oder $m - 1$ Variablen bejaht sind. Daher werden die Vollkonjunktionen nach der Anzahl der bejahten Variablen in Gruppen zusammengefaßt. Man braucht dann lediglich aufeinanderfolgende Gruppen miteinander zu vergleichen. Als Beispiel diene die folgende Funktion

$$a = (\overline{e_4}\cdot\overline{e_3}\cdot e_2\cdot\overline{e_1}) \vee (\overline{e_4}\cdot\overline{e_3}\cdot e_2\cdot e_1) \vee (\overline{e_4}\cdot e_3\cdot\overline{e_2}\cdot\overline{e_1})$$
$$\vee (\overline{e_4}\cdot e_3\cdot\overline{e_2}\cdot e_1) \vee (e_4\cdot\overline{e_3}\cdot e_2\cdot\overline{e_1}) \vee (e_4\cdot\overline{e_3}\cdot e_2\cdot e_1)$$
$$\vee (e_4\cdot e_3\cdot\overline{e_2}\cdot\overline{e_1}) \vee (e_4\cdot e_3\cdot\overline{e_2}\cdot e_1) \vee (e_4\cdot e_3\cdot e_2\cdot e_1).$$

Nach Anzahl der bejahten Variablen geordnet ergibt sich die erste Rubrik von Tafel 4.16. In dieser Rubrik wird nun jede Zeile einer Gruppe mit jeder Zeile der folgenden Gruppe verglichen. Läßt sich aus zwei Konjunktionen eine Variable eliminieren, werden diese Konjunktionen abgehakt und das Vereinfachungsergebnis in eine neue Rubrik geschrieben. Die Ergebnisse sind dabei automatisch wieder nach Anzahl der bejahten Variablen geordnet. Nun werden auch die Ergebnisse der ersten Vereinfachung miteinander verglichen, und zwar wiederum jede Zeile einer Gruppe mit jeder Zeile der folgenden Gruppe. In Vereinfachungen erfaßte Konjunktionen müssen wiederum abgehakt und die Ergebnisse in eine neue Rubrik übertragen werden, bis keine Vereinfachungen mehr möglich sind. Im Beispiel von Tafel 4.16 ist dies nach zwei Vereinfa-

Tafel **4**.16 Vereinfachungstabelle zum Verfahren nach Quine und McCluskey

<table>
<tr><th>Gruppe</th><th colspan="2">disjunktive Normalform</th><th colspan="2">1. Vereinfachung</th><th colspan="2">2. Vereinfachung</th></tr>
<tr><td rowspan="2">1</td><td>$\overline{e_4}\cdot\overline{e_3}\cdot e_2\cdot\overline{e_1}$</td><td>∨</td><td>$\overline{e_4}\cdot\overline{e_3}\cdot e_2$</td><td>∨</td><td>$\overline{e_3}\cdot e_2$</td><td>$p_3$</td></tr>
<tr><td>$\overline{e_4}\cdot e_3\cdot\overline{e_2}\cdot\overline{e_1}$</td><td>∨</td><td>$\overline{e_3}\cdot e_2\cdot\overline{e_1}$</td><td>∨</td><td>$e_3\cdot\overline{e_2}$</td><td>$p_4$</td></tr>
<tr><td rowspan="4">2</td><td>$\overline{e_4}\cdot\overline{e_3}\cdot e_2\cdot e_1$</td><td>∨</td><td>$\overline{e_4}\cdot e_3\cdot\overline{e_2}$</td><td>∨</td><td></td><td></td></tr>
<tr><td>$\overline{e_4}\cdot e_3\cdot\overline{e_2}\cdot e_1$</td><td>∨</td><td>$e_3\cdot\overline{e_2}\cdot\overline{e_1}$</td><td>∨</td><td></td><td></td></tr>
<tr><td>$e_4\cdot\overline{e_3}\cdot e_2\cdot\overline{e_1}$</td><td>∨</td><td>$\overline{e_3}\cdot e_2\cdot e_1$</td><td>∨</td><td></td><td></td></tr>
<tr><td>$e_4\cdot e_3\cdot\overline{e_2}\cdot\overline{e_1}$</td><td>∨</td><td>$e_3\cdot\overline{e_2}\cdot e_1$</td><td>∨</td><td></td><td></td></tr>
<tr><td rowspan="2">3</td><td>$e_4\cdot\overline{e_3}\cdot e_2\cdot e_1$</td><td>∨</td><td>$e_4\cdot\overline{e_3}\cdot e_2$</td><td>∨</td><td></td><td></td></tr>
<tr><td>$e_4\cdot e_3\cdot\overline{e_2}\cdot e_1$</td><td>∨</td><td>$e_4\cdot e_3\cdot\overline{e_2}$</td><td>∨</td><td></td><td></td></tr>
<tr><td rowspan="2">4</td><td rowspan="2">$e_4\cdot e_3\cdot e_2\cdot e_1$</td><td rowspan="2">∨</td><td>$e_4\cdot e_2\cdot e_1$</td><td>p_1</td><td></td><td></td></tr>
<tr><td>$e_4\cdot e_3\cdot e_1$</td><td>p_2</td><td></td><td></td></tr>
</table>

chungen der Fall. Die nicht abgehakten Ausdrücke nennt man **Primimplikanten** oder **Primterme** p.

Nun muß eine neue Tabelle aufgestellt werden, in der vertikal wieder alle Minterme der disjunktiven Normalform der Funktion und horizontal alle Primterme stehen. Diese Tabelle wird **Primterm-Minterm-Tabelle** genannt. In ihr werden zu jedem Minterm diejenigen Primterme angekreuzt, die in ihm enthalten sind. Tafel **4.**17 zeigt diesen Schritt für das behandelte Beispiel. Die Minimalform der Funktion erhält man durch die disjunktive Verknüpfung derjenigen Primterme, durch die alle Minterme erfaßt werden. Hierfür gibt es häufig mehrere Möglichkeiten. Für das behandelte Beispiel sind es zwei, und zwar

$$a_1 = p_1 \vee p_3 \vee p_4 = (e_4 \cdot e_2 \cdot e_1) \vee (\overline{e_3} \cdot e_2) \vee (e_3 \cdot \overline{e_2})$$

$$a_2 = p_2 \vee p_3 \vee p_4 = (e_4 \cdot e_3 \cdot e_1) \vee (\overline{e_3} \cdot e_2) \vee (e_3 \cdot \overline{e_2}).$$

Tafel **4.**17 Primterm-Minterm-Tabelle zur Vereinfachungstabelle der Tafel **4.**16

Primterme Minterme	$p_1 =$ $e_4 \cdot e_2 \cdot e_1$	$p_2 =$ $e_4 \cdot e_3 \cdot e_1$	$p_3 =$ $\overline{e_3} \cdot e_2$	$p_4 =$ $e_3 \cdot \overline{e_2}$
$\overline{e_4} \cdot \overline{e_3} \cdot e_2 \cdot \overline{e_1}$			X	
$\overline{e_4} \cdot e_3 \cdot \overline{e_2} \cdot \overline{e_1}$				X
$\overline{e_4} \cdot \overline{e_3} \cdot e_2 \cdot e_1$			X	
$\overline{e_4} \cdot e_3 \cdot \overline{e_2} \cdot e_1$				X
$e_4 \cdot \overline{e_3} \cdot e_2 \cdot \overline{e_1}$			X	
$e_4 \cdot e_3 \cdot \overline{e_2} \cdot \overline{e_1}$				X
$e_4 \cdot \overline{e_3} \cdot e_2 \cdot e_1$	X		X	
$e_4 \cdot e_3 \cdot \overline{e_2} \cdot e_1$		X		X
$e_4 \cdot e_3 \cdot e_2 \cdot e_1$	X	X		

Man findet die bzw. eine Minimalform der Funktion aus der Primtermlösungsfunktion L_P. Man erhält sie dadurch, daß man für jede Zeile der Primterm-Minterm-Tabelle die angekreuzten Primterme disjunktiv und die so gefundenen Zeilenausdrücke konjunktiv verknüpft. Für das Beispiel erhält man

$$L_P = p_3 \cdot p_4 \cdot p_3 \cdot p_4 \cdot p_3 \cdot p_4 \cdot (p_1 \vee p_3) \cdot (p_2 \vee p_4) \cdot (p_1 \vee p_2)$$

$$= ((p_1 \cdot p_3 \cdot p_4) \vee (p_3 \cdot p_4)) \cdot ((p_1 \cdot p_2) \vee p_2 \vee (p_1 \cdot p_4) \vee (p_2 \cdot p_4))$$

$$= (p_1 \cdot p_2 \cdot p_3 \cdot p_4) \vee (p_1 \cdot p_3 \cdot p_4) \vee (p_2 \cdot p_3 \cdot p_4).$$

Aus dieser Primtermlösungsfunktion nimmt man einen der kürzesten Ausdrücke, also entweder $p_1 \cdot p_3 \cdot p_4$ oder $p_2 \cdot p_3 \cdot p_4$. Die in dem gewählten Ausdruck enthaltenen Primterme müssen nun für die Minimallösung disjunktiv verknüpft werden.

Soll eine Funktion mit Redundanzen vereinfacht werden, so werden die Redundanzen in die Vereinfachungstabelle mit aufgenommen, jedoch nicht in die Primterm-Minterm-Tabelle.

4.6.2 Graphisches Verfahren nach Karnaugh und Veitch

4.6.2.1 KV-Diagramm. Das graphische Vereinfachungsverfahren nach Karnaugh und Veitch geht ebenso wie das Verfahren von Quine und McCluskey von der disjunktiven Normalform einer Funktion aus. Die Funktion wird nach Art der Mengenlehre in einem Diagramm dargestellt. Das nach Karnaugh und Veitch benannte KV-Diagramm ist ein Rechteck, das in so viele Einzelfelder unterteilt ist, wie sich Vollkonjunktionen mit den Variablen der Funktion bilden lassen. Eine Vollkonjunktion stellt dabei im mengentheoretischen Sinne den Durchschnitt aller an der Funktion beteiligten bejahten oder verneinten Variablen dar, also die kleinste allen Variablen gemeinsame Fläche, und wird daher Minterm genannt. Die Vollkonjunktionen, die in einer Funktionstabelle fortlaufend nebeneinander (bzw. untereinander) angeordnet sind, sind also im KV-Diagramm flächig angeordnet. Bild **4.**18 zeigt ein KV-Diagramm für vier Variablen. Die Anordnung der Vollkonjunktionen ist in diesem Diagramm so vorgenommen, daß sich horizontal oder vertikal benachbarte oder gegenüberliegende Vollkonjunktionen stets nur in einer Variablen unterscheiden. Kommen zwei derart benachbarte oder gegenüberliegende Vollkonjunktionen in einer Funktion vor, so kann man aus ihnen eine Variable nach

$$(a \cdot e) \vee (a \cdot \bar{e}) = a \cdot (e \vee \bar{e}) = a \cdot 1 = a$$

eliminieren. Des weiteren unterscheiden sich vier in einer Reihe, in einer Spalte, in einem Quadrat oder gegenüberliegende Vollkonjunktionen stets nur in zwei Variablen. Diese zwei Variablen lassen sich gemäß

$$(a \cdot \overline{e_2} \cdot \overline{e_1}) \vee (a \cdot \overline{e_2} \cdot e_1) \vee (a \cdot e_2 \cdot \overline{e_1}) \vee (a \cdot e_2 \cdot e_1)$$
$$= (a \cdot \overline{e_2} \cdot (\overline{e_1} \vee e_1)) \vee (a \cdot e_2 \cdot (\overline{e_1} \vee e_1))$$
$$= (a \cdot \overline{e_2}) \vee (a \cdot e_2) = a \cdot (\overline{e_2} \vee e_2) = a \cdot 1 = a$$

ebenfalls eliminieren. Ebenso lassen sich aus acht zusammenhängenden oder gegenüberliegenden Vollkonjunktionen drei Variablen eliminieren. Die Anordnung der Vollkonjunktionen im KV-Diagramm nach Bild **4.**18 gestattet also das leichte Auffinden von Vollkonjunktionen, aus denen sich Variablen eliminieren lassen. Betrachtet man die Zuweisung der Variablen auf die Zeilen und die Spalten des Diagramms, so stellt man fest, daß jeweils die Variablen e_1 und e_3 bzw. e_2 und e_4 einen einschrittigen Code bilden. Als Regel für das Zuweisen der Variablen zu einem KV-Diagramm gilt: In einem KV-Diagramm müssen die Variablen so zugewiesen werden, daß sich beim Übergang von einer Zeile zur nächsten und von einer Spalte zur nächsten jeweils nur eine Variable ändert. Die Variablen müssen längs der Kanten der Diagramme einschrittige Codes bilden. Bild **4.**19 zeigt ein nach dieser Regel aufgestelltes KV-Diagramm für sechs Variablen.

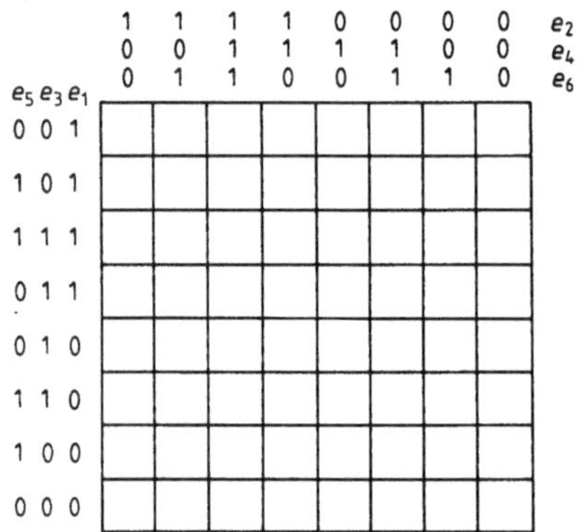

4.18 KV-Diagramm für vier Variablen mit Eintragung der Zustände der einzelnen Variablen (a) sowie den Kurzbezeichnungen der zugehörigen Vollkonjunktionen (b)

4.19 KV-Diagramm für sechs Variablen

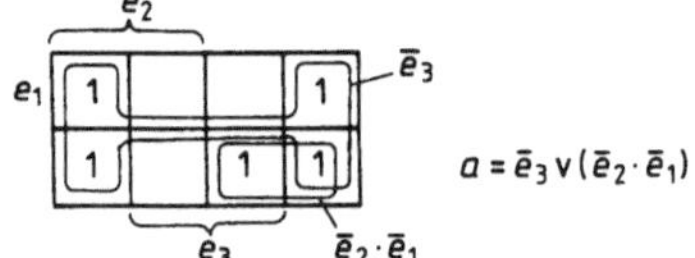

4.20 KV-Diagramm mit eingetragener Funktion, Vereinfachungsschleifen und Vereinfachungsergebnis

4.6.2.2 Darstellen und Vereinfachen von Funktionen im KV-Diagramm. Eine Funktion wird im KV-Diagramm dadurch dargestellt, daß die Felder der in der Funktion enthaltenen Vollkonjunktionen mit einer 1 besetzt werden. In Bild 4.20 ist die Funktion

$$a = (\bar{e}_3 \cdot e_2 \cdot e_1) \vee (\bar{e}_3 \cdot e_2 \cdot \bar{e}_1) \vee (\bar{e}_3 \cdot \bar{e}_2 \cdot e_1) \vee (\bar{e}_3 \cdot \bar{e}_2 \cdot \bar{e}_1) \vee (e_3 \cdot \bar{e}_2 \cdot \bar{e}_1)$$

dargestellt. Will man diese Funktion rechnerisch vereinfachen, so muß man versuchen, jeweils zwei Konjunktionen zu finden, die sich lediglich in einer Variablen unterscheiden. Man kann die übrigen Variablen ausklammern, so daß in der Klammer der Ausdruck $e_i \vee \bar{e}_i = 1$ übrigbleibt, wodurch die betreffende Variable eliminiert wird. Für die obige Funktion erhält man

$$a = (\overline{e_3} \cdot e_2 \cdot (e_1 \vee \overline{e_1})) \vee (\overline{e_3} \cdot \overline{e_2} \cdot (e_1 \vee \overline{e_1})) \vee (\overline{e_2} \cdot \overline{e_1} \cdot (\overline{e_3} \vee e_3))$$
$$= (\overline{e_3} \cdot e_2 \cdot 1) \vee (\overline{e_3} \cdot \overline{e_2} \cdot 1) \vee (\overline{e_2} \cdot \overline{e_1} \cdot 1)$$
$$= (\overline{e_3} \cdot (e_2 \vee \overline{e_2})) \vee (\overline{e_2} \cdot \overline{e_1})$$
$$= (\overline{e_3} \cdot 1) \vee (\overline{e_2} \cdot \overline{e_1}) = \overline{e_3} \vee (\overline{e_2} \cdot \overline{e_1}).$$

Aus dem KV-Diagramm entnimmt man, daß diejenigen Vollkonjunktionen, aus denen man Variablen eliminieren kann, faltungssymmetrisch im Diagramm liegen. Will man also im KV-Diagramm vereinfachen, so muß man nach Einsen suchen, die faltungssymmetrisch liegen. Symmetrielinien sind hierbei die Trennungslinien zwischen den bejahten und den verneinten Variablenbereichen. Diese faltungssymmetrischen Einsen werden durch eine Schleife zusammengefaßt, wobei diejenigen Variablen entfallen, die innerhalb der Schleife gleich oft bejaht und verneint vorkommen. Aus der Faltungssymmetrie folgt außerdem, daß nur 2^n Einsen geschleift werden können, also 2, 4, 8, 16 usw. Der Exponent gibt dabei die Anzahl der Variablen an, die eliminiert werden. Für das obige Beispiel ergeben sich zwei Schleifen, eine große um vier Felder und eine kleine um zwei Felder. In der großen Schleife kommen sowohl e_1 als auch e_2 zweimal bejaht und zweimal verneint vor, so daß beide Variablen eliminiert werden und nur noch $\overline{e_3}$ übrig bleibt. In der kleinen Schleife ist lediglich e_3 bejaht und verneint. Man erhält daher als Ergebnis $\overline{e_2} \cdot \overline{e_1}$.

Beispiel 4.9. Die Funktion in Tafel **4.**21 ist im KV-Diagramm zu vereinfachen.

Tafel **4.**21 Funktionstabelle der zu vereinfachenden Funktion des Beispiels 4.9

e_1	0 1 0 1 0 1 0 1 0 1 0 1 0 1 0 1 0 1 0 1 0 1 0 1 0 1 0 1 0 1 0 1
e_2	0 0 1 1 0 0 1 1 0 0 1 1 0 0 1 1 0 0 1 1 0 0 1 1 0 0 1 1 0 0 1 1
e_3	0 0 0 0 1 1 1 1 0 0 0 0 1 1 1 1 0 0 0 0 1 1 1 1 0 0 0 0 1 1 1 1
e_4	0 0 0 0 0 0 0 0 1 1 1 1 1 1 1 1 0 0 0 0 0 0 0 0 1 1 1 1 1 1 1 1
e_5	0 0 0 0 0 0 0 0 0 0 0 0 0 0 0 0 1 1 1 1 1 1 1 1 1 1 1 1 1 1 1 1
a	0 1 0 1 0 1 0 1 1 0 1 0 0 0 0 0 0 1 0 1 1 1 1 1 0 0 0 0 1 0 1 0

Es handelt sich um eine Funktion von fünf Variablen; es muß also ein KV-Diagramm für fünf Variablen gezeichnet werden. Auf der senkrechten Ausdehnung werden die Variablen e_1 und e_3 zugewiesen, auf der waagerechten die Variablen e_2, e_4 und e_5. Bild 4.22 zeigt das Diagramm mit der eingetragenen Funktion und den Lösungsschleifen. Die Vereinfachungsergebnisse stehen neben den Lösungsschleifen.

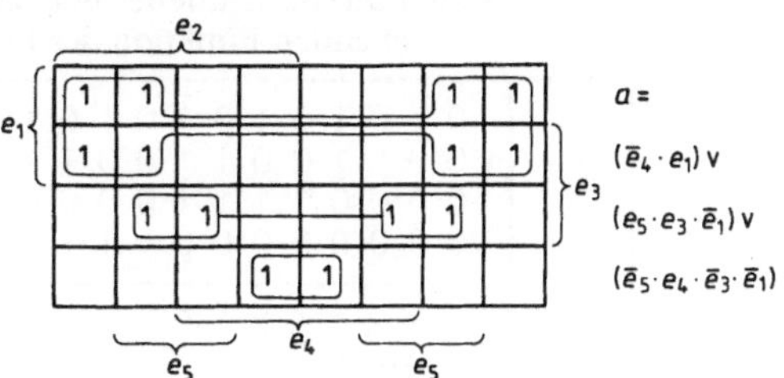

4.22
KV-Diagramm mit Lösungsschleifen zum Beispiel 4.9

Bild **4.**23 stellt eine Funktion von fünf Variablen dar, die nicht durch eine einzige Schleife vereinfacht werden kann, wie man zunächst annehmen möchte; denn die äußeren Einsfelder des Blocks liegen nicht symmetrisch zur Trennungslinie zwischen dem e_2- und dem $\overline{e_2}$-Bereich. Es müssen daher zwei Schleifen gelegt werden.

Soll eine F u n k t i o n m i t R e d u n d a n z e n vereinfacht werden, so werden die Redundanzen mit einem X im Diagramm eingetragen. Die mit X bezeichneten Felder können beim Schleifen entweder als 1 oder als 0 gewertet werden. Das Einbeziehen von Redundanzen in die Vereinfachungen ergibt meistens einfachere Ergebnisse als das alleinige Verwenden derjenigen Vollkonjunktionen, die einen Schaltvorgang auslösen. Die in Bild **4.**24 dargestellte Funktion ließe sich z. B. ohne Redundanzen überhaupt nicht vereinfachen. Unter Berücksichtigung der Redundanzen ergibt sich jedoch eine starke Vereinfachung.

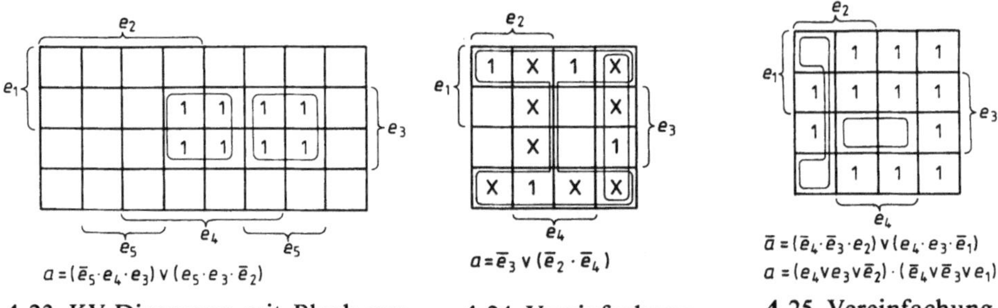

$$a = (\overline{e}_5 \cdot e_4 \cdot e_3) \vee (e_5 \cdot e_3 \cdot \overline{e}_2)$$

$$a = \overline{e}_3 \vee (\overline{e}_2 \cdot \overline{e}_4)$$

$$\overline{a} = (\overline{e}_4 \cdot \overline{e}_3 \cdot e_2) \vee (e_4 \cdot e_3 \cdot \overline{e}_1)$$
$$a = (e_4 \vee e_3 \vee \overline{e}_2) \cdot (\overline{e}_4 \vee \overline{e}_3 \vee e_1)$$

4.23 KV-Diagramm mit Block aus acht Einsen, die nicht mit einer Schleife erfaßbar sind

4.24 Vereinfachung einer Funktion mit Redundanzen

4.25 Vereinfachung einer Funktion über ihre negierte Form

Bisweilen gibt es Funktionen, die man günstiger in der negierten Form vereinfacht. Man schleift dann alle mit 0 besetzten Felder und negiert das Ergebnis, wie es in Bild **4.**25 gezeigt ist. Man erhält dabei Lösungen in konjunktiver Darstellung, als wäre man beim Vereinfachen von der konjunktiven Normalform ausgegangen. Man spricht bei diesem Verfahren daher von der M a x t e r m m e t h o d e, im Gegensatz zum ersten Verfahren, das man die M i n t e r m m e t h o d e nennt.

Beispiel 4.10. Die Funktion in Tafel **4.**26 ist sowohl nach der Mintermmethode als auch nach der Maxtermmethode zu vereinfachen.

Tafel **4.**26 Funktionstabelle der zu vereinfachenden Funktion des Beispiels **4.**10

e_1	0 1 0 1 0 1 0 1 0 1 0 1 0 1 0 1
e_2	0 0 1 1 0 0 1 1 0 0 1 1 0 0 1 1
e_3	0 0 0 0 1 1 1 1 0 0 0 0 1 1 1 1
e_4	0 0 0 0 0 0 0 0 1 1 1 1 1 1 1 1
a	X X X 1 X X 1 0 X 1 X 0 1 0 0 X

Nach der Mintermmethode sind vier Schleifen um jeweils eine 1 und drei Redundanzen erforderlich. Sie sind der Übersichtlichkeit wegen in zwei Diagrammen des Bildes **4.27** gezeigt. Mit ihnen erhält man als Mintermlösung

$$a = (\overline{e_3} \cdot \overline{e_4}) \vee (\overline{e_1} \cdot \overline{e_2}) \vee (\overline{e_2} \cdot \overline{e_3}) \vee (\overline{e_1} \cdot \overline{e_4}).$$

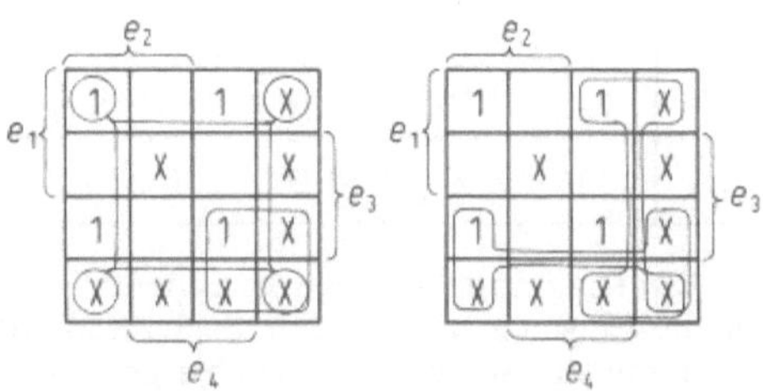

4.27
Vereinfachung der Funktion des Beispiels
4.8 nach der Mintermmethode (Die vier
Schleifen sind der Übersichtlichkeit wegen in zwei Diagrammen eingetragen)

Bei der Maxtermmethode sind, wie Bild **4.28** zeigt, lediglich zwei Schleifen erforderlich, um alle Nullen zu erfassen. Als Maxtermlösung erhält man

$$\overline{a} = (e_1 \cdot e_3) \vee (e_2 \cdot e_4)$$

$$a = (\overline{e_1} \vee \overline{e_3}) \cdot (\overline{e_2} \vee \overline{e_4}).$$

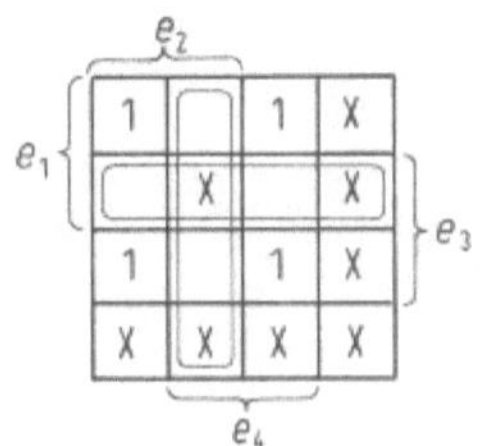

4.28
Vereinfachung
der Funktion
des Beispiels
4.8 nach der
Maxtermmethode

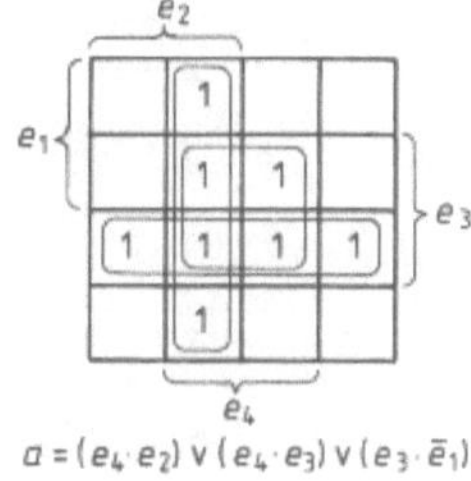

4.29
Vereinfachung,
bei der 1-Felder
mehrfach benutzt
werden

$$a = (e_4 \cdot e_2) \vee (e_4 \cdot e_3) \vee (e_3 \cdot \overline{e_1})$$

4.6.2.3 Regeln für das Vereinfachen im KV-Diagramm. Für das Vereinfachen (Schleifen) im KV-Diagramm gelten folgende Regeln:

1. Mit möglichst wenig Schleifen alle Einsen (bzw. Nullen) der Funktion erfassen.

2. Möglichst viele Felder mit einer Schleife erfassen.

3. Die Anzahl der geschleiften Felder muß eine glatte Zweierpotenz 2^n sein; n gibt hierbei die Anzahl der eliminierten Variablen an.

4. Felder, die geschleift werden sollen, müssen faltungssymmetrisch im Diagramm liegen. Symmetrielinien sind hierbei die Trennungslinien zwischen den bejahten und den verneinten Bereichen derjenigen Variablen, die durch die Schleife eliminiert werden sollen.

5. Einzelne Felder können in mehreren Schleifen auftreten.

Als Beispiel für die letzte Regel ist in Bild **4.29** eine Vereinfachung gezeigt, bei der die Vollkonjunktion $e_4 \cdot e_3 \cdot e_2 \cdot e_1$ an drei Schleifen beteiligt ist.

Beispiel 4.11. Die Funktion in Tafel 4.30 ist zu vereinfachen.

Tafel 4.30 Funktionstabelle der zu vereinfachenden Funktion des Beispiels 4.11

e_1	0 1 0 1 0 1 0 1 0 1 0 1 0 1 0 1 0 1 0 1 0 1 0 1 0 1 0 1 0 1 0 1
e_2	0 0 1 1 0 0 1 1 0 0 1 1 0 0 1 1 0 0 1 1 0 0 1 1 0 0 1 1 0 0 1 1
e_3	0 0 0 0 1 1 1 1 0 0 0 0 1 1 1 1 0 0 0 0 1 1 1 1 0 0 0 0 1 1 1 1
e_4	0 0 0 0 0 0 0 0 1 1 1 1 1 1 1 1 0 0 0 0 0 0 0 0 1 1 1 1 1 1 1 1
e_5	0 0 0 0 0 0 0 0 0 0 0 0 0 0 0 0 1 1 1 1 1 1 1 1 1 1 1 1 1 1 1 1
a	1 1 X X 0 0 0 0 X 1 1 X 0 X 1 1 X 0 X 1 1 1 X 0 0 0 1 X X 0 0 X

Das KV-Diagramm wird entsprechend Beispiel 4.9 aufgestellt. Mit vier Schleifen können alle Einsen erfaßt werden. Sechs Redundanzen werden in die Schleifen mit einbezogen, damit die Schleifen möglichst groß werden. Fünf Redundanzen bleiben unberücksichtigt. Bild 4.31 zeigt das KV-Diagramm mit den eingezeichneten Schleifen. Die Vereinfachung führt zu der Lösung

$$a = (e_2 \cdot \overline{e_3}) \vee (\overline{e_3} \cdot \overline{e_5}) \vee (e_2 \cdot e_4 \cdot \overline{e_5}) \vee (\overline{e_2} \cdot e_3 \cdot \overline{e_4} \cdot e_5).$$

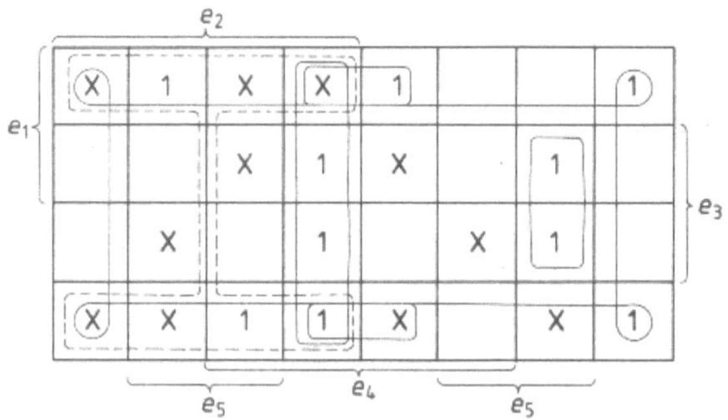

4.31
KV-Diagramm zum Beispiel 4.11

Beispiel 4.12. Die folgende Funktion ist ohne vorheriges Rechnen zu vereinfachen:

$$a = ((e_1 \cdot e_2 \cdot e_3) \vee (e_2 \cdot e_4) \vee (\overline{e_1} \cdot e_3)) \cdot ((e_1 \cdot e_3) \vee (\overline{e_1} \cdot \overline{e_2})).$$

Die Funktion besteht aus zwei Teilfunktionen a_{T1} und a_{T2}, die konjunktiv verknüpft sind. Sie wird also nur dann 1, wenn beide Teilfunktionen 1 sind. Im KV-Diagramm wird daher durch einen Punkt im oberen linken Teil eines Einzelfeldes gekennzeichnet, wenn die Teilfunktion a_{T1} erfüllt ist, und im rechten oberen Teil, wenn die Teilfunktion a_{T2} erfüllt ist. Diejenigen Felder, die beide Kennzeichnungen haben, erhalten eine 1 und stellen die Gesamtfunktion dar, die anschließend vereinfacht wird. Bild 4.32 zeigt die Lösung.

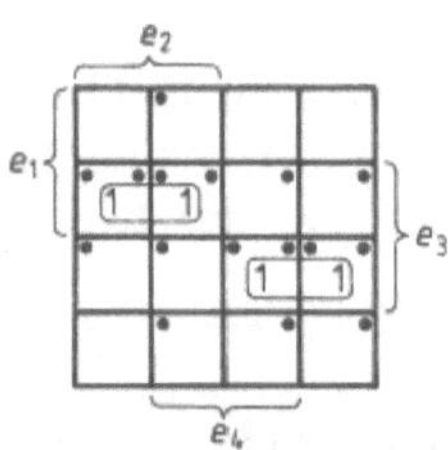

$a = (e_1 \cdot e_2 \cdot e_3) \vee (\overline{e_1} \cdot \overline{e_2} \cdot e_3)$

4.32
KV-Diagramm zum Beispiel 4.12

5 Elektronische Schalter

Nach Abschn. 1.3 brauchen in der Digitaltechnik nur die diskreten Werte des diskontinuierlichen Trägersignals verarbeitet zu werden. Im Falle der binären Technik sind es nur zwei Werte, zu deren Verstärkung und Verarbeitung meist der gesteuerte Schalter genügt. Bei einem gesteuerten Schalter wird der Lastkreis von einem eigenen Steuerkreis geschaltet. Die zum Steuern erforderliche Leistung ist meist erheblich kleiner als die geschaltete Leistung. Gesteuerte Schalter können elektro-mechanisch durch Relais und Schütze oder elektronisch durch Röhren und Transistoren realisiert werden. Für die reine Verarbeitungstechnik haben Transistoren die größte Bedeutung (s. Band I und III).

5.1 Idealer und realer Schalter

Bild 5.1 zeigt einen einfachen Stromkreis mit Quellenspannung U_q, Lastwiderstand R_L und einem Schalter S, mit dem der Strom I ein- und ausgeschaltet wird. Wäre S ein i d e a l e r S c h a l t e r, so müßte er im eingeschalteten Zustand den Widerstand $0\,\Omega$ und im ausgeschalteten Zustand den Widerstand $\infty\,\Omega$ haben. Das bedeutet, daß bei geschlossenem Kontakt die Spannung U_S über dem Schalter zu Null wird, der Strom I den Maximalwert U_q/R_L annimmt, bei offe-

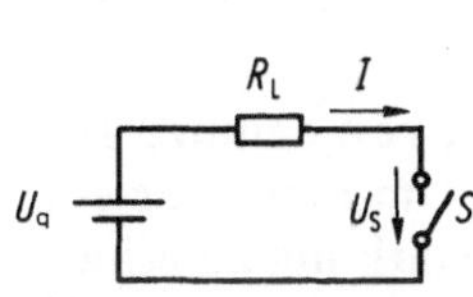

5.1
Stromkreis mit Quellenspannung U_q,
Lastwiderstand R_L
und Schalter S

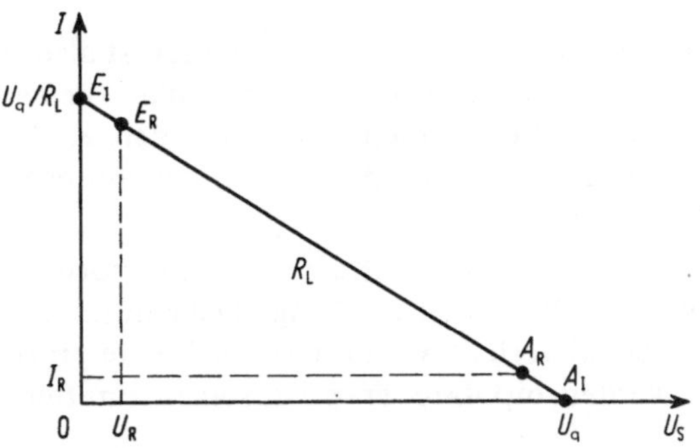

5.2 Arbeitspunkte des idealen (Index I) und des realen (Index R) Schalters im Strom-Spannungs-Diagramm mit Lastwiderstandsgeraden R_L

nem Kontakt überhaupt kein Strom fließt und damit die Spannung U_S gleich der Betriebsspannung U_B wird. Stellt man diese Verhältnisse im Strom-Spannungs-Diagramm eines Schalters mit eingezeichneter Lastwiderstandsgeraden dar (Bild **5**.2), so liegt der Arbeitspunkt E_I des eingeschalteten idealen Schalters auf der Stromachse und der Arbeitspunkt A_I des ausgeschalteten idealen Schalters auf der Spannungsachse. Der ideale Schalter arbeitet also völlig verlustfrei; denn weder im Ein- noch im Aus-Zustand entsteht an ihm eine Verlustleistung, da in beiden Fällen das Produkt $U_S I = 0$ ist.

Außerdem wird vom idealen Schalter angenommen, daß sich das Umschalten vom einen in den anderen Schaltzustand sprunghaft vollzieht; d. h., er benötigt dafür keine Zeit. Man bezeichnet den idealen Schalter daher als trägheitslos.

Ein realer Schalter hat im Gegensatz zum idealen Schalter im eingeschalteten Zustand den Widerstand R_{Ein} von einigen mΩ bis zu einigen 100 Ω und im ausgeschalteten Zustand den Widerstand R_{Aus} von einigen MΩ bis zu einigen TΩ. Daher bleibt bei geschlossenem Kontakt über dem Schalter die Restspannung

$$U_R = U_q \frac{R_{Ein}}{R_{Ein} + R_L}, \tag{5.1}$$

und es fließt bei geöffnetem Kontakt der Reststrom

$$I_R = \frac{U_q}{R_{Aus} + R_L}. \tag{5.2}$$

Die Restspannung U_R und der Reststrom I_R verursachen am Schalter sowohl im Ein- als auch im Aus-Zustand Leistungen, die allerdings für Nutzzwecke verloren gehen und daher als Verlustleistungen

$$P_{VEin} = \frac{U_R^2}{R_{Ein}} = \frac{U_q^2 \, R_{Ein}}{(R_{Ein} + R_L)^2} \tag{5.3}$$

und

$$P_{VAus} = I_R^2 \, R_{Aus} = \frac{U_q^2 \, R_{Aus}}{(R_{Aus} + R_L)^2} \tag{5.4}$$

bezeichnet werden. Der reale Schalter ist also im Gegensatz zum idealen Schalter verlustbehaftet. Seine Arbeitspunkte für den Ein-Zustand E_R und den Aus-Zustand A_R liegen nicht mehr auf den Koordinatenachsen des Strom-Spannungs-Diagramms, sondern von ihnen entfernt auf der Geraden des Lastwiderstands R_L (Bild **5**.2).

Als elektronische Schalter werden vorwiegend Transistoren benutzt. Ihr Schaltverhalten wird im Ausgangskennlinienfeld betrachtet. Um nicht nur ein gutes Schaltverhalten, sondern auch eine große Leistungsverstärkung zu erhalten, werden bipolare Transistoren in Emitterschaltung und unipolare Transi-

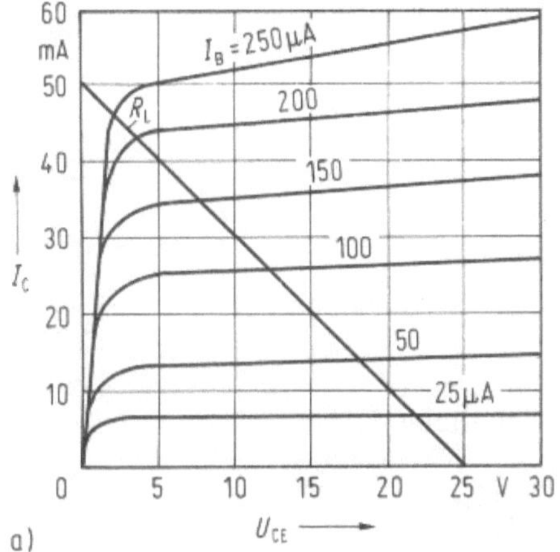
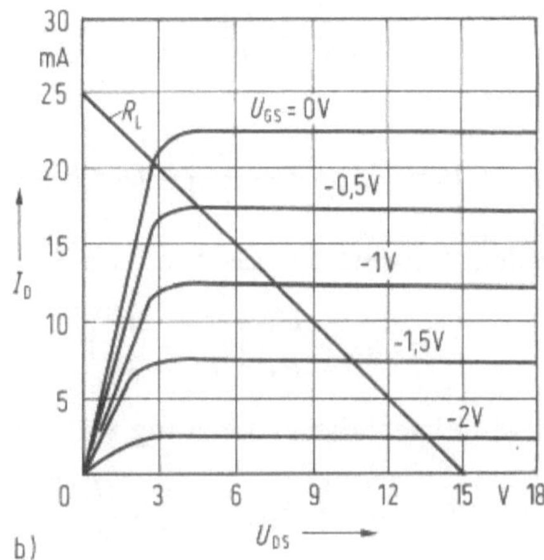

5.3 Ausgangskennlinienfelder mit Lastwiderstandsgeraden R_L eines bipolaren (a) und eines unipolaren (b) Transistors

storen in Sourceschaltung betrieben. Bild **5.3** zeigt typische Ausgangskennlinienfelder für bipolare und unipolare Transistoren mit eingezeichneter Lastwiderstandsgeraden. Bipolare Transistoren zeigen das beste Verhalten im Ein-Zustand; die Restspannung über der Kollektor-Emitter-Strecke kann bis unter 50 mV absinken, der Reststrom liegt bei Siliziumtransistoren und 20°C in der Größenordnung von einigen nA. Unipolare Transistoren weisen eine 10- bis 100mal höhere Restspannung als bipolare Transistoren auf, ihr Reststrom ist gleich dem von bipolaren Transistoren. Sie haben gegenüber bipolaren Transistoren jedoch den Vorteil der extrem großen Eingangsimpedanz, so daß sie praktisch leistungslos zu steuern sind und sehr einfache Kopplungen ermöglichen, was in steigendem Maße für logische Schaltungen bei der Großschaltungsintegration (LSI ≙ large scale integration) genutzt wird.

Je größer der Widerstand R_{Aus} und je kleiner der Widerstand R_{Ein} eines Schalters ist, um so geringer sind seine Verluste, und um so besser ist der Schalter. Man kennzeichnet daher die Güte eines Schalters durch das **Schaltverhältnis**

$$S = \frac{R_{Aus}}{R_{Ein}}, \tag{5.5}$$

das den Quotienten aus R_{Aus} durch R_{Ein} angibt.

Der reale Schalter ist im Gegensatz zum idealen Schalter träge; d. h., er benötigt zum Umschalten vom einen in den anderen Schaltzustand die Schaltzeit T_S. Dadurch entsteht am Schalter während des Umschaltens eine zusätzliche Verlustleistung. Unter Vernachlässigung der Verluste P_{VEin} und P_{VAus} sowie der Annahme der zeitlinearen Änderung von Strom und Spannung am Schalter berechnet sich diese Umschaltverlustleistung aus dem Verlauf von Strom

$$i = I_{\max} \frac{t}{T_{S}} = \frac{U_{B}}{R_{L}} \cdot \frac{t}{T_{S}} \qquad (5.6)$$

und Spannung

$$u_{S} = U_{\max}\left(1 - \frac{t}{T_{S}}\right) = U_{B}\left(1 - \frac{t}{T_{S}}\right). \qquad (5.7)$$

Für den Zeitwert der Leistung am Schalter gilt

$$S_{t} = i\,u_{S} = \frac{U_{B}^{2}}{R_{L}}\left(\frac{t}{T_{S}} - \frac{t^{2}}{T_{S}^{2}}\right). \qquad (5.8)$$

Der Mittelwert dieser Leistung während der Schaltzeit T_{S} ist

$$P_{S} = \frac{1}{T_{S}} \int\limits_{0}^{T_{S}} S_{t}\,\mathrm{d}t = \frac{1}{T_{S}} \cdot \frac{U_{B}^{2}}{R_{L}} \int\limits_{0}^{T_{S}} \left(\frac{t}{T_{S}} - \frac{t^{2}}{T_{S}^{2}}\right)\mathrm{d}t$$

$$= \frac{1}{T_{S}} \cdot \frac{U_{B}^{2}}{R_{L}}\left(\frac{T_{S}^{2}}{2\,T_{S}} - \frac{T_{S}^{3}}{3\,T_{S}^{2}}\right) = \frac{U_{B}^{2}}{6\,R_{L}}. \qquad (5.9)$$

5.2 Bipolarer Transistor als Schalter

Der bipolare Transistor als Schalter wird im Normalfall entsprechend Bild **5.4**
mit einer Vorspannung betrieben, damit er auch bei einer positiven Eingangsspannung gesperrt sein kann.

5.2.1 Ausgangskennlinienfeld und Schaltzustände

Das Verhalten des bipolaren Transistors als Schalter soll zunächst anhand seines Ausgangskennlinienfelds mit eingezeichneter Widerstandsgeraden erläutert
werden (s. Bild **5.4** und **5.5**). Das Kennlinienfeld ist in drei Bereiche unterteilt.

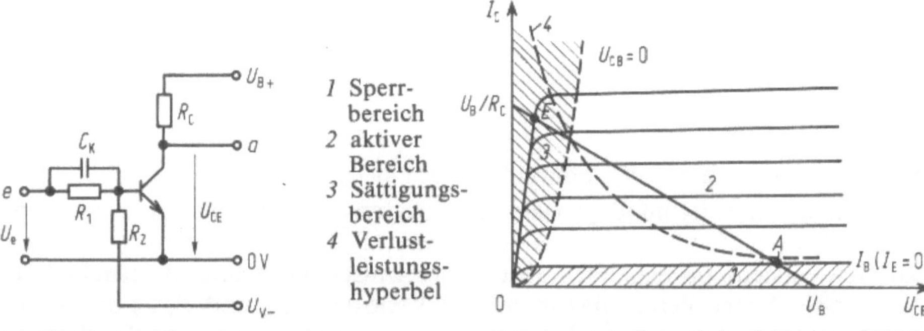

5.4 Bipolarer Transistor
als Schalter

1 Sperr-
bereich
2 aktiver
Bereich
3 Sättigungs-
bereich
4 Verlust-
leistungs-
hyperbel

5.5 Ausgangskennlinienfeld eines NPN-
Transistors in Emitterschaltung

Im Bereich *1* sind sowohl die Basis-Emitter- als auch die Basis-Kollektor-Diode gesperrt. Diesen Bereich nennt man Sperrbereich. Der Bereich *2* ist der aktive Bereich, der bei der Kleinsignalsteuerung ausschließlich interessiert. Hier wird die Basis-Emitter-Diode in Durchlaßrichtung und die Basis-Kollektor-Diode in Sperrichtung betrieben. Im Bereich *3*, dem Sättigungsbereich, sind beide Dioden durchlässig. Die Bereiche *2* und *3* werden durch die Grenzkennlinie $U_{CB}=0$ getrennt, die Bereiche *1* und *2* durch die Kennlinie I_B ($I_E=0$).

Für den Kollektorstrom eines Transistors in Emitterschaltung gilt

$$I_C = B_N I_B + (1 + B_N) I_{CB0} (1 - e^{-U_{CB'}/U_T}) \tag{5.10}$$

mit Kollektor-Basis-Sperrstrom I_{CB0} bei $I_E=0$, Spannung $U_{CB'}$ zwischen Kollektor und innerem Basispunkt B', Temperaturspannung $U_T = kT/q$, Boltzmann-Konstante k, absolute Temperatur T, Elementarladung q, Basisstrom I_B und Gleichstromverstärkung B_N in normaler Emitterschaltung.

Für die Sättigungsgrenze ($U_{CB'}=0$) liefert Gl. (5.10)

$$I_{CSätt} = B_N I_B ; \tag{5.11}$$

d.h., dort wird der Kollektorstrom nur vom Basisstrom bestimmt. An der Sperrgrenze fließt bei $U_{CB'} \gg U_T$ definitionsgemäß der Kollektorreststrom I_{CB0}. Wird der Transistor jedoch mit offener Basis betrieben, oder wird anderweitig erreicht, daß $I_B=0$ ist, so fließt der Kollektorreststrom

$$I_{CE0} = (1 + B_N) I_{CB0} . \tag{5.12}$$

Dieser Reststrom ist um den Faktor $(1 + B_N)$ größer als an der Sperrgrenze. Das rührt daher, daß der Kollektor-Basis-Sperrstrom nicht über die Basis abfließen kann, sondern als Steuerstrom über die Basis-Emitter-Diode fließt und einen um B_N größeren Kollektorstrom verursacht, der sich zu I_{CB0} addiert. Obwohl also bei $I_B=0$ die Basis-Emitter-Diode nicht gesperrt ist, wird oft $I_B=0$ als Grenzkennlinie zwischen den Bereichen *1* und *2* angegeben, wozu auch eine gewisse Berechtigung besteht, weil kein externes Steuersignal vorhanden ist.

5.2.2 Statische Dimensionierung

Bei der statischen Bemessung des Transistorschalters muß zunächst darauf geachtet werden, daß die Arbeitspunkte des Transistors für den Einzustand E und für den Auszustand A unterhalb der Verlustleistungshyperbel liegen, bzw. daß die Verlustleistungen P_{VEin} und P_{VAus} nach Gl. (5.3) und (5.4) nicht größer werden als die zulässige Verlustleistung des Transistors. Während des Umschaltens vom einen in den anderen Arbeitspunkt darf die momentane Verlustleistung den Maximalwert überschreiten, wenn nur der zeitliche Mittelwert kleiner als der Maximalwert bleibt (s. Band I und III).

Zur statischen Dimensionierung brauchen nun bei vorgegebenem Kollektorwiderstand R_C bzw. Kollektorstrom I_C nur noch die Widerstände R_1 und R_2 aus Bild **5.4** berechnet zu werden. Die Vorspannung U_V und damit der Widerstand R_2 sind immer dann erforderlich, wenn die niedrige Eingangsspannung U_{eL}, bei der der Transistor gesperrt sein soll, größer als die Basis-Emitter-Flußspannung U_{BEF} ist.

Die Bestimmungsgleichungen für die Widerstände R_1 und R_2 werden im folgenden unter Vernachlässigung der Restströme anhand der Bilder **5.6** und **5.7** abgeleitet. Soll der Transistor bei der hohen Eingangsspannung U_{eH} gesättigt sein ($U_{CE} = U_{BEF}$), so muß der Basissättigungsstrom

$$I_{B\text{Sätt}} = \frac{I_{C\text{Sätt}}}{B_{\min}} = \frac{U_B - U_{BEF}}{R_C B_{\min}} \tag{5.13}$$

fließen. $B_{\min}$ ist die vom Transistorhersteller für den gewählten Arbeitspunkt garantierte minimale Gleichstromverstärkung.

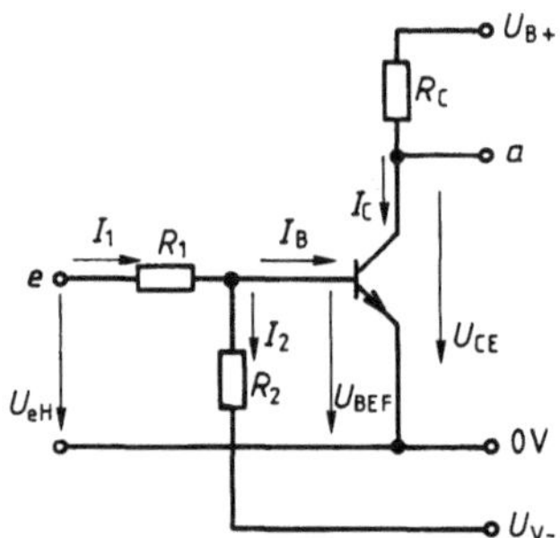

5.6 Spannungen und Ströme beim leitenden Transistor

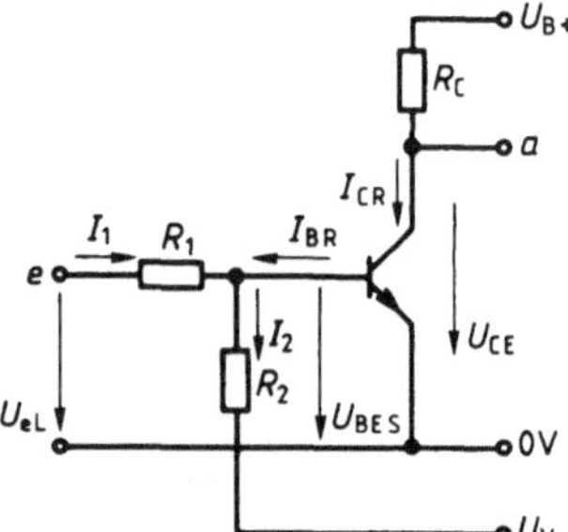

5.7 Spannungen und Ströme beim gesperrten Transistor

Zur Sicherung gegen Störimpulse, die den Transistor vom Sättigungsbereich in den aktiven Bereich oder gar in den Sperrbereich steuern könnten, und zur Beschleunigung des Umschaltens vom Sperrzustand in den Sättigungszustand wird der Basisstrom meist größer gewählt als $I_{B\text{Sätt}}$. Der Transistor wird übersteuert. Das Verhältnis des Basisstroms $I_{B\ddot{U}}$ im übersteuerten Zustand zum Basissättigungsstrom $I_{B\text{Sätt}}$ wird **Übersteuerungsfaktor**

$$m = \frac{I_{B\ddot{U}}}{I_{B\text{Sätt}}} \tag{5.14}$$

genannt. Für den Basisstrom im Übersteuerungsfall ergibt sich dann

$$I_{B\ddot{U}} = \frac{m\,(U_B - U_{BEF})}{R_C B_{\min}} \;. \tag{5.15}$$

Weiter gilt nach Bild **5**.6 bei leitendem Transistor für die hohe Eingangsspannung

$$U_{\text{eH}} = I_1 R_1 + U_{\text{BEF}} = (I_{\text{BÜ}} + I_2) R_1 + U_{\text{BEF}}. \tag{5.16}$$

Damit erhält man für den Widerstand

$$R_1 = \frac{U_{\text{eH}} - U_{\text{BEF}}}{I_{\text{BÜ}} + I_2}. \tag{5.17}$$

Der Strom durch den Widerstand R_2 ist

$$I_2 = \frac{U_{\text{BEF}} - U_{\text{V}}}{R_2}. \tag{5.18}$$

Gl. (5.15) und Gl. (5.18) in Gl. (5.17) eingesetzt, ergibt den Widerstand

$$R_1 = \frac{U_{\text{eH}} - U_{\text{BEF}}}{\dfrac{m(U_{\text{B}} - U_{\text{BEF}})}{R_{\text{C}} B_{\min}} + \dfrac{U_{\text{BEF}} - U_{\text{V}}}{R_2}}. \tag{5.19}$$

Bei gesperrtem Transistor gilt nach Bild **5**.7 mit U_{BES} als frei gewählter Basis-Emitter-Sperrspannung für die niedrige Eingangsspannung

$$U_{\text{eL}} = I_1 R_1 + U_{\text{BES}}. \tag{5.20}$$

Unter Vernachlässigung des Basisreststroms I_{BR} gilt

$$I_1 \approx I_2 = \frac{U_{\text{BES}} - U_{\text{V}}}{R_2}. \tag{5.21}$$

Gl. (5.21) in Gl. (5.20) eingesetzt, ergibt die niedrige Eingangsspannung

$$U_{\text{eL}} = \frac{U_{\text{BES}} - U_{\text{V}}}{R_2} R_1 + U_{\text{BES}}, \tag{5.22}$$

und nach R_1 aufgelöst

$$R_1 = \frac{U_{\text{eL}} - U_{\text{BES}}}{U_{\text{BES}} - U_{\text{V}}} R_2. \tag{5.23}$$

Gleichsetzen von Gl. (5.19) und Gl. (5.23) liefert den Widerstand

$$R_2 = \frac{R_{\text{C}} B_{\min}}{m} \cdot \frac{(U_{\text{eH}} - U_{\text{BEF}})(U_{\text{BES}} - U_{\text{V}}) - (U_{\text{BEF}} - U_{\text{V}})(U_{\text{eL}} - U_{\text{BES}})}{(U_{\text{B}} - U_{\text{BEF}})(U_{\text{eL}} - U_{\text{BES}})}. \tag{5.24}$$

Mit Gl. (5.23) ergibt sich der Widerstand

$$R_1 = \frac{R_{\text{C}} B_{\min}}{m} \cdot \frac{(U_{\text{eH}} - U_{\text{BEF}})(U_{\text{BES}} - U_{\text{V}}) - (U_{\text{BEF}} - U_{\text{V}})(U_{\text{eL}} - U_{\text{BES}})}{(U_{\text{B}} - U_{\text{BEF}})(U_{\text{BES}} - U_{\text{V}})}. \tag{5.25}$$

Die Gleichungen für R_1 und R_2 vereinfachen sich unter den Bedingungen $U_B \gg U_{BEF}$, $U_{eH} \gg U_{BEF}$ und $-U_V \gg U_{BEF}$

$$R_1 \approx \frac{R_C B_{min}}{m} \cdot \frac{U_{eH}(U_{BES} - U_V) + U_V(U_{eL} - U_{BES})}{U_B(U_{BES} - U_V)}, \tag{5.26}$$

$$R_2 \approx \frac{R_C B_{min}}{m} \cdot \frac{U_{eH}(U_{BES} - U_V) + U_V(U_{eL} - U_{BES})}{U_B(U_{eL} - U_{BES})}. \tag{5.27}$$

Die so berechneten Widerstände entsprechen selten den Normwerten. Um bei Verwendung von Normwerten den gewünschten Sättigungszustand zu erhalten, muß für R_1 derjenige Normwert genommen werden, dessen obere Toleranzgrenze den berechneten Wert nicht überschreitet. R_2 darf nur im selben Maß verkleinert werden wie R_1. Findet sich in dem Bereich kein Normwert, dessen untere Toleranzgrenze den reduzierten Wert nicht unterschreitet, so muß ein größerer Wert genommen werden.

Beispiel 5.1. Für einen Transistorschalter sind unter Benutzung der folgenden Werte die Widerstände R_1 und R_2 zu dimensionieren.

Betriebsspannung $U_B = 24$ V $(1 \pm 0{,}1)$; Vorspannung $U_V = -24$ V $(1 \pm 0{,}1)$; Basis-Emitter-Spannung des gesperrten Transistors $U_{BES} = -2$ V; Basis-Emitter-Spannung des leitenden Transistors $U_{BEF} = 0{,}7$ V; Kollektorwiderstand $R_C = 1{,}5$ kΩ $(1 \pm 0{,}1)$; minimale Gleichstromverstärkung des Transistors in Emitterschaltung $B_{min} = 110$; Grenzen der niedrigen Eingangsspannung 0 V $\leq U_{eL} \leq 4$ V; Grenzen der hohen Eingangsspannung 20 V $\leq U_{eH} \leq U_B$; Übersteuerungsfaktor $m = 4$.

Zunächst müssen die Werte der in Gl. (5.24) und (5.25) vorkommenden Größen bestimmt werden. Dabei muß jeweils vom ungünstigsten Fall (worst case) ausgegangen werden. Für die Betriebsspannung U_B und die Vorspannung U_V sind das die höheren Werte; denn auch bei der oberen Toleranzgrenze der Betriebsspannung und der niedrigsten Eingangsspannung U_{eH} für den leitenden Transistor soll die Übersteuerung $m = 4$ betragen. (Hierbei wird davon ausgegangen, daß U_B und U_V von einem Netzteil geliefert werden und sich gleichsinnig ändern.) Für den Kollektorwiderstand R_C ist der niedrigere Wert der kritische; denn er bewirkt einen größeren Kollektorstrom. Für die Eingangsspannung U_{eL} bei gesperrtem Transistor muß der höhere Wert genommen werden, also 4 V; denn hierbei muß der Transistor noch gesperrt sein. Damit ergeben sich folgende Werte:

$$U_B = 24 \text{ V } (1 + 0{,}1) = 26{,}4 \text{ V}$$

$$U_V = -24 \text{ V } (1 + 0{,}1) = -26{,}4 \text{ V}$$

$$R_C = 1{,}5 \text{ k}\Omega \ (1 - 0{,}1) = 1{,}35 \text{ k}\Omega$$

$$U_{eH} = 20 \text{ V}; \quad U_{eL} = 4 \text{ V}$$

Die Dimensionierung kann mit den Näherungsgleichungen (5.26) und (5.27) vorgenommen werden, da $U_B \gg U_{BEF}$, $U_{eH} \gg U_{BEF}$ und $-U_V \gg U_{BEF}$. Gl. (5.26) liefert

$$R_1 \approx \frac{R_C B_{min}}{m} \cdot \frac{U_{eH}(U_{BES} - U_V) + U_V(U_{eL} - U_{BES})}{U_B(U_{BES} - U_V)}$$

$$= \frac{1{,}35 \text{ k}\Omega \cdot 110}{4} \cdot \frac{20 \text{ V}(-2 \text{ V} + 26{,}4 \text{ V}) - 26{,}4 \text{ V}(4 \text{ V} + 2 \text{ V})}{26{,}4 \text{ V}(-2 \text{ V} + 26{,}4 \text{ V})} = 19 \text{ k}\Omega$$

und Gl. (5.27)

$$R_2 \approx \frac{R_C B_{min}}{m} \cdot \frac{U_{eH}(U_{BES} - U_V) + U_V(U_{eL} - U_{BES})}{U_B(U_{eL} - U_{BES})}$$

$$= \frac{1,35 \text{ k}\Omega \cdot 110}{4} \cdot \frac{20 \text{ V} \, (-2 \text{ V} + 26,4 \text{ V}) - 26,4 \text{ V} \, (4 \text{ V} + 2 \text{ V})}{26,4 \text{ V} \, (4 \text{ V} + 2 \text{ V})} = 77,25 \text{ k}\Omega.$$

Es werden Widerstände aus Normreihen gewählt. Für R_1 soll die obere Toleranzgrenze den berechneten Wert nicht überschreiten, für R_2 die untere Toleranzgrenze den berechneten Wert nicht unterschreiten, damit der Sättigungszustand mit mindestens $m = 4$ gegeben ist. Es werden daher gewählt $R_1 = 18$ kΩ $(1 \pm 0{,}05)$ und $R_2 = 82$ kΩ $(1 \pm 0{,}05)$.

5.2.3 Schaltzeiten

Das Kennlinienfeld mit der Widerstandsgeraden sagt nur etwas über das statische Verhalten des Transistors aus. Wenn mit hohen Impulsfrequenzen gearbeitet wird, ist jedoch das dynamische Verhalten wichtig. Das dynamische Verhalten wird in erster Linie durch die Trägheit der Ladungen, den geometrischen Aufbau des Transistors und die Art der Steuerung bestimmt. Steuert man den Transistor durch ein sich sprunghaft änderndes Eingangssignal vom gesperrten in den leitenden Zustand, so kann der Kollektorstrom und damit die Kollektor-Emitter-Spannung nicht sprunghaft folgen; denn ein Kollektorstrom bestimmter Größe erfordert eine ihm entsprechende Ladungsträgerdichte in der Basiszone. Die Basisladungsträger aber werden erst durch den Basisstrom und den Emitterstrom aufgebaut. Es dauert also eine gewisse Zeit, bis der volle Kollektorstrom fließen kann. Umgekehrt müssen beim Zusteuern des Transistors erst die in der Basis befindlichen Ladungsträger abfließen, ehe der Kollektorstrom aufhören kann zu fließen. Hierbei fließt der Kollektorstrom u. U. sogar eine Zeitlang in alter Größe weiter, obwohl Eingangssignal und Basisstrom ihr Vorzeichen bereits umgekehrt haben. Bild **5.**8 zeigt die Zusammenhänge und die zugehörigen Zeiten.

Die Verzögerungszeit T_d beruht im wesentlichen auf der Kapazität der Basis-Emitter-Diode C_{BE}, die im Sperrzustand auf die Spannung U_{BES} aufgeladen ist und vom Basisstrom I_B auf die Spannung U_{BEF} umgeladen werden muß. Da diese Kapazität spannungsabhängig ist, wird mit ihrem Mittelwert $\overline{C_{BE}}$ gerechnet. Es gilt für die Änderung der Basisladung

$$\Delta Q_B = \overline{C_{BE}} \, \Delta U_{BE} = \overline{C_{BE}} \, (U_{BEF} - U_{BES}) \approx I_B T_d. \tag{5.28}$$

Daraus folgt für die Verzögerungszeit

$$T_d \approx \frac{\overline{C_{BE}} \, (U_{BEF} - U_{BES})}{I_B}. \tag{5.29}$$

Die Anstiegszeit T_r hängt von der Schaltzeitkonstanten τ und dem Übersteuerungsfaktor m ab. Die Abhängigkeit vom Übersteuerungsfaktor ergibt

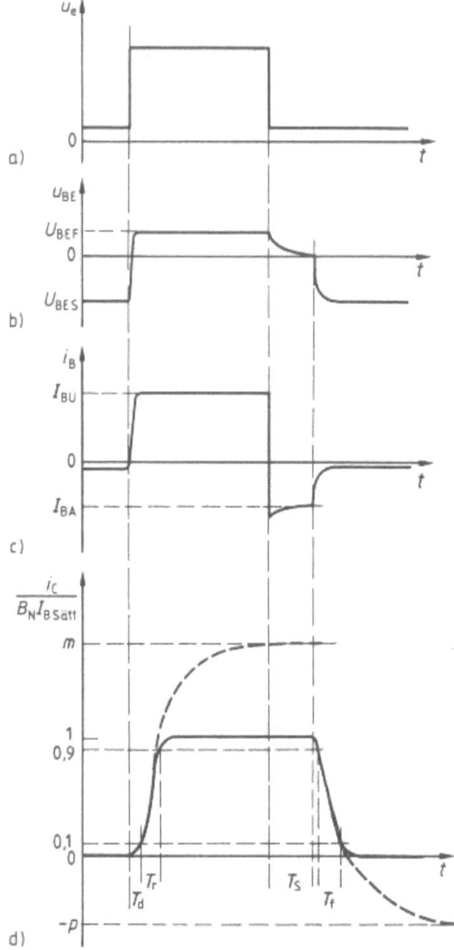

5.8 Zeitlicher Verlauf der Eingangsspannung u_e (a), der Basis-Emitter-Spannung u_{BE} (b), des Basisstroms i_B (c) und des Kollektorstroms i_C (d) beim Transistor als Schalter

sich dadurch, daß der Kollektorstrom nach einer e-Funktion auf den Wert $m\,B_N\,I_{BSätt}$ ansteigen möchte. Für die Anstiegszeit gilt daher

$$T_r = \tau \ln \frac{m-0{,}1}{m-0{,}9} = \tau \ln \frac{1-0{,}1/m}{1-0{,}9/m}\,.$$
(5.30)

Die Schaltzeitkonstante

$$\tau = \frac{B_N}{2\,\pi\,f_{\alpha N}} + B_N\,C_{BC}\,R_C$$
(5.31)

ist abhängig von der Gleichstromverstärkung B_N, der Grenzfrequenz in normaler Basisschaltung $f_{\alpha N}$, der Kapazität C_{BC} der Basis-Kollektor-Diode und dem Kollektorwiderstand R_C.

Die Abfallzeit

$$T_f = \tau \ln \frac{p+0{,}9}{p+0{,}1} = \tau \ln \frac{s+0{,}9/m}{s+0{,}1/m}$$
(5.32)

hängt außer von der Schaltzeitkonstanten τ noch vom Ausschaltfaktor

$$p = \frac{-I_{BA}}{I_{BSätt}} = \frac{-I_{BA}}{I_{BÜ}}\,m = s\,m$$
(5.33)

ab, der wiederum über den Stromfaktor

$$s = \frac{-I_{BA}}{I_{BÜ}}$$
(5.34)

mit dem Übersteuerungsfaktor m verknüpft ist.

Die Abhängigkeit der Abfallzeit T_f vom Ausschaltfaktor p erklärt sich analog zur Abhängigkeit der Anstiegszeit T_r vom Übersteuerungsfaktor m.
Die Speicherzeit

$$T_S \approx \tau_S \ln \frac{p+m}{p+1} = \tau_S \ln \frac{s+1}{s+1/m}$$
(5.35)

hängt von der Speicherzeitkonstanten τ_S, dem Übersteuerungsfaktor m und dem Ausschaltfaktor p ab. Je höher der Übersteuerungsfaktor ist, um so größer ist die in der Basis gespeicherte Überschußladung, die beim Abschalten des

Kollektorstroms erst abgebaut werden muß und daher die Speicherzeit vergrößert. Der Abbau der Basisladung kann durch einen großen Basisabschaltstrom I_{BA} beschleunigt werden. Für die Speicherzeitkonstante gilt

$$\tau_S = \left(\frac{1}{2\pi f_{\alpha N}} + \frac{1}{2\pi f_{\alpha I}} \right) \frac{1}{(1 - A_N A_I)} . \tag{5.36}$$

Hierin bedeuten $f_{\alpha I}$ die Grenzfrequenz der inversen Basisschaltung (Emitter und Kollektor vertauscht), A_N die Gleichstromverstärkung der normalen Basisschaltung und A_I die Gleichstromverstärkung der inversen Basisschaltung.

Aus Gl. (5.30), (5.32) und (5.35) erkennt man, daß mit wachsendem Übersteuerungsfaktor m die Anstiegszeit und die Abfallzeit zwar gegen Null gehen, die Speicherzeit hingegen steigt und einem Grenzwert zustrebt, der vom Stromfaktor s abhängt. In der Praxis arbeitet man mit Übersteuerungsfaktoren der Größenordnung 3.

Zum Verbessern der Ausschaltzeit (geringfügig auch der Einschaltzeit) des Transistorschalters wird eine Koppelkapazität C_K parallel zum Widerstand R_1 geschaltet (s. Bild **5**.4). Diese Kapazität muß eine Mindestgröße haben, da sonst ihre Wirkung ungenügend ist. Den unteren Grenzwert erhält man mit folgender Überlegung. In der Basiszone des leitenden Transistors ist eine dem Kollektorstrom entsprechende Ladung Q_B, für die näherungsweise gilt

$$Q_B \approx \frac{I_C}{2\pi f_{\alpha N}} . \tag{5.37}$$

Über die Koppelkapazität C_K soll nun bei Änderung der Steuerspannung wenigstens die gleiche Ladungsmenge umgekehrten Vorzeichens in die Basis gelangen. Daraus ergibt sich mit $C = Q/U$ für die Koppelkapazität

$$C_K \geqq \frac{I_C}{2\pi f_{\alpha N} \Delta U_e} . \tag{5.38}$$

Hierin ist $\Delta U_e = U_{eH} - U_{eL}$ die Differenz zwischen der hohen Eingangsspannung U_{eH}, die den Transistor leitend macht, und der niedrigen Eingangsspannung U_{eL}, die ihn sperrt.

Beispiel 5.2. Mit dem Transistor BC 140 soll ein Schalter für $I_C = 500$ mA erstellt werden. Der Schalter soll bei der Eingangsspannung $U_{eH} = 10$ V eingeschaltet und zweifach übersteuert (also $m = 2$) sein und bei $U_{eL} = 1$ V ausgeschaltet sein, wobei die Basis-Emitter-Sperrspannung $U_{BES} = -1$ V betragen soll. Man berechne die Widerstände R_1 und R_2 sowie die Koppelkapazität C_K unter der Voraussetzung, daß die minimale Stromverstärkung $B_{min} = 40$, die Grenzfrequenz in normaler Basisschaltung $f_{\alpha N} = 50$ MHz und die Vorspannung $U_V = -10$ V betragen.
In den Gl. (5.26) und (5.27) wird R_C/U_B durch $1/I_C$ ersetzt. Man erhält

$$R_1 \approx \frac{B_{min}}{m I_C} \cdot \frac{U_{eH}(U_{BES} - U_V) + U_V(U_{eL} - U_{BES})}{U_{BES} - U_V}$$

$$= \frac{40}{2 \cdot 500 \text{ mA}} \cdot \frac{10 \text{ V} (-1 \text{ V} + 10 \text{ V}) - 10 \text{ V} (1 \text{ V} + 1 \text{ V})}{-1 \text{ V} + 10 \text{ V}} = 311 \ \Omega,$$

$$R_2 \approx \frac{B_{\min}}{m\,I_C} \cdot \frac{U_{eH}(U_{BES} - U_V) + U_V(U_{eL} - U_{BES})}{U_{eL} - U_{BES}}$$

$$= \frac{40}{2 \cdot 500 \text{ mA}} \cdot \frac{10 \text{ V}\,(-1 \text{ V} + 10 \text{ V}) - 10 \text{ V}\,(1 \text{ V} + 1 \text{ V})}{1 \text{ V} + 1 \text{ V}} = 1400 \ \Omega.$$

Gewählt werden $R_1 = 270 \ \Omega$ $(1 \pm 0,1)$; $R_2 = 1500 \ \Omega$ $(1 \pm 0,05)$.

Nach Gl. (5.38) findet man mit $\Delta U_e = U_{eH} - U_{eL} = 10 \text{ V} - 1 \text{ V} = 9 \text{ V}$ für die Koppelkapazität

$$C_K \geqq \frac{I_C}{2\pi f_{\alpha N} \Delta U_e} = \frac{500 \text{ mA}}{2\pi \cdot 50 \text{ MHz} \cdot 9 \text{ V}} = 177 \text{ pF}.$$

Gewählt wird $C_K = 270$ pF $(1 \pm 0,2)$.

5.2.4 Ungesättigter Transistorschalter

Wird ein Transistor vom gesättigten in den gesperrten Zustand geschaltet, so folgt der Kollektorstrom nicht unmittelbar dem Steuersignal, sondern behält noch für die Dauer der Speicherzeit seinen alten Wert bei. Die Speicherzeit wächst aber nach Gl. (5.35) mit dem Übersteuerungsfaktor m. Will man ein schnelles Umschalten erreichen, so muß eine Übersteuerung vermieden werden. Wegen der Streuung der Transistordaten sowie der Toleranzen der Widerstände und der Eingangssignale ist es unmöglich, den Transistor ohne zusätzliche Maßnahmen sicher bis kurz vor die Sättigungsgrenze zu steuern. Man kann die Übersteuerung jedoch durch eine Schaltung nach Bild **5**.9 vermeiden. Bei dieser Schaltung ist der Widerstand R_1 aufgeteilt und eine Diode als nichtlineare Gegenkopplung vom Kollektor zum Teilpunkt gelegt. Solange die Kollektor-Emitter-Spannung U_{CE} größer ist als die Teilspannung U_T, ist die Diode gesperrt. Sinkt jedoch U_{CE} unter U_T, so beginnt die Diode zu leiten und führt einen Teil des Eingangsstroms an der Basis vorbei zum Kollektor. Dadurch be-

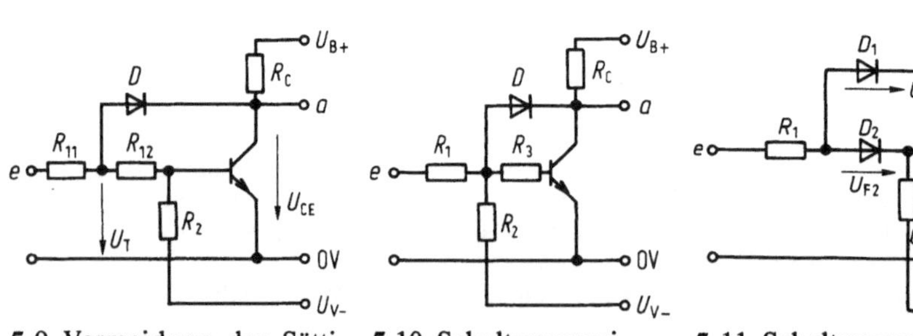

5.9 Vermeidung der Sättigung eines Transistors durch nichtlineare Gegenkopplung mit Diode D

5.10 Schaltungsvariante zu Bild **5**.9

5.11 Schaltungsvariante zu Bild **5**.9

hält die Kollektor-Emitter-Spannung diesen Spannungswert bei, und der Transistor kann nicht in die Sättigung geraten.

Bei einer anderen Schaltungsvariante wird nicht der Widerstand R_1 aufgeteilt, sondern vor die Basis ein zusätzlicher Widerstand geschaltet (Bild 5.10). Eine dritte Variante zeigt Bild 5.11. Hier sind zwei zusätzliche Dioden D_1 und D_2 eingefügt.

5.2.5 Gegentaktschalter

Bei einem Transistorschalter mit Kollektorwiderstand steht das niedrige Ausgangssignal über den niedrigen Durchlaßwiderstand des Transistors von einigen 10 Ω und das hohe Ausgangssignal über den zehn- bis hundertmal größeren Kollektorwiderstand R_C an. Daher sind die beiden Ausgangssignale sehr unterschiedlich belastbar. Außerdem vollzieht sich dadurch bei kapazitiver Belastung des Ausgangs der Übergang vom niedrigen zum hohen Ausgangssignal sehr viel langsamer als der umgekehrte Übergang (s. Bild 5.12). Der Transistor-Gegentaktschalter nach Bild 5.13 hat diese Nachteile nicht. Bei ihm stehen beide Ausgangssignale über den Durchlaßwiderstand eines leitenden Transistors an. Die Schaltung muß so dimensioniert werden, daß bei leitendem Transistor T_1 der Transistor T_2 sperrt und umgekehrt. Zweckmäßigerweise sorgt man dafür, daß bei einer bestimmten Eingangsspannung beide Transistoren gesperrt sind. Dadurch wird vermieden, daß die Transistoren bei irgendeiner Eingangsspannung gleichzeitig leiten und dadurch zerstört werden können. Nachteilig bei der Schaltung nach Bild 5.13 sind die beiden Vorspannungen. Man kann auf sie verzichten, muß dann allerdings in Kauf nehmen, daß die Widerstände niederohmiger als mit Vorspannungen werden und die speisende Quelle stärker belastet wird.

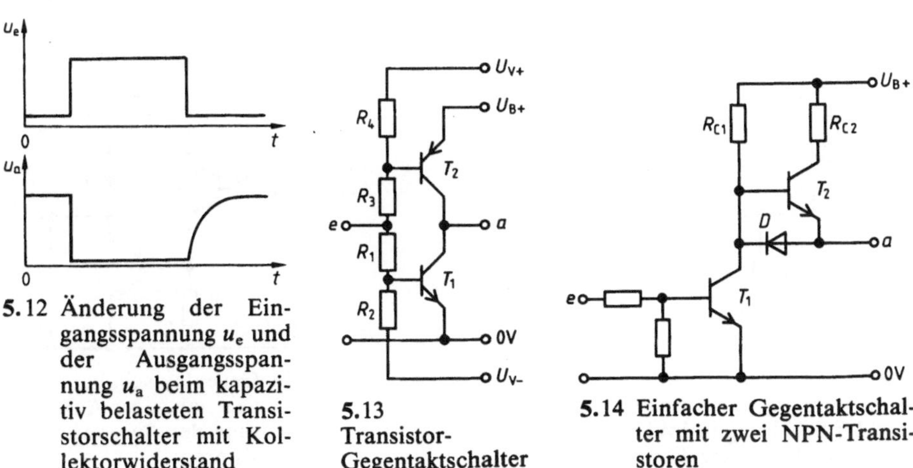

5.12 Änderung der Eingangsspannung u_e und der Ausgangsspannung u_a beim kapazitiv belasteten Transistorschalter mit Kollektorwiderstand

5.13 Transistor-Gegentaktschalter

5.14 Einfacher Gegentaktschalter mit zwei NPN-Transistoren

Gegentaktschalter lassen sich auch mit nur einer Transistorart aufbauen. Bild **5**.14 zeigt eine einfache Schaltung mit zwei NPN-Transistoren, wie sie bei LSL-Schaltungen (s. Abschn. 6.5.1) verwendet wird. Liegt am Ausgang a ein Lastwiderstand R_L zum Pluspol der Betriebsspannung, so fließt bei leitendem Transistor T_1 der Laststrom über die Diode D und erzeugt an ihr die Flußspannung U_F. Dadurch ist der Emitter des Transistors T_2 um diese Flußspannung U_F positiver als die Basis. Der Transistor T_2 ist also hierbei gesperrt. Liegt vom Ausgang a ein Lastwiderstand R_L nach 0 V, so arbeitet der Transistor T_2 zusammen mit dem Lastwiderstand R_L als Emitter-Folger. Die Eingangsspannung dieses Emitter-Folgers ist die Kollektor-Emitter-Spannung des Transistors T_1. Die Ausgangsspannung eines Emitter-Folgers ist aber um die Basis-Emitter-Flußspannung U_{BEF} niedriger als die Eingangsspannung. Daher ist die Diode D bei dieser Belastung gesperrt. Ist der Transistor T_1 gesperrt und ist $R_{C2} < R_L$, so gilt mit Bild **5**.15 und der Gleichstromverstärkung B des Transistors T_2 für die hohe Ausgangsspannung

$$U_{aH} = R_L I_E = R_L (I_B + I_C) = R_L (I_B + B I_B) = R_L (1 + B) I_B$$

$$= R_L (1 + B) \frac{U_{B+} - U_{BEF} - U_{aH}}{R_{C1}} = \frac{U_{B+} - U_{BEF}}{1 + \dfrac{R_{C1}}{R_L (1 + B)}} . \tag{5.39}$$

Ein Gegentaktschalter mit **gegenphasiger Ansteuerung** ist in Bild **5**.16 gezeigt. Diese Schaltung wird bei TTL-Schaltungen (s. Abschn. 6.5.2) verwendet. Der Transistor T_1 bewirkt in Verbindung mit dem Kollektorwiderstand R_{C1} und dem Emitterwiderstand R_E die gegenphasige Ansteuerung der Transistoren T_2 und T_3. Ist der Transistor T_1 bei der niedrigen Eingangsspannung U_{eL} gesperrt, so erhält der Transistor T_2 keinen Basisstrom und sperrt ebenfalls.

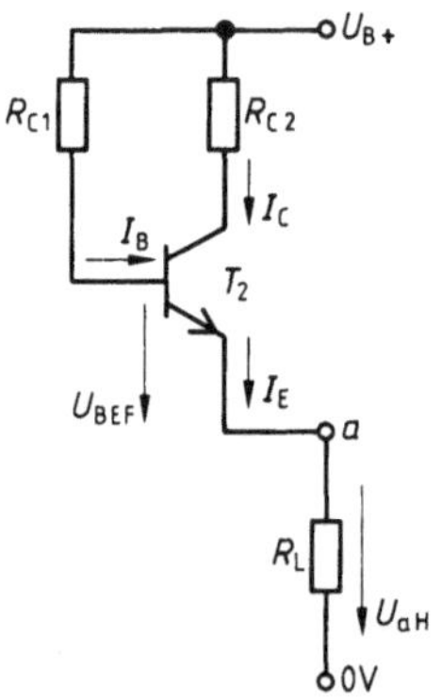

5.15
Zur Berechnung der Ausgangsspannung der Schaltung in Bild **5**.14 bei gesperrtem Transistor T_1

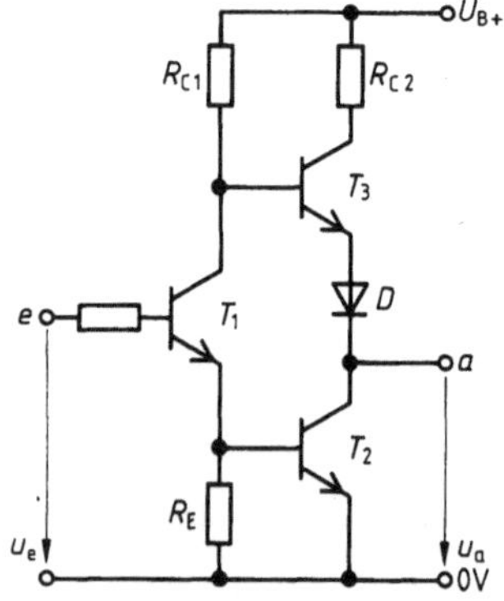

5.16 Gegentaktschalter mit gegenphasiger Ansteuerung der Ausgangstransistoren

Liegt hierbei vom Ausgang a ein Lastwiderstand R_L zum Pluspol der Betriebsspannung $U_\mathrm{B+}$, so ist auch der Transistor T_3 gesperrt, und die Ausgangsspannung U_a ist gleich der Betriebsspannung $U_\mathrm{B+}$. Liegt jedoch vom Ausgang a ein Lastwiderstand R_L nach 0 V, so arbeitet der Transistor T_3 über die Diode D zusammen mit dem Lastwiderstand R_L als Emitter-Folger. Eine analoge Rechnung zu der des Gegentaktschalters nach Bild **5**.14 ergibt unter Berücksichtigung der Flußspannung U_F der leitenden Diode im Emitterzweig des Transistors T_3 für die hohe Ausgangsspannung

$$U_\mathrm{aH} = \frac{U_\mathrm{B+} - U_\mathrm{BEF} - U_\mathrm{F}}{1 + \dfrac{R_\mathrm{C1}}{R_\mathrm{L}(1+B)}}. \tag{5.40}$$

Die hohe Ausgangsspannung U_aH ist also bei Belastung nach 0 V mindestens um die Basis-Emitter-Flußspannung U_BEF und die Dioden-Flußspannung U_F niedriger als die Betriebsspannung $U_\mathrm{B+}$. Bei Silizium-Halbleitern macht das 1,2 V bis 1,4 V aus!

Ist der Transistor T_1 bei der hohen Eingangsspannung U_eH gesättigt leitend, so ist auch der Transistor T_2 gesättigt leitend. Die Spannung am Emitter des Transistors T_1 ist dabei gleich der Basis-Emitter-Flußspannung U_BEF des Transistors T_2, bei Silizium-Transistoren also 0,7 V (s. Bild **5**.17). Die Kollektor-Emitter-Spannung der gesättigten Transistoren T_1 und T_2 beträgt etwa 0,2 V. Damit liegt an der Basis des Transistors T_3 die Spannung 0,9 V. Über der Reihenschaltung der Basis-Emitter-Strecke des Transistors T_3 und der Diode D liegen also nur 0,7 V, so daß der Transistor T_3 gesperrt ist.

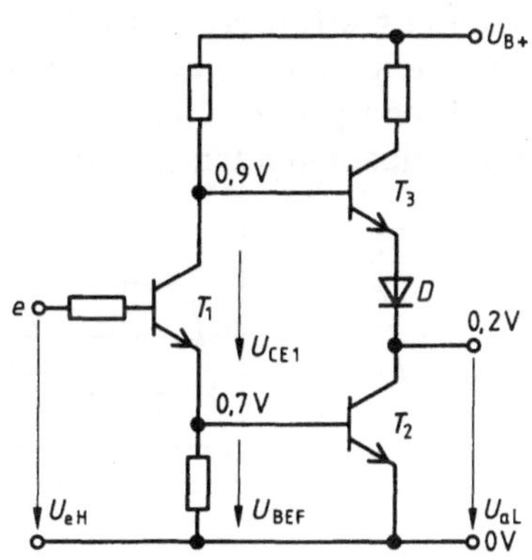

5.17 Spannungen im Gegentaktschalter von Bild **5**.16 bei hoher Eingangsspannung U_eH

Beim Übergang vom leitenden in den gesperrten Zustand des Transistors T_1 und umgekehrt werden die beiden Ausgangstransistoren T_2 und T_3 gleichzeitig leitend. Der Kollektorwiderstand R_C2 begrenzt in diesem Falle den Querstrom durch die beiden Transistoren. Außerdem begrenzt er den Kollektorstrom des Transistors T_3 bei zu kleinem Lastwiderstand R_L vom Ausgang a nach 0 V.

Die Schaltung nach Bild **5**.16 hat gegenüber der Schaltung nach Bild **5**.14 den Vorteil, daß beim Wechsel des Eingangssignals das Ausgangssignal schneller reagiert, da bei ihr beide Ausgangstransistoren vom Transistor T_1 angesteuert werden. Bei der Schaltung nach Bild **5**.14 wird nur der Transistor T_1 vom Eingangssignal angesteuert, der Transistor T_2 hingegen vom Ausgang des Transistors T_1.

5.3 Unipolarer Transistor als Schalter

Unipolare Transistoren, auch Feldeffekttransistoren oder kurz FETs genannt, werden als selbstleitende und als selbstsperrende Typen hergestellt (s. Band III, Teil 2). Selbstleitende Typen, auch Verarmungstypen genannt, haben bei fehlender Gate-Source-Spannung zwischen Drain und Source einen leitenden (niederohmigen) Kanal. Soll der Transistor sperren, so muß zwischen Gate und Source eine Spannung von der entgegengesetzten Polarität der Drain-Source-Spannung bzw. der Betriebsspannung gelegt werden. Dies geht nur mit einer zusätzlichen Vorspannung. Daher verwendet man selbstleitende Typen kaum als Schalter. Selbstsperrende Typen, auch Anreicherungstypen genannt, haben bei fehlender Gate-Source-Spannung zwischen Drain und Source einen sperrenden (hochohmigen) Kanal. Soll der Transistor leiten, so muß zwischen Gate und Source eine Spannung von der Polarität der Drain-Source-Spannung bzw. der Betriebsspannung gelegt werden. Dazu eignet sich direkt die Ausgangsspannung eines FETs, so daß keine zusätzliche Spannung erforderlich ist. Selbstsperrende Typen können nur als MOS-FETs hergestellt werden; daher scheiden Sperrschicht-FETs, die zu den selbstleitenden Typen gehören, als Schalter praktisch aus. Bild **5.**18 zeigt die Kennlinien eines selbstleitenden (a) und eines selbstsperrenden (b) N-Kanal-FETs.

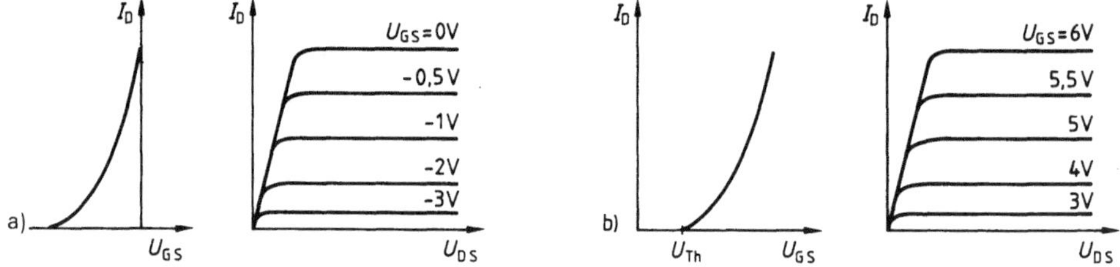

5.18 Kennlinien eines selbstleitenden (a) und eines selbstsperrenden (b) N-Kanal-FETs

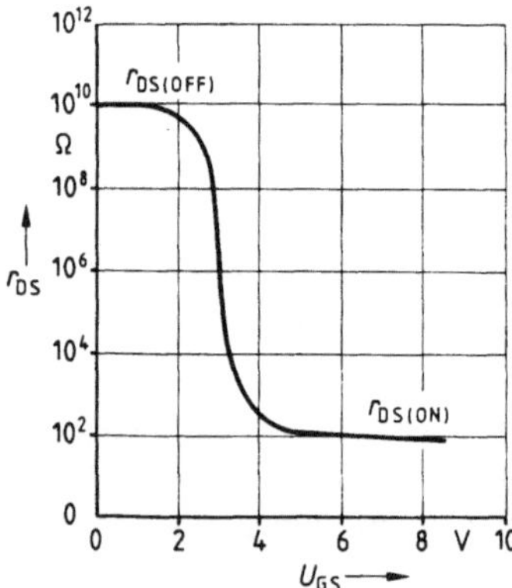

Für den Schalterbetrieb des MOS-FETs ist die Abhängigkeit des Drain-Source-Widerstands r_{DS} von der Gate-Source-Spannung U_{GS} wichtig. Bild **5.**19 zeigt diese typische Abhängigkeit für einen selbstsperrenden N-Kanal-MOS-FET.

5.19
Abhängigkeit des Drain-Source-Widerstands r_{DS} von der Gate-Source-Spannung U_{GS} bei einem selbstsperrenden N-Kanal-MOSFET

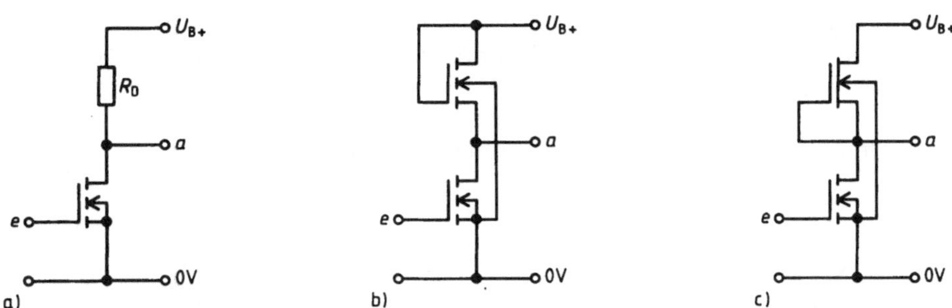

5.20 Selbstsperrender N-Kanal-MOSFET als Schalter mit ohmschen Widerstand (a), mit selbstsperrendem N-Kanal-MOSFET (b) und mit selbstleitendem N-Kanal-MOSFET (c) als Drainwiderstand

MOS-FETs werden als Schalter normalerweise in Source-Schaltung mit einem Arbeitswiderstand R_D in der Drainleitung betrieben (s. Bild **5.**20a). Da FETs spannungsgesteuerte Bauelemente sind, erübrigt sich bei selbstsperrenden Typen eine zusätzliche Beschaltung im Eingangskreis, wie es bei bipolaren Transistoren erforderlich ist. In integrierten Schaltungen wird statt des Drainwiderstands R_D häufig ein weiterer FET mit einem Kanalwiderstand verwendet, der groß ist gegenüber dem Widerstand $r_{DS(ON)}$ des leitenden Schalttransistors. Hierfür kann entweder ein selbstsperrender Typ verwendet werden, dessen Gate an der Betriebsspannung U_{B+} liegt (Bild **5.**20b), oder ein selbstleitender Typ, dessen Gate mit der eigenen Source verbunden ist (Bild **5.**20c). Im Fall b mit dem selbstsperrenden MOS-FET als Drainwiderstand ist das hohe Ausgangssignal des Schalters jedoch niedriger als im Fall a mit dem ohmschen Widerstand. Dies liegt daran, daß der selbstsperrende MOS-FET erst dann Drainstrom führen kann, wenn die Gate-Source-Spannung die Schwellenspannung U_{Th} (Th vom englischen Threshold = Schwelle) überschreitet (Bild **5.**18b). Man kann dies dadurch vermeiden, daß das Gate des Lasttransistors an eine Spannung gelegt wird, die um diese Schwellenspannung höher ist als die Betriebsspannung.

Sehr einfach läßt sich mit MOS-FETs ein Gegentaktschalter aufbauen. Ein N-Kanal- und ein P-Kanal-MOS-FET sind entsprechend Bild **5.**21 in Gegenreihe geschaltet, wobei beide Drainanschlüsse am Ausgang a liegen. Bei niedrigem Eingangssignal ist der N-Kanal-MOS-FET gesperrt und der P-Kanal-MOS-FET leitend, bei hohem Eingangssignal ist es umgekehrt. Da der Kanalwiderstand eines gesperrten MOS-FETs Werte von einigen GΩ hat, fließt sowohl bei hohem als auch bei niedrigem Eingangssignal durch den Gegentaktschalter nur ein vernachlässigbarer Querstrom in der Größenordnung von nA, so daß auch

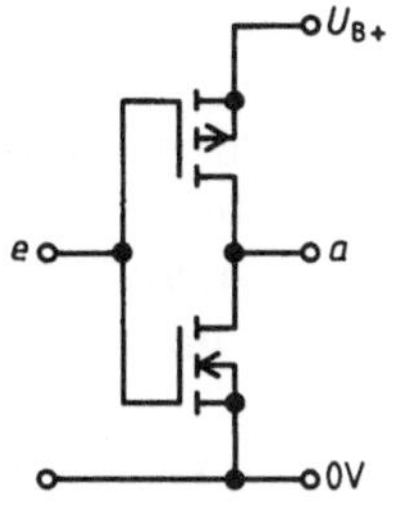

5.21 CMOS-Gegentaktschalter

nur eine vernachlässigbare Verlustleistung in der Größenordnung von nW entsteht. Beim Umschalten des Gegentaktschalters werden zeitweilig beide Transistoren leitend, so daß ein merklicher Querstrom fließt, der zu einer Verlustleistung in der Größenordnung von mW führt (Bild **5.**22). Diese Umschaltverlustleistung sowie die Verluste beim Umladen von Last- und Schaltkapazitäten sind die Ursache dafür, daß die gesamte Verlustleistung eines CMOS-Gegentaktschalters mit wachsender Frequenz des Ansteuersignals steigt.

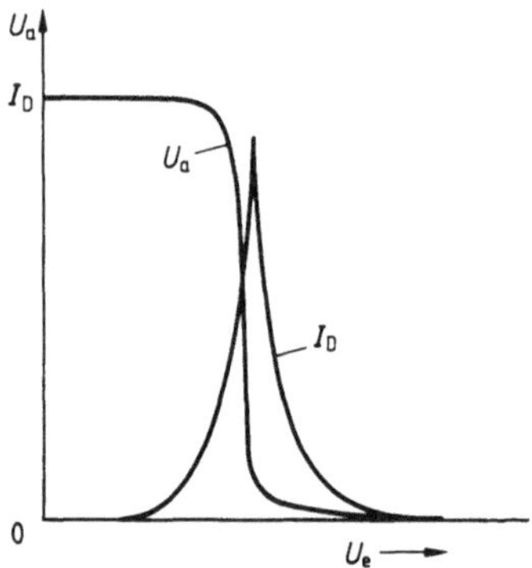

5.22 Querstrom durch einen CMOS-Gegentaktschalter beim Umschalten

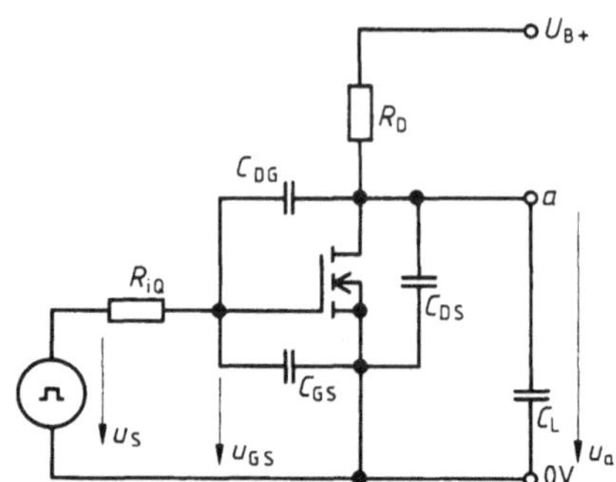

5.23 Selbstsperrender N-Kanal-MOS-FET mit inneren Kapazitäten C_{DG}, C_{GS} und C_{DS} sowie äußerer Lastkapazität C_L

Die **Schaltzeiten** des FETs als Schalter werden im wesentlichen durch die im FET zwischen den Elektroden wirkenden inneren Kapazitäten, die Drain-Source-Kapazität C_{DS}, die Gate-Source-Kapazität C_{GS} und die Drain-Gate-Kapazität C_{DG} sowie die am Ausgang liegende Lastkapazität C_L bestimmt (Bild **5.**23). Am Eingang wirkt die Parallelschaltung der Gate-Source-Kapazität C_{GS} und die um die Spannungsverstärkung v_u vergrößerte Drain-Gate-Kapazität C_{DG}. Für diese Eingangskapazität gilt (s. Band III, Teil 2)

$$C_e = C_{GS} + v_u C_{DG} = C_{GS} + S\,\frac{R_D r_{DS}}{R_D + r_{DS}}\,C_{DG}, \tag{5.41}$$

wobei S die Steilheit und r_{DS} der differentielle Drain-Source-Widerstand des Transistors ist. Diese Eingangskapazität muß über den Innenwiderstand R_{iQ} der Signalquelle beim Ändern der Signalspannung umgeladen werden. Diese Umladung geschieht mit der Eingangszeitkonstanten

$$\tau_e = R_{iQ} C_e. \tag{5.42}$$

Eine sprunghafte Änderung des Steuersignals kann sich also nur verzögert am Gate des Schalttransistors auswirken, so daß der Drainstrom gegenüber dem Steuersignal verzögert reagiert (Bild **5.**24). Die bis zum Einsetzen des Drainstroms verstreichende Verzögerungszeit T_d beruht darauf, daß ein selbstsper-

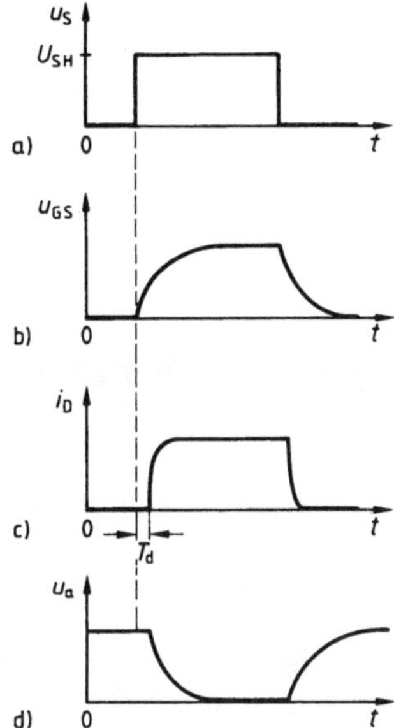

5.24
Zeitlicher Verlauf der Signalspannung u_S (a), der Gate-
Source-Spannung u_{GS} (b), des Drainstroms i_D (c) und
der Ausgangsspannung u_a (d) eines selbstsperrenden
FETs als Schalter

render MOS-FET erst bei der Gate-Source-Schwellenspannung U_{Th} anfängt,
Drainstrom zu führen. Für diese Verzögerungszeit gilt

$$T_d = \tau_e \ln \frac{U_{SH}}{U_{SH} - U_{Th}} \tag{5.43}$$

mit U_{SH} als hoher Signalspannung.

Bei einer Änderung der Ausgangsspannung des FET-Schalters müssen die innere Drain-Source-Kapazität C_{DS} und die äußere Lastkapazität C_L umgeladen
werden. Dies geschieht mit der Ausgangszeitkonstanten

$$\tau_a = \frac{(C_{DS} + C_L)\,R_D\,r_{DS}}{(R_D + r_{DS})}. \tag{5.44}$$

Da der Drain-Source-Widerstand r_{DS} sehr stark aussteuerungsabhängig ist, ist
die Ausgangszeitkonstante für das Entladen der Kapazitäten (bei leitendem
Transistor) deutlich kleiner als die für das Aufladen der Kapazitäten (bei gesperrtem Transistor). Beim CMOS-Gegentaktschalter nach Bild **5.**21 sind die
Zeitkonstanten für die Auf- und für die Entladung hingegen nahezu gleich.

6 Logische Schaltungen

Mit logischen Schaltungen werden in digitalen nachrichtenverarbeitenden Systemen Nachrichten verschiedener Herkunft zu neuen Nachrichten verknüpft; daher heißen sie auch Verknüpfungsschaltungen. Der Name „logische Schaltung" rührt daher, daß bei ihnen zwischen dem Ausgangssignal und den Eingangssignalen ein Zusammenhang besteht, der durch logische Begriffe wie „nicht", „und", „oder", „gleich", „ungleich" und ähnliche wiedergegeben werden kann. Logische Schaltungen realisieren Funktionen der Schaltalgebra.

Logische Schaltungen können in verschiedenen Techniken realisiert werden, in elektrischer, in magnetischer, in pneumatischer oder in fluidischer (strömungsmechanischer) Technik. Die größte Bedeutung haben elektronische Halbleiterschaltungen in integrierter Technik erlangt, bei der Teile der Schaltung oder sogar die gesamte Schaltung mit den Bauelementen zusammen entstehen. Im folgenden werden nur Verknüpfungsschaltungen in Halbleitertechnik behandelt. Die Negation wird durch elektronische Schalter realisiert (s. Abschn. 5) und wird daher hier nicht mehr behandelt. Schaltungen in Kontakttechnik, wie sie auch heute noch in der Schützensteuerung benutzt werden, kann man sich leicht aus den Kontaktanordnungen der Tafel 4.4 herleiten. Man braucht nur die Eingangsvariablen auf je ein Schütz, die eine Seite der Kontaktanordnungen auf das die binäre 1 repräsentierende Potential und die andere Seite über einen Widerstand auf das die binäre 0 repräsentierende Potential zu führen. An dieser Seite kann dann die Funktion abgenommen werden. Bild **6.**1 zeigt eine so gefundene UND-Schaltung für $1 \triangleq U_{B+}$ und $0 \triangleq 0\,\mathrm{V}$.

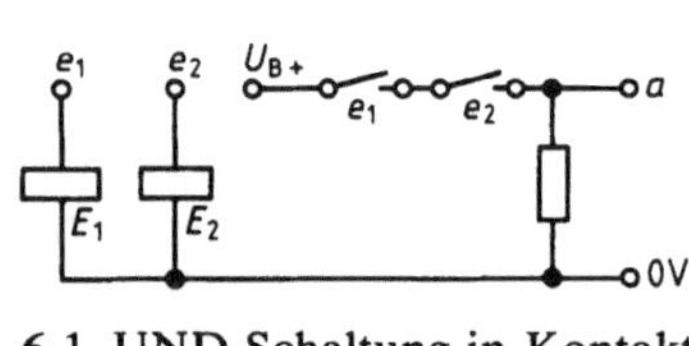

6.1 UND-Schaltung in Kontakttechnik

6.1 Grundlagen

Logische Schaltungen in Halbleitertechnik werden mit positiver oder mit negativer Betriebsspannung U_{B+} bzw. U_{B-} betrieben. Sie werden mit binären Signalen angesteuert und geben selbst binäre Signale ab. Diese binären Signale liegen innerhalb der Betriebsspannungsgrenzen und entsprechen jeweils einem

Spannungsbereich (s. Bild **6.**2). Das eine binäre Signal liegt am positiven Ende des Betriebsspannungsbereichs und wird H-Signal genannt (H vom englischen High = hoch), das andere liegt am negativen Ende des Betriebsspannungsbereichs und wird L-Signal genannt (L vom englischen Low = niedrig). Zwischen dem L- und dem H-Bereich liegt ein verbotener Bereich. Logische Schaltungen müssen mit einem H- oder einem L-Eingangssignal angesteuert werden, damit auch ihr Ausgangssignal im H- oder im L-Bereich liegt.

6.2
H- und L-Signale in Systemen mit positiver (a)
und mit negativer (b) Betriebsspannung

Das Verhalten von logischen Schaltungen wird durch die Arbeitstabelle beschrieben. In der Arbeitstabelle sind zu den Kombinationen der Eingangssignale die Ausgangssignale angegeben. Tafel **6.**3a zeigt die Arbeitstabelle zur Schaltung nach Bild **6.**1.

Logische Schaltungen realisieren Funktionen der Schaltalgebra. Die Schaltalgebra benutzt allerdings die binären Werte 0 und 1. Wenn das Verhalten einer logischen Schaltung durch eine schaltalgebraische Gleichung ausgedrückt werden soll, so müssen die binären Signale L und H den binären Werten 0 und 1 zugeordnet werden. Hierfür gibt es zwei Möglichkeiten. Wird die binäre 1 dem H-Signal, also dem positiveren der beiden Signale, zugeordnet, so bezeichnet man die Zuordnung als positive Logik bzw. als positiven Signalhub. Wird die binäre 1 dem L-Signal, also dem negativeren der beiden Signale zugeordnet, so bezeichnet man die Zuordnung als negative Logik bzw. als negativen Signalhub. Jede Arbeitstabelle kann also je nach gewähltem Signalhub in zwei verschiedene Binärtabellen umgewandelt werden. Hierbei entspricht eine UND-Beziehung in der einen Logik einer ODER-Beziehung in der anderen Logik (s. Tafel **6.**3b und c).

Tafel **6.**3 Arbeitstabelle (a) zur Schaltung in Bild **6.**1 mit Umwandlung in die Binärtabelle des UNDs bei positiver Logik (b) bzw. des ODERs bei negativer Logik (c)

a)

e_1	L H L H
e_2	L L H H
a	L L L H

b)

e_1	0 1 0 1
e_2	0 0 1 1
a	0 0 0 1

c)

e_1	1 0 1 0
e_2	1 1 0 0
a	1 1 1 0

6.2 UND- und ODER-Schaltungen

Vergleicht man die Funktionstabelle der UND-Funktion (Tafel **6.**4) mit der der ODER-Funktion (Tafel **6.**5), so stellt man fest, daß die auf die binäre 1 bezogene UND-Funktion auf die binäre 0 bezogen eine ODER-Funktion darstellt; denn die Funktion ist immer dann 0, wenn mindestens eine Variable 0 ist. Ebenso stellt die auf die binäre 1 bezogene ODER-Funktion auf die 0 bezogen eine UND-Funktion dar. Analog verhält es sich mit ausgeführten Schaltungen. Eine Schaltung, die bei positivem Signalhub die UND-Verknüpfung

Tafel **6.**4 Funktionstabelle der UND-Funktion

e_1	0	1	0	1
e_2	0	0	1	1
a	0	0	0	1

Tafel **6.**5 Funktionstabelle der ODER-Funktion

e_1	0	1	0	1
e_2	0	0	1	1
a	0	1	1	1

realisiert, realisiert bei negativem Signalhub die ODER-Verknüpfung und umgekehrt. Man benötigt daher bei einer Betriebsspannung nur zwei Schaltungen, um die UND- und die ODER-Verknüpfung sowohl bei positivem als auch bei negativem Signalhub zu realisieren. Die Schaltungen selbst werden durch die Arbeitstabellen beschrieben, die dann entsprechend dem gewählten Signalhub in die Binärtabellen übersetzt werden.

6.2.1 Diodenschaltungen

Zum Realisieren der UND- und der ODER-Verknüpfung werden häufig Schaltungen aus Dioden und Widerständen benutzt. Sie gehören zu den Schaltungen in passiver Technik, da sie keine aktiven Bauelemente, wie Transistoren oder Röhren, enthalten.

6.2.1.1 Arbeitsweise. Bild **6.**6 zeigt eine Diodenschaltung für positive Eingangssignale und positive Betriebsspannung mit ihrer zugehörigen Arbeitstabelle. Die Arbeitstabelle ist sowohl für positive (p. L.) als auch für negative

d)

e_1	1	0	1	0
e_2	1	1	0	0
a	1	1	1	0

n. L.

b)

e_1	L	H	L	H
e_2	L	L	H	H
a	L	L	L	H

p. L.

c)

e_1	0	1	0	1
e_2	0	0	1	1
a	0	0	0	1

6.6 H-UND- bzw. L-ODER-Schaltung für positive Eingangssignale aus Dioden (a) mit Arbeitstabelle (b) und deren Umwandlung in die Binärtabelle des UNDs (c) bei positiver Logik (p. L.) bzw. des ODERs (d) bei negativer Logik (n. L.)

(n. L.) Logik in eine Binärtabelle übersetzt und realisiert bei positiver Logik (H ≙ 1) das UND und bei negativer Logik (L ≙ 1) das ODER. Entsprechend nennt man diese Schaltung eine H-UND- bzw. eine L-ODER-Schaltung. Liegen an den beiden Eingängen der Schaltung unterschiedliche Eingangsspannungen, so ist diejenige Diode leitend, deren Kathode an der niedrigeren Eingangsspannung liegt. Die andere Diode ist dann gesperrt. Am Ausgang a der Schaltung setzt sich also die niedrigere Eingangsspannung durch, weshalb diese Schaltung auch Minimumschaltung heißt.

Bild **6.**7 zeigt eine Schaltung, die bei positiver Logik das ODER und bei negativer Logik das UND realisiert. Entsprechend nennt man diese Schaltung eine H-ODER- bzw. eine L-UND-Schaltung. Da sich bei dieser Schaltung die höchste Eingangsspannung am Ausgang durchsetzt, heißt sie auch Maximumschaltung.

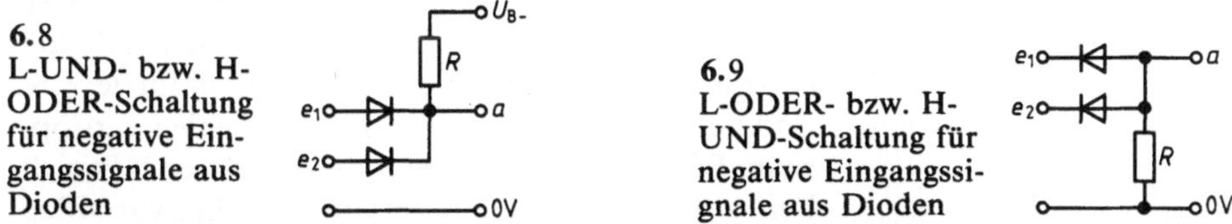

e_1	1	0	1	0		e_1	L	H	L	H		e_1	0	1	0	1
e_2	1	1	0	0		e_2	L	L	H	H		e_2	0	0	1	1
a	1	0	0	0		a	L	H	H	H		a	0	1	1	1

a)   d)   ← n. L.   b)   p. L. →   c)

6.7 H-ODER- bzw. L-UND-Schaltung für positive Eingangssignale aus Dioden (a) mit Arbeitstabelle (b) und deren Umwandlung in die Binärtabelle des ODERs (c) bei positiver Logik (p. L.) bzw. des UNDs (d) bei negativer Logik (n. L.)

Diodenschaltungen für negative Eingangssignale und negative Betriebsspannungen erhält man aus den Schaltungen für positive Eingangssignale und positive Betriebsspannungen, indem man die Dioden umpolt. Die Bilder **6.**8 und **6.**9 zeigen die entsprechenden Schaltungen.

6.8
L-UND- bzw. H-ODER-Schaltung für negative Eingangssignale aus Dioden

6.9
L-ODER- bzw. H-UND-Schaltung für negative Eingangssignale aus Dioden

6.2.1.2 Dimensionierung. Zur Dimensionierung von Diodenschaltungen ist zu bemerken, daß der Widerstand R (s. Bild **6.**10) groß gegen den Diodendurchlaßwiderstand R_D und klein gegen den Diodensperrwiderstand R_{Sp} sein muß.

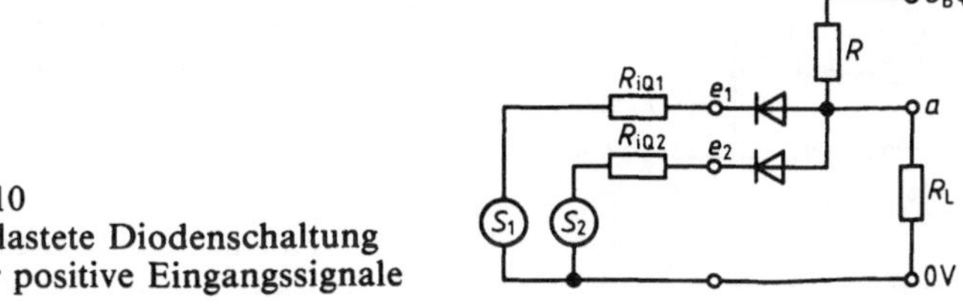

6.10
Belastete Diodenschaltung für positive Eingangssignale

Als Richtschnur gilt

$$R \approx \sqrt{R_{\mathrm{D}} R_{\mathrm{Sp}}}. \tag{6.1}$$

Ferner ist zu beachten, daß die Eingangssignale von Signalquellen geliefert werden, die einen häufig nicht vernachlässigbaren Innenwiderstand R_{iQ} aufweisen. Dieser Innenwiderstand muß klein sein gegen den Widerstand R, weil sonst eine unerwünschte Spannungsteilung zwischen den Widerständen R_{iQ} und R eintritt. Wird außerdem noch an die Schaltung ein Lastwiderstand R_{L} angeschlossen, so soll auch durch ihn keine unerwünschte Spannungsteilung mit dem Widerstand R erfolgen. Daher muß R_{L} groß gegen R sein. Somit gilt

$$R_{\mathrm{iQ}} \ll R \ll R_{\mathrm{L}}. \tag{6.2}$$

6.2.1.3 Erweiterung der Anzahl der Eingänge. Will man Diodenschaltungen für mehr als zwei Eingänge auslegen, so braucht man dazu lediglich weitere Dioden anzubringen. (Bei einigen Schaltkreissystemen dient dazu der Erweiterungseingang.) Die Erweiterung kann jedoch nicht beliebig fortgesetzt werden, weil sonst die Grenzen der Binärvariablen überschritten werden. Bild **6**.11 zeigt den kritischen Fall einer Minimumschaltung, bei der $(n-1)$ Eingänge bereits an positiver Spannung liegen, ein einziger jedoch noch an 0 V. Die Diode dieses Eingangs ist damit leitend, und am Ausgang a der Schaltung liegt eine niedrige Spannung. Dadurch werden aber alle anderen Dioden in Sperrrichtung betrieben; denn an ihrer Kathodenseite ist ein positiveres Potential als an ihrer Anodenseite. Diese Dioden führen daher den Sperrstrom I_{Sp}, der in erster Näherung ein Sättigungsstrom und damit von der anliegenden Spannung unabhängig ist. Die Summe dieser Sperrströme sowie der Nutzstrom I_{R} fließen überwiegend durch den Innenwiderstand der letzten Signalquelle und verursachen einen Spannungsabfall, der bei wachsenden Sperrströmen die obere Grenze der binären 0 überschreiten kann. Zu beachten ist hierbei, daß die Sperrströme temperaturabhängig sind und sich bei Germanium je 8 K und bei Silizium je 7 K Temperaturanstieg verdoppeln. Die zulässige Anzahl n der Eingänge läßt sich bei vorgegebenen Grenzen für die Binärvariablen und bei vorgegebener maximaler Betriebstemperatur berechnen, indem man für die Schaltung eine Ersatzschaltung aufstellt. In dieser Ersatzschaltung werden leitende Dioden durch Spannungen in der Größe der Flußspannung U_{F} und gesperrte Dioden durch Einströmungen in der Größe der Restströme I_{Sp} bei der maximalen Betriebstemperatur ersetzt.

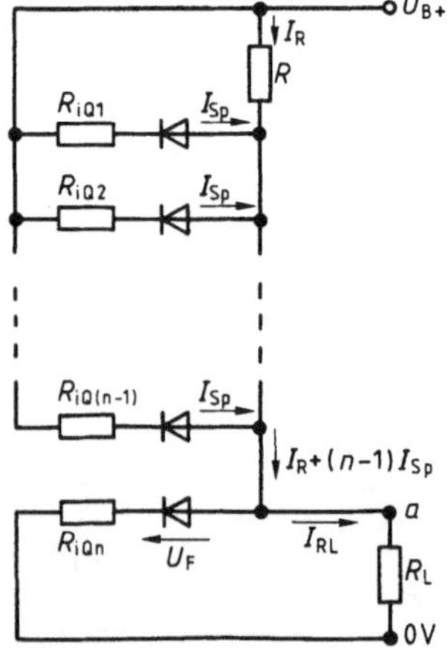

6.11
Kritischer Fall bei der belasteten Diodenschaltung für positive Eingangssignale (Minimumschaltung)

Beispiel 6.1. Eine Minimumschaltung nach Bild **6.**11 aus Siliziumdioden soll auf die maximal mögliche Anzahl n von Eingängen erweitert werden. Es gelten folgende Werte: Sperrstrom bei 20 °C I_{Sp} (20 °C) $\leqq$ 100 nA; maximale Betriebstemperatur $\vartheta_{max}=104$ °C; Innenwiderstand der Signalquellen $R_{iQ}=100\ \Omega$; Widerstand der Minimumschaltung $R=3{,}3$ kΩ $(1\pm 0{,}1)$; Lastwiderstand $R_L=22$ kΩ $(1\pm 0{,}1)$; Betriebsspannung $U_B=12$ V $(1\pm 0{,}1)$; Grenzen der niedrigen Eingangsspannung 0 V $\leqq U_{eL}\leqq 1{,}5$ V; Grenzen der hohen Eingangsspannung $8{,}4$ V $\leqq U_{eH}\leqq U_B$.

Bild **6.**12 zeigt die Ersatzschaltung für die Minimumschaltung im kritischen Fall. Aus ihr ergibt sich für den Maximalwert der niedrigen Ausgangsspannung

$$U_{aL}\geqq U_F+R_{iQ}[I_R+(n-1)I_{Sp}-I_{RL}]$$

und für die Anzahl der Eingänge

6.12 Ersatzschaltung zu Bild **6.**11

$$n\leqq \frac{\dfrac{U_{aL}-U_F}{R_{iQ}}-I_R+I_{RL}}{I_{Sp}}+1=\frac{\dfrac{U_{aL}-U_F}{R_{iQ}}-\dfrac{U_B-U_{aL}}{R}+\dfrac{U_{aL}}{R_L}}{I_{Sp}}+1.$$

Die kritischen Werte für die Widerstände und die Betriebsspannung sind diejenigen, bei denen die Ausgangsspannung ansteigt, also für R die negative Toleranz 2,97 kΩ, für R_L die positive Toleranz 24,2 kΩ und für U_B die positive Toleranz 13,2 V. Die Ausgangsspannung darf die obere Grenze des niedrigen Signals 1,5 V nicht überschreiten. Für den Sperrstrom I_{Sp} ist der Wert bei 104 °C einzusetzen, der sich aus dem Wert bei 20 °C durch 12malige Verdopplung $[(104\,°C-20\,°C)/(7\ \text{K})=12]$ ergibt. Mit diesen Werten erhält man

$$n\leqq \frac{\dfrac{1{,}5\ \text{V}-0{,}45\ \text{V}}{0{,}1\ \text{k}\Omega}-\dfrac{13{,}2\ \text{V}-1{,}5\ \text{V}}{2{,}97\ \text{k}\Omega}+\dfrac{1{,}5\ \text{V}}{24{,}2\ \text{k}\Omega}}{100\ \text{nA}\cdot 2^{12}}+1=17{,}15.$$

Es ergibt sich also $n=17$, da n nur ganzzahlig sein kann.

Um den störenden Einfluß der Diodensperrströme zu verringern, faßt man mehrere Dioden zu Gruppen zusammen, denen eine zusätzliche Diode D_S in Reihe geschaltet wird (Bild **6.**13). Hierdurch steigt allerdings die Differenz zwischen Ausgangs- und Eingangssignal auf den Wert von zwei Diodenflußspannungen.

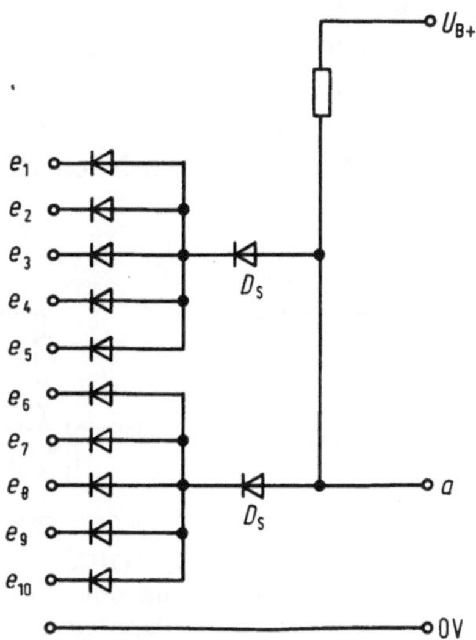

6.13
Verringerung des Störeinflusses der Diodensperrströme durch zusätzliche Seriendioden D_S

6.2.2 Transistorschaltungen

Bei den Diodenschaltungen kann man die Dioden durch Basis-Emitter-Strek-
ken von bipolaren Transistoren ersetzen, ohne daß sich das logische und das
elektrische Verhalten der Schaltungen ändert. Die Bilder **6.**14 a und b zeigen
dies für eine H-ODER- bzw. L-UND-Schaltung. Werden die Kollektoren an
die Betriebsspannung angeschlossen (Bild **6.**14 c), so bleibt auch dann noch
das logische Verhalten dasselbe wie vorher, es ändert sich aber das elektrische
Verhalten. Die Transistoren arbeiten nun als Emitter-Folger. Dabei vergrößern
sich die Eingangswiderstände der Schaltung; denn der Arbeitswiderstand R erscheint am Eingang um den Stromverstärkungsfaktor B vergrößert. Damit wird
die Belastung der steuernden Quelle geringer als bei einer Diodenschaltung.
Andererseits ist der Ausgangswiderstand kleiner als der der Diodenschaltungen, da der Innenwiderstand der Signalquelle um den Stromverstärkungsfaktor
B verkleinert erscheint.

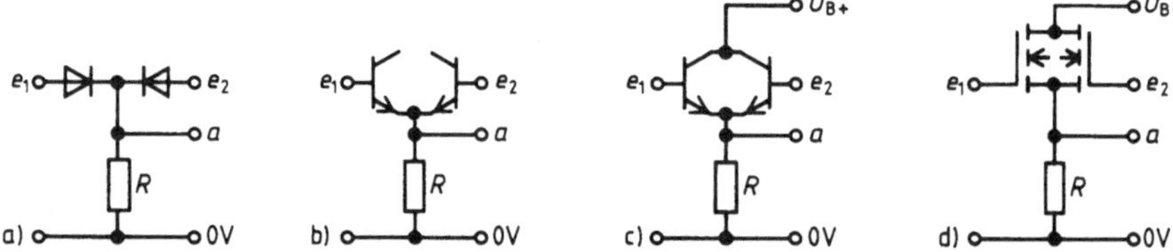

6.14 H-ODER- bzw. L-UND-Schaltung mit Dioden (a), mit Basis-Emitter-Strecken von
bipolaren Transistoren (b), mit bipolaren Transistoren als Emitter-Folger (c) und
mit unipolaren Transistoren als Source-Folger (d)

Eine entsprechende Schaltung läßt sich selbstverständlich auch mit unipolaren
Transistoren aufbauen und ist in Bild **6.**14 d gezeigt. H-UND- bzw. L-ODER-
Schaltungen mit Transistoren in Paralleltechnik zeigt Bild **6.**15.

UND- und ODER-Schaltungen können auch mit Transistoren in Reihentechnik realisiert werden (Bild **6.**16). Die Reihenschaltung von bipolaren Transistoren (Bild **6.**16 a) hat den Nachteil, daß bei Ansteuerung des Transistors T_1 mit

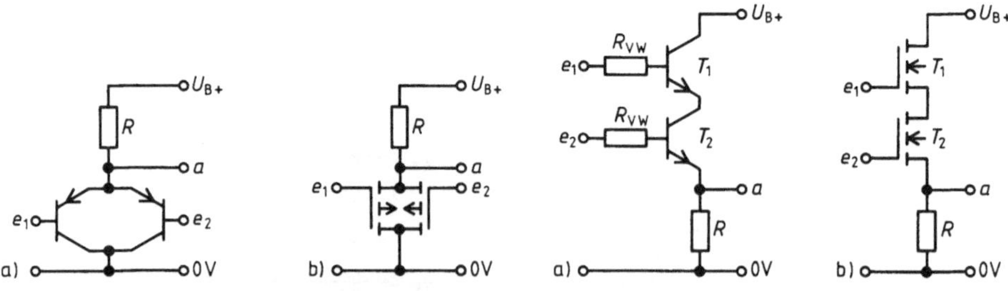

6.15 H-UND- bzw. L-ODER-Schaltung
mit bipolaren (a) und mit unipolaren
(b) Transistoren in Paralleltechnik

6.16 H-UND- bzw. L-ODER-Schaltung
mit bipolaren (a) bzw. unipolaren (b)
Transistoren in Reihentechnik

niedrigem Eingangssignal und des Transistors T_2 mit hohem Eingangssignal über den Arbeitswiderstand R der Steuerstrom des Transistors T_2 fließt und einen Spannungsabfall verursacht. Das Ausgangssignal muß aber niedrig sein. Werden gar mehr als zwei Transistoren in Reihe geschaltet und alle Transistoren bis auf den obersten mit hohem Eingangssignal angesteuert, so fließt die Summe der Steuerströme über den Arbeitswiderstand R, wodurch der Maximalwert der niedrigen Ausgangsspannung U_{aLmax} leicht überschritten werden kann. Daher müssen in den Basisleitungen zur Strombegrenzung die Vorwiderstände R_{VW} liegen und Transistoren mit möglichst großer Stromverstärkung verwendet werden. Die Schaltung mit unipolaren Transistoren (Bild **6.**16 b) hat diesen Nachteil nicht, da keine Steuerströme fließen. Bei ihr muß allerdings der Arbeitswiderstand hochohmiger sein als bei der Schaltung mit bipolaren Transistoren, da der Durchlaßwiderstand von unipolaren Transistoren etwa zehnmal größer ist als der von bipolaren Transistoren.

6.3 NAND- und NOR-Schaltungen

6.3.1 Schaltungen aus Diodenverknüpfungen und Negationen

Bei der Behandlung der NAND- und der NOR-Funktion im Rahmen der Schaltalgebra (s. Abschn. 4.2.3) wurde bereits dargelegt, daß das NAND entweder als Negation der Konjunktion für bejahte Variablen oder als Disjunktion für verneinte Variablen und das NOR entweder als Negation der Disjunktion für bejahte Variablen oder als Konjunktion für verneinte Variablen aufgefaßt werden kann. Die beiden Auffassungen unterscheiden sich durch die Lage der Negationen. Im einen Fall wird erst verknüpft und dann negiert, im anderen Fall wird erst negiert und dann verknüpft. Ebenso können die Schaltungen zum Realisieren dieser Funktionen zuerst die Verknüpfung und anschließend die Negation oder zuerst die Negation und anschließend die Verknüpfung bilden. Schaltungen nach der ersten Art zeigen Bild **6.**17 a und **6.**18 a, nach der zweiten Art Bild **6.**17 b und **6.**18 b.

6.3.2 Schaltungen aus Negationen im Parallel- und Serienbetrieb

NOR- und NAND-Schaltungen können auch durch Parallel- oder Serienschaltung von Negationen realisiert werden, wobei die erforderlichen Verknüpfungen durch die Parallel- bzw. die Serienschaltung zustande kommen.

Bei der Parallelschaltung spricht man von der **Verbindungs**- oder **Wired-Technik**. Das verbundene H-UND, das Wired-H-AND, entsteht, wenn das L-Signal dominiert, d. h., wenn vor dem Parallelschalten an einem Ausgang das

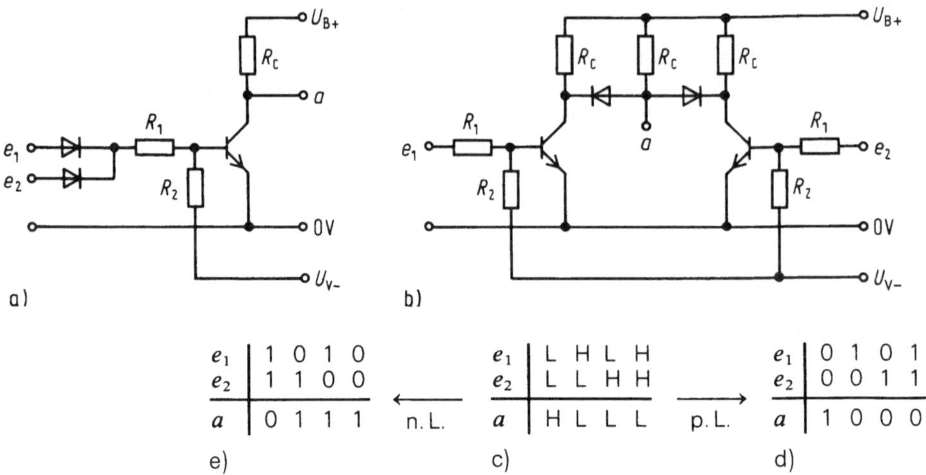

e_1	1 0 1 0
e_2	1 1 0 0
a	0 1 1 1

$\longleftarrow$ n.L.

e_1	L H L H
e_2	L L H H
a	H L L L

p.L. $\longrightarrow$

e_1	0 1 0 1
e_2	0 0 1 1
a	1 0 0 0

e)   c)   d)

6.17 H-NOR- bzw. L-NAND-Schaltungen, realisiert durch Verknüpfung vor Negation
(a) und durch Negation vor Verknüpfung (b) mit zugehöriger Arbeitstabelle (c)
und Binärtabellen für NOR (d) und für NAND (e)

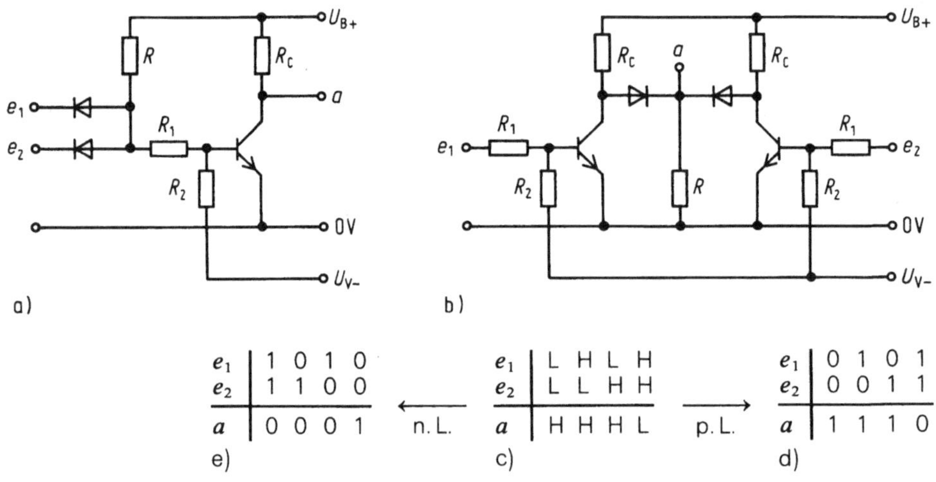

e_1	1 0 1 0
e_2	1 1 0 0
a	0 0 0 1

$\longleftarrow$ n.L.

e_1	L H L H
e_2	L L H H
a	H H H L

p.L. $\longrightarrow$

e_1	0 1 0 1
e_2	0 0 1 1
a	1 1 1 0

e)   c)   d)

6.18 H-NAND- bzw. L-NOR-Schaltungen, realisiert durch Verknüpfung vor Negation
(a) und durch Negation vor Verknüpfung (b) mit zugehöriger Arbeitstabelle (c)
und Binärtabellen für NAND (d) und für NOR (e)

L-Signal und am anderen das H-Signal anliegt und nach dem Parallelschalten
am gemeinsamen Ausgang das L-Signal ansteht. Entsprechend entsteht das
verbundene H-ODER, das Wired-H-OR, wenn das H-Signal dominiert. Bild
6.19 zeigt zwei Schaltungen mit bipolaren Transistoren in Verbindungstechnik,
während Bild **6.**20 die entsprechenden Schaltungen mit selbstsperrenden
MOS-Feldeffekttranistoren wiedergibt.

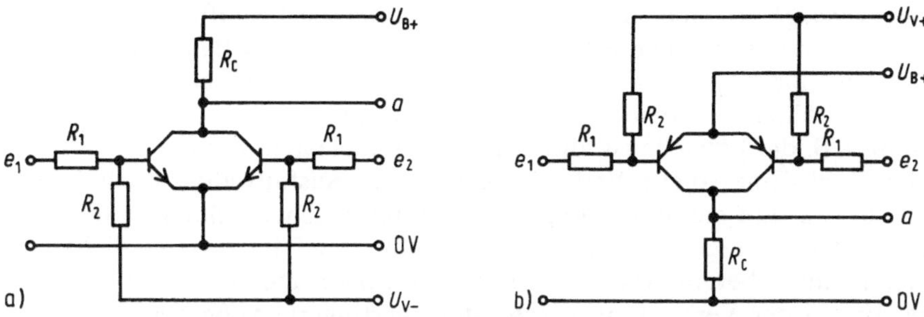

6.19 H-NOR-Schaltung (a) und H-NAND-Schaltung (b) in Verbindungstechnik aus bipolaren Transistoren

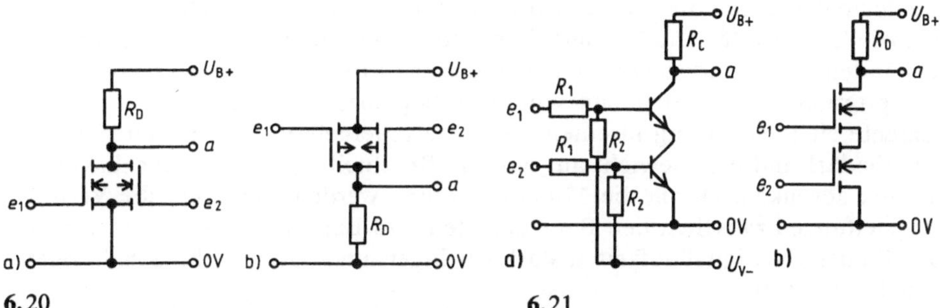

6.20
H-NOR-Schaltung (a) und H-NAND-Schaltung (b) in Verbindungstechnik aus MOS-Feldeffekttransistoren

6.21
H-NAND-Schaltung durch Serienschaltung von bipolaren (a) und unipolaren (b) Transistoren

Bei der Serienschaltung von Negationen zum Realisieren von NAND- und NOR-Schaltungen braucht man natürlich nur einen Kollektorwiderstand, auf den die in Serie liegenden Transistoren arbeiten. Bild **6.21** zeigt zwei entsprechende Schaltungen, wovon diejenige mit MOS-Feldeffekttransistoren (b) besonders einfach ist.

6.4 Schaltkreisfamilien

Logische Schaltungen können entweder in diskreter oder in integrierter Technik hergestellt werden. In diskreter Technik werden die Schaltungen aus einzelnen Bauelementen zusammengelötet, die vorher in getrennten Herstellungsprozessen entstanden sind. Im Gegensatz hierzu entstehen bei der integrierten Technik einige oder alle Bauelemente gleichzeitig mit der Gesamtschaltung. Zwei Gründe führten zur Integration: erstens der Wunsch nach größerer Zuverlässigkeit der Schaltungen und zweitens der Wunsch nach Verkleinerung der Abmessungen und des Gewichts der Schaltungen, die Miniaturisierung.

Die Zuverlässigkeit einer Schaltung wird wesentlich beeinflußt durch die Anzahl der inneren und äußeren Verbindungen der einzelnen Bauelemente der Schaltung. Eine innere Verbindung ist z. B. die Verbindung zwischen den äußeren Anschlußdrähten und dem eigentlichen Bauelement, während eine äußere Verbindung z. B. die Lötstelle ist, durch die das Bauelement mit der Schaltung verbunden wird. Eine solche Verbindung hat eine Ausfallwahrscheinlichkeit von etwa 10^{-7}/h. Ein moderner programmierbarer Taschenrechner hätte etwa 10^6 solcher Verbindungen. Hätten diese dieselbe Ausfallwahrscheinlichkeit, würde der Rechner bereits nach 10 Stunden ausfallen. Durch die Integration wird die Anzahl der Verbindungen sehr stark verringert. Außerdem sind die verbleibenden Verbindungen von viel besserer Qualität.

Die Miniaturisierung von Schaltungen wird bei Verwendung von diskreten Bauelementen durch die für sie erforderlichen mechanischen Schutzanordnungen, wie Gehäuse für Dioden und Transistoren und die Ummantelung von Widerständen und Kondensatoren, sowie die aus Montagegründen erforderliche Mindestgröße der Bauelemente sehr stark begrenzt. Werden jedoch alle Bauelemente einer Schaltung in einem Gehäuse untergebracht, so lassen sich der Raumbedarf und das Gewicht auf winzige Bruchteile gegenüber der diskreten Technik absenken. Durch die Miniaturisierung werden außerdem die Verbindungsleitungen zwischen den Bauelementen und Baugruppen sehr viel kürzer, so daß auch die Signallaufzeiten stark verringert und dadurch die Schaltungen schneller werden.

Im Laufe der Zeit wurden bei digitalen Schaltungen – insbesondere bei ihrer Integration – eine Reihe von Schaltkreisfamilien entwickelt, die sich durch ihre Schaltungskonzepte, auch Logiken genannt, unterscheiden. Für die wichtigsten Schaltkreisfamilien werden im folgenden die typischen Grundschaltungen angegeben, die von einzelnen Herstellern im Detail modifiziert werden. Kompliziertere Schaltungen und Baugruppen, wie Äquivalenzen, Antivalenzen, Flipflops, Zähler, Register, Codeumsetzer, Multiplexer, Rechenschaltungen werden vorzugsweise aus solchen Grundschaltungen aufgebaut.

6.4.1 DTL-Schaltkreise

Der DTL-Schaltkreis (Dioden-Transistor-Logik) baut auf der herkömmlichen H-NAND-Schaltung nach Bild **6**.18 a auf, bei der zunächst mit den Dioden D_1 und D_2 das H-UND gebildet und anschließend negiert wird (Bild **6**.22). Die Negationsstufe wird hier ohne Vorspannung betrieben. Außerdem ist der Widerstand R_1 aus Bild **6**.18 a durch die beiden Dioden D_3 und D_4 ersetzt, die sich an dieser Stelle bei der Integration der Schaltung leichter herstellen lassen als ein Widerstand. Diese beiden Dioden bewirken, daß am Eingang eine Spannung von zwei Dioden-Fluß-

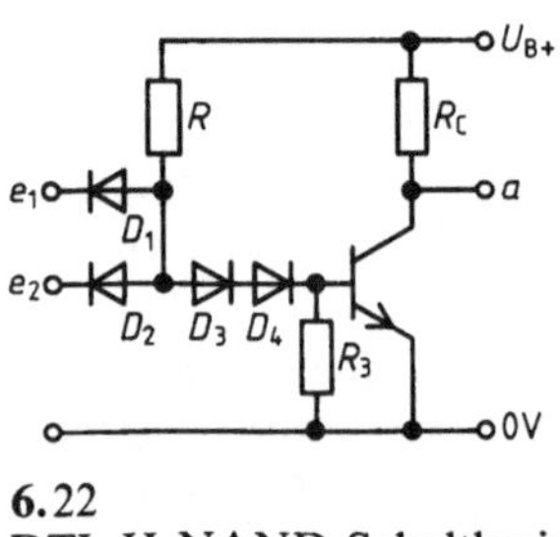

6.22
DTL-H-NAND-Schaltkreis

spannungen, also etwa 1,4 V, liegen muß, damit die Basis-Emitter-Spannung des Transistors 0,7 V beträgt und der Transistor leitet. Diese Dioden werden daher auch **Pegelverschiebungsdioden** genannt. Man könnte meinen, daß in dieser Schaltung der Widerstand R_3 entbehrlich sei. Wird aber der Eingang von H- auf L-Signal umgeschaltet, so sperren die Dioden D_3 und D_4 sofort, und die Basisladung des Transistors könnte bei fehlendem Widerstand R_3 nur über den Transistor selbst abfließen. Dadurch würde die Schaltung langsamer als mit dem Widerstand R_3. Der Widerstand R_3 hat allerdings den Nachteil, daß er dem folgenden Transistor Steuerstrom entzieht. Diesen Nachteil vermeidet eine Schaltungsvariante nach Bild **6.**23, die anstelle der ersten Pegelverschiebungsdiode einen Transistor benutzt. Dieser Transistor liefert einen größeren Emitterstrom als die ersetzte Diode, so daß der folgende Transistor trotz Basis-Ableitwiderstand R_3 ausreichend Steuerstrom erhält.

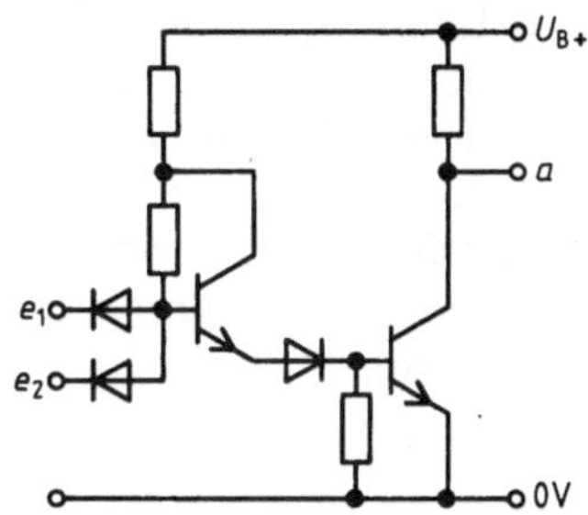

6.23 DTL-H-NAND-Schaltkreis
mit Verstärkertransistor

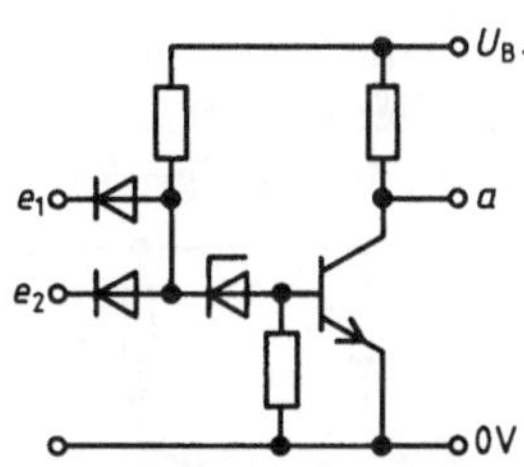

6.24 DTLZ-H-NAND-
Schaltkreis

Bei der DTLZ-Schaltungsvariante werden die Pegelverschiebungsdioden durch eine Z-Diode ersetzt (Bild **6.**24). Die Eingangsspannung muß nun so groß wie die Z-Spannung der Z-Diode sein, damit der Transistor leitet. Dadurch wird der Störspannungsabstand U_{SL} (s. Abschn. 6.4.6) vergrößert. Da bei der Z-Diode der Übergang vom Durchbruch- ins Sperrverhalten relativ langsam ist, wird durch die Z-Diode die Signallaufzeit der Schaltung vergrößert. Wegen des größeren Störspannungsabstands und der größeren Signallaufzeit wird dieses Schaltungskonzept auch langsame störsichere Logik (LSL) genannt. Bild **6.**25 zeigt einen unter dieser Bezeichnung vertriebenen Schaltkreis eines deutschen Herstellers mit einer Gegentakt-Endstufe zur Steigerung der Belastbarkeit. Mit DTLZ- bzw. LSL-Schaltkreisen können ohne allzu große Schutzmaßnahmen integrierte Schaltungen in der Industrieelektronik verwendet werden.

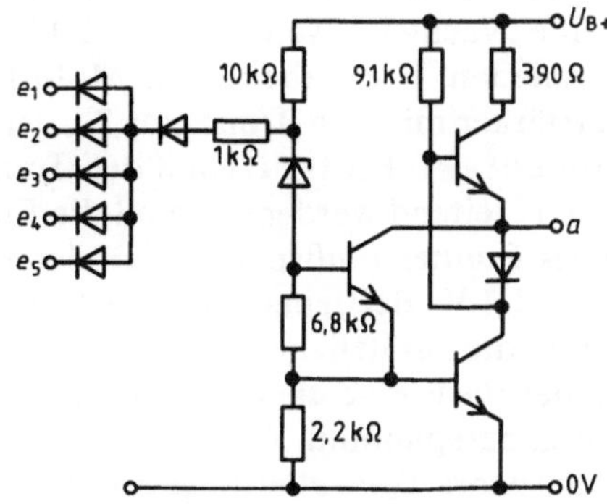

6.25 LSL-H-NAND-Schaltkreis mit
Gegentakt-Endstufe

6.4.2 TTL-Schaltkreise

TTL-Schaltkreise (Transistor-Transistor-Logik) sind die konsequente Weiterentwicklung der DTL-Schaltkreise; denn die Eingangsdioden und die Pegelverschiebungsdioden können durch einen Multi-Emitter-Transistor ersetzt werden (T_1 in Bild **6.**26), der sich bei der Integration leichter herstellen läßt als die einzelnen Dioden. Liegt ein Emitter des Multi-Emitter-Transistors auf niedriger Spannung, so wird der Transistor normal betrieben. Seine Kollektor-Emitter-Spannung sinkt unter den Wert der Basis-Emitter-Flußspannung, so daß der nachfolgende Transistor T_2 sperrt. Liegen beide Emitter des Multi-Emitter-Transistors auf hoher Spannung, so wird der Transistor invers betrieben; d. h., die Emitter übernehmen die Rolle von Kollektoren und der Kollektor die eines Emitters. Die Stromverstärkung ist dabei allerdings sehr gering ($\ll 1$). Der Multi-Emitter-Transistor arbeitet nun als Emitterfolger auf den Ausgangstransistor und steuert ihn in die Sättigung. Das statische Verhalten ist also wie beim DTL-Schaltkreis. Dynamisch ist der TTL-Schaltkreis jedoch schneller als der DTL-Schaltkreis, da der Ausgangstransistor zum Sperren über die niederohmige Kollektor-Emitter-Strecke des Multi-Emitter-Transistors an

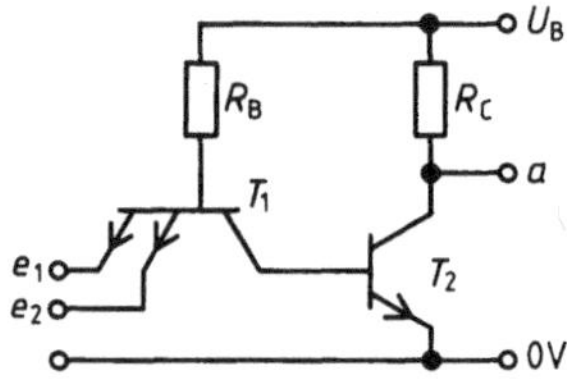

niedrige Spannung gelegt wird und dadurch der Basisraum schnell entladen wird.

6.26
Grundform des TTL-H-NAND-Schaltkreises

Die einfache Grundform des TTL-Schaltkreises nach Bild **6.**26 hat zwei Nachteile. Zum einen geht der Multi-Emitter-Transistor T_1 bereits bei einer Eingangsspannung von etwa 0,7 V in den inversen Betrieb über, wobei der Ausgangstransistor T_2 leitend wird. Zum anderen ist der Innenwiderstand der Schaltung bei hohem Ausgangssignal gleich dem Kollektorwiderstand R_C, wodurch bei kapazitiver Belastung der L-H-Wechsel am Ausgang langsam wird. Beide Nachteile werden beim TTL-Standard-Schaltkreis nach Bild **6.**27 vermieden. Hier arbeitet der Multi-Emitter-Transistor T_1 auf einen Zwischenverstärker mit dem Transistor T_2, der gegenphasige Signale zum Ansteuern der Gegentakt-Endstufe mit den Transistoren T_3 und T_4 liefert. Soll der Transistor T_3 leitend werden, so muß die Eingangsspannung höher als die Summe der Basis-Emitter-Flußspannungen der Transistoren T_2 und T_3 sein, also höher als etwa 1,4 V. Bei leitendem Transistor T_2 ist der Transistor T_4 gesperrt; denn durch die zusätzliche Diode D_3 in der Emitterleitung benötigt dieser Transistor an der Basis eine um etwa 1,4 V positivere Spannung als am Ausgang a, bei der Ausgangsspannung $U_a = 0,2$ V also 1,6 V. Die Spannung am Kollektor des Transistors T_2 ist allerdings nur gleich der Summe der Basis-Emitter-Spannung des Transistors T_3 und der Kollektor-Emitter-Restspannung des Transistors T_2, also etwa 0,7 V + 0,2 V = 0,9 V.

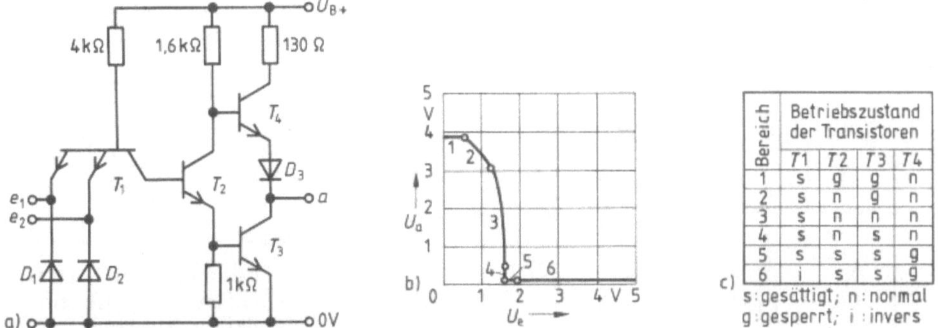

6.27 TTL-Standard-H-NAND-Schaltkreis (a) mit Übertragungskennlinie (b) bei +5 V Betriebsspannung und Betriebszuständen (c) der Transistoren

Bei niedrigem Eingangssignal sind die Transistoren T_2 und T_3 gesperrt, und der Transistor T_4 ist leitend. Da der Transistor T_4 als Emitterfolger arbeitet, stellt sich am Ausgang die hohe Ausgangsspannung

$$U_{aH} = \frac{U_{B+} - U_{BEF} - U_F}{1 + R_B/R_L(1+B)} \tag{6.3}$$

ein (s. a. Abschn. 5.2.5). Hierbei sind R_B der vor der Basis des Transistors T_4 liegende Widerstand, R_L der Lastwiderstand vom Ausgang a nach 0 V, U_{BEF} die Basis-Emitter-Flußspannung des Transistors T_4, U_F die Flußspannung der Diode und B die Gleichstromverstärkung des Transistors T_4. Ist der Ausdruck $R_L(1+B)$ groß gegenüber R_B, so ist der Nenner des Bruches nahezu 1 und die Ausgangsspannung ist gleich der Betriebsspannung U_{B+} vermindert um die Diodenflußspannung U_F und die Basis-Emitter-Flußspannung U_{BEF}, also bei der Betriebsspannung 5 V etwa 3,6 V.

Der 130-Ω-Widerstand in der Kollektorleitung des Transistors T_4 verhindert bei Kurzschluß zwischen dem Ausgang a und 0 V die Zerstörung des Transistors T_4, wenn er leitend wird. Außerdem begrenzt er im Bereich 3 der Übertragungskennlinie den Querstrom durch die Transistoren T_3 und T_4, die hier beide leitend sind.

Die parallel zu den Eingängen liegenden Dioden D_1 und D_2 sind **Kapp-** oder **Clamp-Dioden**, die verhindern, daß größere negative Eingangsspannungen entstehen (z. B. bei Reflexionen auf den Verbindungsleitungen). Sie sind nicht in allen TTL-Schaltkreisen vorhanden.

Bild **6.**28 zeigt einen TTL-Standard-H-NOR-Schaltkreis mit zwei Eingängen. Hier hat jeder Eingang einen eigenen Transistor mit nur einem Emitter und jeder Eingangstransistor einen eigenen Folgetransistor. Die Folgetransistoren sind parallel geschaltet und bilden dadurch eine H-ODER-Verknüpfung. Jeder Eingang belastet hier das niedrige Ansteuersignal gleich stark, während beim H-NAND-Schaltkreis nach Bild **6.**27 der Basisstrom des Eingangstransistors auf die mit niedrigem Signal angesteuerten Eingänge aufgeteilt wird.

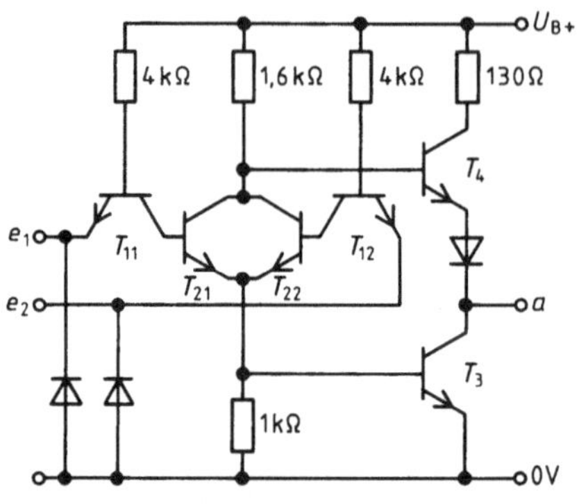

6.28 TTL-Standard-H-NOR-Schaltkreis

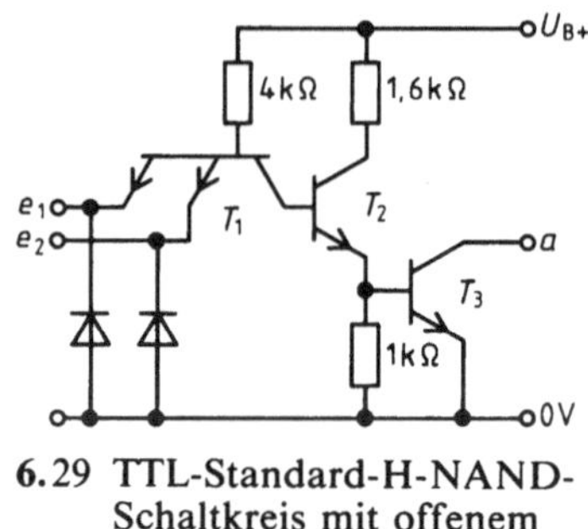

6.29 TTL-Standard-H-NAND-Schaltkreis mit offenem Kollektor-Ausgang

Um Lasten, wie Anzeigelampen, Leuchtdioden und Kleinrelais, oder Schaltkreise mit größerer Betriebsspannung ansteuern zu können, gibt es TTL-Schaltkreise mit **offenem Kollektor-Ausgang** (Bild **6.**29). Schaltet man mehrere solcher Ausgänge parallel und legt vom Ausgang einen Widerstand an die Betriebsspannung U_{B+}, so bilden sie außerdem zusammen eine Wired-H-UND-Verknüpfung.

Für Anwendungen in Bussystemen (s. Abschn. 14) wurden TTL-Schaltkreise mit **Dreizustands-Ausgang** (three-state- bzw. einfach tri-state-output) entwickelt (Bild **6.**30). Die drei Ausgangszustände sind: 1. der Ausgang führt niederohmig das H-Signal, 2. der Ausgang führt niederohmig das L-Signal, und 3. der Ausgang ist hochohmig. Der hochohmige Zustand wird erreicht, indem an den Eingang e_3 H-Signal gelegt wird. Dadurch wird der Transistor T_5 invers leitend, so daß die Transistoren T_6 und T_7 normal leiten. Der leitende Transistor T_7 schaltet nun einen Eingang des Multi-Emitter-Transistors T_1 an 0 V, so daß die Transistoren T_2 und T_3 sperren. Außerdem wird über die Diode D_5 die Basis des Transistors T_4 an 0 V gelegt, so daß auch er sperrt.

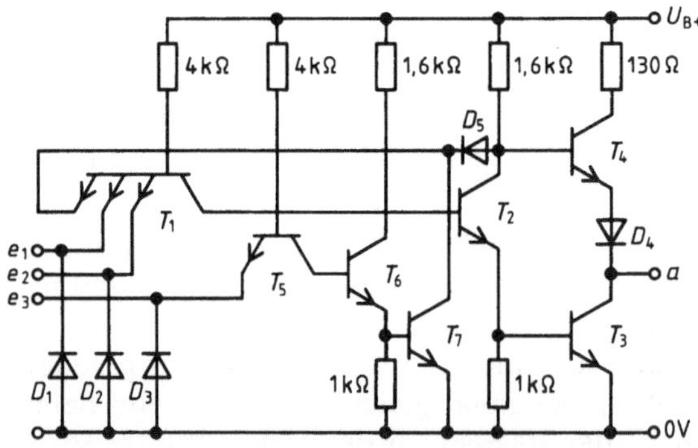

6.30 TTL-Standard-H-NAND-Schaltkreis mit Dreizustands-Ausgang

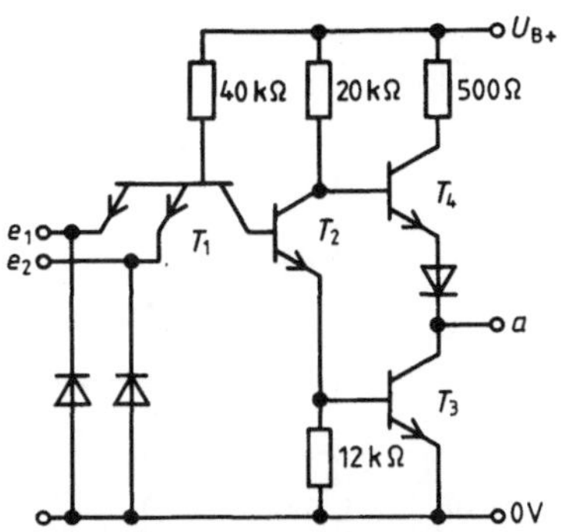

6.31 TTL-Low-Power-H-NAND-
Schaltkreis

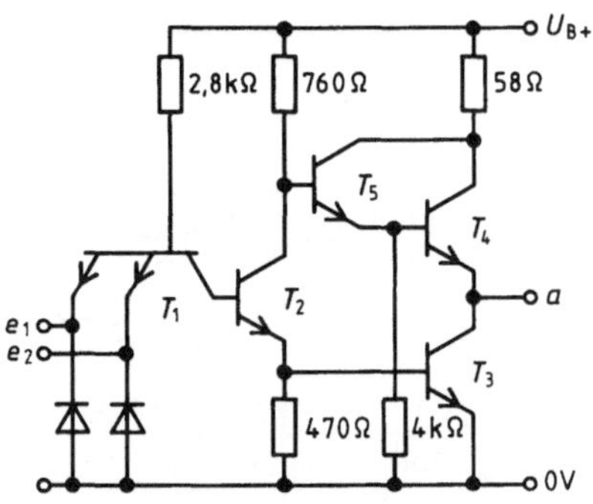

6.32 TTL-High-Speed-H-NAND-
Schaltkreis

Um die Leistungsaufnahme und die Signallaufzeiten zu verringern, wurden aus dem TTL-Standard-Schaltkreis im Laufe der Zeit weitere Schaltkreise entwickelt. Die im Bild **6.**31 gezeigte Low-Power-Version unterscheidet sich von der Standard-Version durch die hochohmigeren Widerstände. Durch diese Maßnahme wird die Leistungsaufnahme auf etwa 10% reduziert; die Signallaufzeiten werden jedoch etwa verdreifacht. Eine Verkürzung der Signallaufzeiten wird mit der High-Speed-Version nach Bild **6.**32 erreicht, bei der gegenüber der Standard-Version die Widerstände niederohmiger sind und die Ausgangsstufe verändert ist. Durch den Wegfall der Diode in der Emitterleitung des Transistors T_4 und durch die Darlington-Kombination der beiden Transistoren T_4 und T_5 ist der Ausgangswiderstand des Schaltkreises bei hohem Ausgangssignal erheblich niedriger als bei der Standard-Version. Dadurch werden Lastkapazitäten schneller umgeladen als bei der Standard-Version, und die Belastbarkeit des Schaltkreises nach 0 V steigt. Bei der High-Speed-Version sind gegenüber der Standard-Version die Signallaufzeiten halbiert, die Leistungsaufnahme hat sich jedoch mehr als verdoppelt.

Die TTL-Standard-, Low-Power- und High-Speed-Schaltkreise arbeiten mit gesättigten Transistoren, bei denen der Übergang vom leitenden in den gesperrten Zustand wegen der Speicherzeit T_s (s. Abschn. 5.2.3) relativ langsam ist. Die TTL-Schottky- und die TTL-Low-Power-Schottky-Version (s. Bilder **6.**33 und **6.**34) arbeiten bis auf den Transistor T_4 mit Schottky-Dioden-Transistoren (s. Bild **6.**35), bei denen zwischen Basis und Kollektor eine Schottky-Diode als nichtlineare Gegenkopplung zur Verhinderung der Sättigung liegt (s. a. Abschn. 5.2.4). Der Transistor T_4 ist durch die Kollektor-Emitter-Strecke des Transistors T_5 nichtlinear gegengekoppelt und kann daher ebenfalls nicht in die Sättigung kommen. Außerdem sind alle Dioden als Schottky-Dioden ausgeführt, die wesentlich schnellere Schaltzeiten haben als PN-Dioden. Der Transistor T_6 mit seiner Beschaltung ersetzt den sonst üblichen Emitterwiderstand des Transistors T_2. Dadurch wird die an der Basis des

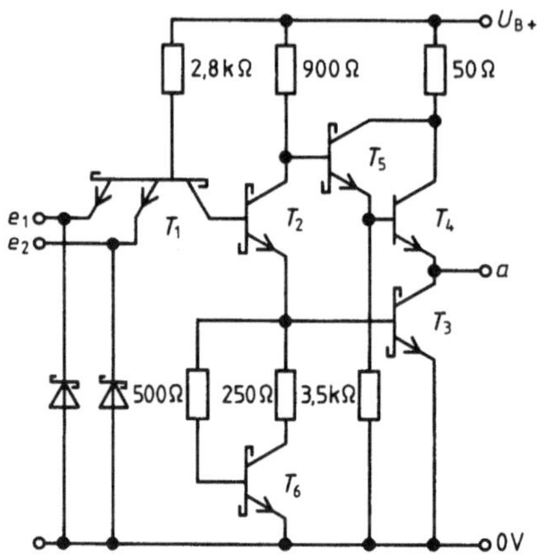

6.33 TTL-Schottky-H-NAND-Schalt-
kreis

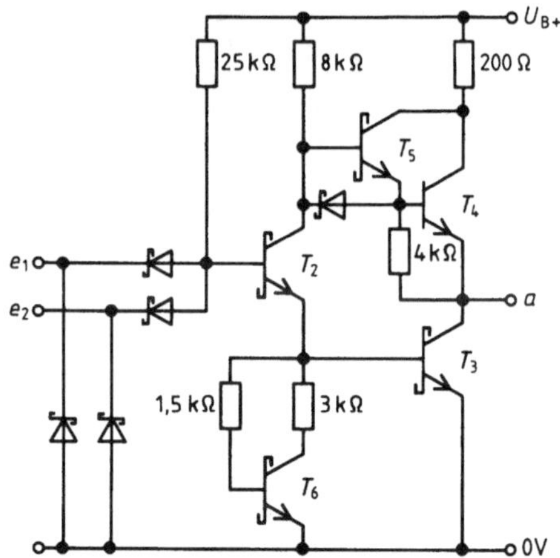

6.34 TTL-Low-Power-Schottky-H-
NAND-Schaltkreis

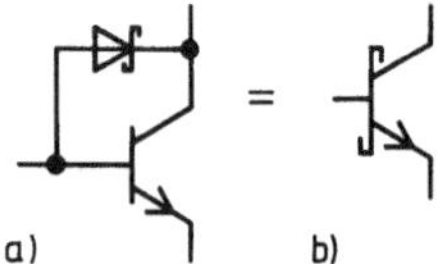

6.35
Schaltung (a) und Schaltzeichen (b)
eines Schottky-Dioden-Transistors

Transistors T_2 erforderliche Spannung, um diesen Transistor leitend zu machen, um eine Basis-Emitter-Spannung (etwa 0,7 V) vergrößert und die Schaltzeit des Transistors T_3 etwas verringert. Bei der Low-Power-Version wird die
H-UND-Verknüpfung am Eingang mit Schottky-Dioden ausgeführt. Sie ist daher streng genommen eine Variante der DTL-Schaltkreise, wird aber allgemein
als TTL-Variante bezeichnet. TTL-Schottky-Schaltkreise haben gegenüber
TTL-Standard-Schaltkreisen Schaltzeiten von nur noch 30%; die Leistungsaufnahme ist jedoch doppelt so groß. TTL-Low-Power-Schottky-Schaltkreise haben im Vergleich zu TTL-Standard-Schaltkreisen etwa dieselben Schaltzeiten;
die Leistungsaufnahme beträgt jedoch nur noch 20%. Eine Weiterentwicklung
der Low-Power-Schottky-Version ist die FAST-Version (Fairchild Advanced
Schottky TTL), mit der Schaltzeiten von 2,25 ns bei nur 5 mW Verlustleistung
erreicht werden. Alle TTL-Schaltkreise werden üblicherweise mit der Betriebsspannung $U_{B+} = 5$ V betrieben.

Beispiel 6.2. Für den TTL-Standard-Baustein nach Bild **6.**27 sind der maximale und der
minimale Eingangsstrom bei niedrigem Eingangssignal, der Sollwert des Eingangsstroms bei hohem Eingangssignal sowie der Maximalwert des sogenannten Pull-
down-Widerstands zwischen Eingang und 0 V zu berechnen. Es gilt: $U_{eL\,max} = 0,8$ V;
$U_{eH\,min} = 2$ V; $U_{BEF} = 0,7$ V; $U_{B+} = 5$ V; $B_I = 0,01$; Widerstandswerte $\cdot(1+0,3)$.

Vom Eingangsstrom wird normalerweise angenommen, daß er in die Schaltung hinein fließt. Er fließt aber bei niedrigem Eingangssignal aus der Schaltung heraus. Daher wird er negativ angesetzt. Es ist mit R_B als Basisvorwiderstand des Eingangstransistors

$$-I_\mathrm{eL} \quad = (U_\mathrm{B+} - U_\mathrm{BEF} - U_\mathrm{eL})/R_\mathrm{B}$$

$$-I_\mathrm{eL\,max} = (U_\mathrm{B+} - U_\mathrm{BEF} - U_\mathrm{eL\,min})/R_\mathrm{B\,min}$$

$$= (5\ \mathrm{V} - 0{,}7\ \mathrm{V} - 0\ \mathrm{V})/(4\ \mathrm{k\Omega}\cdot 0{,}7) = 1{,}536\ \mathrm{mA}$$

$$-I_\mathrm{eL\,min} = (U_\mathrm{B+} - U_\mathrm{BEF} - U_\mathrm{eL\,max})/R_\mathrm{B\,max}$$

$$= (5\ \mathrm{V} - 0{,}7\ \mathrm{V} - 0{,}8\ \mathrm{V})/(4\ \mathrm{k\Omega}\cdot 1{,}3) = 0{,}673\ \mathrm{mA}$$

$$I_\mathrm{eH} \quad = B_1 I_\mathrm{B} = B_1 (U_\mathrm{B+} - 3\cdot U_\mathrm{BEF})/R_\mathrm{B}$$

$$= 0{,}01\,(5\ \mathrm{V} - 2{,}1\ \mathrm{V})/4\ \mathrm{k\Omega} = 7{,}25\ \mathrm{\mu A}$$

Für den Pull-down-Widerstand R_P gilt:

$$U_\mathrm{eL\,max} \geqq R_\mathrm{P}(-I_\mathrm{eL\,max}) = R_\mathrm{P}(U_\mathrm{B+} - U_\mathrm{BEF} - U_\mathrm{eL\,max})/R_\mathrm{B\,min}$$

$$R_\mathrm{P} \quad \leqq (U_\mathrm{eL\,max} R_\mathrm{B\,min})/(U_\mathrm{B+} - U_\mathrm{BEF} - U_\mathrm{eL\,max})$$

$$= (0{,}8\ \mathrm{V}\cdot 4\ \mathrm{k\Omega}\cdot 0{,}7)/(5\ \mathrm{V} - 0{,}7\ \mathrm{V} - 0{,}8\ \mathrm{V}) = 640\ \Omega$$

6.4.3 ECL-Schaltkreise

ECL-Schaltkreise (Emitter-Coupled-Logic) wurden speziell für kurze Signallaufzeiten entwickelt. Um ein rasches Umschalten der Transistoren vom leitenden in den gesperrten Zustand zu erreichen, dürfen sie nicht im Sättigungsbereich betrieben werden, da hierbei der Übergang vom leitenden in den gesperrten Zustand wegen der Speicherzeit T_s (s. Abschn. 5.2.3) relativ langsam ist. Die Sättigung wird bei ECL-Schaltkreisen durch Stromgegenkopplung mittels Emitterwiderständen vermieden. Bild **6**.36 zeigt die Grundform eines ECL-Schaltkreises. An der Basis des Transistors T_3 liegt eine konstante Hilfsspannung U_H. Sind die Eingangsspannungen der Transistoren T_1 und T_2 niedriger als diese Hilfsspannung, dann sperren diese Transistoren, während der Transistor T_3 leitet. Am Ausgang a_1 liegt dabei H-Signal, am Ausgang a_2 L-Signal. Ist mindestens eine Eingangsspannung der Transistoren T_1 und T_2 höher als die Hilfsspannung U_H, dann leitet der zugehörige Transistor und T_3

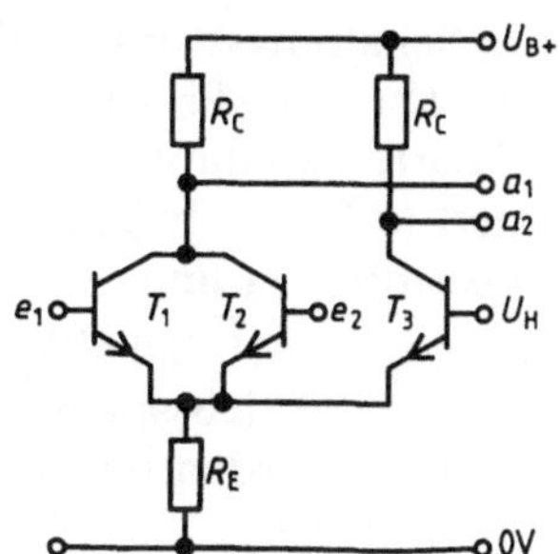

6.36
Grundform des ECL-Schaltkreises mit H-NOR- (a_1)
und H-ODER- (a_2) Ausgang

sperrt. Am Ausgang a_1 liegt dann L-Signal, am Ausgang a_2 H-Signal. Der Ausgang a_1 realisiert also das H-NOR, der Ausgang a_2 das H-ODER. Die Eingangsspannungen für das L- und für das H-Signal müssen symmetrisch zur Hilfsspannung U_H liegen. Der durch den Emitterwiderstand R_E fließende Strom wird in Abhängigkeit vom Eingangssignal zwischen den Transistoren T_1 bzw. T_2 und dem Transistor T_3 umgeschaltet. Man spricht daher auch von Stromschaltertechnik, in Englisch Current-Mode-Logic (CML).

Da die Ausgangswiderstände der stromgegengekoppelten Transistoren recht hoch sind, schaltet man den Ausgängen a_1 und a_2 Emitterfolger nach, die einen niedrigen Ausgangswiderstand haben. Außerdem erzeugt man die Hilfsspannung über einen Spannungsteiler aus der Betriebsspannung, wobei noch ein Emitterfolger zwischengeschaltet wird. Bild **6.**37 zeigt einen entsprechenden Schaltkreis. Die beiden Dioden im Spannungsteiler zur Erzeugung der Hilfsspannung dienen zur Temperaturstabilisierung der Schaltung. Zu beachten ist noch, daß wegen der Emitterfolger die Zuleitung zum Pluspol der Betriebsspannung niederohmig sein muß. Sie wird daher meist als Masse markiert und die Minusleitung mit U_{B-} bezeichnet.

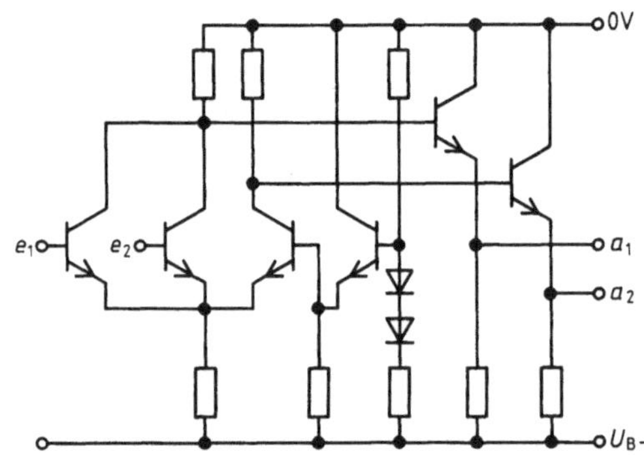

6.37
ECL-Schaltkreis mit H-NOR- (a_1)
und H-ODER- (a_2) Ausgang

Eine Schaltungsvariante der ECL-Schaltkreise sind die EECL- bzw. E^2CL-Schaltkreise (Bild **6.**38). Hier bilden die beiden Transistoren T_1 und T_2 eine H-ODER-Verknüpfung, die vom Stromschalter aus den Transistoren T_3 bis T_6 negiert (a_1) oder bejaht (a_2) ausgegeben wird. Im Stromschalter fungieren die Transistoren T_5 und T_6 als Kollektorwiderstände.

ECL- bzw. CML-Schaltkreise haben Schaltzeiten bis herab zu 1 ns und bei der typischen Betriebsspannung -5 V Verlustleistungen von 25 mW bis 60 mW. Aus ihnen werden Schreib-Lese-Speicher (RAM) mit Zugriffszeiten bis herab zu 10 ns gebaut.

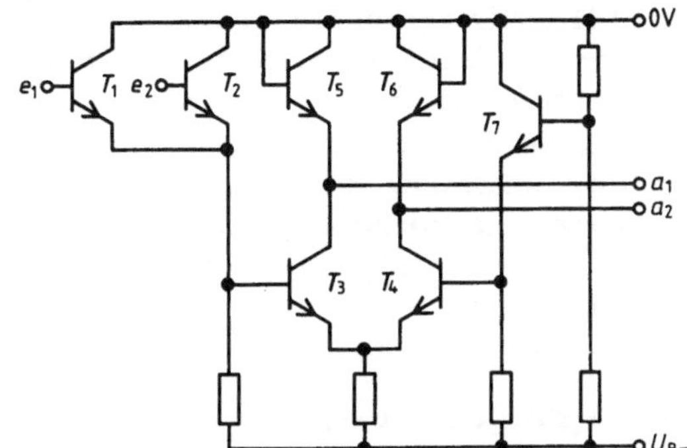

6.38
EECL-Schaltkreis mit H-NOR- (a_1)
und H-ODER- (a_2) Ausgang

6.4.4 I²L-Schaltkreise

Die Integrierte-Injektions-Logik (IIL = I²L) ist eine Schaltkreistechnik, die bei der Integration eine sehr hohe Packungsdichte (derzeit bis zu 400 Gatter pro mm²) ermöglicht und mit sehr niedriger Betriebsspannung (1 V) und sehr niedrigem Betriebsstrom (bis zu 1 nA) betrieben werden kann. Sie wird daher vorwiegend für LSI-Schaltungen (Large-Scale-Integration), d. h. für hochintegrierte Schaltungen, verwendet. Bild **6.**39 zeigt die Grundstruktur der I²L-Schaltkreise, einen Inverter. Der Injektionstransistor T_1 ist immer leitend und führt den Kollektorstrom I_C. Bei hohem Eingangssignal fließt dieser Kollektorstrom in die Basis des Invertertransistors T_2, macht ihn niederohmig und erzeugt ein niedriges Ausgangssignal. Bei niedrigem Eingangssignal (0,4 V) fließt der Kollektorstrom I_C in die ansteuernde Quelle, so daß der Invertertransistor T_2 sperrt und das Ausgangssignal hoch wird. Da der Lastwiderstand R_L in der Regel durch die nachfolgende angesteuerte Schaltung gebildet wird, besteht die Grundstruktur der I²L-Schaltkreise nur aus zwei Transistoren. Schaltet man die Ausgänge der I²L-Inverter parallel, so bilden sie zusammen eine

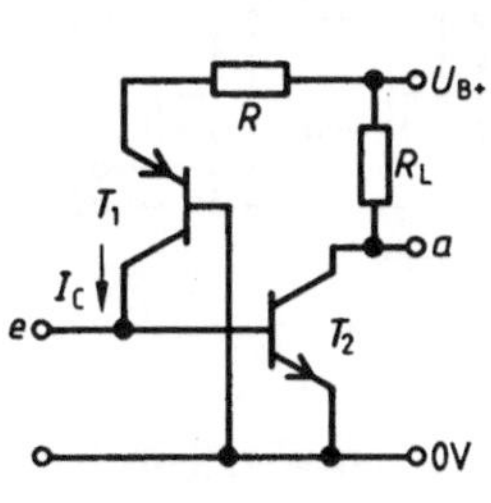

6.39 I²L-Inverter

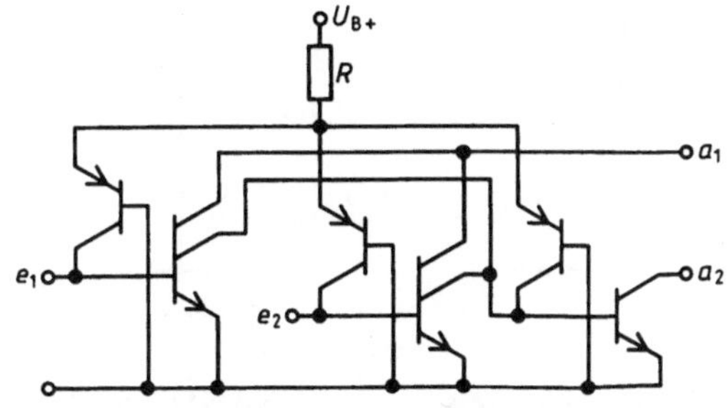

6.40 I²L-Schaltkreis mit H-NOR- (a_1) und
H-ODER- (a_2) Ausgang

Wired-H-UND-Verknüpfung. Der Invertertransistor T_2 wird bei Bedarf mit mehreren Kollektoren versehen. Bild **6.**40 zeigt eine Kombination von drei I^{2}L-Invertern, die sowohl die H-NOR- als auch die H-ODER-Verknüpfung der Eingangsvariablen e_1 und e_2 realisiert. Mit dem Widerstand R wird die Größe der Injektionsströme eingestellt. Je größer der Widerstand R wird, um so kleiner werden die Injektionsströme und damit auch die Leistungsaufnahme der Gatter. Je kleiner allerdings die Injektionsströme sind, um so größer werden die Schaltzeiten.

6.4.5 MOS-Schaltkreise

MOS-Schaltkreise werden fast ausschließlich aus selbstsperrenden MOS-FETs aufgebaut, da sich mit ihnen besonders einfache Schaltungsstrukturen ergeben (s. a. Abschn. 5.3). Es werden sowohl Schaltkreise mit Transistoren von nur einem Kanal-Typ, als auch mit beiden Kanal-Typen hergestellt. Schaltkreise mit Transistoren von nur einem Kanal-Typ (Einkanal-Schaltkreise) gibt es als P-Kanal- und als N-Kanal-Schaltkreise. Grundsätzlich sind beide Arten gleichwertig; aus technologischen Gründen sind jedoch P-Kanal-Schaltkreise heute noch langsamer als N-Kanal-Schaltkreise. Außerdem benötigen sie eine höhere Betriebsspannung sowie bei der Integration eine größere Chipfläche als diese. N-Kanal-Schaltkreise können wie TTL-Schaltkreise mit einer Spannung von + 5 V betrieben und mit ihnen kombiniert werden. Man bezeichnet sie daher auch als TTL-kompatibel (verträglich).

Als Schaltungskonzepte für Einkanal-Schaltkreise werden die Transistor-Parallel- und die Transistor-Serientechnik nach Abschn. 6.3.2 verwendet, wobei jeweils der Drainwiderstand R_D durch den Kanal-Widerstand eines leitenden MOS-Transistors ersetzt ist. Bild **6.**41 und **6.**42 zeigen einen H-NOR- und einen H-NAND-Schaltkreis in Einkanal-NMOS-Technik.

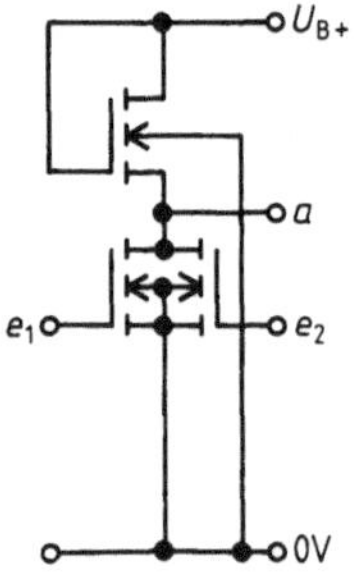

6.41
H-NOR-Schaltkreis
in Einkanal-NMOS-
Technik

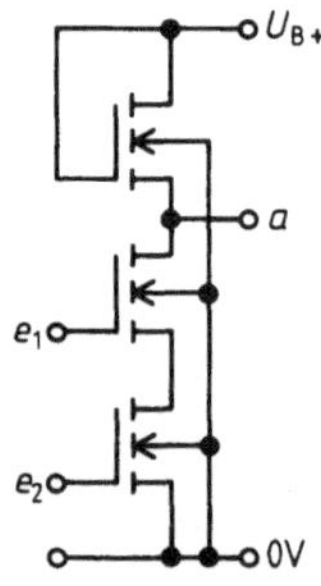

6.42
H-NAND-Schaltkreis
in Einkanal-NMOS-
Technik

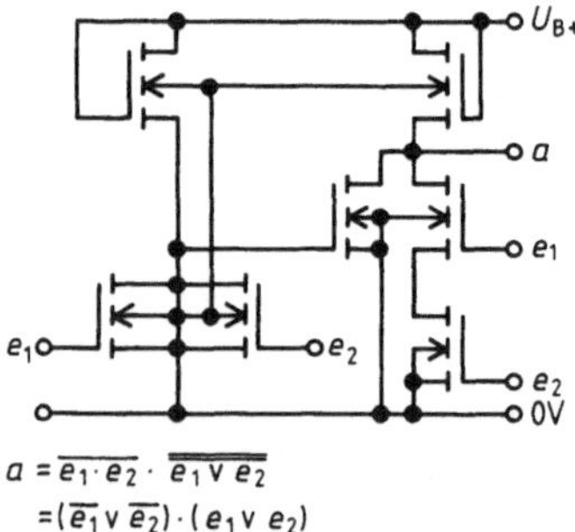

6.43
H-Exklusiv-ODER-Schalt-
kreis in Einkanal-NMOS-
Technik

Werden die Ausgänge der Einkanal-MOS-Schaltkreise parallel geschaltet, so bilden sie zusammen eine H-UND-Verknüpfung. Dadurch lassen sich auf einfache Art komplizierte Schaltungen realisieren. Bild **6.**43 zeigt ein so realisiertes H-Exklusiv-ODER.

Schaltkreise mit Transistoren beider Kanal-Typen werden komplementäre MOS-Schaltkreise oder kurz CMOS-Schaltkreise genannt (C vom englischen Complementary). Auch bei diesem Schaltungskonzept wird von der Transistor-Parallel- und der Transistor-Serien-Technik nach Abschn. 6.3.2 ausgegangen. Der Drainwiderstand wird jedoch bei der Parallel-Technik durch eine Serienschaltung und bei der Serien-Technik durch eine Parallelschaltung von PMOS-FETs ersetzt (Bild **6.**44 und **6.**45). Es arbeiten hierbei jeweils ein N-Kanal-Transistor im unteren Zweig vom Ausgang a mit einem P-Kanal-Transistor im oberen Zweig paarweise zusammen im Gegentaktbetrieb. Dadurch ergibt sich am Ausgang der größtmögliche Signalhub bei geringster Verlustleistung der Schaltung; denn sind die Transistoren im oberen Zweig der Schaltung leitend, so sind die im unteren Zweig gesperrt und umgekehrt.

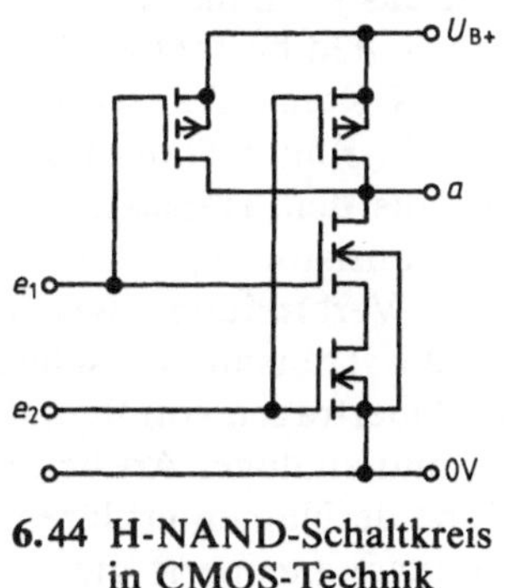

6.44 H-NAND-Schaltkreis
in CMOS-Technik

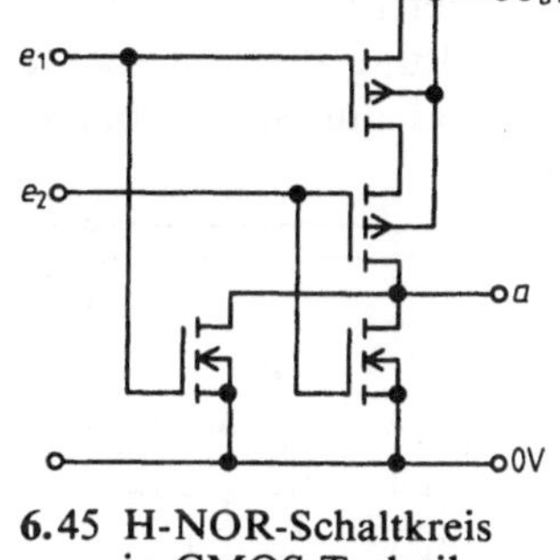

6.45 H-NOR-Schaltkreis
in CMOS-Technik

Ein Nachteil dieses einfachen Schaltkreiskonzepts ist, daß der Ausgangswiderstand der Schaltkreise nicht konstant ist, sondern mit der Anzahl der Eingänge der Schaltung stark schwankt. Bei einem H-NAND-Schaltkreis mit z. B. vier Eingängen liegt das niedrige Ausgangssignal über vier in Serie liegende Durchlaßwiderstände an, das hohe Ausgangssignal H je nach Ansteuerkombination über einen Durchlaßwiderstand oder die Parallelschaltung von zwei, drei oder vier Durchlaßwiderständen. Damit ist die Belastbarkeit der beiden Ausgangssignale unterschiedlich, was bei kapazitiver Belastung auch zu unterschiedlichem dynamischen Verhalten führt. Um das Ausgangsverhalten zu vereinheitlichen, werden in der CMOS-B-Serie die Ausgänge gepuffert, indem entweder einer einfachen Schaltung zwei Inverter nachgeschaltet werden oder die Verknüpfung von z. B. vier Variablen durch die mehrmalige Verknüpfung von zwei Variablen mit anschließender Negation realisiert wird. Bild **6.**46 zeigt dies für

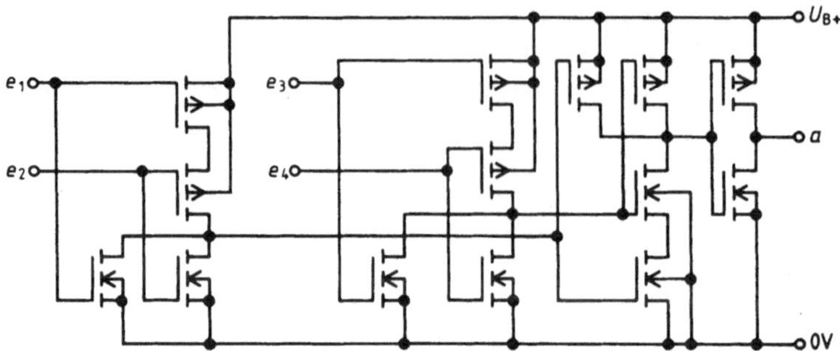

6.46 H-NOR-Schaltkreis für vier Variablen in CMOS-B-Version

eine H-NOR-Schaltung von vier Variablen, wobei folgende Umformung vorgenommen wurde

$$a = \overline{e_1 \vee e_2 \vee e_3 \vee e_4} = \overline{\overline{e_1 \vee e_2} \cdot \overline{e_3 \vee e_4}} = \overline{\overline{e_1 \vee e_2}} \cdot \overline{\overline{e_3 \vee e_4}}.$$

Ein Schaltglied besonderer Art, das nicht in bipolarer Technik möglich ist, ist das in Bild **6.**47 gezeigte Transmissionsglied, das auch als Analogschalter bezeichnet wird. Das eigentliche Transmissionsglied besteht aus der Parallelschaltung des P-Kanal-Transistors T_1 und des N-Kanal-Transistors T_2. Ein H-Signal am Steuereingang e öffnet direkt den N-Kanal-Transistor T_2 und über den Inverter aus den Transistoren T_3 und T_4 den P-Kanal-Transistor T_1. Damit besteht eine niederohmige Verbindung zwischen den Punkten A und B des Transmissionsglieds. Dieses kann nun zum Übertragen von Signalen aller Art, also digitaler und analoger Art benutzt werden, woraus sich beide Namen erklären. Ein L-Signal am Steuereingang e sperrt die Transistoren T_1 und T_2 und damit das Transmissionsglied. Die Spannungen, die der Analogschalter schalten kann, müssen innerhalb des Versorgungsspannungsbereichs des Ansteuerinverters liegen.

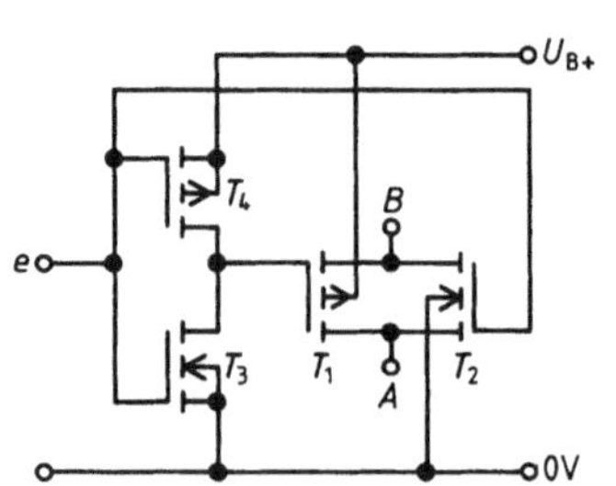

6.47 CMOS-Transmissionsglied (Analogschalter) mit Ansteuerinverter

Um in CMOS-Technik einen Dreizustands-Ausgang (s. Abschn. 6.4.2) zu erhalten, werden verschiedene Schaltungen verwendet. Eine einfache Möglichkeit ist die, der Schaltung, die einen Dreizustands-Ausgang bekommen soll, ein Transmissionsglied nachzuschalten. Ist dieses Transmissionsglied gesperrt, dann ist sein Ausgang hochohmig.

Eine andere Möglichkeit ist in Bild **6.**48 gezeigt. Bei diesem Dreizustands-Inverter liegen in Reihe mit der Spannungsversorgung des eigentlichen Inverters aus den Transistoren T_1 und T_2 die Serientransistoren T_3 und T_4. Der hochohmige Ausgangszustand wird erreicht, indem an den Eingang e_C H-Signal gelegt

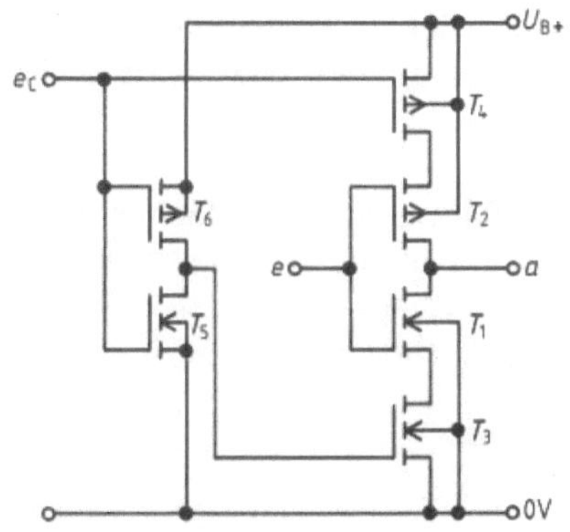

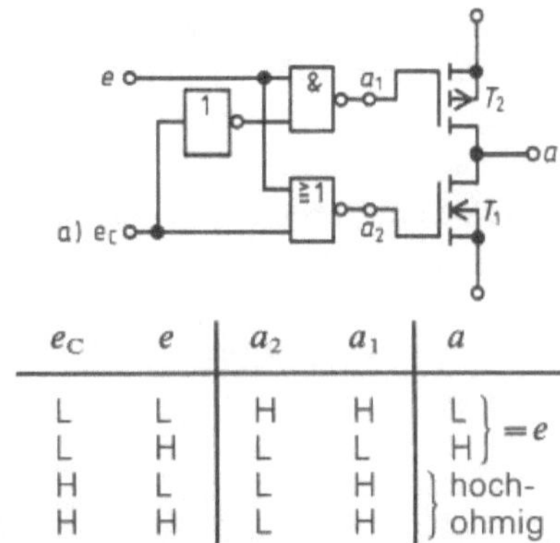

e_C	e	a_2	a_1	a	
L	L	H	H	L	$\Big\}=e$
L	H	L	L	H	
H	L	L	H		hoch-
H	H	L	H		ohmig

6.48 CMOS-Dreizustands-Inverter mit Serientransistoren in der Spannungsversorgung

6.49 Digitales Transmissionsglied mit CMOS-Inverter (a) und zugehörige Funktionstabelle (b)

wird. Dadurch wird der Transistor T_4 gesperrt, also hochohmig. Der zusätzliche Inverter aus den Transistoren T_5 und T_6 steuert den Transistor T_3 mit L-Signal an, so daß auch dieser Transistor sperrt und hochohmig wird. So ist der eigentliche Inverter aus den Transistoren T_1 und T_2 nur noch über die hochohmigen Transistoren T_3 und T_4 mit der Versorgungsspannung verbunden. Bei L-Signal am Eingang e_C verbinden die Transistoren T_3 und T_4 den Inverter niederohmig mit der Versorgungsspannung.

Eine dritte Möglichkeit für einen Dreizustands-Ausgang zeigt Bild **6.49**. Es stellt gewissermaßen ein digitales Transmissionsglied dar. Die Ansteuerung der Transistoren T_1 und T_2 über die NAND- und die NOR-Schaltungen ist so, daß bei L-Signal am Steuereingang e_C der Ausgang a das Eingangssignal e wiedergibt, und daß bei H-Signal am Steuereingang e_C der Ausgang hochohmig ist.

MOS-Transistoren haben zwischen Gate und Substrat zwar eine extrem hochohmige, aber auch nur sehr dünne isolierende Oxidschicht von etwa 0,1 μm. Da die Durchbruchfeldstärke dieses Oxids etwa 500 V/μm ist, führt eine Gate-Substrat-Spannung von etwa 50 V zu einem Durchbruch, der den Transistor zerstört. Spannungen dieser Größe können aber leicht durch statische Aufladungen entstehen. Daher werden MOS-Schaltkreise, insbesondere die einer Bausteinreihe, meist mit einer Eingangsschutzbeschaltung versehen. Eine typische Eingangsbeschaltung eines CMOS-Inverters zeigt Bild **6.50**. Die Dioden D_1 und D_2 bewirken, daß die Gate-Substrat-Spannung die Betriebsspannungsgrenzen nur um etwa 0,7 V über- bzw. unterschreiten können. Der Serienwiderstand R_S (etwa 1 kΩ) begrenzt bei leitenden Dioden D_1 oder D_2 den

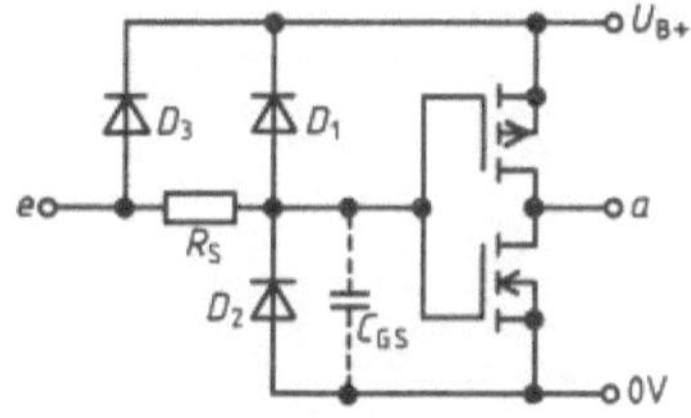

6.50 Eingangsschutzbeschaltung eines CMOS-Inverters

Eingangsstrom. Er bewirkt allerdings mit der gestrichelt gezeichneten Gate-Substrat-Kapazität C_{GS} eine Vergrößerung der Signallaufzeit. Die Diode D_3 ist ein parasitäres Element, das ungewollt bei der Diffusion des Serienwiderstands R_S entsteht.

CMOS-Schaltkreise wurden in Richtung auf geringere Signallaufzeiten bzw. höhere Schaltgeschwindigkeit weiterentwickelt. Bei gleichen Schaltungskonzepten, aber anderen Herstellungstechnologien werden sie als LOCMOS- (LO von Lokale Oxidation) und HC-Version (HC von High Speed CMOS) angeboten.

6.4.6 Vergleich der Schaltkreisfamilien

Die einzelnen Schaltkreisfamilien unterscheiden sich in bezug auf Verlustleistung, Signallaufzeit, Störsicherheit, Belastbarkeit und maximale Schaltfrequenz.

Die **mittlere Verlustleistung**

$$\overline{P_V} = \frac{P_{VH} + P_{VL}}{2} \tag{6.4}$$

ist das arithmetische Mittel der Verlustleistungen bei hoher und bei niedriger Ausgangsspannung. Die **mittlere Signallaufzeit**

$$\overline{T_p} = \frac{T_{pLH} + T_{pHL}}{2} \tag{6.5}$$

ist das arithmetische Mittel der Signallaufzeiten T_{pLH} und T_{pHL}. Hierbei bedeutet der Index LH, daß sich das Ausgangssignal von L nach H hebt, und der Index HL, daß sich das Ausgangssignal von H nach L senkt. Die Signallaufzeit T_{pLH} ist der mittlere zeitliche Abstand zwischen der Flanke des Eingangssignals, die den LH-Wechsel des Ausgangssignals erzeugt, und der LH-Flanke des Ausgangssignals. Entsprechend ist die Signallaufzeit T_{pHL} der mittlere zeitliche Abstand zwischen der Flanke des Eingangssignals, die den HL-Wechsel des Ausgangssignals erzeugt, und der HL-Flanke des Ausgangssignals. Bild **6.**51 zeigt den Zusammenhang bei einer Negationsstufe.

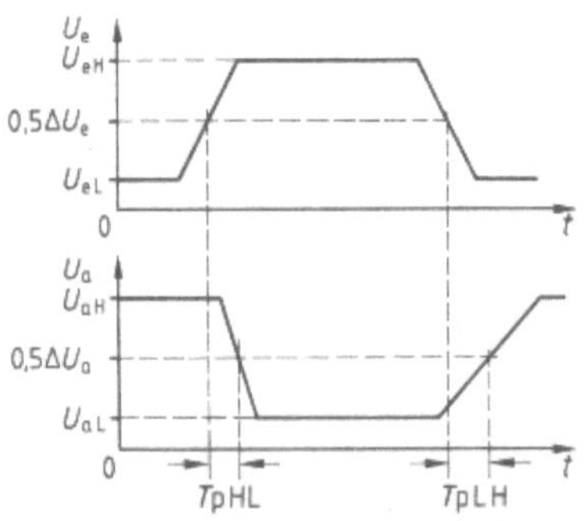

6.51 Signallaufzeiten einer Negationsstufe

Als Störspannungsabstand oder Störsicherheit wird diejenige Störspannung bezeichnet, die dem Ausgangssignal einer Stufe überlagert sein darf, ohne daß dadurch bei einer nachgeschalteten gleichartigen Stufe die zulässigen

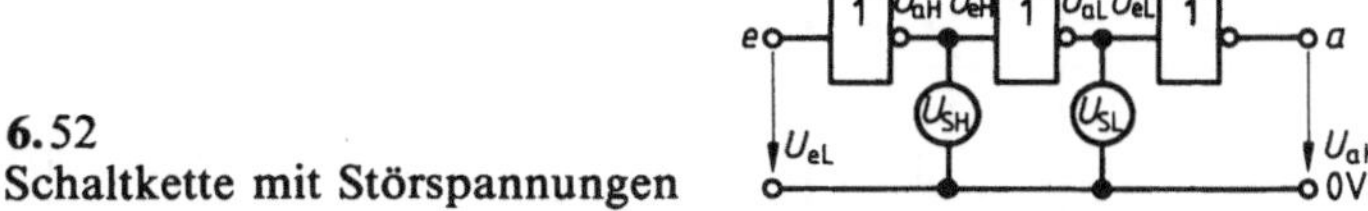

6.52
Schaltkette mit Störspannungen

Werte der Eingangssignale überschritten werden (s. Bild **6.**52). Da die Verhältnisse für das hohe und für das niedrige Ausgangssignal in der Regel verschieden sind, muß der Störspannungsabstand für die beiden Signale getrennt angegeben werden. Oft wird trotzdem nur das arithmetische Mittel angegeben. Aus Bild **6.**53 entnimmt man mit dem zulässigen Maximalwert der niedrigen Ein-

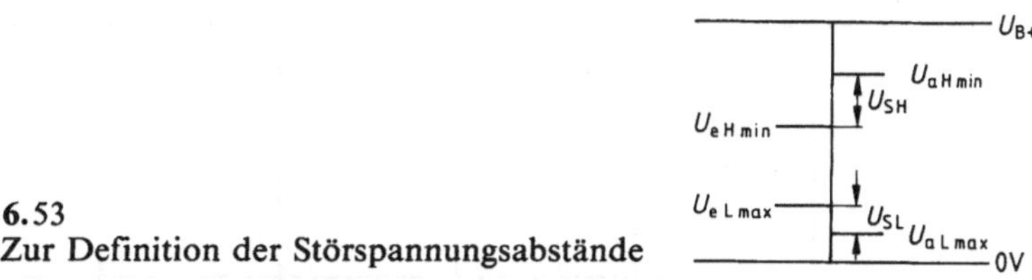

6.53
Zur Definition der Störspannungsabstände

gangsspannung U_{eLmax} und dem garantierten Maximalwert der niedrigen Ausgangsspannung U_{aLmax} den Störspannungsabstand des L-Signals

$$U_{SL} = U_{eLmax} - U_{aLmax} \tag{6.6}$$

und mit dem garantierten Minimalwert des hohen Ausgangssignals U_{aHmin} und dem zulässigen Minimalwert des hohen Eingangssignals U_{eHmin} den Störspannungsabstand des H-Signals

$$U_{SH} = U_{aHmin} - U_{eHmin}. \tag{6.7}$$

Die Belastbarkeit der Schaltglieder wird durch den **fan out**, den Ausgangsfächer, angegeben. Er bezeichnet die Anzahl von gleichartigen Schaltgliedern, die vom Ausgang eines Schaltglieds gespeist werden können.

Der bisweilen angegebene **fan in**, der **Eingangsfächer**, gibt die Anzahl der Eingänge an, bzw. bei Schaltgliedern mit Erweiterungseingang die maximal zulässige Anzahl von Eingängen. Der fan in ist, wie in Abschn. 6.3.1 für Diodenschaltungen gezeigt, temperaturabhängig.

Die **maximale Schaltfrequenz** f_{max} ist diejenige Frequenz eines symmetrischen Rechtecksignals, die mit getakteten Flipflops (s. Abschn. 7.1.2) der Schaltkreisfamilie noch einwandfrei verarbeitet werden kann.

In Tafel **6.**54 sind die genannten Eigenschaften sowie die typischen Betriebsspannungen für die verschiedenen Schaltkreisfamilien aufgeführt.

Tafel **6.**54 Systemeigenschaften integrierter Schaltkreisfamilien

Schaltkreis-familie	$\dfrac{U_B}{V}$	$\dfrac{\overline{P_V}}{mW}$	$\dfrac{\overline{T_P}}{ns}$	$\dfrac{\overline{U_S}}{V}$	fan out	$\dfrac{f_{max}}{MHz}$
DTL	5	15	25	0,7	8	10
DTLZ (LSL)	12 15	16 27	175 167	5 6,5	10	0,5–2
TTL-Standard	5	10	10	0,4	10	15
TTL-Low-Power	5	1	33	0,4	20	2,5
TTL-High-Speed	5	22	6	0,4	10	35
TTL-Schottky	5	19	3	0,4	10	75
TTL-Low-Power-Schottky	5	2	9,5	0,4	20	25
TTL-FAST	5	5	2,25	0,4	20	100
ECL	−5,2	60	1	0,2	15	250
I^2L	1–15	0,01–30	10–1000	0,3	5	5
P-MOS	−12	6	100	3	20	2
N-MOS	10 (5–15)	2	15	2	20	15
CMOS	5 10 15	10^{-5}	100 50 40	1,5 3 4,5	50	2 5 7
LOCMOS	5 10 15	10^{-5}	60 30 20	1,5 3 4,5	50	8 16 24
HCMOS	5	10^{-5}	10	1,5	50	50

7 Kippstufen

Kippstufen sind binäre Schaltungen, deren Ausgangszustände nicht nur von den Zuständen der Eingangsvariablen, sondern auch von zwei inneren Zuständen abhängen. Die beiden inneren Zustände kommen durch eine Rückkopplung vom Ausgang auf einen Eingang der Schaltung zustande. Bild 7.1 zeigt eine einfache Schaltung aus einem UND- und einem ODER-Glied mit zwei Eingängen. Für die Eingangsbeschaltung $e_1 = 0$ und $e_2 = 1$ kann nicht gesagt werden, welcher Zustand an den Ausgängen herrscht. Wird angenommen, daß der Ausgang $Q_1 = 1$ ist, dann ist die UND-Bedingung erfüllt, und der Ausgang Q_2 hat ebenfalls das 1-Signal. Hierdurch wird die ODER-Bedingung erfüllt, so daß der angenommene 1-Zustand am Ausgang Q_1 aufrechterhalten bleibt. Wird hingegen angenommen, daß der Ausgang Q_1 das 0-Signal führt, dann ist die UND-Bedingung nicht erfüllt, und das ODER-Glied erhält kein 1-Signal am Eingang. Daher bleibt auch sein Ausgang Q_1 auf 0. Die Schaltung kann also bei der Eingangskombination $e_1 = 0$ und $e_2 = 1$ zwei verschiedene innere Zustände annehmen, die beide stabil sind. Dies ist in der Funktionstabelle mit einem B für bistabiles Verhalten gekennzeichnet. Da der Ausgang Q_2 beim bistabilen Verhalten dasselbe Signal wie der Ausgang Q_1 hat, ist dies in der Funktionstabelle so eingetragen.

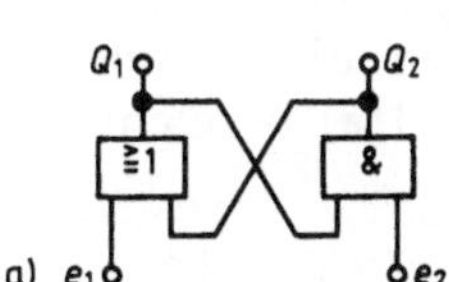

a)

b)

e_1	e_2	Q_1	Q_2
0	0	0	0
0	1	B	Q_1
1	0	1	0
1	1	1	1

7.1
Rückgekoppelte Binärschaltung (a) mit Funktionstabelle (b)

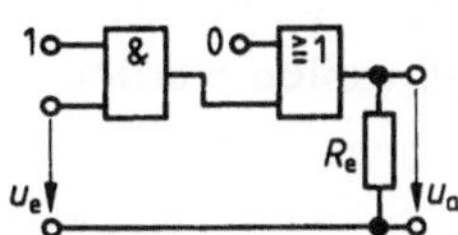

7.2 Zur Bestimmung der Schleifenverstärkung v_S

Damit bei der Eingangskombination $e_1 = 0$ und $e_2 = 1$ beide inneren Zustände stabil bleiben, muß die Spannungsverstärkung in der Rückkopplungsschleife, die Schleifenverstärkung v_S, mindestens $+1$ betragen. Die Schleifenverstärkung v_S erhält man als Quotienten von Ausgangsspannung u_a zu Eingangsspannung u_e, wenn die Schleife aufgetrennt ist und der nun freie Eingang mit dem Eingangswiderstand R_e des abgetrennten Eingangs belastet wird (Bild 7.2). Aus der Forderung $v_S \geqq +1$ ergibt sich, daß für die beiden Schaltglieder aus Bild 7.1 keine der in Abschn. 6.2 beschriebenen Schaltungen benutzt werden kann, da alle dort angegebenen Schaltungen eine Spannungsverstärkung haben, die kleiner als 1 ist. Es müssen daher zusätzliche Spannungsverstärker in die Schleife gelegt werden, wofür meist zwei Negationen verwendet werden, die direkt mit den Verknüpfungsschaltungen zum NOR- und zum NAND-Glied vereinigt werden.

Bei der Schaltung nach Bild 7.1 sind unter der Voraussetzung einer genügend großen Schleifenverstärkung bei der Eingangskombination $e_1 = 0$ und $e_2 = 1$ beide inneren Zustände stabil. Die Schaltung kann durch eine kurzzeitige Änderung der Eingangssignale vom einen in den anderen inneren Zustand gekippt werden. Eine solche Schaltung heißt daher bistabile Kippstufe oder Flipflop. Durch zeitabhängige Rückführungen kann man erreichen, daß eine Schaltung selbsttätig zwischen den beiden inneren Zuständen hin- und herkippt. Eine solche Schaltung heißt astabile Kippstufe oder Multivibrator, da kein innerer Zustand stabil ist. Ebenfalls durch eine zeitabhängige Rückführung kann man erreichen, daß eine Schaltung bei bestimmten Eingangssignalen zunächst zwar den einen inneren Zustand annimmt, nach einer Verzögerungszeit aber selbsttätig in den anderen inneren Zustand übergeht und in diesem verharrt. Eine solche Schaltung heißt monostabile Kippstufe oder Monoflop, da nur ein innerer Zustand stabil ist.

Auch die in Bild 7.3 gezeigte rückgekoppelte Analogschaltung kann bei der Eingangsspannung $u_e = 0$ V zwei verschiedene Ausgangsspannungen annehmen. Ist die Ausgangsspannung $u_a = U_{a\,max}$, so ist die Eingangsspannung des Verstärkers $u_D = 0{,}2\,U_{a\,max}$. Diese Eingangsspannung möchte mit der Verstärkung $v = 10$ die Ausgangsspannung $u_a = 2\,U_{a\,max}$ erzeugen, was natürlich nicht geht. Der Verstärker ist durch das Eingangssignal übersteuert und begrenzt die Ausgangsspannung auf $U_{a\,max}$. Entsprechendes gilt für $u_a = U_{a\,min}$. Das Umsteuern der Schaltung von der Ausgangsspannung $U_{a\,max}$ nach $U_{a\,min}$ geschieht sprunghaft, wenn die Verstärkereingangsspannung $u_D \approx 0$ V ist. Dies ist der Fall, wenn die Eingangsspannung u_e gleich der unteren Schwellenspannung $U_{SU} \approx -U_{a\,max}/4$ ist. Entsprechend vollzieht sich die Umsteuerung der Ausgangsspannung von $U_{a\,min}$ nach $U_{a\,max}$, wenn die Eingangsspannung u_e gleich der oberen Schwellenspannung $U_{SO} \approx -U_{a\,min}/4$ ist. Wegen dieser Schaltschwellen werden solche Schaltungen als Schwellwertschalter bezeichnet.

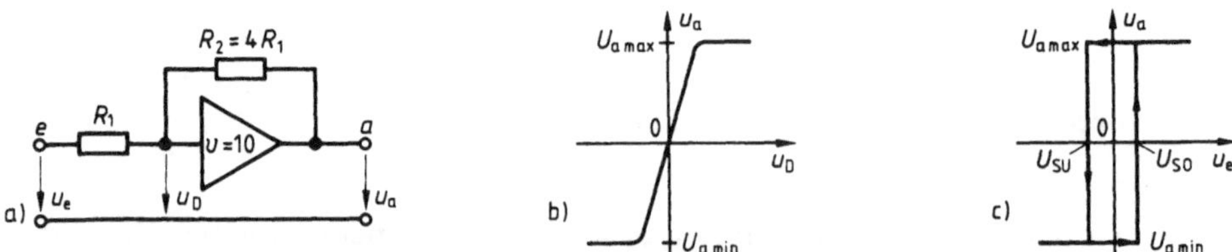

7.3 Rückgekoppelte Analogschaltung mit Schwellwertverhalten (a) mit zugehöriger Übergangskennlinie des unbeschalteten Verstärkers (b) und der Gesamtschaltung (c)

7.1 Flipflops (bistabile Kippstufen)

Ein Flipflop, auch bistabile Kippstufe genannt, ist eine rückgekoppelte binäre Schaltung, die zwei verschiedene innere Zustände annehmen kann, die beide bei einer bestimmten Eingangsbeschaltung stabil sind. Durch eine entsprechende Folge der Eingangsbeschaltung kann der eine oder der andere innere Zustand erzeugt und aufrechterhalten, d.h. gespeichert werden. Flipflops werden daher auch Elementarspeicher genannt.

Man unterscheidet zwischen ungetakteten und taktgesteuerten Flipflops. Jedes taktgesteuerte Flipflop besteht aus einem ungetakteten Flipflop und einer Ansteuerschaltung. Daher werden ungetaktete Flipflops als Basis-Flipflops oder bistabile Grundschaltungen bezeichnet.

7.1.1 Basis-Flipflops (bistabile Grundschaltungen)

Ein Basis-Flipflop muß folgende Forderungen erfüllen:

1. Es muß zwei verschiedene innere Zustände annehmen können, von denen der eine am Ausgang Q die logische 0 und der andere die logische 1 erzeugt.

2. Es muß mindestens zwei Eingänge e_1 und e_2 aufweisen. Bei einer Eingangskombination $f_1(e_1, e_2)$ müssen beide inneren Zustände der Schaltung stabil sein (bistabiles Verhalten), so daß der Ausgang Q entweder 0 oder 1 sein kann. Bei einer zweiten Eingangskombination $f_2(e_1, e_2)$ muß der Ausgang der Schaltung auf binär 1 gesetzt werden. Bei einer dritten Eingangskombination $f_3(e_1, e_2)$ muß der Ausgang der Schaltung auf binär 0 gesetzt werden.

Mit den beiden Eingangsvariablen e_1 und e_2 können vier Kombinationen gebildet werden. Von ihnen wird eine für das bistabile Verhalten (B), eine für das 1-Setzverhalten und eine für das 0-Setzverhalten benötigt. Es bleibt also noch eine Kombination übrig, die einer dieser Verhaltensweisen zugeordnet werden muß. Durch diese Zuordnung entstehen drei verschiedene Grundtypen für Basis-Flipflops. Diese drei Grundtypen unterscheiden sich dadurch, daß bei zwei Eingangskombinationen entweder bistabiles Verhalten, 1-Setzverhalten oder 0-Setzverhalten vorliegt. Für jeden Grundtyp gibt es 12 verschiedene Abhängigkeiten von den Eingangsvariablen, so daß es insgesamt 36 verschiedene mögliche Basis-Flipflops gibt (s. Tafel 7.4). Von diesen 36 möglichen Basis-Flipflops sind allerdings nur diejenigen für den praktischen Gebrauch geeignet, bei denen durch Verändern nur einer Eingangsvariablen aus dem bistabilen Verhalten in das 1-Setz- oder in das 0-Setzverhalten gewechselt werden kann. Die geeigneten Basis-Flipflops sind in Tafel 7.4 angekreuzt. Von diesen 20 geeigneten Basis-Flipflops werden nur wenige technisch realisiert. Das in Bild 7.1 gezeigte Basis-Flipflop aus einem UND- und einem ODER-Glied entspricht am Ausgang Q_1 der Nr. 36 in Tafel 7.4, am Ausgang Q_2 der Nr. 15.

Tafel 7.4 Funktionstabelle der 36 möglichen Basis-Flipflops

e_1 e_2	1	2	3	4	5	6	7	8	9	10	11	12
0 0	B	B	B	B	B	B	0	1	0	1	0	1
0 1	B	B	0	1	0	1	B	B	B	B	1	0
1 0	0	1	B	B	1	0	B	B	1	0	B	B
1 1	1	0	1	0	B	B	1	0	B	B	B	B
					X	X	X	X				

e_1 e_2	13	14	15	16	17	18	19	20	21	22	23	24
0 0	0	0	0	0	0	0	B	1	B	1	B	1
0 1	0	0	B	1	B	1	0	0	0	0	1	B
1 0	B	1	0	0	1	B	0	0	1	B	0	0
1 1	1	B	1	B	0	0	1	B	0	0	0	0
	X	X	X	X					X	X	X	X

e_1 e_2	25	26	27	28	29	30	31	32	33	34	35	36
0 0	1	1	1	1	1	1	B	0	B	0	B	0
0 1	1	1	B	0	B	0	1	1	1	1	0	B
1 0	B	0	1	1	0	B	1	1	0	B	1	1
1 1	0	B	0	B	1	1	0	B	1	1	1	1
	X	X	X	X					X	X	X	X

7.1.1.1 NOR-Basis-Flipflop. Ein sehr häufig verwendetes Basis-Flipflop besteht aus zwei rückgekoppelten NOR-Gliedern (Bild 7.5) und wird daher meist als NOR-Basis-Flipflop bezeichnet. Es entspricht am linken Ausgang Q_1 der Nr. 23 aus Tafel 7.4 und am rechten Ausgang Q_2 der Nr. 21. Sind bei diesem Basis-Flipflop beide Eingänge auf binär 0, so liegt bistabiles Verhalten vor. War vorher durch die Eingangskombination $e_1 = 0$ und $e_2 = 1$ der Ausgang Q_1 auf 1 und der Ausgang Q_2 auf 0 gesetzt, so bleibt dieser Zustand bei der Eingangskombination $e_1 = e_2 = 0$ erhalten. War hingegen vorher durch die Eingangskombination $e_1 = 1$ und $e_2 = 0$ der Ausgang Q_1 auf 0 und der Ausgang Q_2 auf 1 gesetzt, so bleibt auch dieser Zustand bei der Eingangskombination $e_1 = e_2 = 0$ erhalten. Dieses Speichern der vorher erzeugten Ausgangskombination wird in den Analysetabellen, die das Verhalten der Flipflops beschreiben, durch eine Zeitnotation kenntlich gemacht. Die Eingänge und Ausgänge erhalten im Kopf der Tabellen ein hoch (oder auch tief) gestelltes n bzw. $n+1$. Das n gibt einen Zustand im n-ten Zeitabschnitt seit Betrieb des Basis-Flipflops an. Jeder Zeitabschnitt wird durch eine Änderung der Eingangskombination eingeleitet. Somit entspricht der n-te Zeitabschnitt auch der n-ten Eingangskombination. In der vollständigen Analysetabelle in Bild 7.5b ist nun als zusätzliche und sogenannte innere Variable der Zustand des Flipflops im Zeitabschnitt n explizite

e_1^{n+1}	e_2^{n+1}	Q_1^n	Q_1^{n+1}	Q_2^{n+1}
0	0	0	0	1
0	0	1	1	0
0	1	0	1	0
0	1	1	1	0
1	0	0	0	1
1	0	1	0	1
1	1	0	0	0
1	1	1	0	0

e_1^{n+1}	e_2^{n+1}	Q_1^{n+1}	Q_2^{n+1}
0	0	Q_1^n	$\overline{Q_1}$
0	1	1	0
1	0	0	1
1	1	0	0

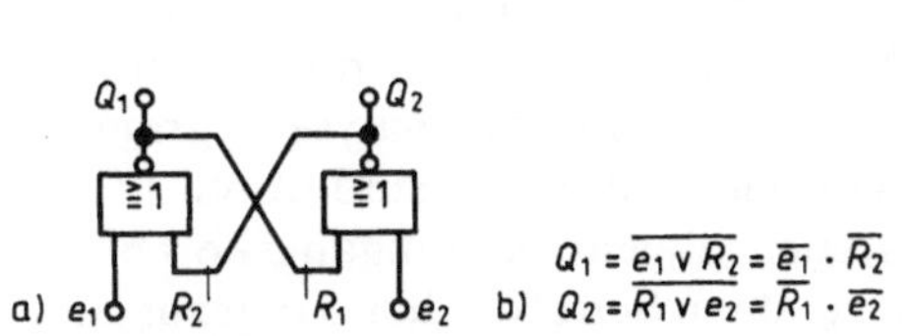

7.5 NOR-Basis-Flipflop (a) mit zugehöriger vollständiger (b) und verkürzter (c) Analysetabelle

angegeben. Damit lassen sich in dieser Tabelle die Zustände der Ausgänge Q_1 und Q_2 im Abschnitt $n+1$, also Q_1^{n+1} und Q_2^{n+1}, eindeutig angeben. In der verkürzten Analysetabelle in Bild 7.5c ist die innere Variable Q_1^n nicht mehr expliziert, sondern bei der Eingangskombination $e_1^{n+1}=e_2^{n+1}=0$ in der Angabe des Ausgangszustands $Q_1^{n+1}=Q_1^n$ impliziert. Das bedeutet, daß der Ausgang Q_1 im neuen Zeitabschnitt bzw. bei der neuen Eingangskombination denselben Zustand hat wie im alten Zeitabschnitt bzw. bei der alten Eingangskombination.

7.1.1.2 Analysediagramm. Soll das Verhalten des Basis-Flipflops noch genauer analysiert werden, insbesondere im Hinblick auf das Übergangsverhalten zwischen zwei Zuständen, so stellt man das Analysediagramm auf. Dafür werden zunächst beim Basis-Flipflop die vorhandenen Rückkopplungen aufgetrennt (s. Bild 7.6a) und durch die **Rückkopplungsvariablen** R_1 und R_2 ersetzt. Mit diesen Rückkopplungsvariablen und den Eingangsvariablen ergeben sich einfache Ausdrücke für die Ausgänge Q_1 und Q_2 (Bild 7.6b). Im Analysediagramm (Bild 7.6c) stehen die Kombinationen der Rückkopplungsvariablen in der Kopfspalte, die der Eingangsvariablen in der Kopfzeile. In das Diagramm werden nun nebeneinander die binären Ergebnisse der Ausgangsgleichungen für Q_1 und Q_2 entsprechend den Variablenwerten der jeweiligen Zeile

n	$n+1$			
$R_1\ R_2$	$e_1\ e_2$ 0 0	0 1	1 1	1 0
0 0	1 1	1 0	(0 0)	0 1
0 1	(0 1)	0 0	0 0	(0 1)
1 1	0 0	0 0	0 0	0 0
1 0	(1 0)	(1 0)	0 0	0 0
$Q_1\ Q_2$	$Q_1\ Q_2$			

$$Q_1 = \overline{e_1 \vee R_2} = \overline{e_1} \cdot \overline{R_2}$$
$$Q_2 = \overline{R_1 \vee e_2} = \overline{R_1} \cdot \overline{e_2}$$

7.6 NOR-Basis-Flipflop mit aufgetrennter Rückkopplung (a), zugehörige Ausgangsgleichungen (b) und daraus gewonnenes Analysediagramm (c)

und Spalte eingetragen. Da bei der wirklichen Schaltung die Rückkopplungen bestehen, können nicht alle Eintragungen des Diagramms stabil sein. Stabil sind nur diejenigen Eintragungen einer Zeile, die mit der Kombination der Rückkopplungsvariablen vor der Zeile übereinstimmen. Diese Eintragungen werden eingekreist. Sie entsprechen den Eintragungen der Analysetabellen aus Bild 7.5. Bistabiles oder Speicherverhalten liegt bei derjenigen Kombination der Eingangsvariablen vor, in deren Spalte zwei Eintragungen eingekreist sind.

Will man nun das Übergangsverhalten des Basis-Flipflops betrachten, so geht man davon aus, daß die Kombinationen der Rückkopplungsvariablen die alten Ausgangszustände Q_1^n und Q_2^n sind. Stabile Ausgangszustände können sich aber nur ändern, wenn sich vorher die Eingangskombinationen geändert haben. Im Analysediagramm bedeutet das, daß bei einer Änderung der Eingangskombination zunächst in der Zeile des alten Ausgangszustands (Rückkopplungszustands) zu dem Zustand gegangen wird, den die neue Eingangskombination erzeugt. Ist dieser neue Zustand nicht eingekreist, dann muß innerhalb der Spalte der neuen Eingangskombination zu derjenigen Zeile gegangen werden, die dem neuen Ausgangszustand entspricht. Ist auch in der neuen Zeile der neue Zustand nicht eingekreist, dann muß innerhalb derselben Spalte in die dem neuen Zustand entsprechende Zeile weitergegangen werden und so fort, bis ein stabiler, d. h. eingekreister Zustand auftritt. Bild 7.7 zeigt das Vorgehen für den Übergang von $Q_1 = 0$ und $Q_2 = 1$ bei $e_1 = e_2 = 0$ nach $Q_1 = 1$ und $Q_2 = 0$ bei $e_1 = 0$ und $e_2 = 1$ beim NOR-Basis-Flipflop. Ist in einer Spalte keine Eintragung eingekreist, dann hat die Schaltung bei der zugehörigen Eingangskombination instabiles Verhalten, d. h., sie schwingt.

n	$n+1$			
R_1 R_2	e_1 e_2 0 0	0 1	1 1	1 0
0 0	1 1	1 0	0 0	0 1
0 1	0 1	0 0	0 0	0 1
1 1	0 0	0 0	0 0	0 0
1 0	1 0	1 0	0 0	0 0
Q_1 Q_2	Q_1 Q_2			

7.7 Übergang von $Q_1 = 0$ und $Q_2 = 1$ nach $Q_1 = 1$ und $Q_2 = 0$ beim NOR-Basis-Flipflop

7.1.1.3 Graph. Das Übergangsverhalten eines Basis-Flipflops kann auch sehr anschaulich mit einem Graphen beschrieben werden, der eine andere Darstellung des Analysediagramms ist. Jeder Ausgangszustand des Analysediagramms wird in einen Zustandskreis geschrieben. Die Zustandskreise sind durch Pfeile miteinander verbunden. An den Pfeilen stehen diejenigen Eingangskombinationen, die von einem Ausgangszustand zu dem betreffenden Folgezustand führen. Ist ein Ausgangszustand bei einer oder mehreren Eingangskombinationen stabil, so beginnt und endet der Pfeil beim selben Zustandskreis. Bild 7.8

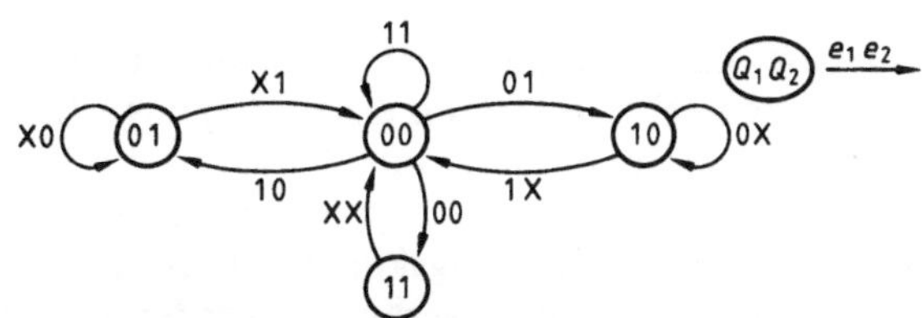

**7.8
Zustandsgraph des
NOR-Basis-Flipflops**

zeigt den Graphen des NOR-Basis-Flipflops. Der linke Binärwert in den Zustandskreisen gehört zum Ausgang Q_1, der rechte zum Ausgang Q_2. Entsprechend gehört der linke Binärwert an den Pfeilen zur Eingangsvariablen e_1, der rechte zur Eingangsvariablen e_2. Ein X bedeutet, daß der Wert der Variablen beliebig sein kann. Man erkennt aus dem Zustandsgraphen sehr deutlich, daß sich beim NOR-Basis-Flipflop jeder Zustandswechsel über die Ausgangskombination $Q_1 = Q_2 = 0$ vollzieht. Die beiden Ausgänge ändern also nie gleichzeitig ihre Zustände. Es wird immer zuerst derjenige Ausgang, der bisher die binäre 1 führte, zu 0 und erst anschließend der andere Ausgang, der bisher die binäre 0 führte, zu 1. Außerdem erkennt man aus dem Zustandsgraphen, daß der Zustand $Q_1 = Q_2 = 1$ instabil ist. Er wird zwar vom Zustand $Q_1 = Q_2 = 0$ über die Eingangskombination $e_1 = e_2 = 0$ erreicht, aber mit jeder Eingangskombination auch wieder verlassen. Bei völliger Symmetrie der Schaltung wird sie also zwischen diesen beiden Zuständen hin und her schwingen. In der Praxis gibt es allerdings diese völlige Symmetrie nicht. Daher wird sich beim Übergang von der Eingangskombination $e_1 = e_2 = 1$ nach $e_1 = e_2 = 0$ einer der beiden bei der Eingangskombination $e_1 = e_2 = 0$ stabilen Zustände $Q_1 = 1$ und $Q_2 = 0$ bzw. $Q_1 = 0$ und $Q_2 = 1$ einstellen.

7.1.1.4 Synthesetabelle. Aus dem Zustandsgraphen kann sehr leicht die Synthese- oder Vorschriftentabelle (Tafel 7.9) gewonnen werden. Sie gibt an, wie die Eingänge des Flipflops zu beschalten sind, damit eine vorgegebene Zustandsfolge entsteht. Es werden in der Regel nur Folgen aus denjenigen Zuständen gewählt, die auch im bistabilen Verhalten auftreten. Daher fehlt bei den Zuständen der bei der Eingangskombination $e_1 = e_2 = 1$ stabile Zustand $Q_1 = Q_2 = 0$. Meist wird in der Synthesetabelle nur ein Ausgang angegeben, so daß eine Kurzform entsprechend Tafel 7.9b entsteht.

Die verkürzte Synthesetabelle kann auch aus der vollständigen Analysetabelle gewonnen werden, da in ihr ja für einen Ausgang des Flipflops die Zustände im alten und im neuen Zeitabschnitt, also die Zustandsfolgen, aufgeführt sind.

Tafel 7.9 Vollständige (a) und verkürzte (b) Synthese- bzw. Vorschriftentabelle des NOR-Basis-Flipflops

a)

$(Q_1\,Q_2)^n$		$(Q_1\,Q_2)^{n+1}$		e_1^{n+1}	e_2^{n+1}
0	1	0	1	X	0
0	1	1	0	0	1
1	0	0	1	1	0
1	0	1	0	0	X

b)

Q_1^n	Q_1^{n+1}	e_1^{n+1}	e_2^{n+1}
0	0	X	0
0	1	0	1
1	0	1	0
1	1	0	X

Tritt eine Zustandsfolge mehrfach auf, in Bild 7.5b z.B. die Zustandsfolge $Q_1^n = 1$ nach $Q_1^{n+1} = 1$, dann erhält diejenige Eingangsvariable, die bei den beiden Folgen einmal 0 und einmal 1 ist, in der Synthesetabelle ein X. Beim Aufstellen der Synthesetabelle aus der vollständigen Analysetabelle ist zu beachten, daß diejenige Eingangskombination nicht verwendet werden darf, bei der beide Eingangsvariablen verändert werden müssen, um in das bistabile Verhalten zu kommen. Das ist in der Tabelle von Bild 7.5b die Eingangskombination $e_1 = e_2 = 1$.

7.1.1.5 NAND-Basis-Flipflop. Ein weiteres häufig verwendetes Basis-Flipflop besteht aus zwei rückgekoppelten NAND-Gliedern (Bild 7.10) und wird daher meist als NAND-Basis-Flipflop bezeichnet. Es entspricht am linken Ausgang Q_1 der Nr. 26 aus Tafel 7.4 und am rechten Ausgang Q_2 der Nr. 28. Bei ihm liegt

b)

e_1^{n+1}	e_2^{n+1}	Q_1^n	Q_1^{n+1}	Q_2^{n+1}
0	0	0	1	1
0	0	1	1	1
0	1	0	1	0
0	1	1	1	0
1	0	0	0	1
1	0	1	0	1
1	1	0	0	1
1	1	1	1	0

c)

e_1^{n+1}	e_2^{n+1}	Q_1^{n+1}	Q_2^{n+1}
0	0	1	1
0	1	1	0
1	0	0	1
1	1	Q_1^n	$\overline{Q_1}$

7.10 NAND-Basis-Flipflop (a) mit vollständiger (b) und verkürzter (c) Analysetabelle

das bistabile Verhalten bei der Eingangskombination $e_1 = e_2 = 1$ vor. Das Analysediagramm und den zugehörigen Zustandsgraphen zeigt Bild 7.11. Aus dem Graphen entnimmt man, daß sich bei diesem Basis-Flipflop alle Zustandswechsel über die Ausgangskombination $Q_1 = Q_2 = 1$ vollziehen. Es wird also zuerst

a)

n	$n+1$							
$R_1\ R_2$	$e_1\ e_2$ 0 0		0 1		1 1		1 0	
0 0	1	1	1	1	1	1	1	1
0 1	1	1	1	1	(0	1)	(0	1)
1 1	(1	1)	1	0	0	0	0	1
1 0	1	1	(1	0)	(1	0)	1	1
$Q_1\ Q_2$	$Q_1\ Q_2$							

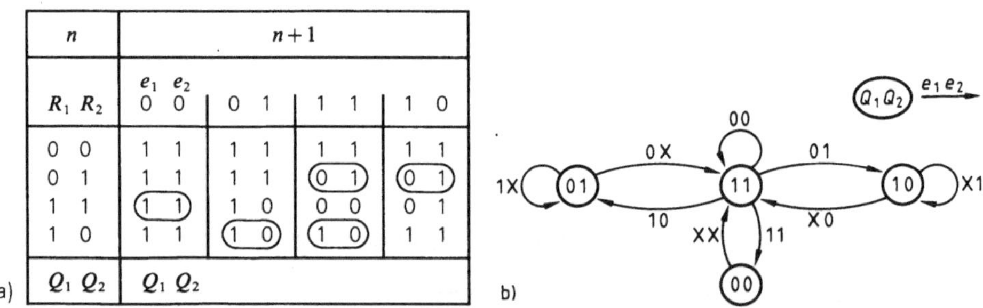

7.11 Analysediagramm (a) und Zustandsgraph (b) des NAND-Basis-Flipflops

derjenige Ausgang, der bisher die binäre 0 hatte, zu 1 und erst danach der andere Ausgang, der bisher die binäre 1 hatte, zu 0. In Tafel 7.12 sind die beiden Synthesetabellen des NAND-Basis-Flipflops wiedergegeben.

Tafel 7.12 Vollständige (a) und verkürzte (b) Synthesetabelle des NAND-Basis-Flipflops

a)

$(Q_1\ Q_2)^n$	$(Q_1\ Q_2)^{n+1}$	$e_1^{n+1}\ e_2^{n+2}$
0 1	0 1	1 X
0 1	1 0	0 1
1 0	0 1	1 0
1 0	1 0	X 1

b)

$Q_1^n\ Q_1^{n+1}$	$e_1^{n+1}\ e_2^{n+1}$
0 0	1 X
0 1	0 1
1 0	1 0
1 1	X 1

Beispiel 7.1. Es ist ein Basis-Flipflop mit dem in Tafel 7.13 angegebenen Verhalten zu
entwerfen. Es sollen dabei nur NAND-Glieder verwendet werden.

Tafel 7.13 Verkürzte Analysetabelle des Basis-Flip-
flops aus Beispiel 7.1

$I_1^{n+1}\ I_2^{n+1}$	Q^{n+1}
0 0	0
0 1	Q^n
1 0	Q^n
1 1	1

Tafel 7.14 Vollständige Analysetabelle des
Basis-Flipflops aus Beispiel 7.1

I_1^{n+1}	I_2^{n+1}	Q^n	Q^{n+1}
0	0	0	0
0	0	1	0
0	1	0	0
0	1	1	1
1	0	0	0
1	0	1	1
1	1	0	1
1	1	1	1

Zunächst wird die vollständige Analysetabelle aufgestellt (s. Tafel 7.14). Aus ihr wird
unter Berücksichtigung von Vereinfachungsmöglichkeiten die Gleichung für Q^{n+1} bestimmt, die in NAND-Schreibweise umgewandelt wird.

$$Q^{n+1}=(Q^n\cdot I_2^{n+1})\vee(Q^n\cdot I_1^{n+1})\vee(I_2^{n+1}\cdot I_1^{n+1})$$

$$=\overline{\overline{Q^n\cdot I_2^{n+1}}\cdot\overline{Q^n\cdot I_1^{n+1}}\cdot\overline{I_2^{n+1}\cdot I^{n+1}}}$$

Bild 7.15 zeigt die gesuchte Schaltung.

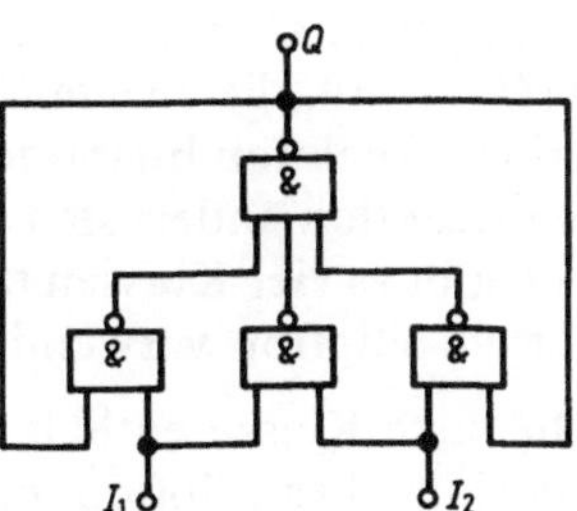

7.15
Schaltung des Basis-Flipflops aus Beispiel 7.1

7.1.2 Taktgesteuerte Flipflops

Die im Abschn. 7.1.1 behandelten Basis-Flipflops sind für viele Aufgaben noch ungeeignet. So ist es bei ihnen z. B. unmöglich, über ein und denselben Eingang sowohl die binäre 0 als auch die binäre 1 einzuspeichern oder durch eine Impulsfolge an einem Eingang einen steten Wechsel des Ausgangszustands zu erreichen. Um dies zu ermöglichen, müssen Basis-Flipflops durch eine zusätzliche Ansteuerschaltung vor den Eingängen erweitert werden. Außerdem muß die 0-setzende und die 1-setzende Wirkung der Eingänge durch ein zusätzliches Taktsignal ausgelöst werden. Da bei diesen taktgesteuerten Flipflops alle Zustandsänderungen synchron mit dem Takt ablaufen, werden sie auch als synchrone Flipflops bezeichnet. Taktgesteuerte Flipflops werden so aufgebaut, daß sich das Basis-Flipflop bei fehlendem Takt im bistabilen Zustand befindet.

Die Taktung der synchronen Flipflops kann vom Taktzustand oder von der Taktflanke erfolgen. Bei der Taktzustandssteuerung wirken die Informationseingänge solange auf das Basis-Flipflop ein, wie der wirksame Taktzustand ansteht. Eine Änderung der Eingangskombination während des wirksamen Taktzustands führt daher gegebenenfalls zu einer Zustandsänderung des Basisflipflops. Bei der Taktflankensteuerung wirken die Informationseingänge nur während einer bestimmten Änderung des Taktes, z. B. der Änderung von 0 nach 1, auf das Basis-Flipflop ein. Den Unterschied zwischen beiden Steuerungsarten verdeutlichen die Impulsdiagramme in Bild 7.16 für ein RS-Flipflop mit Taktzustandssteuerung bzw. mit Taktflankensteuerung. Der Eingang R hat für den Ausgang Q rücksetzende Wirkung, der Eingang S setzende Wirkung. Der Eingang C ist der Takteingang. Bei der Taktzustandssteuerung wirkt der 1-Zustand des Taktes, bei der Taktflankensteuerung sein 0-1-Wechsel.

Bei taktgesteuerten Flipflops gibt es vier verschiedene Reaktionen der Flipflops auf den Takt, die in Tafel 7.17 aufgeführt sind. In der Spalte Q^n der Tafel stehen die alten Zustände der Flipflops vor dem Takt, in der Spalte Q^{n+1} die neuen Zustände der Flipflops nach dem Takt. Die erste Reaktion bringt unabhängig vom alten Zustand als neuen Zustand nach dem Takt immer die binäre 0 ($Q^{n+1}=0$), die zweite Reaktion bringt immer die binäre 1 ($Q^{n+1}=1$). Bei der dritten Reaktion bleibt der alte Zustand erhalten ($Q^{n+1}=Q^n$), und bei der vierten Reaktion ändert sich der alte Zustand ($Q^{n+1}=\overline{Q^n}$). Mit diesen vier Reaktionen gibt es vier Klassen taktgesteuerter Flipflops, die sich durch die Anzahl der für ein Flipflop verwendeten Reaktionen unterscheiden.

Die erste Klasse enthält Flipflops mit nur einer Reaktion. Hierfür gibt es nur ein sinnvolles Flipflop, nämlich dasjenige, das die Reaktion *4* ($Q^{n+1}=\overline{Q^n}$) verwendet. Es ändert bei jedem Takt seinen Zustand und wird Untersetzer-Flipflop genannt. Es hat keinen äußeren Informationseingang, sondern nur den Takteingang. Seine Anwendungsmöglichkeiten sind gering, weshalb es kaum realisiert wird.

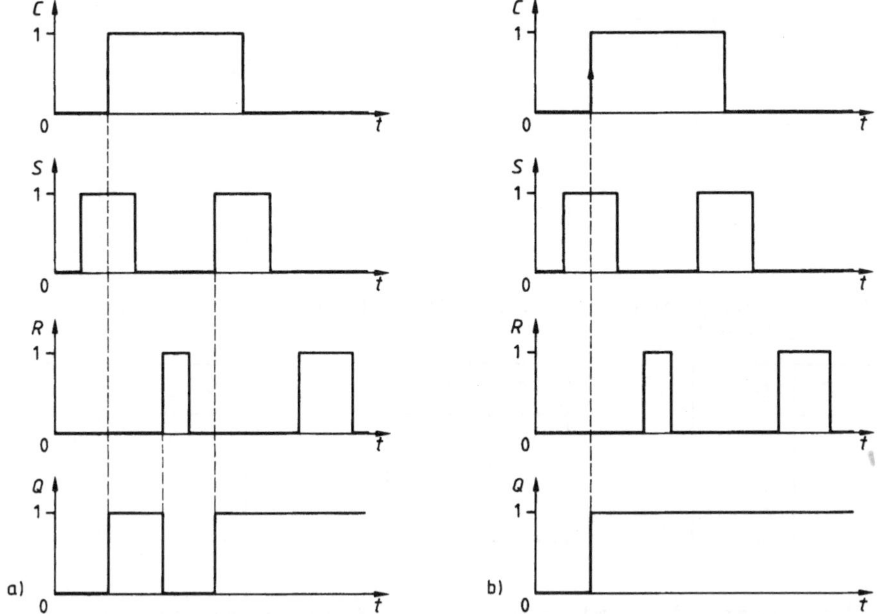

7.16 Impulsdiagramm eines *RS*-Flipflops bei Taktzustandssteuerung (a) und bei Taktflankensteuerung (b)

Die zweite Klasse enthält Flipflops mit zwei Reaktionen. Die beiden unterschiedlichen Reaktionen werden über einen zusätzlichen äußeren Informationseingang erzeugt, der mit dem Takteingang verknüpft ist. Der Informationseingang trägt die für das betreffende Flipflop typische Bezeichnung. Zu

Tafel **7.17** Reaktionen von Flipflops bei Taktsteuerung

Reaktion	Q^n	Q^{n+1}
1	0 1	0 0 $\Big\}$ 0
2	0 1	1 1 $\Big\}$ 1
3	0 0	0 1 $\Big\}$ Q^n
4	0 1	1 0 $\Big\}$ $\overline{Q^n}$

Tafel 7.18 Vollständige (a) und verkürzte (b) Analysetabelle sowie Synthesetabelle (c)
des D-Flipflops

a)

D^n	Q^n	Q^{n+1}
0	0	0
0	1	0
1	0	1
1	1	1

b)

D^n	Q^{n+1}
0	0
1	1

c)

Q^n	Q^{n+1}	D^n
0	0	0
0	1	1
1	0	0
1	1	1

Tafel 7.19 Vollständige (a) und verkürzte (b) Analysetabelle sowie Synthesetabelle (c)
des T-Flipflops

a)

T^n	Q^n	Q^{n+1}
0	0	0
0	1	1
1	0	1
1	1	0

b)

T^n	Q^{n+1}
0	Q^n
1	$\overline{Q^n}$

c)

Q^n	Q^{n+1}	T^n
0	0	0
0	1	1
1	0	1
1	1	0

dieser Klasse gehören das D-Flipflop (Tafel 7.18) und das getriggerte Untersetzer-Flipflop, das früher als T-Flipflop bezeichnet wurde (Tafel 7.19).
Die dritte Klasse enthält Flipflops mit drei Reaktionen. Zur Erzeugung der drei unterschiedlichen Reaktionen werden zwei äußere, mit dem Takteingang verknüpfte Informationseingänge benötigt. Da mit zwei Binäreingängen vier verschiedene Eingangskombinationen gebildet werden können, jedoch nur drei Reaktionen verwendet werden sollen, wird entweder eine Reaktion doppelt verwendet, oder eine Eingangskombination bleibt unbestimmt, d. h., ihr wird keine bestimmte Reaktion fest zugeordnet. Diese unbestimmte Eingangskombination darf dann im praktischen Betrieb nicht vorkommen. Das RS-Flipflop (Tafel 7.20) stellt diesen Sonderfall dar. Das DV-Flipflop (Tafel 7.21) verwendet die Reaktion 3 ($Q^{n+1} = Q^n$) zweimal.

Tafel 7.20 Vollständige (a) und verkürzte (b) Analysetabelle sowie Synthesetabelle (c)
des RS-Flipflops

a)

S^n	R^n	Q^n	Q^{n+1}
0	0	0	0
0	0	1	1
0	1	0	0
0	1	1	0
1	0	0	1
1	0	1	1
1	1	0	?
1	1	1	?

b)

S^n	R^n	Q^{n+1}
0	0	Q^n
0	1	0
1	0	1
1	1	?

c)

Q^n	Q^{n+1}	S^n	R^n
0	0	0	X
0	1	1	0
1	0	0	1
1	1	X	0

Tafel 7.21 Vollständige (a) und verkürzte (b) Analysetabelle sowie Synthesetabelle (c) des DV-Flipflops

a)

D^n	V^n	Q^n	Q^{n+1}
0	0	0	0
0	0	1	1
0	1	0	0
0	1	1	0
1	0	0	0
1	0	1	1
1	1	0	1
1	1	1	1

b)

D^n	V^n	Q^{n+1}
0	0	Q^n
0	1	0
1	0	Q^n
1	1	1

c)

Q^n	Q^{n+1}	D^n	V^n
0	0	$\overline{1}$	1
0	1	1	1
1	0	0	1
1	1	$\overline{0}$	1

Tafel 7.22 Vollständige (a) und verkürzte (b) Analysetabelle sowie Synthesetabelle (c) des JK-Flipflops

a)

J^n	K^n	Q^n	Q^{n+1}
0	0	0	0
0	0	1	1
0	1	0	0
0	1	1	0
1	0	0	1
1	0	1	1
1	1	0	1
1	1	1	0

b)

J^n	K^n	Q^{n+1}
0	0	Q^n
0	1	0
1	0	1
1	1	$\overline{Q^n}$

c)

Q^n	Q^{n+1}	J^n	K^n
0	0	0	X
0	1	1	X
1	0	X	1
1	1	X	0

Die letzte Klasse enthält Flipflops mit allen vier Reaktionen. Diese Flipflops sind die universellsten und als JK-Flipflops bekannt (Tafel 7.22). Sie haben wie die Flipflops der dritten Klasse zwei mit dem Takt verknüpfte äußere Informationseingänge, die mit J und K bezeichnet sind.

Die Tafeln 7.18 bis 7.22 geben die vollständigen (a) und die verkürzten (b) dynamischen Analysetabellen sowie die Synthesetabellen (c) der genannten Flipflops wieder. Die Analysetabellen beschreiben die Reaktionen der Flipflops in Abhängigkeit von der Beschaltung der Informationseingänge vor dem Takt. Sie geben jedoch keine Auskunft darüber, ob Taktzustands- oder Taktflankensteuerung vorliegt.

Der Inhalt der dynamischen Analysetabellen kann durch **charakteristische Gleichungen** angegeben werden. Sie lauten für das D-Flipflop

$$Q^{n+1} = D^n, \tag{7.1}$$

für das T-Flipflop

$$Q^{n+1} = T^n \leftrightarrow Q^n, \tag{7.2}$$

für das RS-Flipflop

$$Q^{n+1} = (S^n \cdot \overline{R^n}) \vee (Q^n \cdot \overline{R^n}) = (Q^n \vee S^n) \cdot \overline{R^n} \tag{7.3}$$

für das DV-Flipflop

$$Q^{n+1} = (D^n \cdot V^n) \vee (Q^n \cdot \overline{V^n}) \tag{7.4}$$

und für das JK-Flipflop

$$Q^{n+1} = (Q^n \cdot \overline{K^n}) \vee (\overline{Q^n} \cdot J^n). \tag{7.5}$$

Diese charakteristischen Gleichungen spielen eine wichtige Rolle bei der Analyse von Folgeschaltungen (s. Abschn. 8.2).

Aus den vollständigen Analysetabellen können wie beim Basis-Flipflop die verkürzten Synthese- oder Vorschriftentabellen gewonnen werden, die angeben, wie die Eingänge der Flipflops vor dem Takt zu beschalten sind, damit durch den Takt eine vorgegebene Zustandsfolge entsteht. Die Synthesetabellen für die oben genannten Flipflops sind in den Tafeln 7.18 bis 7.22 unter c angegeben. Ein X in einer Synthesetabelle bedeutet, daß der betreffende Eingang entweder mit 0 oder mit 1 beschaltet werden kann. Die Angabe $\overline{1\,1}$ beim DV-Flipflop bedeutet, daß die Eingangsbeschaltung $D^n = V^n = 1$ nicht zulässig, alle anderen jedoch zulässig sind. Entsprechendes gilt für die Angabe $\overline{0\,1}$.

Taktgesteuerte Flipflops, die die Reaktion 4 ($Q^{n+1} = \overline{Q^n}$) nicht benutzen, können sowohl von einem Taktzustand als auch von einer Taktflanke gesteuert werden. Wird jedoch die Reaktion 4 mitverwendet, wie beim Untersetzer-Flipflop, beim getriggerten Untersetzer-Flipflop und beim JK-Flipflop, so kann nur die Taktflankensteuerung oder das Master-Slave-Prinzip (s. Abschn. 7.1.2.3) verwendet werden.

Beispiel 7.2. Ein D-Flipflop ist so zu beschalten, daß es zu einem JK-Flipflop wird.
Zunächst ist zu beachten, daß das D-Flipflop taktflankengesteuert sein muß; denn das JK-Flipflop verwendet die Reaktion 4 ($Q^{n+1} = Q^n$). Für das D-Flipflop gilt die charakteristische Gleichung (7.1), für das JK-Flipflop die Gleichung (7.5). Man braucht von diesen Gleichungen nur die rechten Seiten gleichzusetzen und erhält so die Beziehung für die Ansteuerung des D-Eingangs des D-Flipflops, die noch für eine einfachere Realisierung umgeformt ist.

$$D^n = (Q^n \cdot \overline{K^n}) \vee (\overline{Q^n} \cdot J^n)$$
$$= \overline{\overline{Q^n} \vee K^n} \vee (\overline{Q^n} \cdot J^n)$$

Bild 7.23 zeigt die Schaltung.

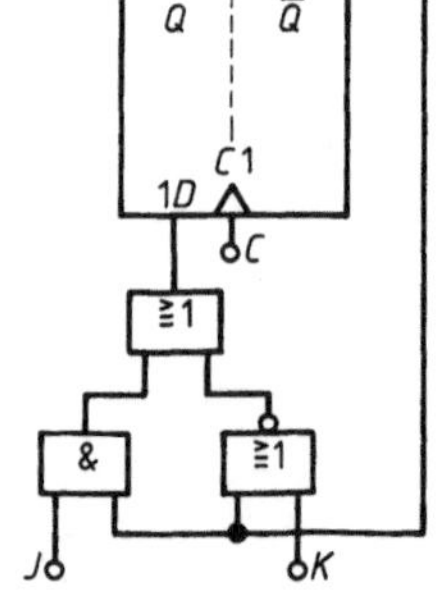

7.23
Beschaltung eines D-Flipflops für JK-Verhalten

7.1.2.1 Taktzustandssteuerung. Die Taktzustandssteuerung von Flipflops, auch Pulstriggerung genannt, wird im Prinzip durch die konjunktive Verknüpfung der Informationssignale mit dem Taktsignal erreicht. Bild 7.24 zeigt dies für ein taktzustandsgesteuertes RS-Flipflop, das aus einem NOR-Basis-Flipflop und einer Ansteuerschaltung aus zwei UND-Gliedern besteht. Die Informationssignale R und S sind in je einem UND-Glied mit dem Taktsignal C (vom englischen Clock) verknüpft. Solange das Taktsignal 0 ist, sind die Informationssignale R und S wirkungslos. Sie können daher 0 oder 1 sein, was in der statischen Analysetabelle in Bild 7.24b durch das X gekennzeichnet ist. (Die statische Analysetabelle eines getakteten Flipflops ist die mit den Variablen der Ansteuerschaltung erweiterte Analysetabelle des im getakteten Flipflop verwendeten Basis-Flipflop.) Das Basis-Flipflop kann jedoch noch über die taktunabhängigen Signale R' und S' beeinflußt werden. Diese Beeinflussung ist im ersten Teil der statischen Analysetabelle bei $C=0$ wiedergegeben. Soll die Beeinflussung des Basis-Flipflops von den taktabhängigen Signalen R und S erfolgen, so müssen die taktunabhängigen Signale R' und S' 0 und der Takt 1 sein. Die Beeinflussung des Basis-Flipflops durch die taktabhängigen Signale entspricht der der taktunabhängigen Signale. Daher werden hier auch dieselben Buchstaben für diese Signale verwendet. Im Englischen wird der taktunabhängige Setzeingang S' meist als Preset-Input (PR) und der taktunabhängige Rücksetzeingang R' als Clear-Input (CLR) bezeichnet.

Im Unterschied zur statischen Analysetabelle des RS-Flipflops kann bei der dynamischen Analysetabelle des RS-Flipflops in Bild 7.24c für die Eingangskombination $R=S=1$ der Ausgangszustand nicht angegeben werden. Daher steht dort das Fragezeichen (?). Diese Unbestimmtheit liegt daran, daß bei der Eingangskombination $R=S=1$ und dem 1-Zustand des Takts die beiden Ausgänge Q_1 und Q_2 gleich, und zwar 0 sind, während sie beim 0-Zustand des Takts komplementär zueinander sind. Bei völliger Symmetrie der Schaltung ist es daher unbestimmt, welcher der beiden Ausgänge von 0 nach 1 wechselt.

Da in der Regel die genaue technische Realisierung des Flipflops nicht interessiert und in größeren Schaltungen nur stört, ist für Flipflops ein einfaches

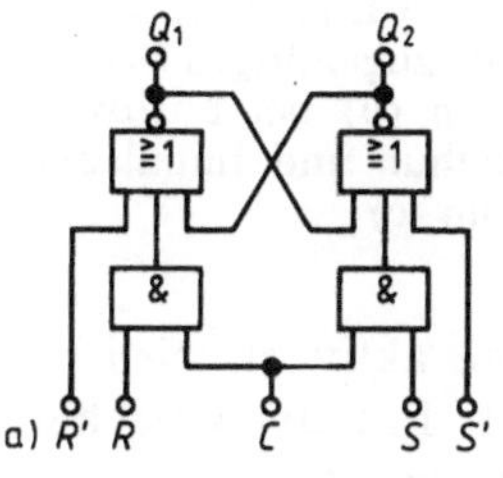

$(S'$	R'	S	R	$C)^{n+1}$		$(Q_1$	$Q_2)^{n+1}$
0	0	X	X	0		Q_1^n	$\overline{Q_1^n}$
0	1	X	X	0		0	1
1	0	X	X	0		1	0
1	1	X	X	0		0	0
0	0	0	0	1		Q_1^n	$\overline{Q_1^n}$
0	0	0	1	1		0	1
0	0	1	0	1		1	0
0	0	1	1	1		0	0

S^n	R^n		Q_1^{n+1}	Q_2^{n+1}
0	0		Q_1^n	$\overline{Q_1^n}$
0	1		0	1
1	0		1	0
1	1		?	$\overline{Q_1^{n+1}}$

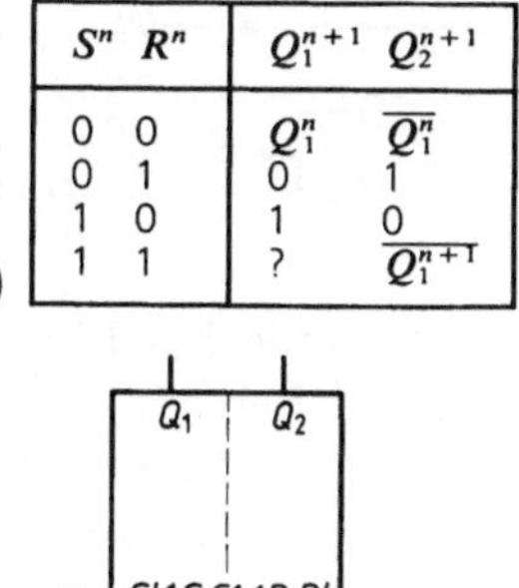

7.24 Taktzustandsgesteuertes RS-Flipflop mit NOR-Basis-Flipflop (a), statischer Analysetabelle (b), verkürzte dynamische Analysetabelle (c) und Schaltzeichen (d)

Schaltzeichen genormt worden (Bild 7.24 d). In ihm wird die Abhängigkeit der Informationseingänge R und S vom Takteingang C durch eine Zählnummer ausgedrückt. Diese Zählnummer steht beim Takteingang hinter seinem Kennbuchstaben (C 1) und bei den von ihm abhängigen Informationseingängen vor deren Kennbuchstaben (1 R, 1 S). Zum Schaltzeichen ist noch zu bemerken, daß ein Eingang wirkungsmäßig stets dem über seiner Rechteckhälfte liegendem Ausgang zugeordnet ist. Eine 1 an einem linken Eingang bewirkt also entweder direkt über den Eingang S' oder vom Takt ausgelöst über den Eingang 1 S eine 1 am linken Ausgang Q_1; eine 1 an einem rechten Eingang bewirkt eine 1 am rechten Ausgang Q_2.

7.1.2.2 Taktflankensteuerung.

Bei der Taktflankensteuerung von Flipflops wirken die Informationseingänge nur während einer bestimmten Änderung des Taktes, einer Taktflanke auf das im synchronen Flipflop enthaltene Basis-Flipflop ein. Man erreicht dies im einfachsten Fall dadurch, daß man in den Ansteuerschaltungen die Takteingänge dynamisch auslegt. Eine Möglichkeit für ein UND-Glied mit einem dynamischen Eingang zeigt Bild 7.25. Der Kondensator C bildet mit dem Widerstand R ein Hochpaßglied, auch Differenzierglied genannt, das von einem rechteckförmigen Eingangssignal im wesentlichen nur die Flanken überträgt. Die negative Flanke wird immer durch die Diode D_2 (bis auf die Größe der Diodenflußspannung) unterdrückt. Die positive Flanke wird durch die Diode D_1 (bis auf die Größe der Flußspannung) nur dann unterdrückt, wenn am Steuereingang e_S das L-Signal (0 V) liegt. Liegt hingegen das H-Signal an, so erscheint am Ausgang a die positive Flanke des Eingangssignals.

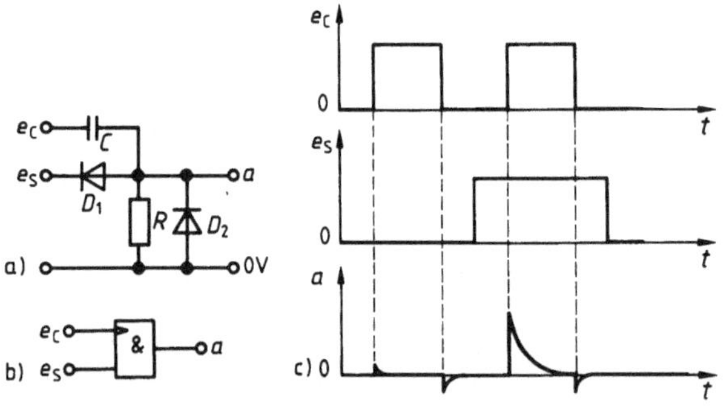

7.25
UND-Schaltung mit einem dynamischen Eingang (a), der beim L-H-Wechsel aktiv ist, zugehöriges Schaltzeichen (b) bei positivem Signalhub und Impulsdiagramm (c)

Ein dynamischer Eingang, der beim 0-1-Wechsel des Signals aktiv ist, wird im Schaltzeichen (Bild 7.25 b) durch ein Dreieck dargestellt. Ein dynamischer Eingang, der beim 1-0-Wechsel des Signals aktiv ist, hat vor dem Dreieck noch den Negationskreis.

Eine andere Möglichkeit für einen dynamischen Eingang bietet der Laufzeitdifferenzierer nach Bild 7.26. Das Eingangssignal e_C wird einem UND-

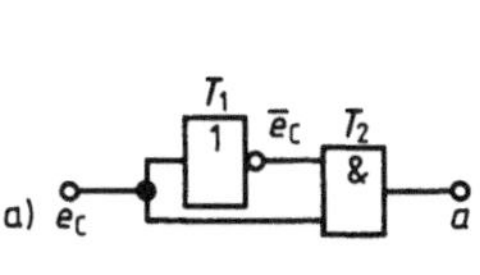

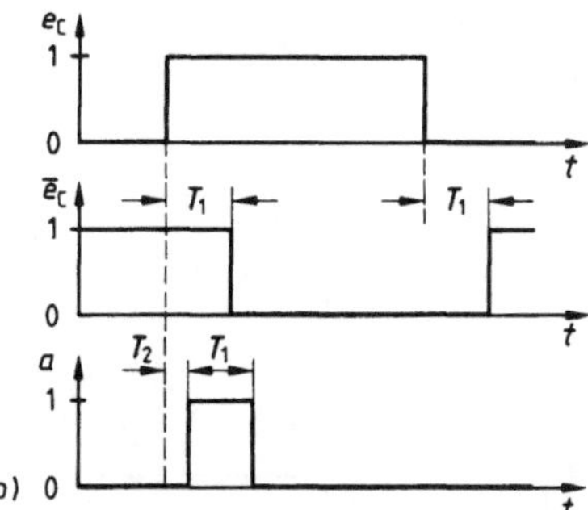

7.26
Laufzeitdifferenzierer für die 0-1-Flanke (a)
mit Impulsdiagramm (b)

Glied sowohl bejaht als auch verneint zugeführt. Statisch ist daher die UND-Bedingung nie erfüllt. Wegen der Signallaufzeit T_1 der Negation gelangt jedoch das negierte Eingangssignal um diese Signallaufzeit verzögert an das UND-Glied. Beim Wechsel des Eingangssignals von 0 nach 1 haben daher beide UND-Eingänge für die Zeit T_1 das 1-Signal, so daß die UND-Bedingung für diese Zeit erfüllt ist. Ein entsprechend langer Impuls erscheint daher nach der Signallaufzeit T_2 des UND-Glieds an dessen Ausgang. Die Signallaufzeit des Negationszweigs kann durch Einfügen von weiteren $2n$ Negationen ($n = 1, 2, 3 \ldots$) vergrößert werden.

Ein JK-Flipflop, das von einer Ansteuerschaltung mit dynamischen Takteingängen gesteuert wird, ist in Bild 7.27 gezeigt. Bei der Eingangskombination $S = R = 0$ und $J = K = 1$ soll das Flipflop seinen Zustand ändern. Damit dies gelingt, muß die zeitliche Dauer des differenzierten Taktsignals zwar lang genug sein, um das NOR-Basis-Flipflop umzusteuern, aber nicht so lang, daß es mit den auf die Ansteuerschaltung zurückgeführten geänderten Ausgangssignalen erneut reagieren kann. Aus diesem Grunde werden JK-Flipflops heute meist als Master-Slave-Flipflops (s. Abschn. 7.1.2.3) realisiert.

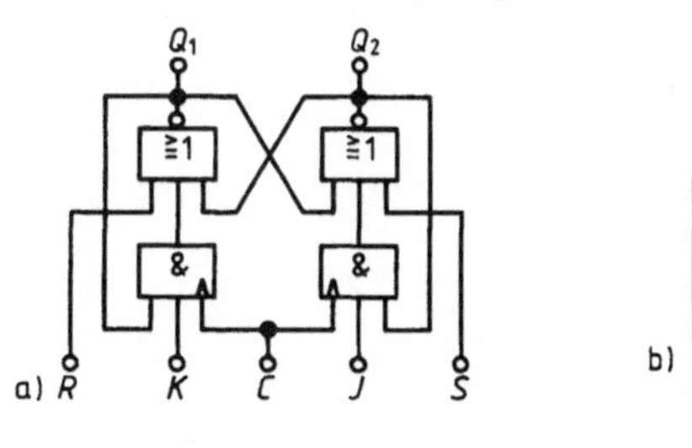

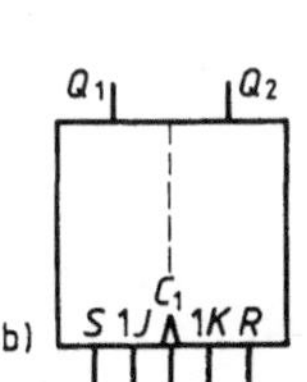

c)

$(S\ R)^{n+1}$		$(J\ K)^n$		C	$(Q_1\ Q_2)^{n+1}$	
0	0	X	X	0	Q_1^n	$\overline{Q_1^n}$
0	1	X	X	0	0	1
1	0	X	X	0	1	0
1	1	X	X	0	0	0
0	0	0	0	⌐	Q_1^n	$\overline{Q_1^n}$
0	0	0	1	⌐	0	1
0	0	1	0	⌐	1	0
0	0	1	1	⌐	$\overline{Q_1^n}$	Q_1^n

d)

Q_1^n	Q_1^{n+1}	J^n	K^n
0	0	0	X
0	1	1	X
1	0	X	1
1	1	X	0

7.27 JK-Flipflop aus NOR-Basis-Flipflop und Ansteuerschaltung mit dynamischen Takteingängen (a), Schaltzeichen (b), Analysetabelle (c) und Synthesetabelle (d)

Beispiel 7.3. Die Schaltung in Bild 7.28 (TTL-Schaltkreis SN 7474) ist zu analysieren.

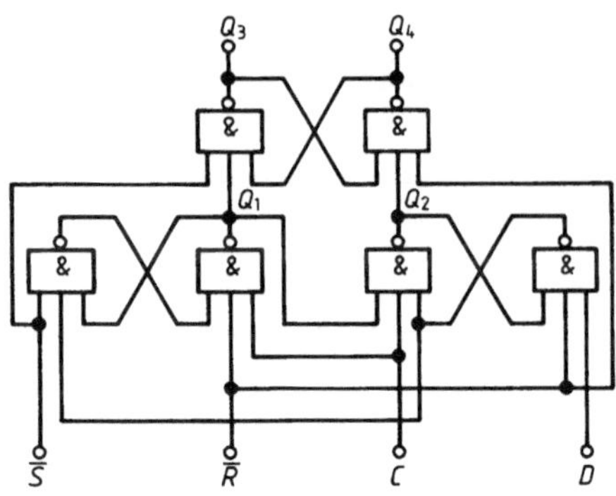

7.28
Schaltung des integrierten D-Flipflops 7474

Im oberen Teil der Schaltung handelt es sich um ein NAND-Basis-Flipflop mit den Ausgängen Q_3 und Q_4, das von einer Schaltung aus zwei gekoppelten NAND-Basis-Flipflops über deren Ausgänge Q_1 und Q_2 angesteuert wird. Liegt der Takteingang C auf 0, so haben die Ausgänge Q_1 und Q_2 1-Signal. Dabei kann das obere Basis-Flipflop über die Eingänge S und R unabhängig vom Taktsignal C gesetzt oder rückgesetzt werden. Liegen die Eingänge S und R auf 1, so werden die Ausgangssignale Q_1 und Q_2 vom Taktsignal C und vom Steuersignal D bestimmt. Es genügt daher, die Ansteuerschaltung bei $S = R = 1$ zu analysieren.

Trennt man die Rückkopplungsleitungen von Q_1 und Q_2 auf und speist die aufgetrennten Eingänge durch die Rückkopplungsvariablen R_1 und R_2, so ergeben sich die folgenden Beziehungen:

$$Q_1 = \overline{\overline{R \cdot C} \cdot \overline{\overline{S} \cdot R_1 \cdot \overline{R_2 \cdot \overline{R \cdot D}}}} = R \vee \overline{C} \vee (\overline{S} \cdot R_1 \cdot (\overline{R_2} \vee R \vee \overline{D}))$$

$$= R \vee \overline{C} \vee (\overline{S} \cdot R_1 \cdot \overline{R_2}) \vee (\overline{S} \cdot R_1 \cdot \overline{D})$$

$$Q_2 = \overline{R_1 \cdot C \cdot \overline{R_2 \cdot \overline{R \cdot D}}} = \overline{R_1} \vee \overline{C} \vee (R_2 \cdot \overline{R} \cdot D)$$

Mit $\overline{R} = \overline{S} = 1$ vereinfachen sich diese Beziehungen zu:

$$Q_1 = \overline{C} \vee (R_1 \cdot \overline{R_2}) \vee (R_1 \cdot D)$$

$$Q_2 = \overline{R_1} \vee \overline{C} \vee (R_2 \cdot D)$$

n		$n+1$						
		C	D					
R_1	R_2	0	0	0	1	1	1	1 0
0	0	1	1	1	1	0	1	0 1
0	1	1	1	1	1	(0	1)	(0 1)
1	1	(1	1)	(1	1)	0	1	1 0
1	0	1	1	1	1	(1	0)	,(1 0)
Q_1	Q_2	Q_1	Q_2					

7.29
Analysediagramm der Ansteuerschaltung des Flipflops aus Bild 7.28

Mit diesen Beziehungen wird das Analysediagramm der Ansteuerschaltung aufgestellt (Bild 7.29). Aus ihm ersieht man, daß beim Taktsignal $C=0$ die Ausgänge Q_1 und Q_2 der Ansteuerschaltung 1-Signal liefern, wodurch das obere NAND-Basis-Flipflop im bistabilen Zustand gehalten wird. Eine Änderung des Taktsignals C von 0 nach 1 erzeugt beim Steuersignal $D=0$ die Ausgangssignale $Q_1=1$ und $Q_2=0$ und beim Steuersignal $D=1$ die Ausgangssignale $Q_1=0$ und $Q_2=1$. Ändert sich das Ansteuersignal D, während das Taktsignal 1 ist, so hat dies keine Auswirkung auf die Ausgangssignale Q_1 und Q_2. Es handelt sich also insgesamt um ein taktflankengesteuertes D-Flipflop.

7.1.2.3 Master-Slave-Flipflops.

7.1.2.3 Master-Slave-Flipflops. Die bisher vorgestellten getakteten Flipflops sind aus einem Basis-Flipflop und einer Ansteuerschaltung aufgebaut. Da sie nur ein Basis-Flipflop als Speicher enthalten, werden sie auch als Ein-Speicher-Flipflops bezeichnet. Ein Master-Slave-Flipflop besteht hingegen aus zwei hintereinander geschalteten getakteten Flipflops. Es ist also ein Zwei-Speicher-Flipflop. Die Namensgebung vom englischen master = Meister und slave = Sklave soll das Abhängigkeitsverhältnis der beiden Flipflops ausdrücken; denn die Informationseingänge des zweiten Flipflops, des Slaves, sind mit den Ausgängen des ersten Flipflops, des Masters, verbunden, so daß der Slave nur den Zustand des Masters übernehmen kann (Bild 7.30a). Der Master und der Slave werden von den entgegengesetzten Taktzuständen oder Taktflanken gesteuert. Dadurch wird eine außen anliegende Eingangsinformation beim Eintreffen des Taktes zunächst nur in den Master übernommen, während der Slave noch den alten Zustand beibehält. Erst wenn der Takt wieder verschwindet, übernimmt der Slave die Information des Masters und schaltet sie an den Ausgang des gesamten Flipflops (s. Bild 7.30c). Dies ist der entscheidende Unterschied zu den getakteten Ein-Speicher-Flipflops, bei denen die Eingangsinformation sofort beim Eintreffen des Taktes an den Ausgang geschaltet wird. Die verzögerte Reaktion des Ausgangs wird im verkürzten Schaltzeichen des Master-Slave-Flipflops in Bild 7.30b durch das Zeichen ⌐ dargestellt.

Master-Slave-Anordnungen ermöglichen es, mit taktzustandsgesteuerten Flipflops Impulsuntersetzer zu realisieren, die bei jedem Taktimpuls ihren Zustand ändern. In Bild 7.30c zeigt ein Vergleich des Ausgangssignals Q_{1S} und Q_{2S} mit dem Taktsignal C, daß ab dem Zeitpunkt $t=t_6$ die Ausgangssignale je Taktimpuls einmal ihre Zustände ändern. Ab diesem Zeitpunkt ist aber der Eingang R identisch mit dem Ausgang Q_{1S} und der Eingang S identisch mit dem Ausgang Q_{2S}. Die Ansteuersignale für die Untersetzerwirkung des Flipflops können also dadurch gewonnen werden, daß der Eingang R mit dem Ausgang Q_{1S} und der Eingang S mit dem Ausgang Q_{2S} verbunden wird. Würde man bei dem taktzustandsgesteuerten RS-Ein-Speicher-Flipflop nach Bild 7.24 den S-Eingang mit dem Ausgang Q_2 und den R-Eingang mit dem Ausgang Q_1 verbinden, so würde dieses Flipflop beim Taktsignal $C=1$ schwingen. Es ist also als Untersetzer nicht zu gebrauchen.

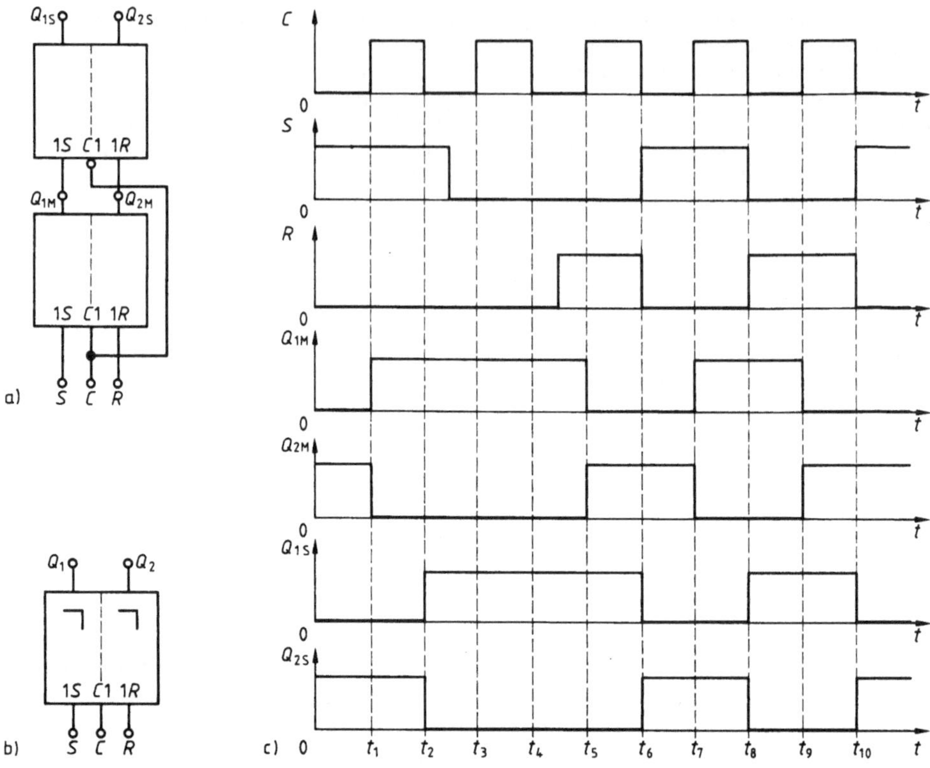

7.30 Prinzipieller Aufbau eines taktzustandsgesteuerten *RS*-Master-Slave-Flipflops (a), Schaltzeichen (b) und Impulsdiagramm (c)

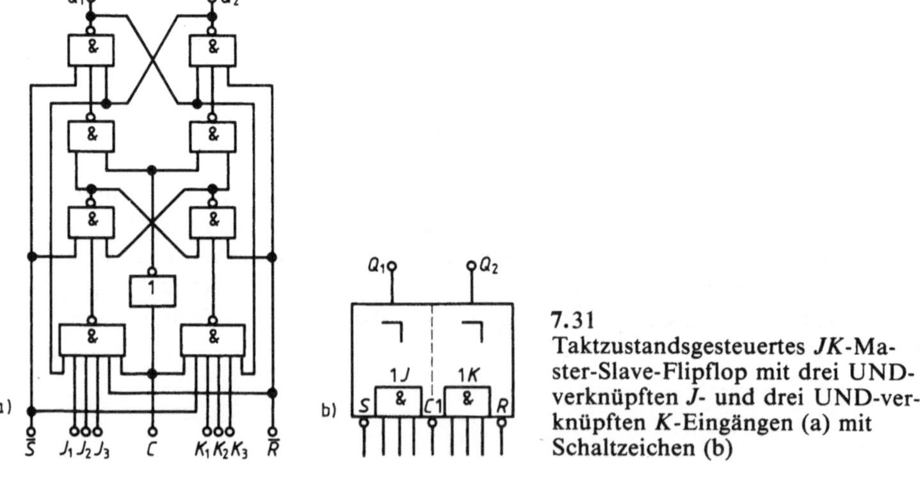

7.31
Taktzustandsgesteuertes *JK*-Master-Slave-Flipflop mit drei UND-verknüpften *J*- und drei UND-verknüpften *K*-Eingängen (a) mit Schaltzeichen (b)

Bild 7.31 zeigt als Beispiel für ein taktzustandsgesteuertes Master-Slave-Flip-flop das in TTL-Technik realisierte *JK*-Flipflop SN7472. Es ist durch die UND-Verknüpfung der drei *J*- und der drei *K*-Eingänge für die Realisierung von Zählschaltungen sehr vielseitig zu verwenden.

7.2 Monoflops (monostabile Kippstufen)

Ein Monoflop, auch monostabile Kippstufe genannt, ist eine rückgekoppelte binäre Schaltung, die wie ein Flipflop zwei verschiedene innere Zustände an-nehmen kann. Von diesen beiden inneren Zuständen ist aber nur einer stabil. Der andere innere Zustand ist meta- oder quasistabil und kann nur für eine begrenzte Zeit, die Verzögerungszeit des Monoflops, bestehen. Wird das Mo-noflop durch einen Eingangsimpuls aus dem stabilen Grundzustand in den metastabilen Zustand gebracht, so kippt sie nach Ablauf der Verzögerungszeit selbsttätig in den stabilen Grundzustand zurück. Dieser Sachverhalt wird im Schaltzeichen des Monoflops in Bild 7.32 durch den eingezeichneten 1-Impuls ausgedrückt.

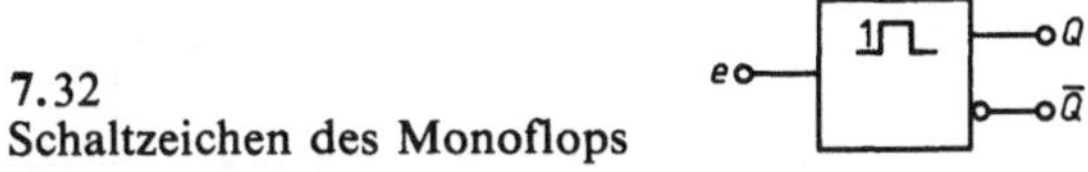

7.32
Schaltzeichen des Monoflops

Das monostabile Verhalten einer Schaltung wird durch eine zeitabhängige Rückführung erreicht. Die Zeitabhängigkeit der Rückführung kann entwe-der durch ein Differenzierglied oder durch ein Verzögerungsglied erreicht wer-den.

7.2.1 Monoflops mit Differenziergliedern

Ein Monoflop läßt sich aus einem NOR-Basis-Flipflop und einem Differenzier-glied entsprechend Bild 7.33 aufbauen. Das Differenzierglied besteht aus dem Kondensator C und dem Widerstand R. Es überträgt von einem Rechtecksi-gnal nur die Flanken vollständig. Da der Widerstand R am positiven Pol der Betriebsspannung U_{B+} liegt, strebt die Ausgangsspannung nach Übertragung der Flanken diesem Wert exponentiell zu (Bild 7.34). Damit liegt im Ruhezu-stand des Monoflops am Eingang e_2 des NOR-Basis-Flipflops 1-Signal, so daß der Ausgang Q_2 das 0-Signal führt. Eine Änderung am Eingang e_1 von 0 nach 1 bewirkt am Ausgang Q_1 eine Änderung von 1 nach 0, die sich über den Kon-densator C auf den Eingang e_2 überträgt. Nun sind beide Eingänge des rechten NOR-Glieds auf 0, so daß der Ausgang Q_2 von 0 nach 1 wechselt. Der Kon-

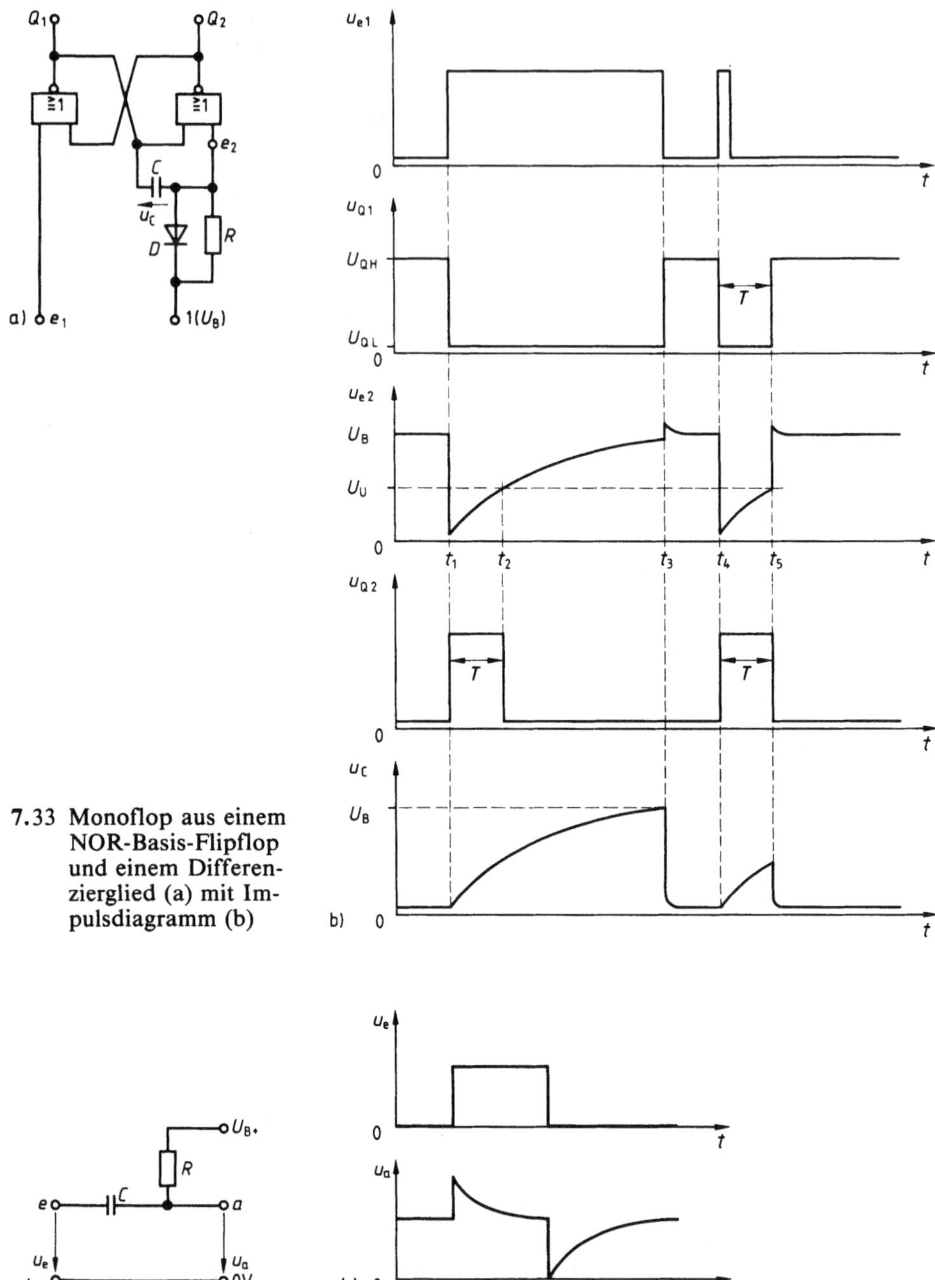

7.33 Monoflop aus einem NOR-Basis-Flipflop und einem Differenzierglied (a) mit Impulsdiagramm (b)

7.34 Differenzierglied aus Kondensator C und Widerstand R (a) mit Impulsdiagramm (b)

densator C wird jedoch über den Widerstand R wieder auf das 1-Signal aufgeladen. Sobald die Spannung am Eingang e_2 gleich der Umschaltspannung U_U des NOR-Glieds ist, geht der Ausgang Q_2 wieder von 1 nach 0. Ist inzwischen das Eingangssignal an e_1 zu 0 geworden, so wechselt auch der Ausgang Q_1 wieder von 0 nach 1, im anderen Falle erst dann, wenn der Eingang e_1 von 1 nach 0 wechselt. Die Umschaltspannung U_U des als Negation wirkenden NOR-Glieds ist diejenige Eingangsspannung, bei der die Ausgangsspannung u_a des NOR-Glieds gleich der Eingangsspannung u_e ist und etwa die Hälfte ihrer Änderung vollzogen hat. Man erhält die Umschaltspannung aus der Übertragungskennlinie, indem man diese mit der Geraden $u_\text{a}=u_\text{e}$ schneidet (Bild 7.35).

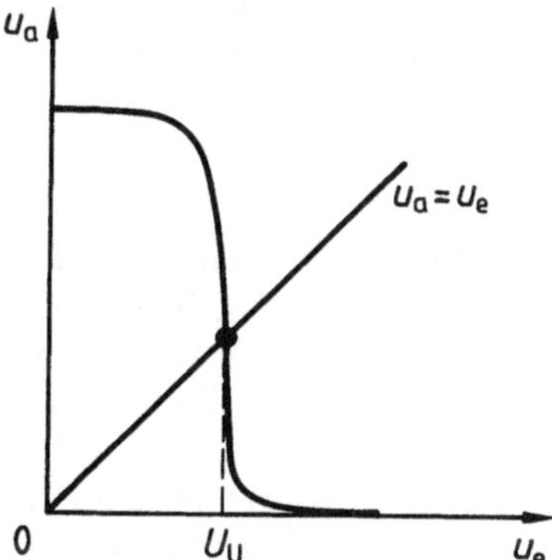

7.35
Übertragungskennlinie einer Negation mit Konstruktion der Umschaltspannung U_U

Aus Bild 7.33 entnimmt man, daß die Eingangsspannung u_e2 die Verzögerungszeit des Monoflops bestimmt und daß sie gleich der Summe von Kondensatorspannung u_C und Ausgangsspannung u_Q1 ist. Im Zeitbereich $t<t_1$ ist die Ausgangsspannung $u_\text{Q1}=U_\text{QH}$ und die Kondensatorspannung $u_\text{C}=U_\text{B+}-U_\text{QH}$. Im Zeitpunkt t_1 ändert sich die Ausgangsspannung u_Q1 um $\Delta U_\text{Q}=U_\text{QH}-U_\text{QL}$ von U_QH nach U_QL, während die Kondensatorspannung noch ihren alten Wert beibehält. Damit ist zum Zeitpunkt t_1 die Eingangsspannung

$$u_\text{e2}=U_\text{B+}-U_\text{QH}+U_\text{QL}=U_\text{B+}-\Delta U_\text{Q}. \tag{7.6}$$

Im Zeitbereich $t_1\leqq t\leqq t_2$ wird der Kondensator C mit der Differenz ΔU_Q der Ausgangsspannung u_Q1 geladen. Damit gilt in diesem Zeitbereich für die Eingangsspannung

$$u_\text{e2}=\Delta U_\text{Q}\left(1-e^{-\frac{t-t_1}{RC}}\right)+U_\text{B+}-\Delta U_\text{Q}. \tag{7.7}$$

Nach der Verzögerungszeit $T = t_2 - t_1$ ist die Eingangsspannung u_{e2} gleich der Umschaltspannung U_U. Damit erhält man aus Gl. (7.7) die Verzögerungszeit

$$T = RC \ln \frac{\Delta U_Q}{U_{B+} - U_U} \qquad (7.8)$$

des Monoflops. Wie das Impulsdiagramm in Bild 7.33 b zeigt, ist die Verzögerungszeit T von der zeitlichen Dauer des Anreizimpulses am Eingang e_1 unabhängig. Der Anreizimpuls muß nur so lang dauern, daß das Basis-Flipflop seinen Zustand ändern kann.

Der Widerstand R liegt in der Eingangsleitung des NOR-Glieds. Fließt beim hohen Eingangssignal ein Strom in den Eingang, so verursacht er am Widerstand einen Spannungsabfall. Daher darf der Widerstand R nur so groß werden, daß durch ihn der Minimalwert der hohen Eingangsspannung U_{eHmin} nicht unterschritten wird. Mit dem Eingangsstrom I_{eHmin} bei der Eingangsspannung U_{eHmin} erhält man als Grenzbeziehung für den Widerstand

$$R \leqq (U_{B+} - U_{eHmin})/I_{eHmin}. \qquad (7.9)$$

Die Diode D, die parallel zum Widerstand R und mit ihrer Kathode an der Betriebsspannung U_{B+} liegt, unterdrückt von der differenzierten positiven Flanke der Spannung u_{Q1} alle Anteile, die die Betriebsspannung übersteigen und schützt damit den Eingang des NOR-Glieds vor Überspannungen. Außerdem bewirkt sie, daß das Monoflop nach Ablauf der Verzögerungszeit T nur eine geringe Erholzeit braucht, um bei einem erneuten Anreiz wieder dieselbe Verzögerungszeit zu liefern.

In der Schaltung von Bild 7.33 arbeitet das rechte NOR-Glied nur als Negation für den Eingang e_2; denn der Fall, daß der linke Eingang 1-Signal und der rechte 0-Signal führt, existiert nicht. Daher ist der linke Eingang für die Funktion des Monoflops überflüssig. Dasselbe Zeitverhalten mit demselben Impulsdiagramm wie in Bild 7.33 b hat die Schaltung in Bild 7.36, die im Gegensatz zur ersten Schaltung keine Gleichspannungskopplung mehr zwischen dem Ausgang Q_1 und dem rechten Schaltglied hat.

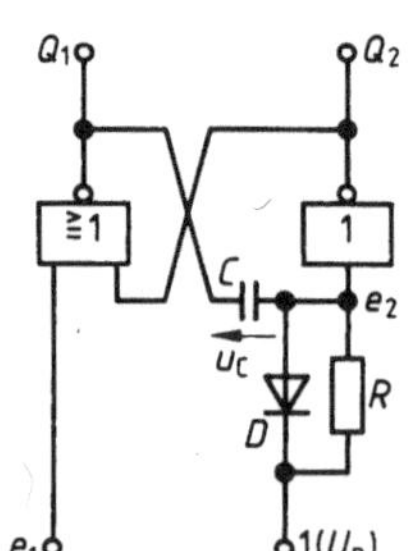

7.36
Monoflop aus einem NOR-Glied, einer
Negation und einem Differenzierglied

Ein Monoflop aus einem NAND-Basis-Flipflop und einem Differenzierglied zeigt Bild 7.37. Die Schaltung ist beim Eingangssignal $e_1 = 1$ im stabilen Grundzustand, wobei der Ausgang Q_1 das 0-Signal und der Ausgang Q_2 das 1-Signal liefert. Eine Änderung am Eingang e_1 von 1 nach 0 bewirkt den Übergang in den metastabilen Zustand, der analog zu der Schaltung in Bild 7.33 verläuft. Eine Überlegung wie bei der Schaltung in Bild 7.33 liefert hier im

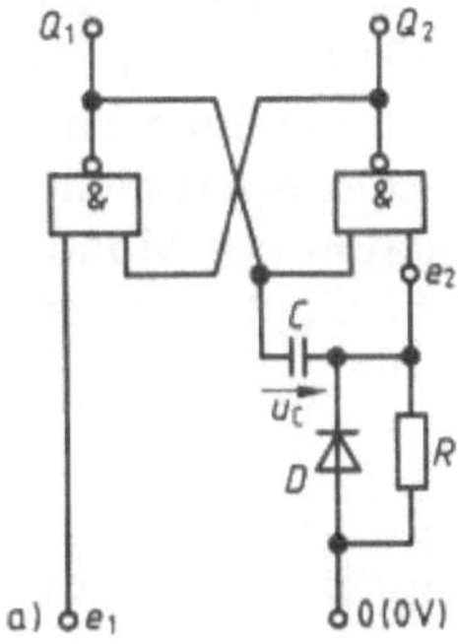

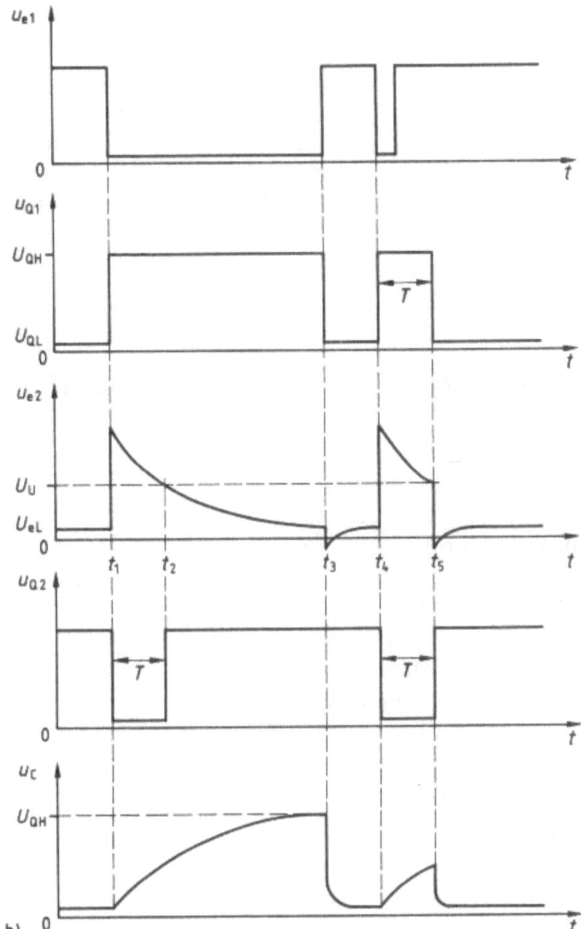

7.37
Monoflop aus einem
NAND-Basis-Flipflop und
einem Differenzierglied (a)
mit Impulsdiagramm (b)

Zeitbereich t_1 bis t_2 für die Eingangsspannung am Eingang e_2

$$u_{e2} = \Delta U_Q \, e^{-\frac{t-t_1}{RC}} + U_{eL} \tag{7.10}$$

und als Verzögerungszeit

$$T = RC \ln \frac{\Delta U_Q}{U_U - U_{eL}}. \tag{7.11}$$

Der Widerstand R darf hier nur so groß werden, daß durch ihn der Maximalwert der niedrigen Eingangsspannung U_{eLmax} für das als Negation wirkende NAND-Glied nicht überschritten wird. Mit dem Eingangsstrom I_{eLmax} bei der Eingangsspannung U_{eLmax} erhält man als Grenzwert für den Widerstand

$$R \leqq U_{eLmax} / I_{eLmax}. \tag{7.12}$$

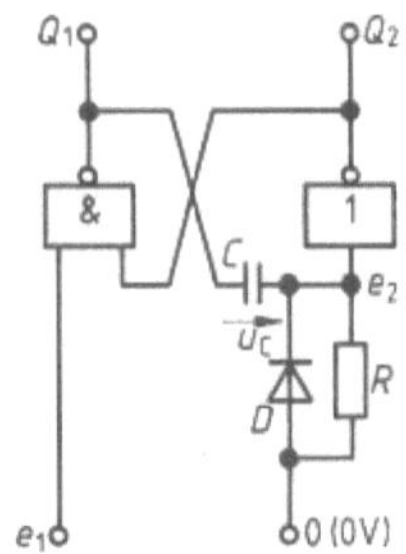

Analog zu der Schaltung von Bild **7.33** arbeitet in der Schaltung von Bild **7.37** das rechte NAND-Glied nur als Negation für den Eingang e_2. Der Fall, daß der linke Eingang 0-Signal und der rechte 1-Signal führt, existiert nicht. Daher ist der linke Eingang für die Funktion des Monoflops überflüssig. Dasselbe Zeitverhalten mit demselben Impulsdiagramm wie in Bild **7.37b** hat die Schaltung in Bild **7.38**.

7.38 Monoflop aus einem NAND-Glied, einer Negation und einem Differenzierglied

7.2.2 Monoflops mit Verzögerungsgliedern

Monoflops lassen sich auch aus einem Basis-Flipflop, einem Verzögerungsglied und einer Negation aufbauen. Bild **7.39** zeigt eine entsprechende Schaltung mit einem NOR-Basis-Flipflop und einem RC-Verzögerungsglied. Im stabilen Ruhezustand, beim Eingangssignal $e_1 = 0$, liegt am Ausgang Q_1 das 1-Si-

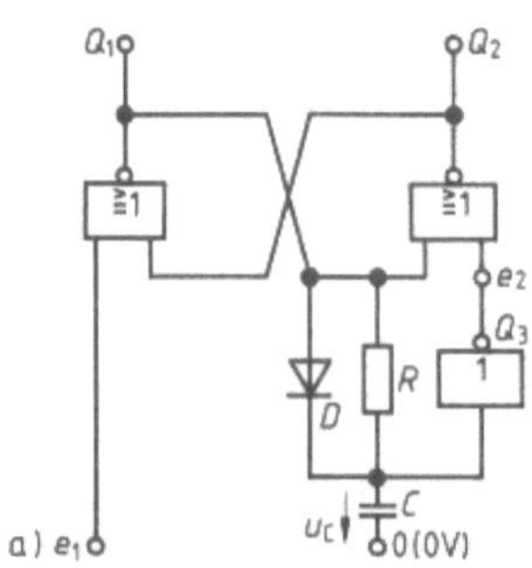

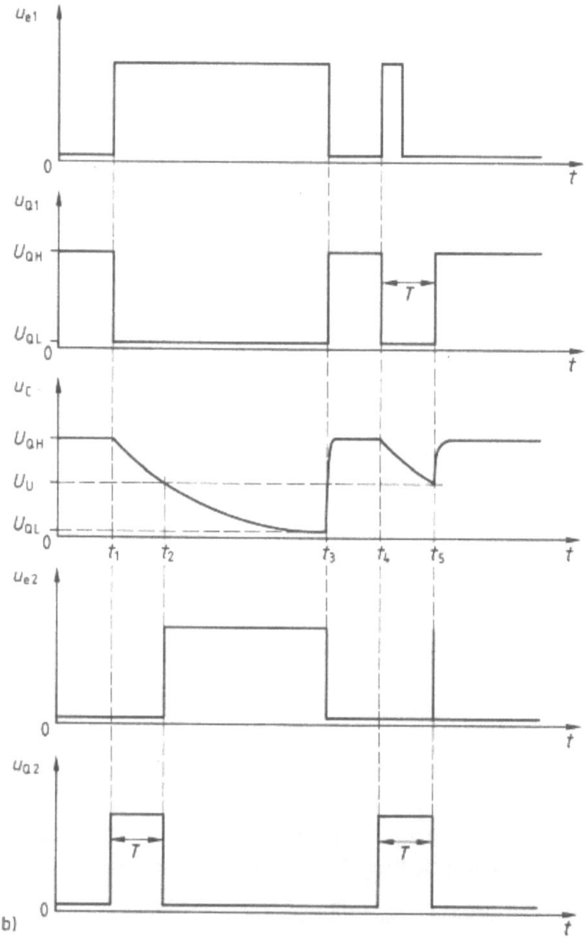

7.39 Monoflop aus einem NOR-Basis-Flipflop, einer Negation und einem RC-Verzögerungsglied (a) mit Impulsdiagramm (b)

gnal und an den Ausgängen Q_2 und Q_3 das 0-Signal. Der Kondensator C ist auf die Spannung U_{QH} aufgeladen. Eine Änderung am Eingang e_1 von 0 nach 1 bewirkt am Ausgang Q_1 eine Änderung von 1 nach 0. Da der Kondensator C hierbei noch seinen alten Ladezustand hat, liegt nun an beiden Eingängen des rechten NOR-Glieds das 0-Signal, so daß der Ausgang Q_2 von 0 nach 1 wechselt. Über den Widerstand R wird nun der Kondensator C auf die Spannung U_{QL} entladen. Sobald die Kondensatorspannung u_C gleich der Umschaltspannung U_U der Negation ist, wechselt der Ausgang Q_3 von 0 nach 1 und damit der Ausgang Q_2 des rechten NOR-Glieds von 1 nach 0. Ist inzwischen das Eingangssignal an e_1 0 geworden, so wechselt auch der Ausgang Q_1 wieder von 0 nach 1, im anderen Fall erst dann, wenn der Eingang e_1 von 1 nach 0 wechselt.

Im Zeitabschnitt t_1 bis t_2 bzw. t_4 bis t_5 wird der Kondensator C entladen. Damit gilt für die Kondensatorspannung

$$u_C = \Delta U_Q\, e^{-\frac{t-t_1}{RC}} + U_{QL}. \tag{7.13}$$

Nach der Verzögerungszeit $T = t_2 - t_1 = t_5 - t_4$ ist die Kondensatorspannung u_C auf den Wert der Umschaltspannung U_U der Negation abgesunken. Damit erhält man die Verzögerungszeit dieses Monoflops

$$T = RC \ln \frac{\Delta U_Q}{U_U - U_{QL}}. \tag{7.14}$$

Die Diode D, die parallel zum Widerstand R liegt, sorgt für eine rasche Auflandung des Kondensators C beim Übergang vom metastabilen in den stabilen Zustand des Monoflops. Dadurch benötigt das Monoflop nach der Verzögerungszeit nur eine geringe Erholzeit, um nach einem erneuten Anreiz wieder dieselbe Verzögerungszeit zu liefern.

Über den Widerstand R fließt im stabilen Grundzustand des Monoflops der von der Negation benötigte Eingangsstrom I_{eH} bei hohem Eingangssignal. Durch den Spannungsabfall am Widerstand R darf der Minimalwert der hohen Eingangsspannung U_{eHmin} nicht unterschritten werden. Mit der Ausgangsspannung U_{QH} bei H-Signal und dem Eingangsstrom I_{eHmin} beim Minimalwert der hohen Eingangsspannung U_{eHmin} gilt für den Grenzwert des Widerstands

$$R \leqq (U_{QH} - U_{eHmin})/I_{eHmin}. \tag{7.15}$$

Im Zeitbereich t_2 bis t_3 fließt über den Widerstand R noch der von der Negation benötigte Eingangsstrom I_{eL} bei niedrigem Eingangssignal. In diesem Fall muß gelten

$$R \leqq (U_{eLmax} - U_{QL})/I_{eLmax}. \tag{7.16}$$

Von den beiden mit Gl. (7.15) und (7.16) berechneten Werten darf der kleinere nicht überschritten werden. Ist die Differenz $U_{QH} - U_{eHmin}$ größer als die Fluß-

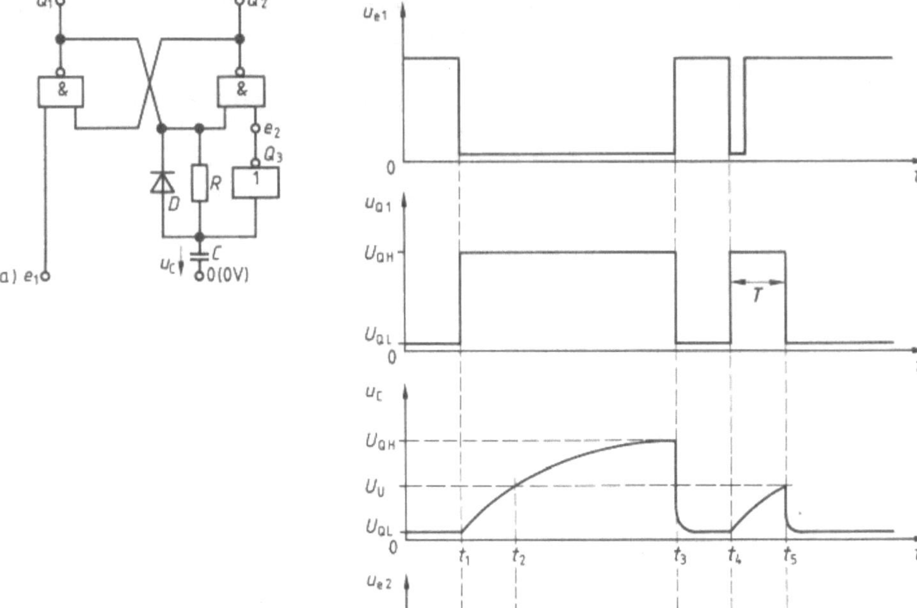

7.40
Monoflop aus einem NAND-Basis-Flipflop, einer Negation und einem RC-Verzögerungsglied (a) mit Impulsdiagramm (b)

spannung U_F der Diode D, so ist der Widerstand R durch die leitende Diode überbrückt, und Gl. (7.15) kommt nicht zum Tragen.

Eine Schaltung mit einem NAND-Basis-Flipflop ist in Bild **7.40** mit dem zugehörigen Impulsdiagramm dargestellt. Im Gegensatz zu der Schaltung mit dem NOR-Basis-Flipflop hat der Ausgang Q_2 im Ruhezustand das 1-Signal und im metastabilen Zustand das 0-Signal. Der Kondensator hat im Ruhezustand nur die Spannung U_{QL} und wird während des metastabilen Zustands nach U_{QH} aufgeladen. Daher gilt für die Kondensatorspannung

$$u_C = \Delta U_Q \left(1 - e^{-\frac{t-t_1}{RC}}\right) + U_{QL}. \tag{7.17}$$

Nach der Verzögerungszeit $T = t_2 - t_1 = t_5 - t_4$ ist die Kondensatorspannung auf den Wert der Umschaltspannung U_U der Negation angestiegen. Damit erhält man die Verzögerungszeit dieses Monoflops

$$T = RC \ln \frac{\Delta U_Q}{U_{QH} - U_U}. \tag{7.18}$$

Für die Bemessung des Widerstands R gelten Gl. (7.15) und (7.16). Ist die Differenz $U_{eLmax} - U_{QL}$ größer als die Flußspannung U_F der Diode D, so ist der Widerstand R durch die leitende Diode überbrückt, und Gl. (7.16) kommt nicht zum Tragen.

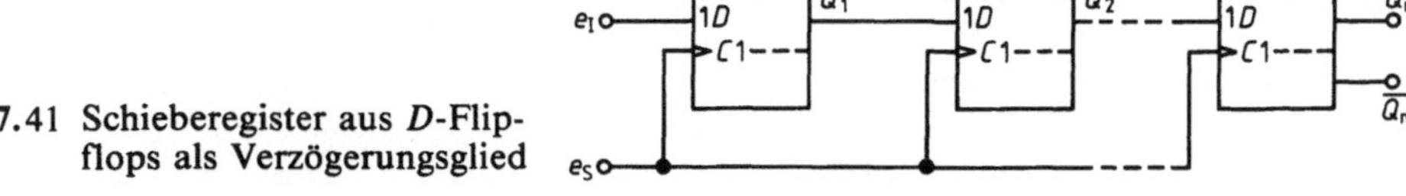

7.41 Schieberegister aus D-Flip-
flops als Verzögerungsglied

Die Verzögerungsglieder in den Schaltungen der Bilder 7.39 und 7.40 können auch digital durch eine getaktete Folgeschaltung realisiert werden. In Frage kommen hierfür Schieberegister und Zähler (s. Abschn. 9). Beim Schieberegister als Verzögerungsglied (s. Bild 7.41) wird die am Informationseingang e_I liegende Information pro Taktimpuls eine Stufe weitergeschaltet, so daß sie bei n Registerstufen und der Taktperiode T_I mit der Verzögerungszeit $T = n\,T_I$ am Ausgang Q_n erscheint. Über die Taktfrequenz f_T kann die Verzögerungszeit ohne Veränderung der übrigen Schaltung in weitesten Grenzen variiert werden.

7.2.3 Retriggerbare Monoflops

Alle bisher behandelten Monoflops liefern für einen Anreiz an einem Ausgang einen Impuls konstanter Dauer. Erneutes Anreizen während des metastabilen Zustands bewirkt bei diesen Monoflops nichts. Anders ist dies bei den retriggerbaren (wiedertriggerbaren) Monoflops. Bei ihnen beginnt mit jedem Anreiz die Verzögerungszeit stets wieder von neuem. Treffen also auf ein retriggerbares Monoflop Anreizimpulse in einem zeitlichen Abstand, der kleiner ist als die Verzögerungszeit T, so bleibt es im metastabilen Zustand.

Bild 7.42 zeigt ein retriggerbares Monoflop aus einem invertierenden Schwellwertschalter mit Operationsverstärker (s. Abschn. 7.4), einem RC-Verzögerungsglied und einer Anreiz- und Entladestufe mit einem bipolaren Transistor. Im Ruhezustand ist der Transistor gesperrt und der Ladekondensator C_L auf die Betriebsspannung U_{B+} aufgeladen. Die Ausgangsspannung des invertierenden Schwellwertschalters ist daher gleich der minimalen Ausgangsspannung U_{amin}. Ein Eingangsimpuls steuert mit seiner positiven Flanke den Transistor auf, so daß der Ladekondensator C_L rasch entladen wird. Damit sinkt die Eingangsspannung des Schwellwertschalters unter die untere Schwellenspannung U_{SU}, so daß dessen Ausgangsspannung von U_{amin} nach U_{amax} kippt. Sobald der Transistor wieder sperrt, wird der Ladekondensator C_L über den La-

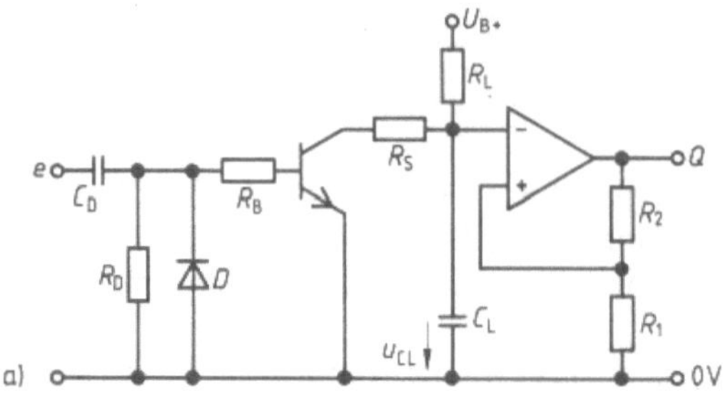

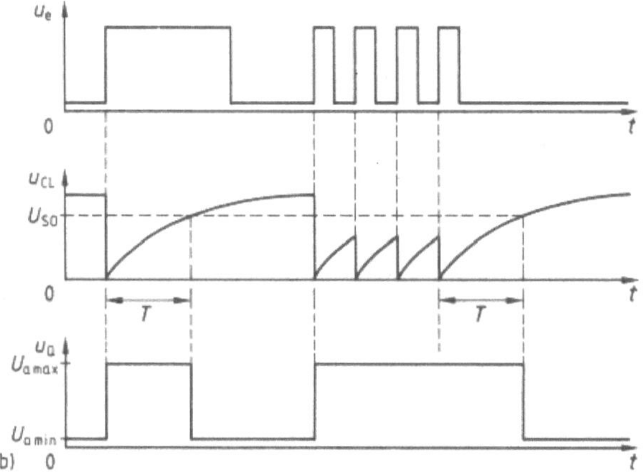

7.42
Retriggerbares Monoflop aus invertierendem Schwellwertschalter, RC-Verzögerungsglied sowie Anreiz- und Entladestufe mit bipolarem Transistor (a) mit Impulsdiagramm (b)

dewiderstand R_L aufgeladen. Erreicht die Kondensatorspannung die obere Schwellenspannung U_{SO} des Schwellwertschalters, so kippt dessen Ausgang von U_{amax} wieder nach U_{amin}. Wird die Schaltung erneut angereizt, bevor die Kondensatorspannung die obere Schwellenspannung U_{SO} erreicht hat, so wird der Kondensator wieder entladen, und der Aufladevorgang beginnt von neuem, ohne daß vorher die Ausgangsspannung nach U_{amin} gewechselt hat.

Der Kondensator C_D bildet zusammen mit dem Widerstand R_D und der Diode D ein Differenzierglied, das nur die positive Flanke des Eingangsimpulses über den Basisvorwiderstand R_B auf den Transistor schaltet und ihn kurzzeitig öffnet. Der Widerstand R_S ist ein Schutzwiderstand, der bei der Entladung des Kondensators C_L den Kollektorstrom des Transistors auf den zulässigen Höchstwert begrenzt. Mit den Widerständen R_1 und R_2 werden die Schwellenspannungen des Schwellwertschalters eingestellt. Die Verzögerungszeit dieses Monoflops ist

$$T = R_L C_L \ln \frac{U_{B+}}{U_{B+} - U_{SO}}. \tag{7.19}$$

7.3 Multivibratoren (astabile Kippstufen)

Ein Multivibrator, auch astabile Kippstufe oder Rechteckgenerator genannt, ist eine rückgekoppelte binäre Schaltung, die zwei verschiedene innere Zustände hat, zwischen denen sie dauernd hin- und herkippt. Keiner der beiden inneren Zustände ist also stabil; beide sind nur metastabil. Das astabile Verhalten wird durch zeitabhängige Rückkopplungen erreicht, die wie bei monostabilen Kippstufen durch Differenzierglieder oder durch Verzögerungsglieder realisiert werden können.

7.3.1 Multivibrator mit Differenziergliedern

Ein Multivibrator mit Differenziergliedern benötigt als aktive Elemente nur zwei Negationen (Bild 7.43). Zwischen den Negationen gibt es keine galvanischen, sondern nur noch kapazitive Kopplungen, die lediglich die Signaländerungen übertragen. Ändert sich z. B. der Ausgang Q_1 von 0 nach 1, so überträgt sich diese Änderung auf den Eingang e_2, und der Ausgang Q_2 wechselt von 1 nach 0. Die Eingangsspannung u_{e2} ist die Widerstandsspannung u_{R1}. Diese Spannung ist aber proportional zum Ladestrom des Kondensators C_1, welcher exponentiell abnimmt. Erreicht die Eingangsspannung u_{e2} den Wert der Umschaltspannung U_U, so wechselt der Ausgang Q_2 von 0 nach 1. Dieser Wechsel überträgt sich auf den Eingang e_1, so daß sich der Ausgang Q_1 von 1 nach 0 ändert. Diese Änderung überträgt sich wiederum auf den Eingang e_2, wird dort aber durch die Diode auf den Wert ihrer Flußspannung begrenzt. Nun läuft der eben geschilderte Vorgang mit vertauschten Rollen von Q_1 und Q_2 bzw. e_2 und e_1 ab.

Die Periodendauer T des Ausgangssignals ist die Summe der beiden Zeiten T_1 und T_2, in denen die Ausgänge Q_1 und Q_2 das 0-Signal führen, weil die zugehörigen Eingänge e_1 und e_2 das 1-Signal führen. Für die Eingangsspannungen gilt mit der Ausgangsspannungsänderung ΔU_Q zwischen der hohen Ausgangsspannung U_{QH} und der niedrigen Ausgangsspannung U_{QL}

$$u_e = \Delta U_Q \, e^{-\frac{t}{RC}} + U_{eL}. \tag{7.20}$$

Damit erhält man die Periodendauer

$$T = T_1 + T_2 = R_1 C_1 \ln \frac{\Delta U_Q}{U_U - U_{eL}} + R_2 C_2 \ln \frac{\Delta U_Q}{U_U - U_{eL}}$$

$$= (R_1 C_1 + R_2 C_2) \ln \frac{\Delta U_Q}{U_U - U_{eL}}. \tag{7.21}$$

Für die Dimensionierung der Widerstände R_1 und R_2 gilt, daß durch sie der Maximalwert der niedrigen Eingangsspannung U_{eLmax} nicht überschritten wer-

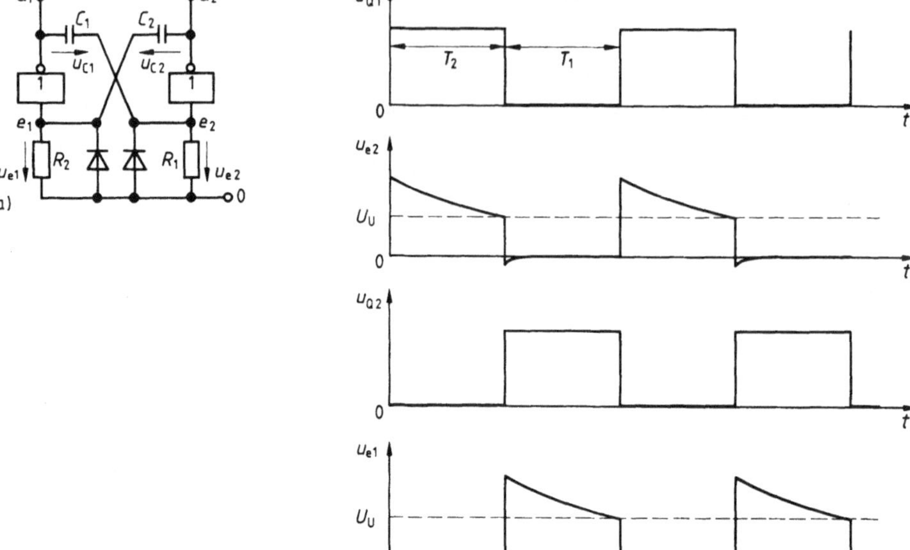

7.43
Multivibrator aus zwei Negationen und zwei Differenziergliedern (a) mit Impulsdiagramm (b)

den darf. Mit dem Eingangsstrom I_{eLmax} bei der Eingangsspannung U_{eLmax} erhält man als Grenzwerte für die Widerstände R_1 und R_2

$$R_{1,2} \leqq U_{eLmax}/I_{eLmax}. \tag{7.22}$$

Multivibratoren mit Differenziergliedern haben den Nachteil, daß sie **nicht anschwingsicher** sind. In der Schaltung von Bild 7.43 können z. B. beide Ausgänge gleichzeitig 1-Signal haben, da die Eingänge über die Widerstände R_1 und R_2 an 0 liegen. Dieser Zustand ist dann stabil. Aus diesem Zustand kann der Multivibrator durch einen 1-Impuls an einem der beiden Eingänge ins Schwingen versetzt werden.

7.3.2 Multivibratoren mit Verzögerungsgliedern

Ein Multivibrator mit einem Verzögerungsglied benötigt als aktives Element lediglich eine Negation. Aus der Prinzipschaltung mit einem binären Verzöge-

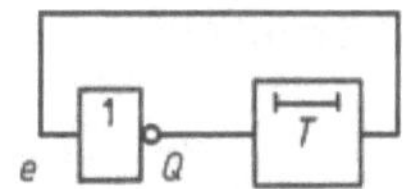

7.44
Prinzipschaltung eines Multivibrators
mit binärem Verzögerungsglied

rungsglied in Bild **7.44** wird deutlich, daß jedes Ausgangssignal der Negation durch die Rückführung über das Verzögerungsglied nach der Verzögerungszeit T invertiert wird. Eine solche Schaltung muß also immer schwingen. Dieses Schaltungsprinzip läßt sich am einfachsten mit einem invertierenden Schwellwertschalter (s. Abschn. 7.4) und einem RC-Verzögerungsglied realisieren (Bild **7.45**). Der invertierende Schwellwertschalter wechselt am Ausgang von der minimalen Ausgangsspannung U_{Qmin} zur maximalen Ausgangsspannung U_{Qmax}, wenn seine Eingangsspannung gleich der unteren Schwellenspannung U_{SU} ist, und von der maximalen Ausgangsspannung U_{Qmax} zur minimalen Ausgangsspannung U_{Qmin}, wenn seine Eingangsspannung gleich der oberen Schwellenspannung U_{SO} ist. Die folgende Rechnung liefert die Periodendauer T dieses Multivibrators. Im Zeitbereich t_0 bis t_1 wird der Kondensator mit der maximalen Ausgangsspannung U_{Qmax} von der unteren Schwellenspannung U_{SU} auf die obere Schwellenspannung U_{SO} aufgeladen. Also gilt

$$u_C = (U_{Qmax} - U_{SU})\left(1 - e^{-\frac{t-t_0}{RC}}\right) + U_{SU}. \tag{7.23}$$

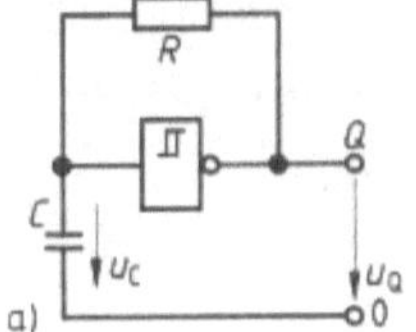

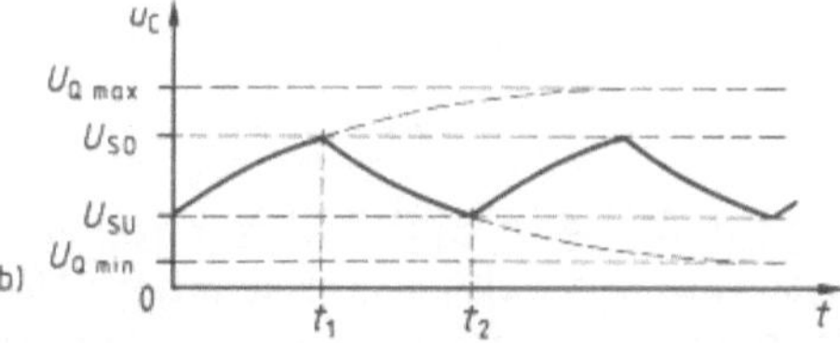

7.45
Multivibrator aus invertierendem Schwellwertschalter und RC-Verzögerungsglied (a) mit Impulsdiagramm (b)

Zum Zeitpunkt $t = t_1$ ist die Kondensatorspannung gleich der oberen Schwellenspannung U_{SO}. Damit erhält man aus Gl. (7.23) den ersten Teil

$$T_1 = t_1 - t_0 = RC \ln \frac{U_{Qmax} - U_{SU}}{U_{Qmax} - U_{SO}} \tag{7.24}$$

der Schwingungsdauer. Im Zeitbereich t_1 bis t_2 wird der Kondensator mit der minimalen Ausgangsspannung U_{Qmin} von der oberen Schwellenspannung U_{SO} auf die untere Schwellenspannung U_{SU} umgeladen.

Hierfür gilt

$$u_C = (U_{SO} - U_{Qmin}) e^{-\frac{t-t_1}{RC}} + U_{Qmin}. \tag{7.25}$$

Im Zeitpunkt $t = t_2$ ist die Kondensatorspannung gleich der unteren Schwellenspannung U_{SU}. Damit erhält man aus Gl. (7.25) den zweiten Teil

$$T_2 = t_2 - t_1 = RC \ln \frac{U_{SO} - U_{Qmin}}{U_{SU} - U_{Qmin}} \tag{7.26}$$

der Schwingungsdauer. Die Summe der beiden Teile ist die Periodendauer der gesamten Schwingung

$$T_1 + T_2 = T = RC \ln \left(\frac{U_{Qmax} - U_{SU}}{U_{Qmax} - U_{SO}} \cdot \frac{U_{SO} - U_{Qmin}}{U_{SU} - U_{Qmin}} \right). \tag{7.27}$$

Beispiel 7.4. Mit dem TTL-Schmitt-Trigger-Baustein 74LS14 soll ein Multivibrator entsprechend Bild 7.45 mit einer Frequenz von 10 kHz aufgebaut werden. Für den Baustein gilt: $U_{aH} = 3{,}8$ V; $U_{aL} = 0{,}2$ V; $U_{SO} = 1{,}6$ V; $U_{SU} = 0{,}8$ V; $I_{aH\,max} = 0{,}4$ mA. Der Widerstand und die Kapazität sind zu bestimmen.

Gl. (7.27) liefert:

$$T = 1/f = 1/10 \text{ kHz} = RC \ln \left(\frac{3{,}8 \text{ V} - 0{,}8 \text{ V}}{3{,}8 \text{ V} - 1{,}6 \text{ V}} \cdot \frac{1{,}6 \text{ V} - 0{,}2 \text{ V}}{0{,}8 \text{ V} - 0{,}2 \text{ V}} \right) = RC \cdot 1{,}16$$

$$RC = 0{,}1 \text{ ms}/1{,}16 = 86{,}4 \text{ μs}$$

Aus dem Maximalwert des Ausgangsstroms bei hohem Ausgangssignal $I_{aH\,max}$ errechnet sich der Minimalwert für den Widerstand

$$R_{min} = 3{,}8 \text{ V}/0{,}4 \text{ mA} = 9{,}5 \text{ kΩ}.$$

Hieraus resultiert der Maximalwert der Kapazität

$$C_{max} = 86{,}4 \text{ μs}/9{,}5 \text{ kΩ} = 9{,}1 \text{ nF}.$$

Gewählt wird $C = 6{,}8$ nF. Damit errechnet sich der Widerstand

$$R = 86{,}4 \text{ μs}/6{,}8 \text{ nF} = 12{,}7 \text{ kΩ}.$$

Die Schaltung in Bild 7.45 kann nicht mehr wunschgemäß arbeiten, wenn die Hysterese des Schwellwertschalters Null wird, d.h., wenn die beiden Schwellenspannungen zusammenfallen. Dies ist aber der Fall, wenn man den invertierenden Schwellwertschalter durch eine Negation ersetzen will. Eine Schaltung, die im Prinzip mit Negationen und analog zu der von Bild 7.45 arbeitet, zeigt Bild 7.46. Liegt der Steuereingang e_S auf 1-Signal, dann arbeitet das NAND-Glied als Negation, und die drei in Reihe geschalteten Schaltglieder negieren das Eingangssignal e_1. Im Gegensatz zur Schaltung in Bild 7.45 liegt hier jedoch der Kondensator C des Verzögerungsglieds nicht zwischen dem Eingang e_1 und dem Bezugspotential (0 V), sondern zwischen dem Eingang e_1 und dem Ausgang Q_2 des NAND-Glieds. Dadurch werden die Änderungen des Ausgangs Q_2 auf den Eingang e_1 übertragen und verschieben dort sprunghaft das

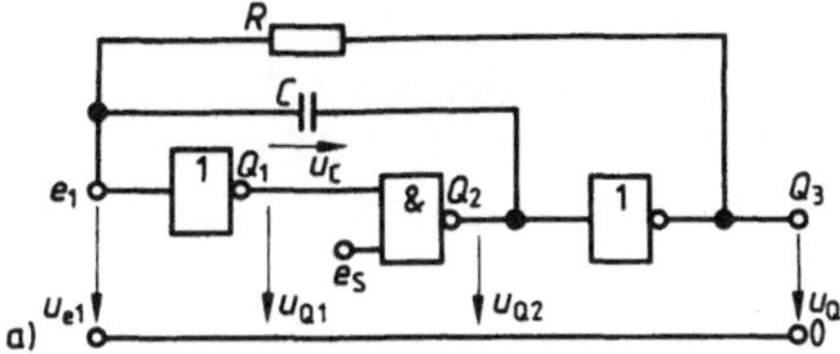

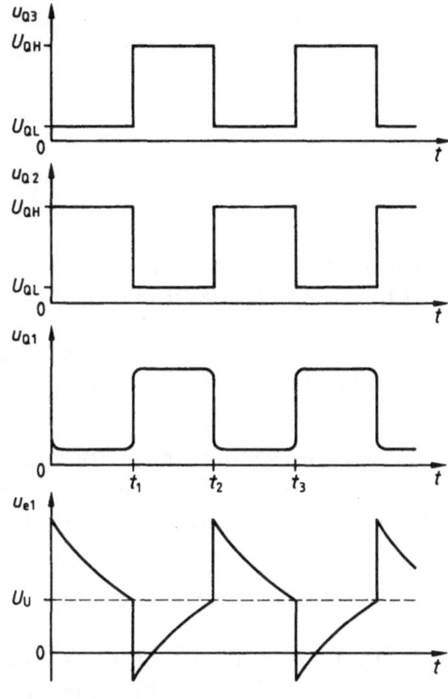

7.46
Start-Stop-Multivibrator aus zwei Negationen, einem NAND-Glied und einem RC-Verzögerungsglied (a) mit Impulsdiagramm (b)

Potential. Dies ändert nichts daran, daß der Kondensator C über den Widerstand R vom Ausgang Q_3 geladen wird. Hat die Eingangsspannung u_{e1} durch den L-H-Wechsel am Ausgang Q_2 ihren positivsten Wert erreicht, so wird der Kondensator über den Widerstand R entladen, da der Ausgang Q_3 L-Signal angenommen hat. Erreicht im Zeitpunkt t_1 die Eingangsspannung u_{e1} die Umschaltspannung U_U der ersten Negation, so wechseln die Ausgänge Q_1 und Q_3 von L nach H und der Ausgang Q_2 von H nach L. Dieser H-L-Wechsel des Ausgangs Q_2 überträgt sich auf den Eingang e_1, so daß die Eingangsspannung u_{e1} negativ wird. Nun wird aber der Kondensator über den Widerstand R vom Ausgang Q_3 auf H-Signal aufgeladen. Beim Erreichen der Umschaltspannung U_U im Zeitpunkt t_2 wechseln die Ausgänge Q_1 und Q_3 von H nach L und der Ausgang Q_2 von L nach H. Dieser L-H-Wechsel des Ausgangs Q_2 überträgt sich auf den Eingang e_1, so daß die Eingangsspannung u_{e1} nun weiter positiv wird und der Anfangszustand erreicht ist.

Die folgende Rechnung mit der Ausgangsspannungsänderung $\Delta U_Q = U_{QH} - U_{QL}$ liefert die Periodendauer T dieses Multivibrators. Im Zeitbereich t_0 bis t_1 sinkt die Eingangsspannung u_{e1} exponentiell vom Anfangswert $U_U + \Delta U_Q$ auf den Wert U_U, wobei die Asymptote der Änderung die Ausgangsspannung U_{QL} ist. Damit gilt

$$u_{e1} = (U_U + \Delta U_Q - U_{QL})e^{-\frac{t-t_0}{RC}} + U_{QL}. \tag{7.28}$$

Im Zeitpunkt $t = t_1$ ist die Eingangsspannung u_{e1} gleich der Umschaltspannung U_U. Mit $t_1 - t_0 = T_1$ erhält man aus Gl. (7.28) den ersten Teil

$$T_1 = t_1 - t_0 = RC\ln\frac{U_U + \Delta U_Q - U_{QL}}{U_U - U_{QL}} \tag{7.29}$$

der Schwingungsdauer. Im Zeitbereich t_1 bis t_2 steigt die Eingangsspannung u_{e1} exponentiell vom Anfangswert $U_U - \Delta U_Q$ auf den Wert U_U, wobei die Asymptote der Änderung die Ausgangsspannung U_{QH} ist. Damit gilt

$$u_{e1} = (U_{QH} + \Delta U_Q - U_U)\left(1 - e^{-\frac{t-t_1}{RC}}\right) + U_U - \Delta U_Q. \tag{7.30}$$

Im Zeitpunkt $t = t_2$ ist die Eingangsspannung u_{e1} gleich der Umschaltspannung U_U. Mit $t_2 - t_1 = T_2$ erhält man aus Gl. (7.30) den zweiten Teil

$$T_2 = t_2 - t_1 = RC\ln\frac{U_{QH} + \Delta U_Q - U_U}{U_{QH} - U_U}$$

der Schwingungsdauer.
Die Summe der beiden Teile ist die Periodendauer der gesamten Schwingung

$$T_1 + T_2 = T = RC\ln\left(\frac{U_U + \Delta U_Q - U_{QL}}{U_U - U_{QL}} \cdot \frac{U_{QH} + \Delta U_Q - U_U}{U_{QH} - U_U}\right). \tag{7.31}$$

Die beiden Schaltungen in Bild **7.45** und **7.46** gestatten keine unabhängige Einstellung der Impulszeiten T_1 und T_2, da sie nur ein Verzögerungsglied haben. Mit der Schaltung in Bild **7.47** ist die **getrennte Einstellung der Impulszeiten** möglich. Das Kernstück der Schaltung ist ein NOR-Basis-Flipflop. Die Verzögerungsglieder mit den nachgeschalteten Negationen sind so angeordnet, daß derjenige Flipflop-Ausgang, der gerade das 1-Signal angenommen hat, nach der für ihn gewählten Verzögerungszeit wieder nach 0 wechselt. Die NOR-Glieder haben nämlich nur dann das 1-Signal am Ausgang, wenn ihre beiden Eingänge das 0-Signal führen. Das 0-Signal des einen Eingangs erzeugt aber über das Verzögerungsglied und die nachgeschaltete Negation nach der Verzögerungszeit ein 1-Signal am anderen Eingang, so daß der Ausgang das 0-Signal annehmen muß. Mit der Ausgangsspannungsänderung

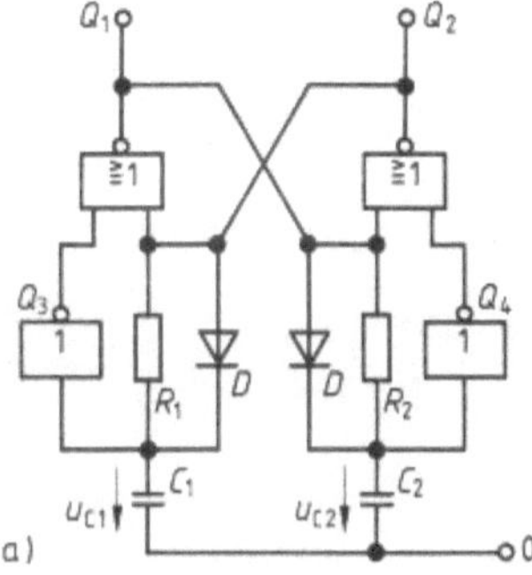

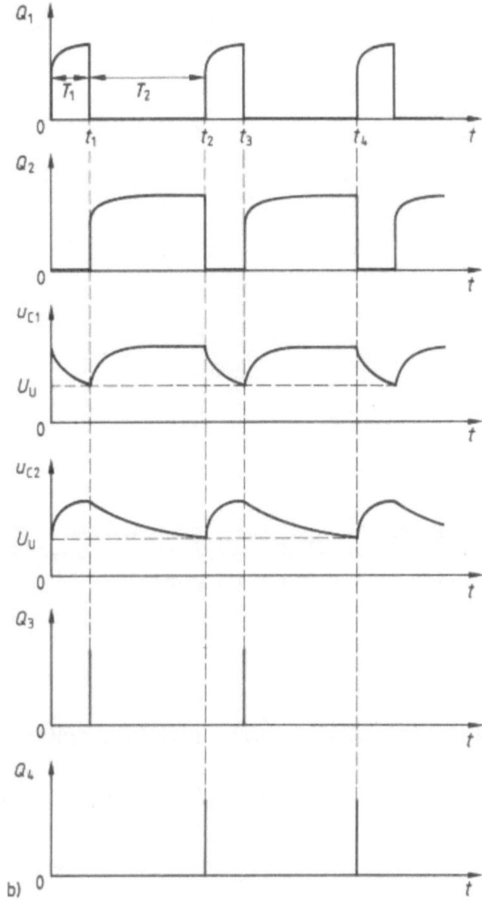

7.47
Multivibrator aus einem NOR-Basis-flipflop, zwei Negationen und zwei *RC*-Verzögerungsgliedern (a) mit Impulsdiagramm (b)

$\Delta U_Q = U_{QH} - U_{QL}$ ist die Periodendauer der Schwingung dieses Multivibrators

$$T = (R_1 C_1 + R_2 C_2)\ln \frac{\Delta U_Q}{U_U - U_{QL}}. \qquad (7.32)$$

Mit CMOS-Schaltkreisen der B-Version lassen sich die beiden Negationen einsparen und die Schaltung entsprechend Bild 7.48 vereinfachen. Da die Kondensatoren hierbei aufgeladen werden, gilt für die Periodendauer der Schwingung dieses Multivibrators

$$T = (R_1 C_1 + R_2 C_2)\ln \frac{\Delta U_Q}{U_{QH} - U_U}. \qquad (7.33)$$

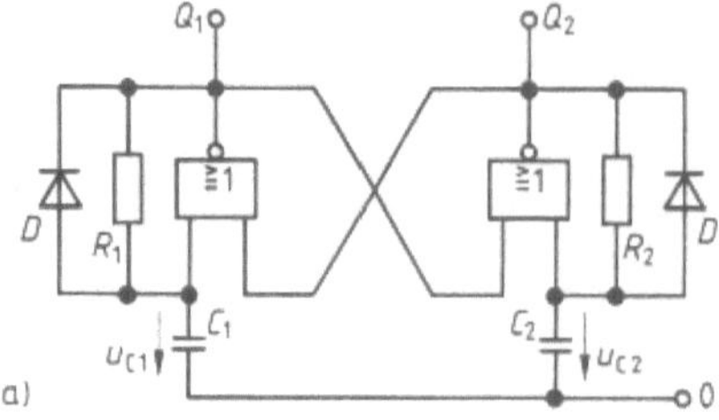

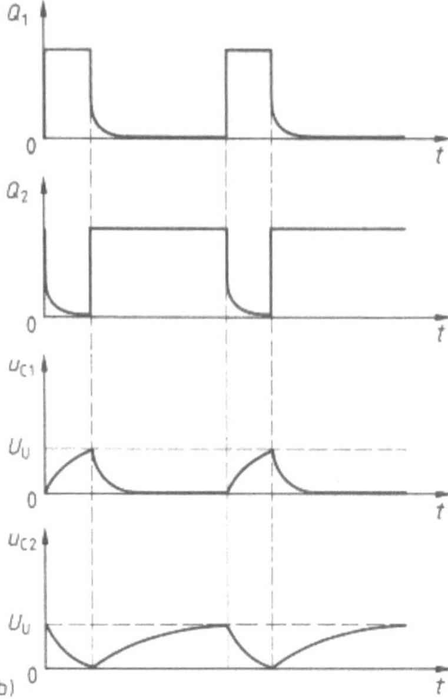

7.48
Multivibrator aus zwei NOR-Gliedern der CMOS-B-Version und zwei RC-Verzögerungsgliedern (a) mit Impulsdiagramm (b)

7.3.3 Multivibratoren mit Quarzsteuerung

Multivibratoren für Frequenzen über 500 kHz und mit hoher Frequenzkonstanz lassen sich mit Differenzier- und Integriergliedern nur schwierig realisieren. Sie werden daher mit Quarzschaltungen aufgebaut.

Ein Quarz (s. Bild 7.49) ersetzt einen analogen Schwingkreis aus der Reihenschaltung einer Induktivität L, einer Serienkapazität C_S und einem Widerstand R. Dieser Serienschaltung liegt noch die Kapazität C_P parallel, die im wesentlichen von der Halterung des Quarzes herrührt. Die Gesamtanordnung weist daher eine Serien- und eine Parallelresonanz auf. In Multivibratorschaltungen mit Digitalbausteinen werden beide Resonanzen ausgenutzt.

Quarzoszillatoren müssen wie LC-Oszillatoren mit analogen Verstärkerelementen aufgebaut werden. Digitalbausteine sind dazu zunächst nicht geeignet.

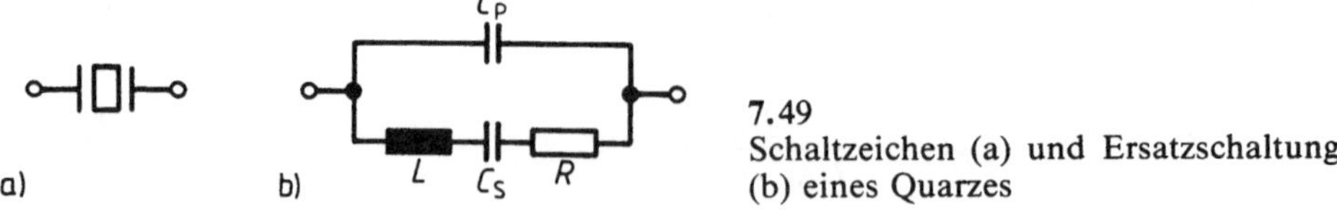

7.49
Schaltzeichen (a) und Ersatzschaltung (b) eines Quarzes

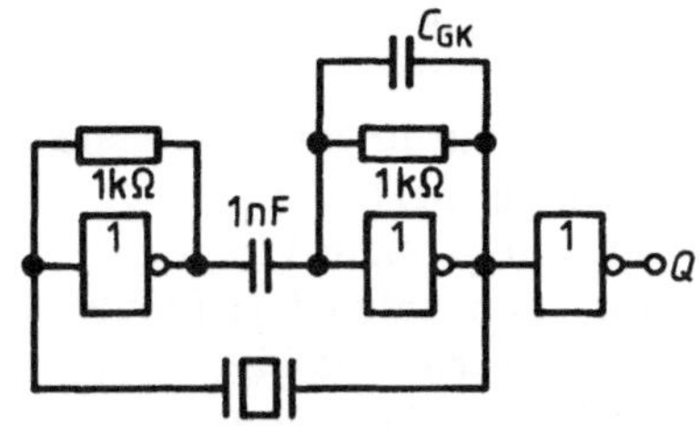

7.50 Multivibrator mit Quarzsteuerung
für TTL-Bausteine

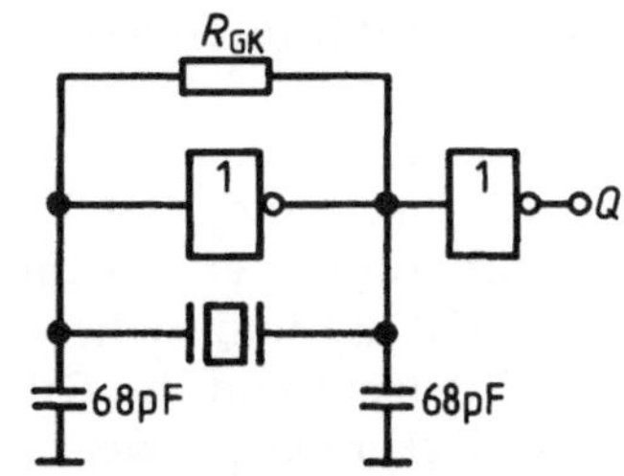

7.51 Multivibrator mit Quarzsteuerung für CMOS-Bausteine

Sie müssen dafür durch Gegenkopplungswiderstände so beschaltet werden, daß sie im steigenden oder fallenden Teil der Übertragungskennlinien betrieben werden. Die Größe der Gegenkopplungswiderstände hängt von der Technologie und der Schaltkreisfamilie der Digitalbausteine ab.

Bild 7.50 zeigt eine Schaltung für TTL-Bausteine, bei der der Quarz in Reihenresonanz betrieben wird. Die Kapazität C_{GK} dient zur Unterdrückung von Oberschwingungen des Quarzes. Der Betrag ihres Blindwiderstands sollte bei der Resonanzfrequenz gleich dem ohmschen Gegenkopplungswiderstand sein. Die letzte Negation vor dem Ausgang Q dient lediglich zur Formung und Auskopplung des Rechtecksignals.

Eine Schaltung für CMOS-Bausteine zeigt Bild 7.51. Hier wird der Quarz in Parallelresonanz betrieben. Die Größe des Gegenkopplungswiderstands R_{GK} ist relativ unkritisch und darf Werte von 10 kΩ bis zu 10 MΩ annehmen.

7.4 Schwellwertschalter

Ein Schwellwertschalter ist eine rückgekoppelte Schaltung mit binärem Ausgangsverhalten, die allerdings im Gegensatz zu den anderen Kippschaltungen mit einem analogen, d.h. stetig veränderlichen Eingangssignal angesteuert wird. Ist das Eingangssignal größer als die obere Schwellenspannung U_{SO}, so hat der Ausgang das eine binäre Signal. Ist die Eingangsspannung hingegen kleiner als die untere Schwellenspannung U_{SU}, so hat der Ausgang das andere binäre Signal. Das Umschalten des Ausgangs vom einen zum anderen binären Signal vollzieht sich jeweils sprunghaft, wenn die Eingangsspannung eine Schwellenspannung erreicht.

Schwellwertschalter werden verwendet, um analoge in binäre Signale umzuwandeln. Sie stellen das einfachste Bindeglied zwischen der Analog- und der Digitaltechnik dar.

7.4.1 Schwellwertschalter mit Operationsverstärkern

Der Operationsverstärker ist ein analoges Bauteil und zur linearen Verstärkung konzipiert (s. Band XII). Er ist ein Gleichspannungsdifferenzverstärker mit sehr großer Verstärkung (10^4 und mehr) und sehr großem Eingangswiderstand (100 kΩ und mehr). Bei Rechnungen kann man daher fast immer den Eingangsstrom und die Differenzeingangsspannung vernachlässigen. Operationsverstärker haben zwei Eingänge, die mit + und mit − bezeichnet sind (Bild 7.52a). Die Bezeichnungen beziehen sich auf die Phasenlage zwischen der Ein-

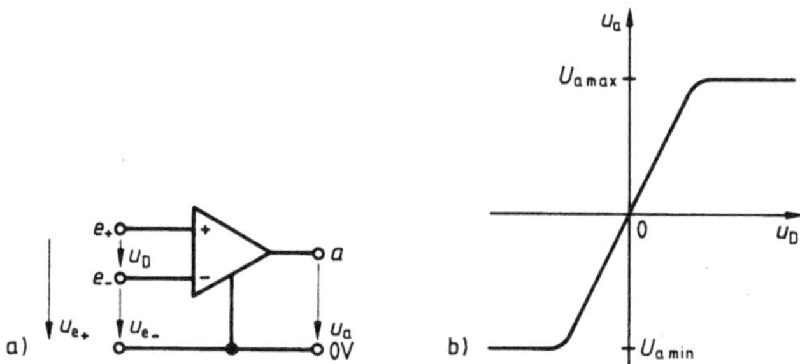

7.52 Schaltzeichen des Operationsverstärkers mit Eingangs- und Ausgangsspannung (a) und zugehörige Übertragungskennlinie (b)

gangs- und der Ausgangsspannung, wenn der andere Eingang auf 0 V liegt und der Verstärker selbst noch keine Phasenänderung verursacht. Die Ausgangsspannung ist also mit der Eingangsspannung u_{e+} in Phase, wenn der Eingang e_- auf 0 V liegt, und zur Eingangsspannung u_{e-} um 180° phasenverschoben, wenn der Eingang e_+ auf 0 V liegt. Die Differenzverstärkung

$$v_D = \frac{u_a}{u_D} = \frac{u_a}{u_{e+} - u_{e-}} \tag{7.34}$$

ist das Verhältnis der Ausgangsspannung u_a zur Differenzeingangsspannung u_D. Die Ausgangsspannung eines Operationsverstärkers ist idealisiert zwischen den Grenzwerten U_{amax} und U_{amin} eine lineare Funktion der Differenzeingangsspannung u_D (s. Bild 7.52b).

Aus Operationsverstärkern lassen sich bereits durch einfache Beschaltung mit zwei Widerständen Schwellwertschalter herstellen. Die Ausgangssignale dieser Schaltungen haben meist nur eine geringe Flankensteilheit, da die slew rate (die schnellste überhaupt mögliche Änderung der Ausgangsspannung) von Operationsverstärkern relativ niedrig ist (0,5 V/μs bis 50 V/μs).

7.4.1.1 Invertierender Schwellwertschalter. Bild 7.53a zeigt einen invertierenden Schwellwertschalter aus einem Operationsverstärker und zwei Widerständen. Die Ausgangsspannung u_a liegt an dem Spannungsteiler aus den Widerständen R_1 und R_2. Ein Teil der Ausgangsspannung wird an den nichtinvertierenden Eingang ($+$) zurückgeführt. Dadurch entsteht eine Mitkopplung, die die Verstärkung der Gesamtschaltung vergrößert. Für diese resultierende Verstärkung v' des rückgekoppelten Verstärkers gilt unter Vernachlässigung des Verstärkereingangsstroms

$$v' = \frac{u_a}{u_e} \approx \frac{u_a}{-u_D + u_a \dfrac{R_1}{R_1 + R_2}} = \frac{u_a / -u_D}{\dfrac{-u_D}{-u_D} + \dfrac{u_a}{-u_D} \cdot \dfrac{R_1}{R_1 + R_2}}$$

$$\approx \frac{-v_D}{1 - v_D \dfrac{R_1}{R_1 + R_2}} . \tag{7.35}$$

Sie wird vom Betrag her unendlich, wenn der Nenner von Gl. (7.35) Null wird. Dies ist der Fall bei **kritischer Verstärkung**

$$v_D = \frac{R_1 + R_2}{R_1} = 1 + \frac{R_2}{R_1} . \tag{7.36}$$

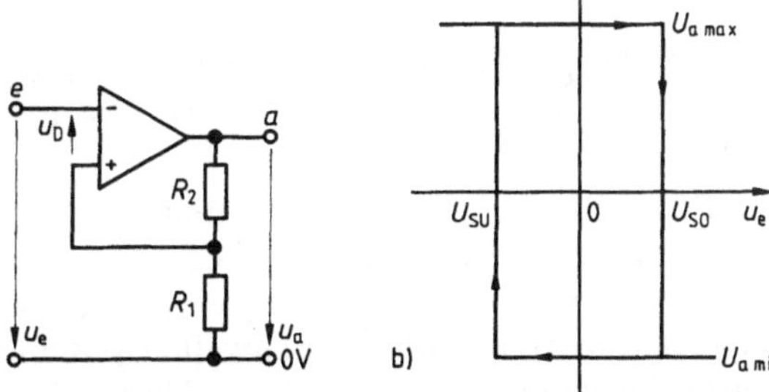

7.53
Invertierender Schwellwertschalter aus beschaltetem Operationsverstärker (a) mit Übertragungskennlinie (b)

Ist die Differenzverstärkung v_D größer als $1 + R_2/R_1$, dann müßte nach Gl. (7.35) die Verstärkung ihr Vorzeichen umkehren, was natürlich nicht möglich ist. Die Schaltung arbeitet dann nicht mehr als linearer Verstärker, sondern als Schwellwertschalter, bei dem die Ausgangsspannung nur noch die Extremwerte U_{amax} und U_{amin} annehmen kann. Der Wechsel der Ausgangsspannung von einem Extremwert zum anderen vollzieht sich bei zwei festen Werten der Eingangsspannung, der oberen Schwellenspannung U_{SO} und der unteren Schwellenspannung U_{SU}. Ist die Eingangsspannung kleiner als die untere Schwellenspannung U_{SU}, so ist die Ausgangsspannung gleich U_{amax} (s. Bild 7.54). Erreicht die Eingangsspannung die obere Schwellenspannung U_{SO}, so kippt die Ausgangsspannung selbsttätig von U_{amax} nach U_{amin}. Das Rückkip-

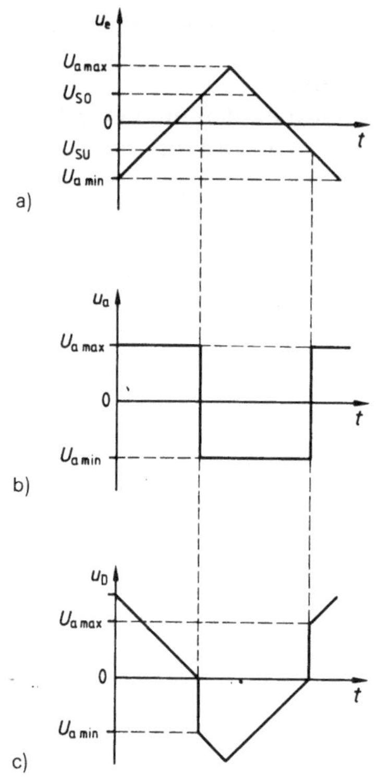

7.54
Zeitlicher Verlauf der Ausgangsspannung u_a (b) und der Differenzeingangsspannung u_D (c) des intervertierenden Schwellwertschalters bei dreieckförmiger Eingangsspannung u_e (a) und dem Widerstandsverhältnis $R_2 = 2R_1$

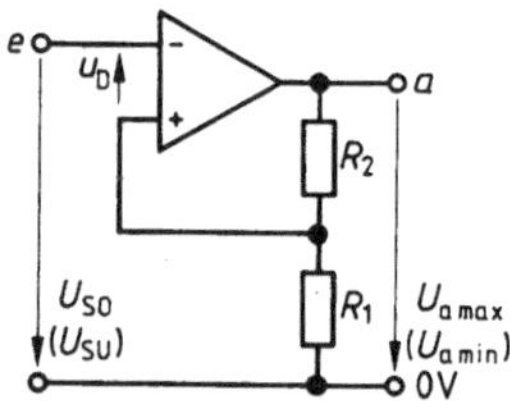

7.55 Zur Berechnung der Schwellenspannungen des invertierenden Schwellwertschalters

pen der Ausgangsspannung von U_{amin} nach U_{amax} vollzieht sich jedoch erst, wenn die Eingangsspannung wieder die untere Schwellenspannung U_{SU} erreicht.

Die Schwellenspannungen U_{SO} und U_{SU} lassen sich aus der Ausgangsspannung des Schwellwertschalters vor dem Umschalten ermitteln (s. Bild 7.55). Zur oberen Schwellenspannung U_{SO} gehört die Ausgangsspannung U_{amax}, zur (eingeklammerten) unteren Schwellenspannung U_{SU} die (ebenfalls eingeklammerte) Ausgangsspannung U_{amin}. Unter Vernachlässigung des Verstärkereingangsstroms gilt für die obere Schwellenspannung

$$U_{SO} \approx -u_D + U_{amax} \frac{R_1}{R_1+R_2} = -\frac{U_{amax}}{v_D} + U_{amax} \frac{R_1}{R_1+R_2}$$

$$= U_{amax}\left(\frac{R_1}{R_1+R_2} - \frac{1}{v_D}\right) \approx U_{amax} \frac{R_1}{R_1+R_2}\bigg|_{v_D \to \infty}. \tag{7.37}$$

Die entsprechende Rechnung (mit den eingeklammerten Werten) liefert für die untere Schwellenspannung

$$U_{SU} = U_{amin}\left(\frac{R_1}{R_1+R_2} - \frac{1}{v_D}\right) \approx U_{amin} \frac{R_1}{R_1+R_2}\bigg|_{v_D \to \infty}. \tag{7.38}$$

Die Differenz zwischen oberer und unterer Schwellenspannung bezeichnet man als **Hysteresespannung**

$$U_\mathrm{H} = U_\mathrm{SO} - U_\mathrm{SU}. \tag{7.39}$$

Diese Bezeichnung resultiert aus der Hysterese der Übertragungskennlinie in Bild 7.53 b.

Bei dieser Schaltung kann der Betrag der Differenzeingangsspannung $|u_\mathrm{D}|$ größer werden als der Betrag der Ausgangsspannung, so daß die zulässigen Grenzen der Differenzeingangsspannung überschritten werden könnten.

7.4.1.2 Nichtinvertierender Schwellwertschalter.

Bild 7.56 zeigt einen nichtinvertierenden Schwellwertschalter aus einem Operationsverstärker und zwei Widerständen. Gegenüber dem invertierenden Schwellwertschalter in Bild 7.53 sind der Einspeisungspunkt für die Eingangsspannung und der Bezugspunkt des Operationsverstärkers miteinander vertauscht. Durch die Mitkopplung wird auch hier die resultierende Verstärkung v' der Gesamtschaltung vergrößert. Unter Vernachlässigung des Verstärkereingangsstroms erhält man für sie

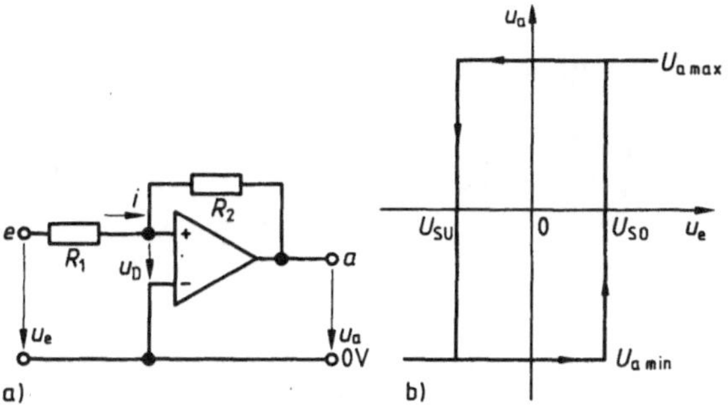

7.56 Nichtinvertierender Schwellwertschalter aus beschaltetem Operationsverstärker (a) mit Übertragungskennlinie (b)

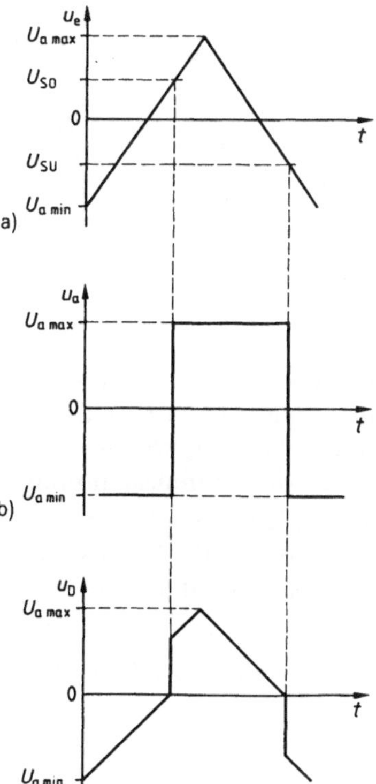

7.57
Zeitlicher Verlauf der Ausgangsspannung u_a (b) und der Differenzeingangsspannung u_D (c) des nichtinvertierenden Schwellwertschalters bei dreieckförmiger Eingangsspannung u_e (a) und dem Widerstandsverhältnis $R_2 = 2R_1$

$$v' = \frac{u_a}{u_e} = \frac{u_a}{u_D + R_1 i} \approx \frac{u_a}{u_D + R_1 \dfrac{u_D - u_a}{R_2}} = \frac{u_a/u_D}{\dfrac{u_D}{u_D} - \dfrac{R_1}{R_2}\left(\dfrac{u_a}{u_D} - \dfrac{u_D}{u_D}\right)}$$

$$\approx \frac{v_D}{1 - \dfrac{R_1}{R_2}(v_D - 1)} . \tag{7.40}$$

Die resultierende Verstärkung v' wird unendlich, wenn der Nenner von Gl. (7.40) Null wird. Dies ist wiederum der Fall bei $v_D = 1 + R_2/R_1$. Ist die Differenzverstärkung v_D größer als $1 + R_2/R_1$, dann müßte nach Gl. (7.40) auch hier die Verstärkung ihr Vorzeichen umkehren, was natürlich nicht möglich ist. Die Schaltung wird vielmehr zum nichtinvertierenden Schwellwertschalter. Bild 7.57 zeigt den zeitlichen Verlauf der Ausgangsspannung u_a und der Differenzeingangsspannung u_D bei dreieckförmiger Ansteuerung des nichtinvertierenden Schwellwertschalters.

Die Schwellenspannungen U_{SO} und U_{SU} lassen sich aus der Ausgangsspannung des Schwellwertschalters vor dem Umschalten ermitteln. Es gilt für die obere Schwellenspannung unter Vernachlässigung des Verstärkereingangsstroms

$$U_{SO} = R_1 i + u_D \approx R_1 \frac{u_D - U_{amin}}{R_2} + u_D = -U_{amin}\frac{R_1}{R_2} + \frac{U_{amin}}{v_D}\left(1 + \frac{R_1}{R_2}\right)$$

$$= -U_{amin}\left[\frac{R_1}{R_2} - \frac{1}{v_D}\left(1 + \frac{R_1}{R_2}\right)\right] \approx -U_{amin}\frac{R_1}{R_2}\bigg|_{v_D \to \infty} \tag{7.41}$$

und analog für die untere Schwellenspannung

$$U_{SU} = -U_{amax}\left[\frac{R_1}{R_2} - \frac{1}{v_D}\left(1 + \frac{R_1}{R_2}\right)\right] \approx -U_{amax}\frac{R_1}{R_2}\bigg|_{v_D \to \infty}. \tag{7.42}$$

Im Gegensatz zum invertierenden Schwellwertschalter, bei dem die Schwellenspannungen höchstens gleich den Ausgangsgrenzspannungen U_{amax} und U_{amin} werden können, können sie beim nichtinvertierenden Schwellwertschalter größer als diese Grenzspannungen werden.

Die beiden Schwellwertschalter unterscheiden sich noch in ihren Eingangswiderständen. Mit R_{eV} als Eingangswiderstand des unbeschalteten Operationsverstärkers ist der Eingangswiderstand des invertierenden Schwellwertschalters

$$R_e \approx R_{eV} + R_1 R_2/(R_1 + R_2) \approx \infty|_{R_{eV} \to \infty} \tag{7.43}$$

und der Eingangswiderstand des nichtinvertierenden Schwellwertschalters

$$R_e \approx R_1 + R_2 R_{eV}/(R_2 + R_{eV}) \approx R_1 + R_2|_{R_{eV} \to \infty}. \tag{7.44}$$

7.4.1.3 Verschieben der Schwellenspannungen. Bei den bisher vorgestellten Schwellwertschaltern können die beiden Schwellenspannungen nicht unabhängig voneinander eingestellt werden, da der eine Spannungsteiler beide Schwellenspannungen bestimmt. Bild 7.58 zeigt die Schaltung eines invertierenden Schwellwertschalters, bei dem die beiden Schwellenspannungen unabhängig voneinander eingestellt werden. Bei der positiven Ausgangsspannung U_{amax} ist die Diode D_1 leitend und die Diode D_2 gesperrt, bei der negativen Ausgangsspannung U_{amin} ist es umgekehrt. Daher ist der Widerstand R_{11} nur bei der oberen Schwellenspannung U_{SO} und der Widerstand R_{12} nur bei der unteren Schwellenspannung U_{SU} wirksam. Natürlich kann auch der Widerstand R_2 doppelt und der Widerstand R_1 einfach ausgelegt werden; die Dioden kommen dann in Reihe mit den oberen Widerständen R_{21} und R_{22}.

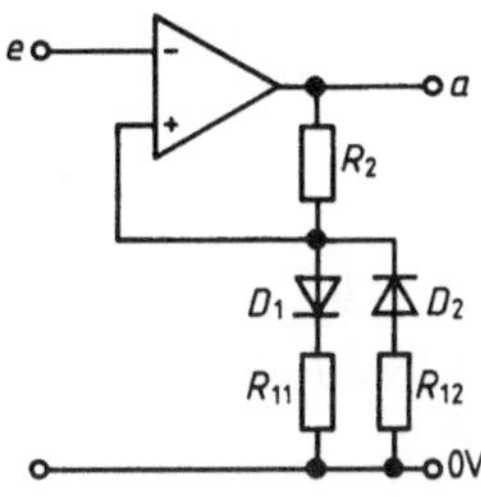

7.58
Invertierender Schwell-
wertschalter mit Be-
schaltung zur getrennnten
Einstellung der Schwel-
lenspannungen

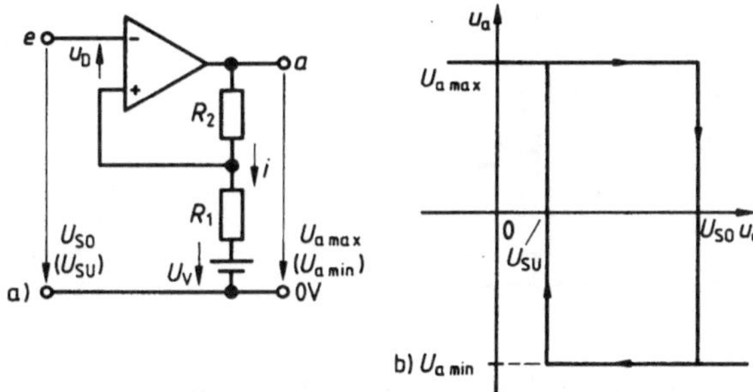

7.59 Invertierender Schwellwertschalter mit Verschiebespannung U_V (a) und Übertragungskennlinie (b)

Durch den Spannungsteiler in der Rückkopplung ist die Differenz zwischen der oberen und der unteren Schwellenspannung, die Hysteresespannung U_H festgelegt. Mit der Verschiebespannung U_V in Bild 7.59 lassen sich beide Schwellenspannungen unter Beibehaltung der Hysteresespannung verschieben. Unter Vernachlässigung des Verstärkereingangsstroms ist die obere Schwellenspannung

$$U_{\mathrm{SO}} \approx -u_\mathrm{D} + R_1 i + U_\mathrm{V} = -u_\mathrm{D} + R_1 \frac{U_{\mathrm{amax}} - U_\mathrm{V}}{R_1 + R_2} + U_\mathrm{V}$$

$$= U_{\mathrm{amax}} \left(\frac{R_1}{R_1 + R_2} - \frac{1}{v_\mathrm{D}} \right) + U_\mathrm{V} \frac{R_2}{R_1 + R_2}$$

$$\approx U_{\mathrm{amax}} \frac{R_1}{R_1 + R_2} + U_\mathrm{V} \frac{R_2}{R_1 + R_2} \bigg|_{v_\mathrm{D} \to \infty} \tag{7.45}$$

und mit analoger Rechnung die untere Schwellenspannung

$$U_{\mathrm{SU}} \approx U_{\mathrm{amin}} \left(\frac{R_1}{R_1+R_2} - \frac{1}{v_{\mathrm{D}}} \right) + U_{\mathrm{V}} \frac{R_2}{R_1+R_2}$$

$$\approx U_{\mathrm{amin}} \frac{R_1}{R_1+R_2} + U_{\mathrm{V}} \frac{R_2}{R_1+R_2} \bigg|_{v_{\mathrm{D}} \to \infty}. \tag{7.46}$$

Normalerweise wird die Verschiebespannung U_{V} über einen Spannungsteiler aus der Betriebsspannung des Operationsverstärkers gewonnen.

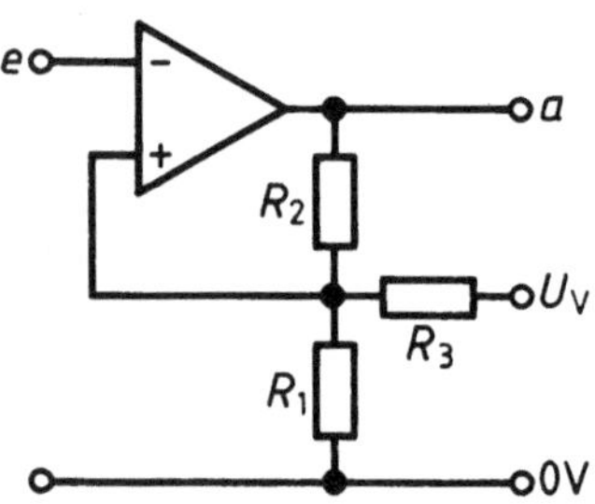

7.60
Invertierender Schwellwertschalter mit Verschiebespannung U_{V}

Eine weitere Schaltung zeigt Bild 7.60. Unter Vernachlässigung des Verstärkereingangsstroms und der Differenzeingangsspannung gilt für die Schwellenspannungen

$$U_{\mathrm{SO}} \approx \frac{U_{\mathrm{amax}} \dfrac{R_1}{R_2} + U_{\mathrm{V}} \dfrac{R_1}{R_3}}{1 + \dfrac{R_1}{R_2} + \dfrac{R_1}{R_3}} \tag{7.47}$$

$$U_{\mathrm{SU}} \approx \frac{U_{\mathrm{amin}} \dfrac{R_1}{R_2} + U_{\mathrm{V}} \dfrac{R_1}{R_3}}{1 + \dfrac{R_1}{R_2} + \dfrac{R_1}{R_3}} \tag{7.48}$$

Auch bei dieser Schaltung werden beide Schwellenspannungen durch die Verschiebespannung um denselben Wert verschoben, die Hysteresespannung bleibt also erhalten. Die Schaltungsprinzipien der Bilder 7.58 bis 7.60 lassen sich selbstverständlich auch beim nichtinvertierenden Schwellwertschalter anwenden.

7.4.2 Schwellwertschalter aus Negationen

Die Rolle des Verstärkers beim nichtinvertierenden Schwellwertschalter nach Bild 7.56 kann auch von logischen Schaltungen, insbesondere von Negationen übernommen werden. Bild 7.61 zeigt eine entsprechende Schaltung mit der zugehörigen Übertragungskennlinie. Da logische Schaltungen nicht für eine lineare Verstärkung gedacht und ausgelegt sind, sondern normalerweise bis zu den Extremwerten der Ausgangsspannung ausgesteuert werden, werden auch keine Angaben über ihre Verstärkung gemacht. Sie ist aber erforderlich, um die Widerstände R_1 und R_2 richtig zu bemessen. Ferner geht sie nach Gl. (7.41)

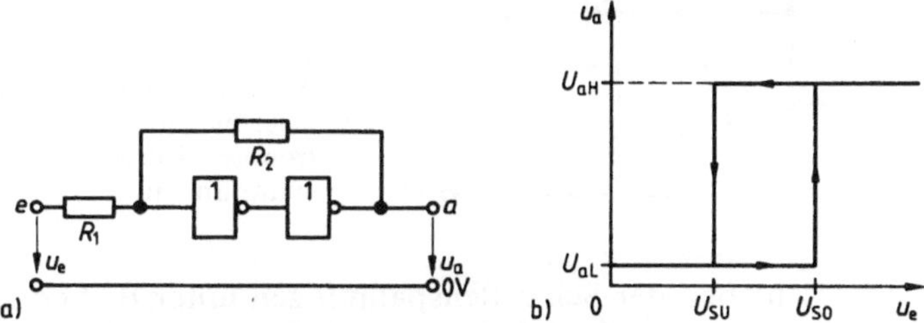

7.61 Nichtinvertierender Schwellwertschalter aus zwei Negationen (a) mit Übertragungskennlinie (b)

und (7.42) in die Berechnung der Schwellenspannungen ein. Im allgemeinen kann man davon ausgehen, daß die Gesamtverstärkung der beiden kaskadierten Negationen so groß ist, daß die Schaltung durch die Mitkopplung über die Widerstände R_1 und R_2 Schwellwertverhalten erhält. Ist die Übertragungskennlinie der Negationen bekannt, dann läßt sich aus ihr über ihren Schnittpunkt mit der Geraden $u_a = u_e$ die Umschaltspannung U_U ermitteln (s. Bild 7.35), mit der sich unter guter Näherung die Schwellenspannungen ermitteln lassen. Nach Bild 7.62 ist mit i_E als Eingangsstrom der Negation bei der Umschaltspannung U_U bzw. dem zugehörigen Eingangswiderstand R_E die obere Schwellenspannung

$$U_{SO} = -R_1 i_1 + U_U = R_1 (i_2 + i_E) + U_U = R_1 \left(\frac{U_U - U_{aL}}{R_2} + \frac{U_U}{R_E} \right) + U_U$$

$$= -U_{aL} \frac{R_1}{R_2} + U_U \left(1 + \frac{R_1}{R_2} + \frac{R_1}{R_E} \right) \tag{7.49}$$

7.62
Zur Berechnung der Schwellenspannungen des Schwellwertschalters aus zwei Negationen

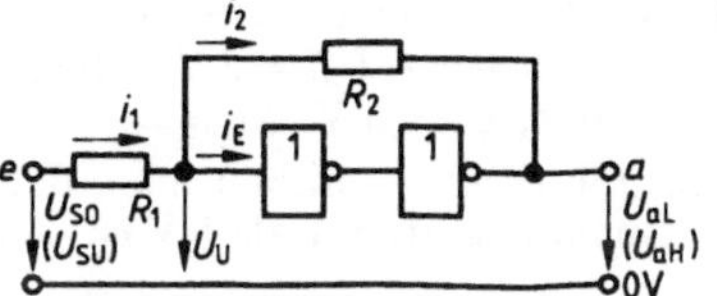

und entsprechend die untere Schwellenspannung

$$U_{SU} = -U_{aH}\frac{R_1}{R_2} + U_U\left(1 + \frac{R_1}{R_2} + \frac{R_1}{R_E}\right). \tag{7.50}$$

Sollen die beiden Schwellenspannungen unabhängig voneinander eingestellt werden, so müssen entweder der Widerstand R_2 – wie im Bild 7.63 – oder der Widerstand R_1 doppelt ausgeführt und Entkoppeldioden eingefügt werden.

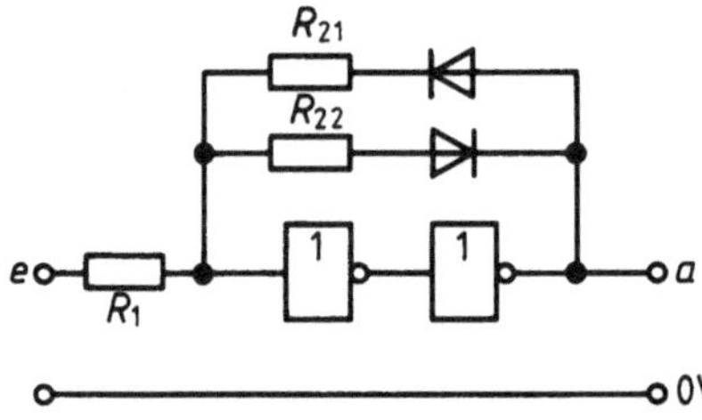

7.63
Nichtinvertierender Schwellwertschalter aus zwei Negationen mit Beschaltung zur getrennten Einstellung der Schwellenspannungen

Ein Verschieben der Schwellenspannungen unter Beibehaltung der Hysteresespannung gestattet die Schaltung nach Bild 7.64. Für die Schwellenspannungen gilt

$$U_{SO} = -U_{aL}\frac{R_1}{R_2} + U_U\left(1 + \frac{R_1}{R_2} + \frac{R_1}{R_E} + \frac{R_1}{R_3}\right) - U_V\frac{R_1}{R_3} \tag{7.51}$$

$$U_{SU} = -U_{aH}\frac{R_1}{R_2} + U_U\left(1 + \frac{R_1}{R_2} + \frac{R_1}{R_E} + \frac{R_1}{R_3}\right) - U_V\frac{R_1}{R_3} \tag{7.52}$$

Das Ausgangssignal von Schwellwertschaltern aus Negationen hat in der Regel wesentlich steilere Flanken als das von Schwellwertschaltern aus Operationsverstärkern.

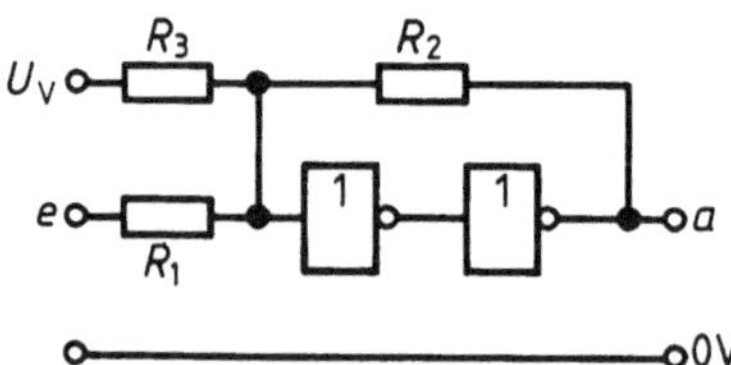

7.64
Nichtinvertierender Schwellwertschalter aus zwei Negationen mit Verschiebespannung U_V

Beispiel 7.5. Aus CMOS-Invertern soll ein Schwellwertschalter für die Schwellenspannungen $U_{SO} = -U_{SU} = 5\ V$ aufgebaut werden. Für die Inverter gelte: $U_{aH} = U_{B+} = 10\ V$; $U_{aL} = 0\ V$; $U_U = 5\ V$; $R_E = \infty$.

Aus Gl. (7.49) entnimmt man, daß bei der Schaltung nach Bild 7.62 die obere Schwellenspannung größer als 5 V ist. Also muß die Schaltung nach Bild 7.64 verwendet werden.

Zunächst wird über die Hysteresespannung U_H das Widerstandsverhältnis R_1/R_2 bestimmt.

$$U_H = U_{SO} - U_{SU} = (U_{aH} - U_{aL})R_1/R_2$$
$$10\,V = 5\,V + 5\,V = (10\,V - 0\,V)R_1/R_2$$
$$1 = R_1/R_2$$

Nun wird mit Gl. (7.51) und $U_V = U_{B+} = 10\,V$ das Widerstandsverhältnis R_1/R_3 bestimmt.

$$5\,V = 0 + 5\,V(1 + 1 + R_1/R_3) - 10\,V(R_1/R_3)$$
$$1 = 2 + R_1/R_3 - 2R_1/R_3$$
$$1 = R_1/R_3$$

Damit sind alle Widerstände gleich groß. Sie werden zu 10 kΩ gewählt.

7.4.3 Schwellwertschalter aus diskreten Bauelementen

Wahrscheinlich das älteste bekannte Schaltungskonzept für einen Schwellwertschalter ist der nach seinem Erfinder benannte Schmitt-Trigger. Das Schaltungskonzept wurde von Schmitt im Jahre 1938 mit Röhren angegeben, ist aber auch mit bipolaren und unipolaren Transistoren realisierbar. Bild 7.65 zeigt eine entsprechende Schaltung mit bipolaren Transistoren, die mit den Widerstandswerten $R_1 = 0$ und $R_2 = \infty$ auch bei TTL-Schmitt-Triggern verwendet wird. Das wesentliche Merkmal des Schmitt-Triggers ist der beiden Verstärkerstufen gemeinsame Emitterwiderstand R_E. Er bewirkt, daß im Umschaltbereich die Gesamtverstärkung unendlich wird. Damit der Schmitt-Trigger also richtig als Schwellwertschalter arbeitet, muß der Emitterwiderstand eine Mindestgröße haben. Unter der Voraussetzung gleicher Verhältnisse von Sinus-

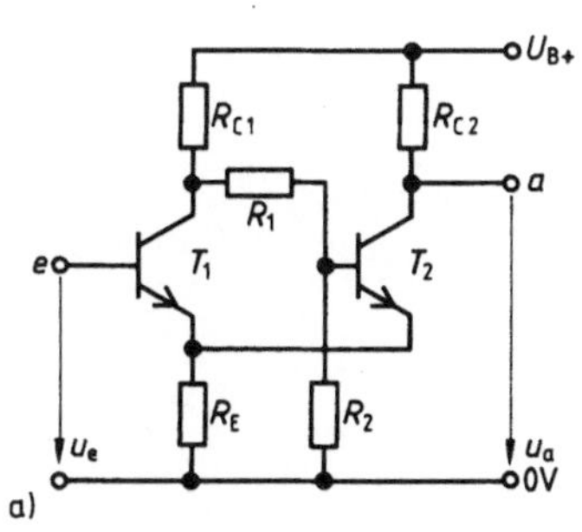
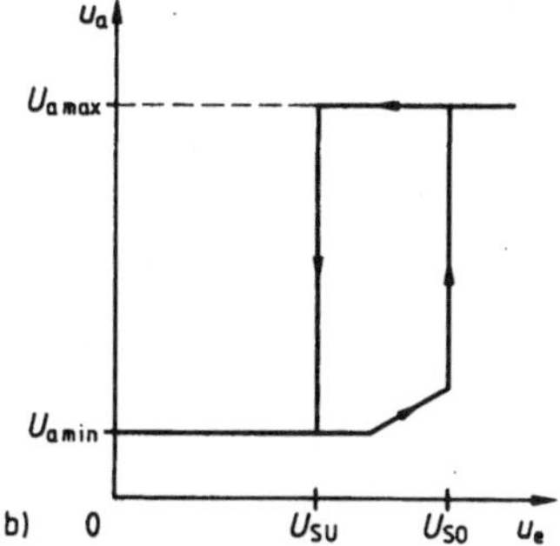

7.65 Schmitt-Trigger-Schaltung aus bipolaren Transistoren (a) mit Übertragungskennlinie (b)

stromverstärkung h_{21} zu Sinusstromeingangswiderstand h_{11}, d. h. also von gleichen Steilheiten der beiden Transistoren, muß für den Emitterwiderstand gelten

$$R_{\mathrm{E}} \geqq \frac{1}{\dfrac{h_{21}}{h_{11}}\left(\dfrac{R_2 R_{\mathrm{C}1} h_{21}}{(R_1+R_2)h_{11}} + 2\right)} \, . \tag{7.53}$$

Die Schwellenspannungen des Schmitt-Triggers können im Gegensatz zu allen anderen bisher behandelten Schaltungen nicht durch einfache äußere Beschaltung eingestellt werden. Sie sind vielmehr von allen Bauteilen der Schaltung abhängig.

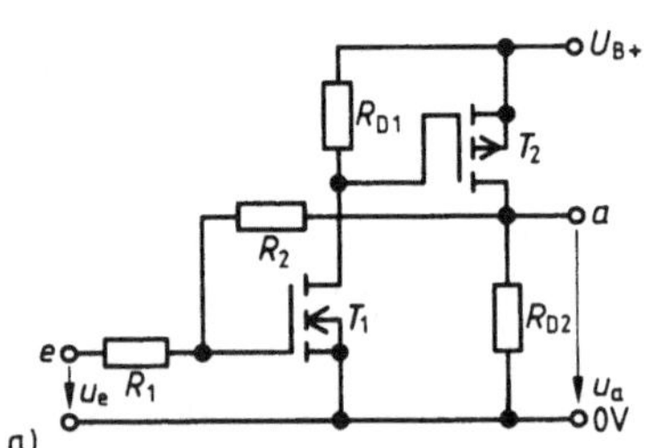

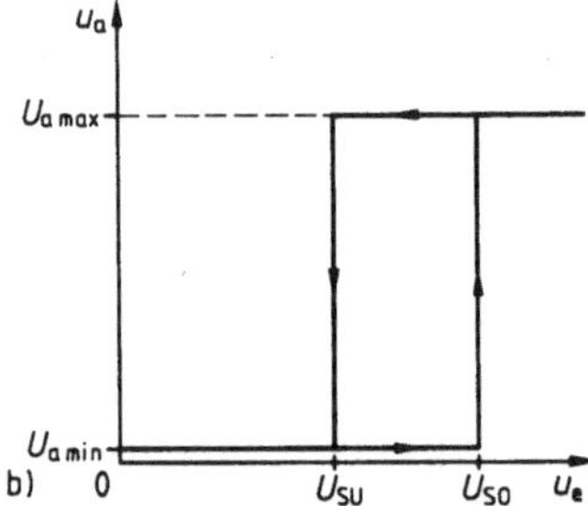

7.66 Nichtinvertierender Schwellwertschalter aus komplementären MOS-FETs (a) mit Übertragungskennlinie (b)

Einen Schwellwertschalter aus komplementären MOS-FETs zeigt Bild 7.66. Es handelt sich hierbei – wie im Abschn. 7.4.2 – um zwei hintereinander geschaltete Negationen, die durch die Widerstände R_1 und R_2 mitgekoppelt sind. Für die Schwellenspannungen gelten daher Gl. (7.49) und (7.50). Die Schaltung kann auch mit komplementären bipolaren Transistoren aufgebaut werden.

8 Analyse und Synthese von Folgeschaltungen

Eine Folgeschaltung, auch sequentielle Schaltung oder Schaltwerk genannt, ist nach DIN 41859 (Elektrische Digitalschaltungen, Begriffe) eine Digitalschaltung, in der es für mindestens eine Eingangskonfiguration mehr als eine Ausgangskonfiguration gibt. Diese Ausgangskonfigurationen werden durch die vorhergehenden elektrischen Vorgänge bestimmt (Speichereffekte, Verzögerungen, usw.).

Im Gegensatz dazu ist eine kombinatorische Schaltung, auch Zuordner oder Schaltnetz genannt, eine Digitalschaltung, in der es für jede Eingangskonfiguration jeweils eine und nur eine Ausgangskonfiguration gibt.

Unter Eingangs- bzw. Ausgangskonfiguration wird hierbei die Kombination der an den Eingangs- bzw. Ausgangsanschlüssen anliegenden L- und H-Pegel verstanden.

Die elementarsten Folgeschaltungen sind demnach Flipflops (s. Abschn. 7.1). Komplexere Folgeschaltungen bestehen aus mehreren Flipflops, die zu einem Speicher zusammengefaßt werden können, und einem Zuordner. Der Speicher der Folgeschaltung in Bild **8.**1 besteht z. B. aus m D-Flipflops. Er hat also m Ausgänge Q_1 bis Q_m und ebenfalls m Eingänge D_1 bis D_m. (Bestünde der Speicher aus JK-Flipflops, so wäre die Anzahl der Eingänge $2m$, entsprechend den Eingängen J_1 bis J_m und K_1 bis K_m.) Der Zuordner in Bild **8.**1 hat insgesamt p Eingänge e_1 bis e_p, wovon die Eingänge e_1 bis e_m von den Ausgängen Q_1 bis Q_m des Speichers, also den inneren Variablen der Folgeschaltung, gesteuert werden. Zur externen Steuerung verbleiben die Eingänge e_n bis e_p des Zuordners, an denen die äußeren Variablen der Folgeschaltung liegen. Der Zuordner hat insgesamt r Ausgänge a_1 bis a_r, wovon die Ausgänge a_1 bis a_m die Ansteuerfunktionen der Speicher-Flipflops und die Ausgänge a_n bis a_r die Ausgangsfunktionen der Folgeschaltung liefern. Im allgemeinen Fall realisiert jeder Ausgang des Zuordners eine Funktion von allen Eingängen des Zuordners, d. h. also von den äußeren und den inneren Variablen. Daher kann es bei einer Kombination der Eingangsvariablen e_n bis e_p bis zu 2^m Kombinationen der Ausgangsva-

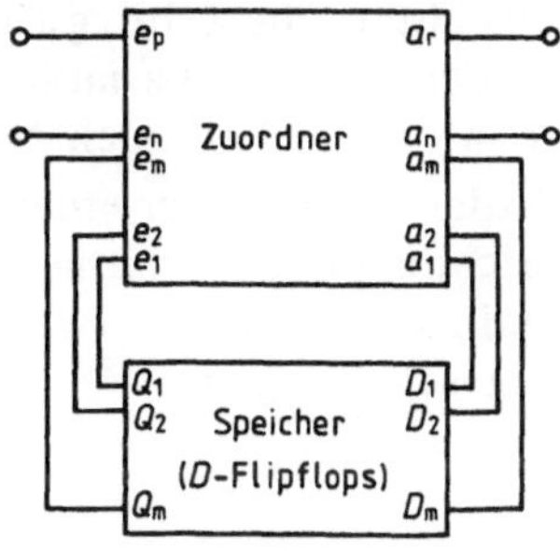

8.1 Blockschaltbild einer Folgeschaltung mit D-Flipflops

riablen a_n bis a_r geben. Dieser allgemeine Fall wird in der Automatentheorie Mealy-Automat genannt. Bei ihm läßt sich der Zuordner aus Bild **8.**1 in zwei Zuordner entsprechend Bild **8.**2 aufspalten. Der Zuordner *1* liefert nur die Ansteuerfunktionen für die Speicherflipflops. Er bestimmt also zu jedem inneren Zustand des Speichers den Folgezustand aus den Kombinationen der inneren und der äußeren Variablen. Er realisiert damit die Übergangsfunktion. Der Zuordner *2* bestimmt das Ausgangsverhalten der Folgeschaltung. Er bildet also aus den inneren und den äußeren Variablen die Ausgangsfunktion.

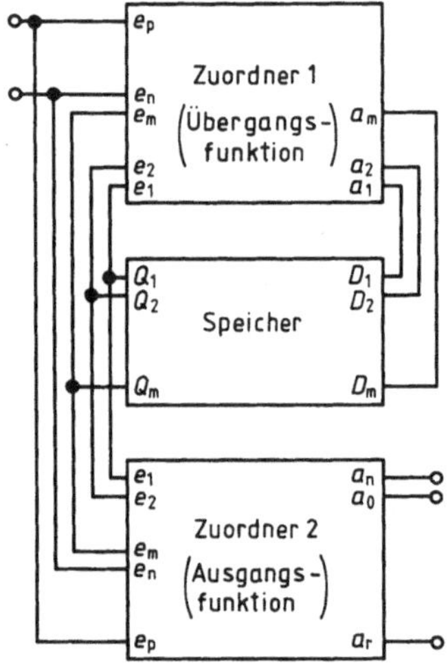

8.2 Blockschaltbild eines
    Mealy-Automaten

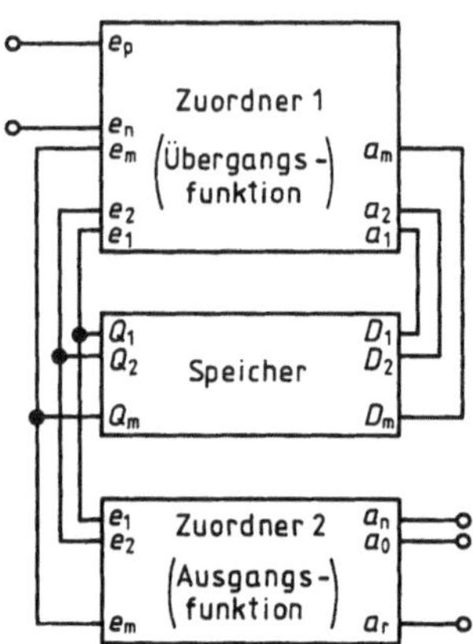

8.3 Blockschaltbild eines
    Moore-Automaten

Häufig stellen die Ausgänge a_n bis a_r des Zuordners in Bild **8.**1 nur Funktionen der inneren Variablen e_1 bis e_m bzw. Q_1 bis Q_m dar (z. B. Zweirichtungszähler oder Zweirichtungsschieberegister). Im Sinne der Automatentheorie handelt es sich hierbei um einen Moore-Automaten. Der Zuordner aus Bild **8.**1 läßt sich auch hier in zwei getrennte Zuordner aufspalten (Bild **8.**3). Der Zuordner *1* bildet wiederum aus den inneren und den äußeren Variablen der Folgeschaltung die Übergangsfunktion. Der Zuordner *2* bildet hier lediglich aus den inneren Variablen die Ausgangsfunktion des Moore-Automaten, die in diesem Fall auch Markierungsfunktion genannt wird.

Werden im Speicher einer Folgeschaltung ungetaktete Flipflops verwendet, so spricht man von einer asynchronen oder ungetakteten Folgeschaltung, werden getaktete Flipflops verwendet, so spricht man von synchronen oder getakteten Folgeschaltungen.

8.1 Beschreibungsarten von Folgeschaltungen

Um Folgeschaltungen zu beschreiben, muß das Übergangs- und das Ausgangsverhalten angegeben werden, wovon das Übergangsverhalten das Wesentliche
der Schaltung ausmacht. Es gibt verschiedene Beschreibungsarten für Folgeschaltungen, die zwar alle die Folgeschaltungen beschreiben, jedoch für die
Analyse und für die Synthese einer Folgeschaltung nicht gleich gut geeignet
sind. Die gebräuchlichen Beschreibungsarten werden am Beispiel der einfachen Folgeschaltung von Bild **8.4** vor-
gestellt. Bei der Schaltung handelt es
sich um einen Moore-Automaten mit
zwei getakteten D-Flipflops. Bei der
Eingangskombination $e_1 = e_2 = 0$ zählen
die beiden Flipflops mit dem Takt dual
vorwärts; bei der Eingangskombina-
tion $e_1 = 1$ und $e_2 = 0$ zählen sie mit dem
Takt dual rückwärts; bei der Eingangskombination $e_1 = 0$ und $e_2 = 1$ werden
sie vom Takt 0 gesetzt und bei der Eingangskombination $e_1 = e_2 = 1$ werden
sie vom Takt 1 gesetzt. Die von den
beiden Flipflops gebildeten Dualzahlen werden von dem den Flipflops
nachgeschalteten Code-Umsetzer in
den (1 aus 4)-Code mit den Stellen a_0
bis a_3 umgewandelt.

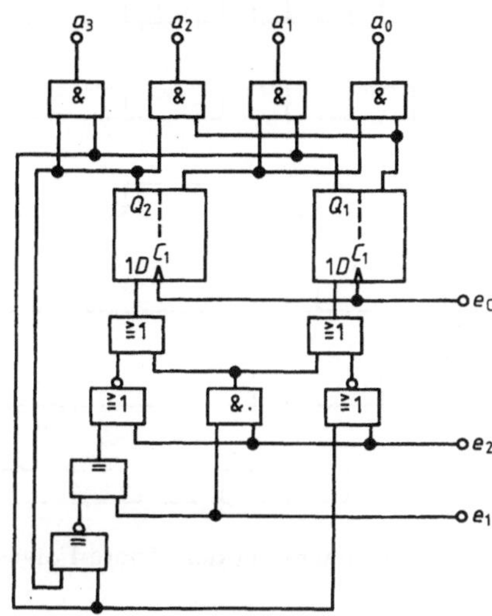

8.4 Moore-Folgeschaltung mit getakteten D-Flipflops

8.1.1 Impulsdiagramm

Eine besonders bei Zählern und Untersetzern gebräuchliche Beschreibungsart
von Folgeschaltungen ist das Impulsdiagramm. Es läßt sich mit einem Oszillo-
skop an einer vorhandenen Folgeschaltung aufnehmen. Es läßt sich aber auch
für eine zu entwerfende Folgeschaltung angeben. Bild **8.5** zeigt es für die
Schaltung von Bild **8.4**. Das Impulsdiagramm enthält bei synchronen Folgeschaltungen in der ersten Zeile den Takt. Darunter werden die äußeren Variablen, dann die inneren Variablen und zum Schluß die Ausgangsvariablen angegeben. Bei asynchronen Folgeschaltungen entfällt natürlich der Takt. Das Impulsdiagramm muß alle möglichen Kombinationen der äußeren Variablen und
bei jeder dieser Kombinationen mindestens eine vollständige Folge, d. h. einen
Zyklus, der inneren Zustände enthalten. Aus Bild **8.5** entnimmt man außer
dem Übergangsverhalten und dem Ausgangsverhalten der beschriebenen Fol-

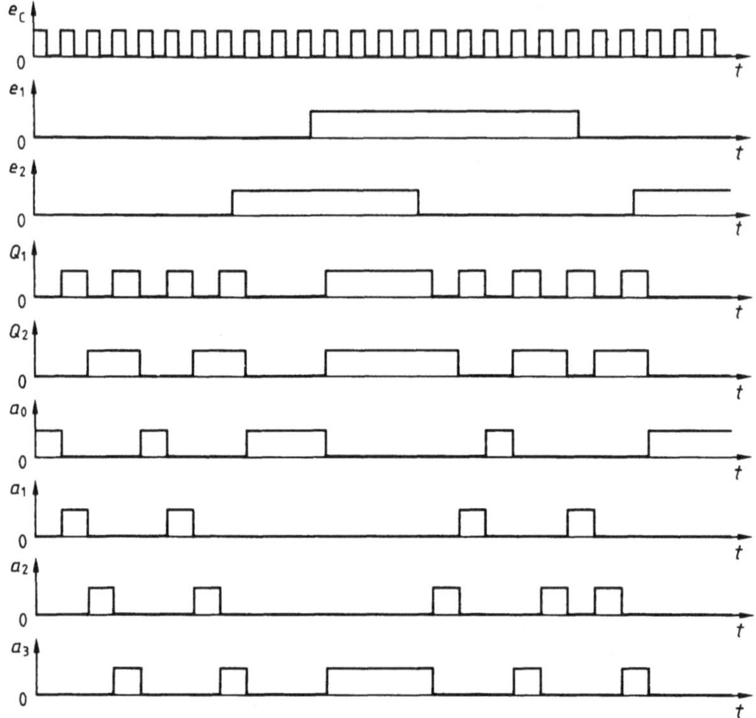

8.5 Impulsdiagramm der Moore-Folgeschaltung in Bild **8.**4

geschaltung, daß sie jeweils mit dem L-H-Wechsel des Takts, d.h. mit der positiven Taktflanke, in den Folgezustand übergeht.

Interessiert man sich dafür, wie die Folgeschaltung bei einer gegebenen Kombination der inneren Variablen, also bei einem inneren Zustand, auf die verschiedenen Kombinationen der Eingangsvariablen reagiert, so muß man sich dies aus den verschiedenen Zyklen des Impulsdiagramms heraussuchen. Für diese Fragestellung sind andere Beschreibungsarten besser geeignet.

8.1.2 Graph

Bei der Beschreibung einer Folgeschaltung durch einen Graphen wird jede Kombination der inneren Variablen, d.h. jeder innere Zustand der Folgeschaltung, durch einen Knoten dargestellt. Im Knoten steht entweder die Codierung des Zustands (Bild **8.**6a) oder eine Kurzbezeichnung des Zustands (Bild **8.**6b), z.B. die Angabe Z_i, wobei i die laufende Zählnummer des Zustands ist. Vom Knoten Z_i führt eine **Kante** (ein Pfeil) zum Knoten Z_j, wenn der Zustand Z_i bei mindestens einer Kombination der Eingangsvariablen den Zustand Z_j

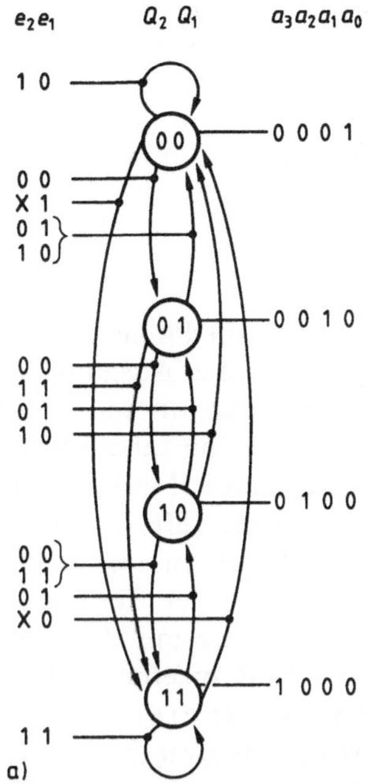

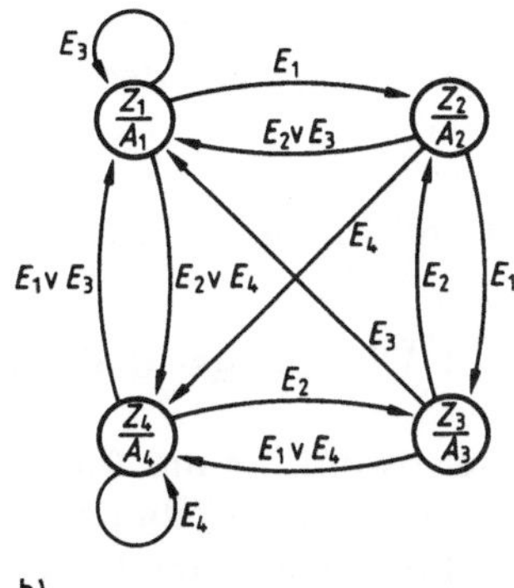

8.6
Graph der Moore-Folgeschaltung in Bild **8.**4 in Linienstruktur mit codierter Angabe der Eingabe, der Zustände und der Ausgabe (a), bzw. in Flächenstruktur mit Kurzbezeichnung der Eingabe, der Zustände und der Ausgabe (b)

als Folgezustand hat. Hat ein Zustand sich selbst als Folgezustand, so beginnt und endet eine Kante bei diesem Zustand. An die Kante wird die den Übergang bewirkende Eingangsbeschaltung entweder in codierter Form (Bild **8.**6a) oder als Kurzbezeichnung (Bild **8.**6b) geschrieben. Bei der codierten Form bedeutet ein X, daß die entsprechende Eingangsvariable entweder 0 oder 1, also beliebig sein kann. Der Takteingang wird bei der Eingabe nicht berücksichtigt, da er kein Informationseingang, sondern lediglich Auslöser für den Zustandswechsel ist. Die bei einer Moore-Folgeschaltung den inneren Zuständen zugeordneten Ausgaben werden entweder neben die Zustandsknoten (Bild **8.**6a) oder mit in die Zustandsknoten (Bild **8.**6b) geschrieben, wobei auch diese Angabe entweder in codierter Form oder als Kurzbezeichnung A_i geschehen kann.

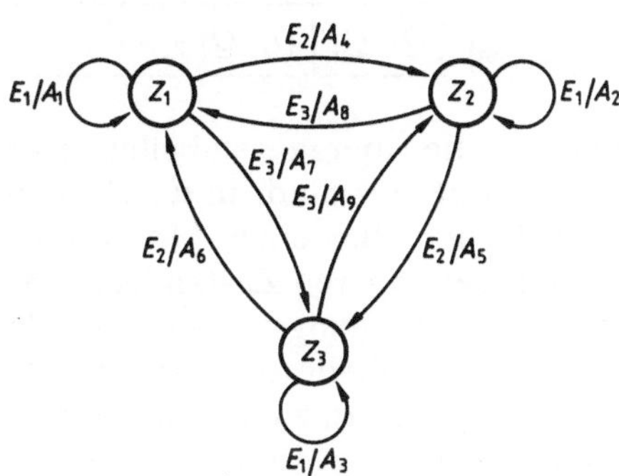

8.7
Graph einer Mealy-Folgeschaltung mit drei Eingaben, drei Zuständen und neun Ausgaben

Bei einer Mealy-Folgeschaltung wird die Ausgangsfunktion wie die Übergangsfunktion aus den inneren und den äußeren Variablen gebildet. Die Ausgaben werden daher beim Graphen wie die Eingaben an die Kanten geschrieben. Bild **8.**7 zeigt als Beispiel den Graphen einer Mealy-Folgeschaltung mit drei Eingaben, drei Zuständen und neun Ausgaben.

8.1.3 Übergangs- und Ausgangstabelle

Eine sowohl für die Analyse als auch für die Synthese von Folgeschaltungen geeignete Beschreibungsart stellen die Übergangs- und die Ausgangstabelle dar. Sie entsprechen bei codierter Angabe der Eingabe, der inneren Zustände und der Ausgabe den in der Schaltalgebra üblichen Funktionstabellen (Wahrheitstabellen). Sie haben jedoch der besseren Übersicht und Handhabung wegen eine dem Karnaugh-Veitch-Diagramm ähnliche Form. Tafel **8.**8 zeigt die Übergangstabelle der Moore-Folgeschaltung von Bild **8.**4 einmal mit codierter Angabe (a), zum anderen mit den Kurzbezeichnungen (b) der Eingaben und der Zustände. Zu jedem alten Zustand Z_i^n ist in der Spalte mit der Eingabe E_k^{n+1} der Folgezustand Z_j^{n+1} eingetragen. Dadurch sind in einer Zeile der Übergangstabelle die den Folgezustand bestimmenden inneren Variablen konstant, in einer Spalte der Übergangstabelle sind hingegen die den Folgezustand bestimmenden äußeren Variablen konstant.

Tafel **8.**8 Übergangstabelle der Moore-Folgeschaltung in Bild **8.**4 mit codierter Angabe (a) und mit Kurzbezeichnungen (b) der Eingaben und der Zustände

a)

n	$n+1$			
	e_2 e_1 0 0	0 1	1 0	1 1
0 0	0 1	1 1	0 0	1 1
0 1	1 0	0 0	0 0	1 1
1 0	1 1	0 1	0 0	1 1
1 1	0 0	1 0	0 0	1 1
Q_2 Q_1	Q_2 Q_1			

b)

n	$n+1$			
	E_1	E_2	E_3	E_4
Z_1	Z_2	Z_4	Z_1	Z_4
Z_2	Z_3	Z_1	Z_1	Z_4
Z_3	Z_4	Z_2	Z_1	Z_4
Z_4	Z_1	Z_3	Z_1	Z_4

Während die Übergangstabellen einer Mealy- und einer Moore-Folgeschaltung gleich aufgebaut sind, unterscheiden sich die zugehörigen Ausgangstabellen grundsätzlich. Bei einer Moore-Folgeschaltung wird das Ausgangsverhalten nur von den inneren Zuständen, d. h. also nur von den Speicher-Flipflops, bestimmt. Die Eingangsvariablen spielen also direkt keine Rolle. Tafel **8.**9 zeigt die Ausgangstabelle der Moore-Folgeschaltung von Bild **8.**4 einmal mit codierter Angabe (a), zum anderen mit den Kurzbezeichnungen (b) der Zustände und der Ausgaben. In diesem Falle ist eine Angabe der zeitlichen Lage der in-

Tafel **8.**9 Ausgangstabelle der Moore-Folgeschaltung in Bild **8.**4 mit codierter Angabe (a) und mit Kurzbezeichnungen (b) der Zustände und der Ausgaben

<table>
<tr><td>Q_2</td><td>Q_1</td><td>a_3</td><td>a_2</td><td>a_1</td><td>a_0</td></tr>
<tr><td>0</td><td>0</td><td>0</td><td>0</td><td>0</td><td>1</td></tr>
<tr><td>0</td><td>1</td><td>0</td><td>0</td><td>1</td><td>0</td></tr>
<tr><td>1</td><td>0</td><td>0</td><td>1</td><td>0</td><td>0</td></tr>
<tr><td>1</td><td>1</td><td>1</td><td>0</td><td>0</td><td>0</td></tr>
</table>

a)

Z	A
Z_1	A_1
Z_2	A_2
Z_3	A_3
Z_4	A_4

b)

neren Variablen Q_1 und Q_2 sowie der Ausgangsvariablen a_1 bis a_3 entbehrlich, da eine direkte Zuordnung besteht.

Die Ausgangstabelle einer Mealy-Folgeschaltung ist ähnlich der Übergangstabelle aufgebaut. Vor den Zeilen der Tabelle stehen die alten Zustände der Folgeschaltung, über den Spalten die neuen Eingaben und in der Tabelle die aus den alten Zuständen und den neuen Eingaben gebildeten Ausgaben. Tafel **8.**10 zeigt die Ausgangstabelle mit Kurzbezeichnung der Eingaben, der Zustände und der Ausgaben zur Mealy-Folgeschaltung des Graphen von Bild **8.**7.

Tafel **8.**10 Ausgangstabelle der Mealy-Folgeschaltung des Graphen in Bild **8.**7

n	$n+1$		
	E_1	E_2	E_3
Z_1	A_1	A_4	A_7
Z_2	A_2	A_5	A_8
Z_3	A_3	A_6	A_9

Tafel **8.**11 Automatentabelle der Mealy-Folgeschaltung des Graphen in Bild **8.**7

n	$n+1$		
	E_1	E_2	E_3
Z_1	Z_1/A_1	Z_2/A_4	Z_3/A_7
Z_2	Z_2/A_2	Z_3/A_5	Z_1/A_8
Z_3	Z_3/A_3	Z_1/A_6	Z_2/A_9

Die Übergangs- und die Ausgangstabelle werden häufig zur Automatentabelle kombiniert. Tafel **8.**11 zeigt die Automatentabelle der Mealy-Folgeschaltung des Graphen von Bild **8.**7.

8.1.4 Schaltfunktionen

Das Übergangs- und das Ausgangsverhalten von Folgeschaltungen wird schaltalgebraisch durch die Übergangs- und die Ausgangsfunktionen ausgedrückt, die man zusammenfassend als Schaltfunktionen bezeichnet. Diese Funktionen können mit den Kurzbezeichnungen der Eingaben, der Zustände und der Ausgaben angegeben werden, wie dies in den folgenden Gleichungen für die Übergangsfunktion der Moore-Folgeschaltung von Bild **8.**4 geschehen ist.

$$Z_1^{n+1} = (Z_1^n \cdot E_3^{n+1}) \vee (Z_2^n \cdot E_2^{n+1}) \vee (Z_2^n \cdot E_3^{n+1})$$
$$\vee (Z_3^n \cdot E_3^{n+1}) \vee (Z_4^n \cdot E_1^{n+1}) \vee (Z_4^n \cdot E_3^{n+1})$$
$$Z_2^{n+1} = (Z_1^n \cdot E_1^{n+1}) \vee (Z_3^n \cdot E_2^{n+1})$$
$$Z_3^{n+1} = (Z_2^n \cdot E_1^{n+1}) \vee (Z_4^n \cdot E_2^{n+1})$$
$$Z_4^{n+1} = (Z_1^n \cdot E_2^{n+1}) \vee (Z_1^n \cdot E_4^{n+1}) \vee (Z_2^n \cdot E_4^{n+1})$$
$$\vee (Z_3^n \cdot E_1^{n+1}) \vee (Z_3^n \cdot E_4^{n+1}) \vee (Z_4^n \cdot E_4^{n+1})$$

Wichtiger für die Praxis sind jedoch die Funktionen mit den äußeren und den inneren Variablen, aus denen man bei der Synthese den Aufbau der Folgeschaltung gewinnt. In dieser Form lauten die Übergangs- und die Ausgangsfunktionen der Moore-Folgeschaltung in Bild **8.4**

$$Q_1^{n+1} = D_1^n = (e_2^{n+1} \cdot e_1^{n+1}) \vee (\overline{e_2^{n+1} \cdot \overline{Q_1^n}}),$$
$$Q_2^{n+1} = D_2^n = (e_2^{n+1} \cdot e_1^{n+1}) \vee (\overline{e_2^{n+1}} \cdot e_1^{n+1} \cdot (Q_1^n \leftrightarrow Q_2^n)) \vee (\overline{e_2^{n+1} \cdot e_1^{n+1}} \cdot (Q_1^n \leftrightarrow Q_2^n)),$$
$$a_0 = \overline{Q_2} \cdot \overline{Q_1}, \qquad a_1 = \overline{Q_2} \cdot Q_1, \qquad a_2 = Q_2 \cdot \overline{Q_1}, \qquad a_3 = Q_2 \cdot Q_1.$$

8.2 Analyse von Folgeschaltungen

Bei der Analyse von Folgeschaltungen müssen aus dem Schaltbild das Übergangs- und das Ausgangsverhalten gewonnen werden. Die beiden genannten Verhaltensweisen werden in der Übergangs- und in der Ausgangstabelle der Folgeschaltung beschrieben. Also muß man diese Tabellen mit Hilfe des Schaltbilds aufstellen. Dies ist möglich; denn das Schaltbild besteht aus Schaltzeichen, die jeweils einen schaltalgebraischen Ausdruck wiedergeben.

Für die Ausgänge des Ausgabeteils lassen sich die schaltalgebraischen Funktionen (von den sie ansteuernden inneren und äußeren Variablen) direkt aus dem Schaltbild ablesen. Man braucht lediglich die schaltalgebraischen Teilausdrücke der Schaltzeichen zu kombinieren. Mit den so gefundenen schaltalgebraischen Ausgangsfunktionen kann dann die Ausgangstabelle in codierter Form aufgestellt werden.

Um die Übergangstabelle der Folgeschaltung aufstellen zu können, müssen die Folgezustände der einzelnen Flipflops des Speichers bestimmt werden. Dafür braucht man außer den Ansteuerfunktionen für die Informationseingänge der Flipflops noch die charakteristischen Gleichungen der Flipflops, die das Folgeverhalten der einzelnen Flipflops angeben. Durch Einsetzen der Ansteuerfunktionen für die Informationseingänge in die charakteristischen Gleichungen der Flipflops erhält man dann die Übergangsfunktionen, mit denen man die Übergangstabelle in codierter Form aufstellen kann.

Beispiel 8.1. Die Folgeschaltung in Bild **8.**12 ist zu analysieren.

Die Ausgänge a_1 bis a_3 der Schaltung werden nur von den inneren Variablen Q_1 bis Q_3 der Folgeschaltung angesteuert. Also liegt eine Moore-Folgeschaltung vor. Für die drei Ausgänge gelten die Funktionen

$$a_1 = Q_1 \leftrightarrow Q_2 = (\overline{Q_1} \cdot Q_2) \vee (Q_1 \cdot \overline{Q_2}),$$
$$a_2 = Q_2 \leftrightarrow Q_3 = (\overline{Q_2} \cdot Q_3) \vee (Q_2 \cdot \overline{Q_3}),$$
$$a_3 = Q_3.$$

Damit erhält man die Ausgangstabelle in Tafel **8.**13. Aus ihr ersieht man, daß der Ausgabeteil der Folgeschaltung die dualen Codierungen der Speicher-Flipflops in den Gray-Code umwandelt.

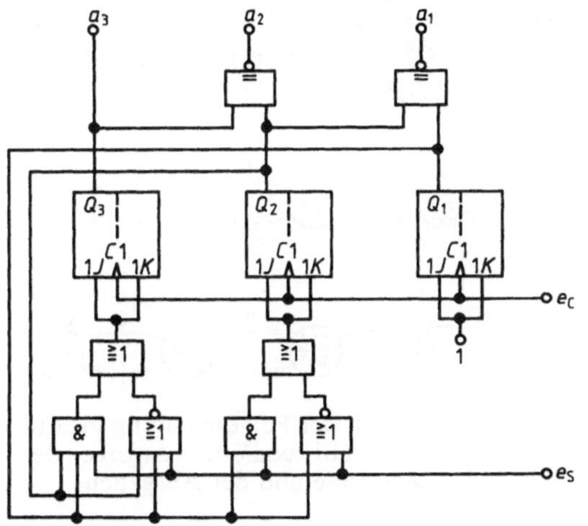

8.12 Folgeschaltung mit getakteten JK-Flipflops

Tafel **8.**13 Ausgangstabelle des Ausgabeteils der Folgeschaltung in Bild **8.**12

Q_3	Q_2	Q_1	a_3	a_2	a_1
0	0	0	0	0	0
0	0	1	0	0	1
0	1	0	0	1	1
0	1	1	0	1	0
1	0	0	1	1	0
1	0	1	1	1	1
1	1	0	1	0	1
1	1	1	1	0	0

Der Speicher der Folgeschaltung besteht aus JK-Flipflops, die vom 0-1-Wechsel des Taktsignals e_C gesteuert werden. Ihre charakteristische Gleichung ist nach Gl. (7.5)

$$Q^{n+1} = (Q^n \cdot \overline{K^n}) \vee (\overline{Q^n} \cdot J^n).$$

Sie muß nun für die drei Flipflops des Speichers individualisiert werden, indem die an den J- und den K-Eingängen wirkenden Funktionen eingesetzt werden. Für das erste Flipflop mit dem Ausgang Q_1 ist dies besonders einfach; denn hier ist $J_1 = K_1 = 1$. Damit wird aus der allgemeinen Form der charakteristischen Gleichung die spezielle Gleichung für das erste Flipflop

$$Q_1^{n+1} = (Q_1^n \cdot \overline{1}) \vee (\overline{Q_1^n} \cdot 1) = 0 \vee \overline{Q_1^n} = \overline{Q_1^n}.$$

Dieser Ausdruck besagt, daß das erste Flipflop bei jedem Taktimpuls seinen Zustand ändert.

Für das zweite Flipflop mit dem Ausgang Q_2 gilt

$$J_2 = K_2 = (e_S \cdot Q_1) \vee \overline{(e_S \vee Q_1)} = (e_S \cdot Q_1) \vee (\overline{e_S} \cdot \overline{Q_1}).$$

Damit ergibt sich als spezielle Gleichung für das zweite Flipflop

$$Q_2^{n+1} = (Q_2^n \cdot \overline{(e_S \cdot Q_1^n) \vee (\overline{e_S} \cdot \overline{Q_1^n})}) \vee (\overline{Q_2^n} \cdot ((e_S \cdot Q_1^n) \vee (\overline{e_S} \cdot \overline{Q_1^n})))$$
$$= (Q_2^n \cdot ((\overline{e_S} \vee \overline{Q_1^n}) \cdot (e_S \vee Q_1^n))) \vee (\overline{Q_2^n} \cdot e_S \cdot Q_1^n) \vee (\overline{Q_2^n} \cdot \overline{e_S} \cdot \overline{Q_1^n})$$
$$= (Q_2^n \cdot Q_1^n \cdot \overline{e_S}) \vee (Q_2^n \cdot \overline{Q_1^n} \cdot e_S) \vee (\overline{Q_2^n} \cdot Q_1^n \cdot e_S) \vee (\overline{Q_2^n} \cdot \overline{Q_1^n} \cdot \overline{e_S}).$$

Für das dritte Flipflop mit dem Ausgang Q_3 gilt

$$J_3 = K_3 = (Q_2 \cdot Q_1 \cdot e_S) \vee \overline{(Q_2 \vee Q_1 \vee e_S)} = (Q_2 \cdot Q_1 \cdot e_S) \vee (\overline{Q_2} \cdot \overline{Q_1} \cdot \overline{e_S}).$$

Damit ergibt sich als spezielle Gleichung für das dritte Flipflop

$$Q_3^{n+1} = (Q_3^n \cdot \overline{(Q_2^n \cdot Q_1^n \cdot e_S) \vee (\overline{Q_2^n} \cdot \overline{Q_1^n} \cdot \overline{e_S})}) \vee (\overline{Q_3^n} \cdot ((Q_2^n \cdot Q_1^n \cdot e_S) \vee (\overline{Q_2^n} \cdot \overline{Q_1^n} \cdot \overline{e_S})))$$
$$= (Q_3^n \cdot ((\overline{Q_2^n} \vee \overline{Q_1^n} \vee \overline{e_S}) \cdot (Q_2^n \vee Q_1^n \vee e_S))) \vee (\overline{Q_3^n} \cdot Q_2^n \cdot Q_1^n \cdot e_S) \vee (\overline{Q_3^n} \cdot \overline{Q_2^n} \cdot \overline{Q_1^n} \cdot \overline{e_S})$$
$$= (Q_3^n \cdot \overline{Q_2^n} \cdot Q_1^n) \vee (Q_3^n \cdot \overline{Q_2^n} \cdot e_S) \vee (Q_3^n \cdot Q_2^n \cdot \overline{Q_1^n}) \vee (Q_3^n \cdot \overline{Q_1^n} \cdot e_S) \vee (Q_3^n \cdot Q_2^n \cdot \overline{e_S})$$
$$\vee (Q_3^n \cdot Q_1^n \cdot \overline{e_S}) \vee (\overline{Q_3^n} \cdot Q_2^n \cdot Q_1^n \cdot e_S) \vee (\overline{Q_3^n} \cdot \overline{Q_2^n} \cdot \overline{Q_1^n} \cdot \overline{e_S}).$$

Tafel **8.14** Codierte Übergangstabelle der Folgeschaltung in Bild **8.12**

n			$n+1$					
			$e_S = 0$			$e_S = 1$		
Q_3	Q_2	Q_1	Q_3	Q_2	Q_1	Q_3	Q_2	Q_1
0	0	0	1	1	1	0	0	1
0	0	1	0	0	0	0	1	0
0	1	0	0	0	1	0	1	1
0	1	1	0	1	0	1	0	0
1	0	0	0	1	1	1	0	1
1	0	1	1	0	0	1	1	0
1	1	0	1	0	1	1	1	1
1	1	1	1	1	0	0	0	0

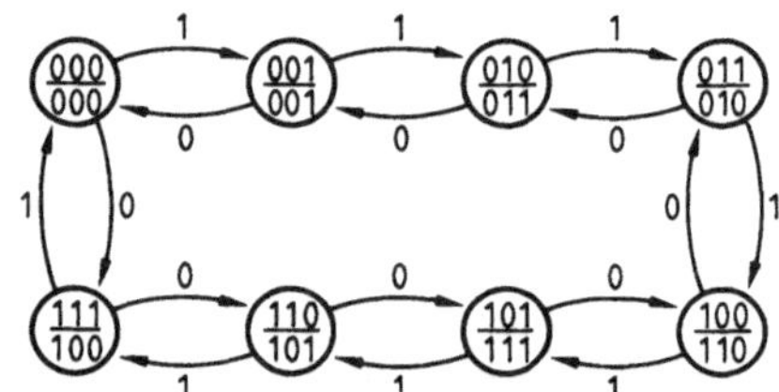

8.15 Graph der Folgeschaltung in Bild **8.**12 mit codierter Angabe der Zustände und der Ausgaben

Mit diesen drei Gleichungen wird nun die codierte Übergangstabelle in Tafel **8.14** aufgestellt. Aus der Übergangs- und der Ausgangstabelle wird der Graph in Bild **8.15** gewonnen. Aus ihm ersieht man deutlich, daß die Folgeschaltung beim Steuersignal $e_S = 1$ dual vorwärts und beim Steuersignal $e_S = 0$ dual rückwärts zählt. Die Ausgabe geschieht jedoch nicht im Dual-, sondern im Gray-Code.

8.3 Synthese von Folgeschaltungen

Für die Synthese von Folgeschaltungen sind grundsätzlich fünf Schritte erforderlich:

1. Aufstellen der Übergangs- und der Ausgangstabelle,

2. Eliminieren der redundanten inneren Zustände,

3. Codieren der inneren Zustände, der Eingaben und der Ausgaben,

4. Wählen des Flipflop-Typs und der Verknüpfungsbausteine,

5. Bestimmen der Ansteuerfunktionen für die Informationseingänge der Flipflops im Speicherteil sowie der Ausgangsfunktionen des Ausgabeteils.

In der Praxis ist oft die Codierung der inneren Zustände, der Eingaben und der Ausgaben vorgegeben. Dann entfallen die Schritte 2 und 3. Auch die Wahl des Flipflop-Typs und der Verknüpfungsbausteine entfällt oft durch Vorgabe. Außerdem spielen der Flipflop-Typ und die Verknüpfungsbausteine für die technische Realisierung einer Folgeschaltung nur eine untergeordnete Rolle. Damit verkürzt sich die Synthese von Folgeschaltungen im wesentlichen auf die Schritte 1 und 5.

Die Übergangs- und die Ausgangstabelle müssen aus dem Text der Aufgabenstellung gefunden werden. Bisweilen ist es dabei einfacher, zunächst den Graphen der Folgeschaltung und danach mit dem Graphen die Tabellen aufzustellen.

Die Ansteuerfunktionen für die Informationseingänge der Flipflops im Speicherteil sind Funktionen der alten Flipflop-Zustände und der neuen Eingaben. Sie werden am einfachsten mit der codierten Übergangstabelle und der Synthesetabelle des gewählten oder auch vorgegebenen Flipflop-Typs bestimmt. Dafür wird eine neue Tabelle aufgestellt, die sich aus der codierten Übergangstabelle dadurch ergibt, daß anstelle der neuen Flipflop-Zustände die Eingangsbeschaltungen der Flipflops geschrieben werden, die von den alten zu den neuen Zuständen führen. Bei Flipflops mit zwei Informationseingängen hat diese neue Tabelle dann doppelt so viele Spalten wie die Übergangstabelle; sie unterscheidet sich von einer normalen Funktionstabelle in drei Punkten:

1. Die inneren und die äußeren Variablen sind getrennt. Die Kombinationen der äußeren Variablen stehen über den Funktionen, so daß eine Funktion so viele Spalten hat, wie es Kombinationen mit den äußeren Variablen gibt.

2. Redundante Kombinationen der inneren und der äußeren Variablen sind nicht aufgeführt. Sie müssen also beim Vereinfachen der Ansteuerfunktionen ergänzt werden.

3. Die Kombinationen der inneren Variablen sind möglicherweise ungeordnet.

Ungeachtet dieser Unterschiede zu einer normalen Funktionstabelle sind die Ansteuerfunktionen für die Informationseingänge der Flipflops in dieser Tabelle eindeutig festgelegt und können nun z. B. in KV-Diagrammen vereinfacht werden.

Die Ausgangsfunktionen des Ausgabeteils erhält man direkt aus der codierten Ausgangstabelle.

Beispiel 8.2. Es ist ein 8-4-2-1-BCD-Vorwärts-Rückwärts-Zähler zu entwerfen. Der Zähler soll aus JK-Flipflops aufgebaut werden, die auf den 0-1-Wechsel des Takts ansprechen und für die die Synthesetabelle in Tafel **8.**16 gilt. Der Zähler soll beim Steuersignal $e_S = 0$ vorwärts und beim Steuersignal $e_S = 1$ rückwärts zählen. Von den Flipflop-Ausgängen soll zusätzlich ein Signal erzeugt werden, das 1 ist, wenn die Kombination der Flipflop-Zustände ungerades Gewicht hat. Außerdem soll der Zähler taktunabhängig auf Null rückgesetzt werden können.

Tafel **8.**16 Synthesetabelle des JK-Flipflops

Q^n	Q^{n+1}	J^n	K^n
0	0	0	X
0	1	1	X
1	0	X	1
1	1	X	0

Tafel **8.**17 Codierte Übergangstabelle (a) und Ausgangstabelle (b) für einen 8-4-2-1-BCD-Vorwärts-Rückwärts-Zähler mit Ausgabe für gerades Gewicht der Zählercodierungen

a)

n				$n+1$							
				$e_s = 0$				$e_s = 1$			
Q_4	Q_3	Q_2	Q_1	Q_4	Q_3	Q_2	Q_1	Q_4	Q_3	Q_2	Q_1
0	0	0	0	0	0	0	1	1	0	0	1
0	0	0	1	0	0	1	0	0	0	0	0
0	0	1	0	0	0	1	1	0	0	0	1
0	0	1	1	0	1	0	0	0	0	1	0
0	1	0	0	0	1	0	1	0	0	1	1
0	1	0	1	0	1	1	0	0	1	0	0
0	1	1	0	0	1	1	1	0	1	0	1
0	1	1	1	1	0	0	0	0	1	1	0
1	0	0	0	1	0	0	1	0	1	1	1
1	0	0	1	0	0	0	0	1	0	0	0

b)

Q_4	Q_3	Q_2	Q_1	a
0	0	0	0	0
0	0	0	1	1
0	0	1	0	1
0	0	1	1	0
0	1	0	0	1
0	1	0	1	0
0	1	1	0	0
0	1	1	1	1
1	0	0	0	1
1	0	0	1	0

Durch die Aufgabenstellung ist die Codierung der inneren Zustände und der Zählrichtungssteuerung vorgegeben. Damit können sofort die codierte Übergangs- und Ausgangstabelle aufgestellt werden (Tafel **8.**17). Mit der Synthesetabelle des zu verwenden-

Tafel **8.**18 Tabelle der Ansteuerfunktionen der Informationseingänge der JK-Flipflops für einen 8-4-2-1-BCD-Vorwärts-Rückwärts-Zähler

Q_4	Q_3	Q_2	Q_1	$e_s = 0$								$e_s = 1$							
				J_4	K_4	J_3	K_3	J_2	K_2	J_1	K_1	J_4	K_4	J_3	K_3	J_2	K_2	J_1	K_1
0	0	0	0	0	X	0	X	0	X	1	X	1	X	0	X	0	X	1	X
0	0	0	1	0	X	0	X	1	X	X	1	0	X	0	X	0	X	X	1
0	0	1	0	0	X	0	X	X	0	1	X	0	X	0	X	X	1	1	X
0	0	1	1	0	X	1	X	X	1	X	1	0	X	0	X	X	0	X	1
0	1	0	0	0	X	X	0	0	X	1	X	0	X	X	1	1	X	1	X
0	1	0	1	0	X	X	0	1	X	X	1	0	X	X	0	0	X	X	1
0	1	1	0	0	X	X	0	X	0	1	X	0	X	X	0	1	X	1	X
0	1	1	1	1	X	X	1	X	1	X	1	0	X	X	0	X	0	X	1
1	0	0	0	X	0	0	X	0	X	1	X	X	1	1	X	1	X	1	X
1	0	0	1	X	1	0	X	0	X	X	1	X	0	0	X	0	X	X	1

den *JK*-Flipflops in Tafel **8.**16 erhält man daraus die Tabelle der Ansteuerfunktionen der Informationseingänge der Flipflops in Tafel **8.**18. Die Eintragung 0 X in der ersten Zeile für J_4 und K_4 bei $e_S = 0$ ergibt sich z. B. aus der Zustandsfolge $Q_4^n = 0$ und $Q_4^{n+1} = 0$, während die Eintragung X 1 in der letzten Zeile für J_4 und K_4 bei $e_S = 0$ aus $Q_4^n = 1$ und $Q_n^{n+1} = 0$ resultiert.

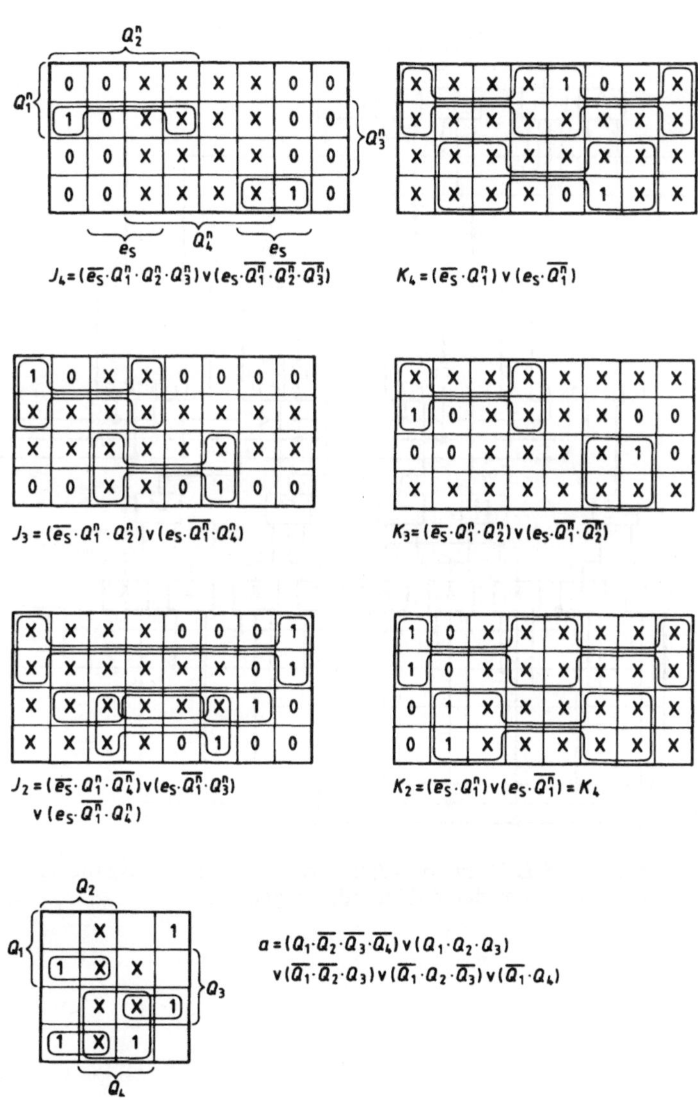

$$J_4 = (\overline{e_S} \cdot Q_1^n \cdot Q_2^n \cdot Q_3^n) \vee (e_S \cdot \overline{Q_1^n} \cdot \overline{Q_2^n} \cdot \overline{Q_3^n}) \qquad K_4 = (\overline{e_S} \cdot Q_1^n) \vee (e_S \cdot \overline{Q_1^n})$$

$$J_3 = (\overline{e_S} \cdot Q_1^n \cdot Q_2^n) \vee (e_S \cdot \overline{Q_1^n} \cdot Q_4^n) \qquad K_3 = (\overline{e_S} \cdot Q_1^n \cdot Q_2^n) \vee (e_S \cdot \overline{Q_1^n} \cdot \overline{Q_2^n})$$

$$J_2 = (\overline{e_S} \cdot Q_1^n \cdot \overline{Q_4^n}) \vee (e_S \cdot \overline{Q_1^n} \cdot Q_3^n) \vee (e_S \cdot \overline{Q_1^n} \cdot Q_4^n) \qquad K_2 = (\overline{e_S} \cdot Q_1^n) \vee (e_S \cdot \overline{Q_1^n}) = K_4$$

$$a = (Q_1 \cdot \overline{Q_2} \cdot \overline{Q_3} \cdot \overline{Q_4}) \vee (Q_1 \cdot Q_2 \cdot Q_3) \vee (\overline{Q_1} \cdot \overline{Q_2} \cdot Q_3) \vee (\overline{Q_1} \cdot Q_2 \cdot \overline{Q_3}) \vee (\overline{Q_1} \cdot Q_4)$$

8.19 KV-Diagramme zum Vereinfachen der Ansteuerfunktionen des 8-4-2-1-BCD-Vorwärts-Rückwärts-Zählers

Die acht Ansteuerfunktionen der Informationseingänge J_4 bis K_1 sowie die Ausgangsfunktion a sind in den KV-Diagrammen in Bild **8.19** vereinfacht. Das zugehörige Schaltbild des gesuchten Zählers zeigt Bild **8.20**. Die taktunabhängige Rücksetzung des Zählers ist mit den R-Eingängen der Flipflops realisiert.

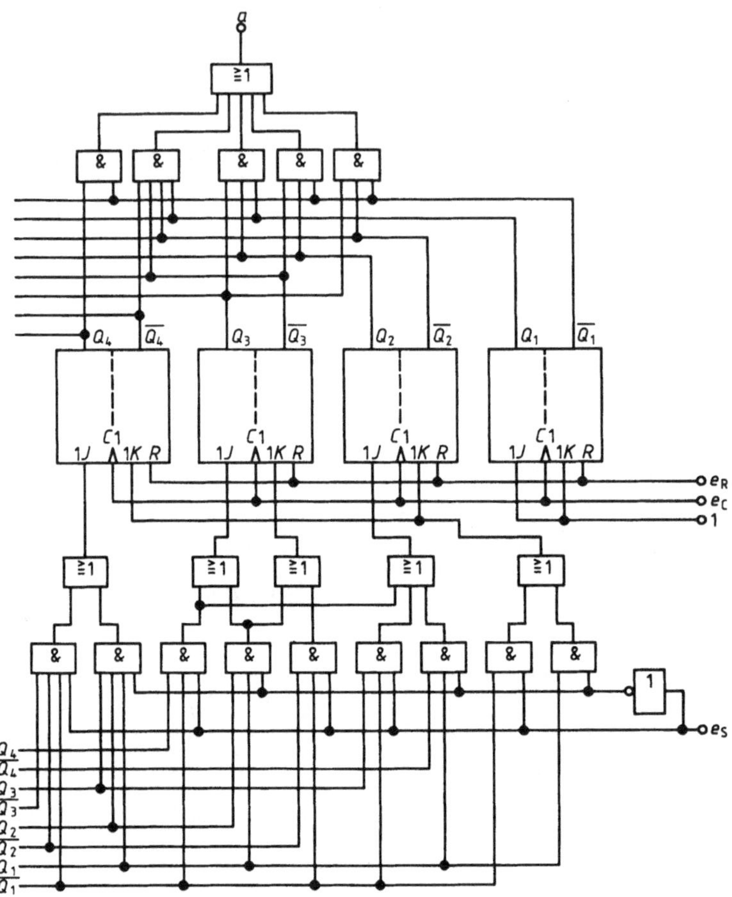

8.20 8-4-2-1-BCD-Vorwärts-Rückwärts-Zähler mit Ausgabe für gerades Gewicht der Zählercodierungen

9 Zähler und Schieberegister

Zähler sind Schaltungen zum Zählen von elektrischen Impulsen. Da man nach dem Abschalten der Impulse ihre Anzahl feststellen möchte, müssen Zähler aus Speicherelementen aufgebaut sein. Schieberegister sind Schaltungen zum stellenweisen Verschieben von Binärzeichen. Auch sie müssen aus Speicherelementen aufgebaut sein. Zähler und Schieberegister sind einfache Folgeschaltungen (s. Abschn. 8) ohne besonderen Ausgabeteil. Als Speicher werden getaktete Flipflops (s. Abschn. 7.1.2) verwendet.

Beim Zusammenschalten von Flipflops zu Zählschaltungen werden zwei Betriebsarten unterschieden, und zwar die synchrone und die asynchrone. Bei einem synchronen Zähler werden die zu zählenden Impulse parallel auf alle Flipflops geführt, so daß diese gleichzeitig (synchron) kippen (Bild 9.1a und c). Bei einem asynchronen Zähler sind einige oder auch alle Flipflops hintereinander geschaltet und werden von ihren Vorgängern getaktet (Bild 9.1b). Wegen der Signallaufzeiten der Flipflops kippen daher die einzelnen Stufen des Zählers zeitlich nacheinander (asynchron) in den anderen Zustand (Bild 9.1d). Dies hat zur Folge, daß der Übergang von einem Zählerstand in den folgenden länger als bei einem synchronen Zähler dauert und daß teilweise unerwünschte Zwischenwerte durchlaufen werden. Ein weiterer Nachteil von asynchronen Zählern ist, daß nicht beliebige Zustandsfolgen realisiert werden können, sondern nur solche, bei denen eine Stufe ihren Zustand ändert, wenn gleichzeitig eine Vorgängerstufe ihren Zustand ändert. Einschrittige Codierungen lassen sich daher in asynchronen Zählern nicht realisieren. Der Vorteil von asynchronen Zählern ist, daß sie in der Regel einen einfacheren Aufbau haben als synchrone Zähler.

9.1 Synchrone Zähler

Synchrone Zähler können auf zweierlei Arten realisiert werden. Man kann entweder die Zählimpulse direkt auf die Takteingänge der Flipflops führen und die taktabhängigen Informationseingänge steuern, oder man kann die Flipflops als Untersetzer schalten und ihnen die Zählimpulse nur dann zuführen, wenn sie kippen müssen.

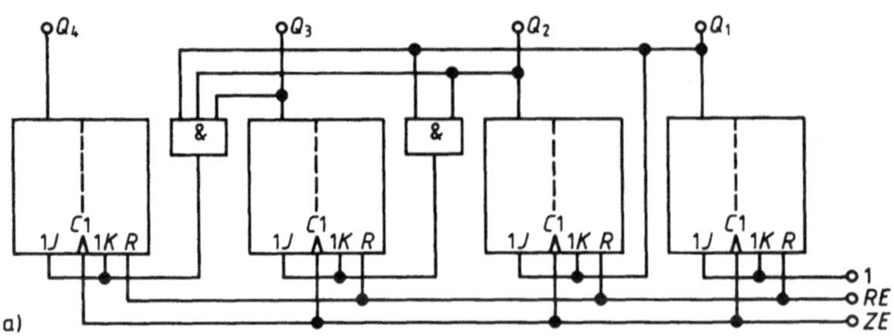

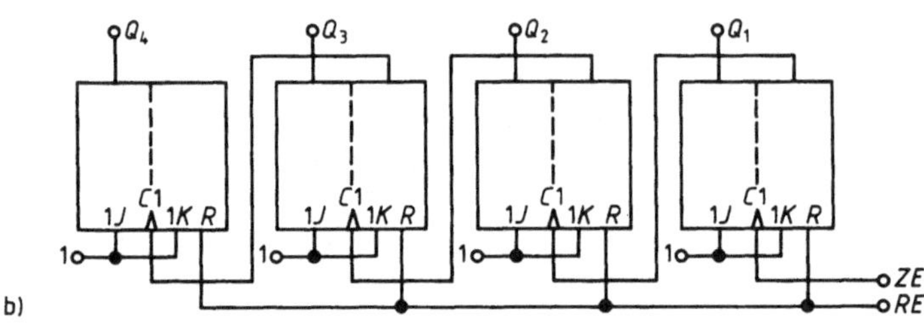

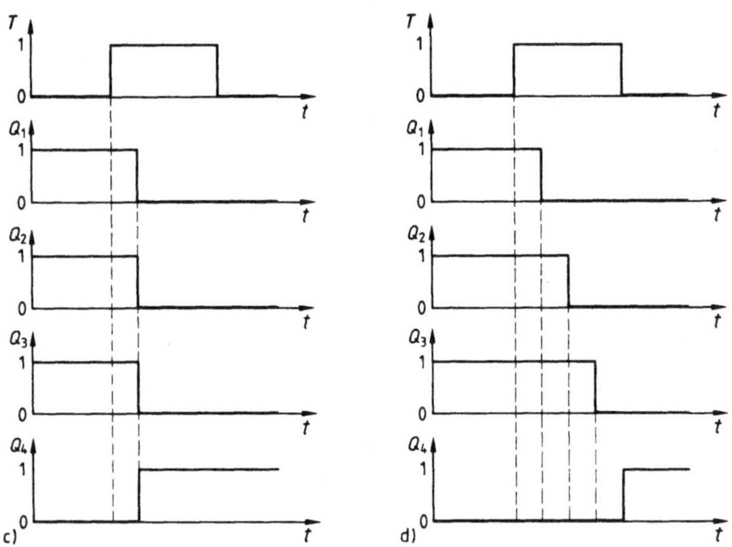

9.1 Vierstelliger Vorwärts-Dual-Zähler in synchroner (a) und in asynchroner (b) Betriebsart mit Impulsdiagramm für den Übergang von 0111 (7) nach 1000 (8) bei der synchronen (c) und bei der asynchronen (d) Betriebsart

9.1.1 Steuerung der taktabhängigen Informationseingänge

Bei synchronen Zählern mit Steuerung der taktabhängigen Informationseingänge sind alle Takteingänge der Flipflops parallel geschaltet und mit dem Zähleingang ZE des Zählers verbunden. Die taktabhängigen Informationseingänge der Flipflops sind von den Ausgängen der Flipflops über Schaltglieder so gesteuert, daß die gewünschten Zustandsfolgen durchlaufen werden. Zur taktunabhängigen Rücksetzung des Zählers in den Grundzustand sind die entsprechenden taktunabhängigen Informationseingänge der Flipflops mit dem Rücksetzeingang RE des Zählers verbunden.

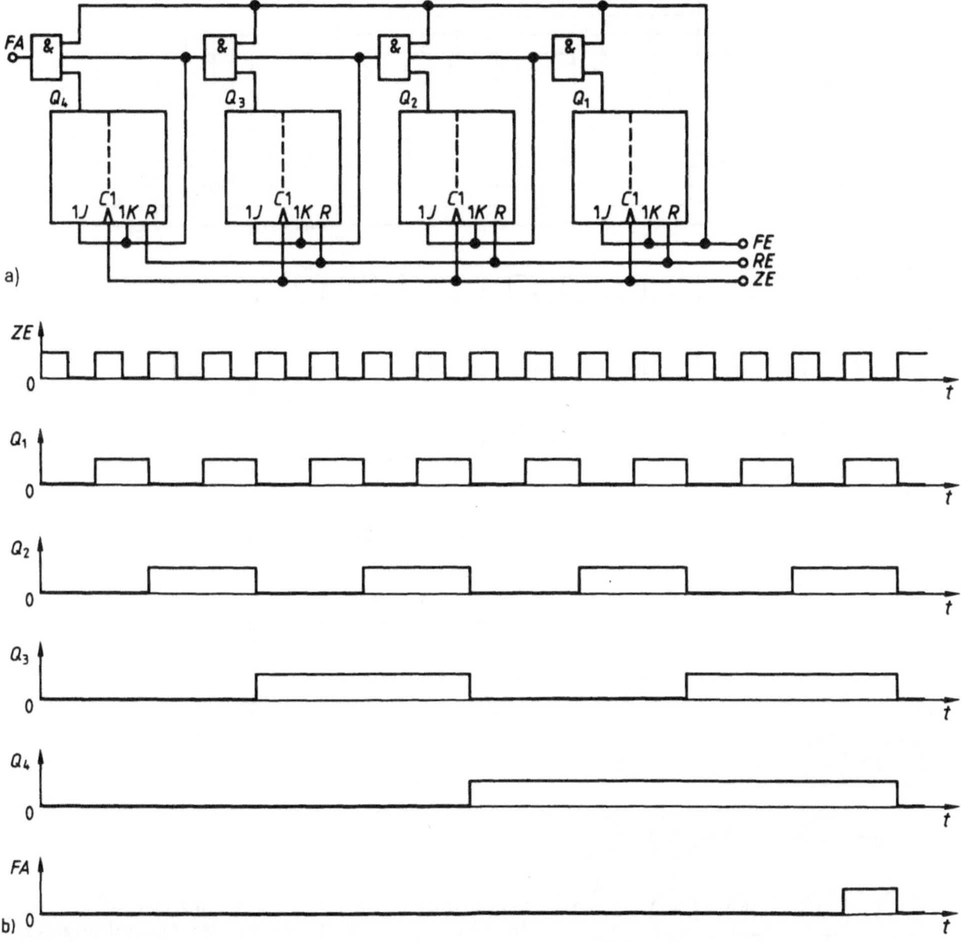

9.2 Synchroner, vierstelliger, vorwärtszählender Dual-Zähler (a) aus JK-Flipflops mit Freigabeeingang FE und Freigabeausgang FA mit Impulsdiagramm (b) bei der Eingangsbeschaltung $FE = 1$

Der Entwurf von synchronen Zählern mit Steuerung der taktabhängigen Informationseingänge der Flipflops geschieht nach dem in Abschn. 8.3 beschriebenen Verfahren der Synthese von Folgeschaltungen. Die Bestimmung der Ansteuerfunktionen für die Informationseingänge der Flipflops weist keinerlei Besonderheiten auf und wird daher hier nicht mehr behandelt. Eine Besonderheit bilden die taktverknüpften synchronen Übertragsausgänge bei den Schaltungen in Bild **9.3** und **9.4**. Diese Besonderheit ist aber identisch mit der von synchronen Zählern mit Steuerung des Zähltakts und wird in Abschn. 9.1.2 behandelt. In diesem Abschnitt werden daher nur typische Schaltungen von syn-

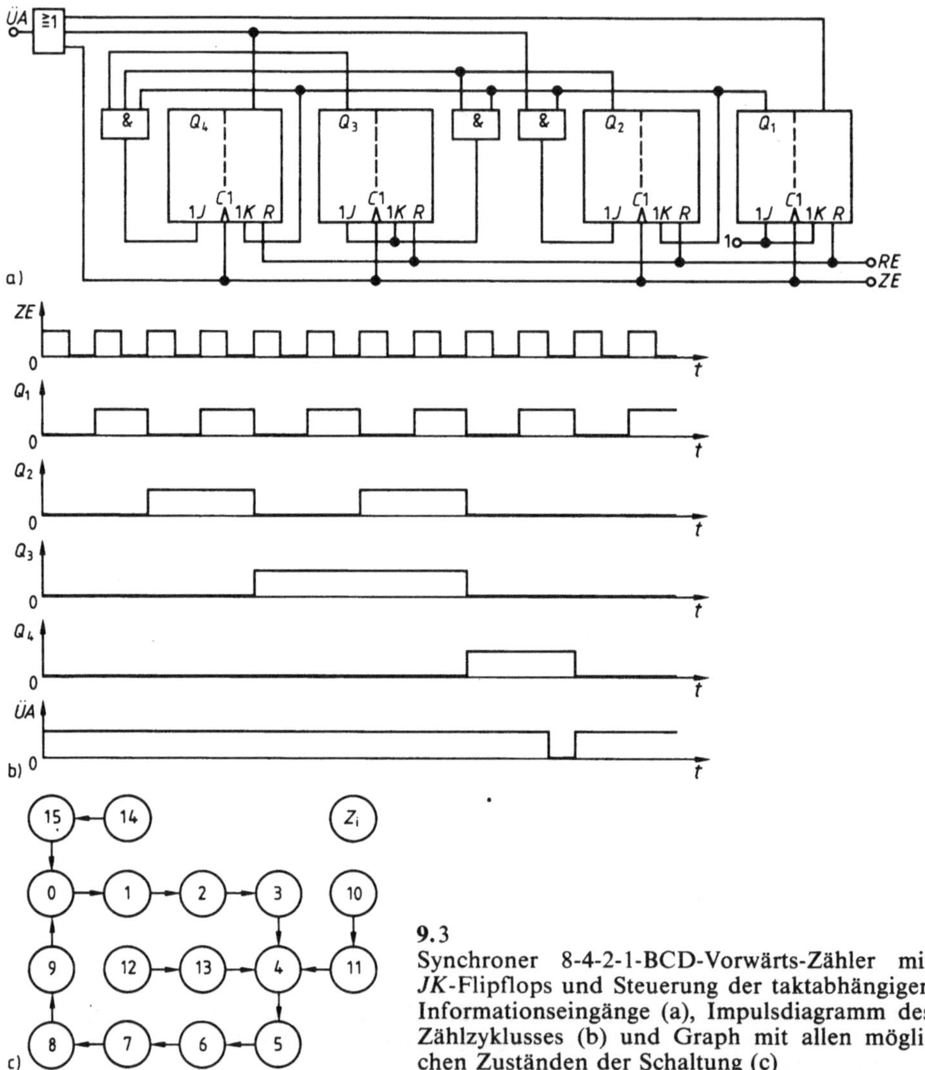

9.3
Synchroner 8-4-2-1-BCD-Vorwärts-Zähler mit
JK-Flipflops und Steuerung der taktabhängigen
Informationseingänge (a), Impulsdiagramm des
Zählzyklusses (b) und Graph mit allen möglichen Zuständen der Schaltung (c)

chronen Zählern mit Steuerung der taktabhängigen Informationseingänge mit den zugehörigen Impulsdiagrammen vorgestellt.

Bild **9.**2 zeigt einen synchronen, vierstelligen, vorwärtszählenden Dual-Zähler mit JK-Flipflops (a) und das zugehörige Impulsdiagramm (b). Über den Rücksetzeingang RE kann der Zähler zu jeder Zeit taktunabhängig auf Null (0000) gesetzt werden. Der Zähler zählt nur, wenn der Freigabeeingang FE auf 1 liegt. Der Freigabeausgang FA dient dazu, eine nachgeschaltete gleichartige Zählschaltung an deren Freigabeeingang so anzusteuern, daß diese nur dann getaktet wird, wenn der steuernde Zähler von 1111 nach 0000 wechselt.

Einen synchronen Zähler, der im 8-4-2-1-BCD-Code vorwärts zählt und ebenfalls mit JK-Flipflops aufgebaut ist, zeigt Bild **9.**3 mit dem zugehörigen Impulsdiagramm und Graphen. Der Übertragsausgang $ÜA$ ist hier mit dem Zähleingang ZE verknüpft und liefert für eine nachfolgende gleichartige Stufe den Takt für ihren Zähleingang ZE. Dieser Takt hat den zählenden 0-1-Wechsel beim Wechsel des Zählers von 1001 (9) nach 0000 (0). Der Graph mit den dezimalen Kurzbezeichnungen entsprechend den dualen Codierungen der Zählerstände zeigt, daß auch Zählerzustände, die außerhalb der BCD-Codierungen 0000 bis 1001 liegen, in den gewünschten Zählzyklus führen.

Bild **9.**4 zeigt einen Zähler, der im Johnson-Code (s. Tafel 3.8) vorwärts zählt. Er ist mit D-Flipflops aufgebaut, die auf den 1-0-Wechsel des Takts ansprechen. Diese Schaltung, allerdings ohne Übertragsausgang $ÜA$, wird in dem CMOS-Schaltkreis 4017 verwendet. Wäre der D-Eingang des dritten Flipflops mit dem Ausgang Q_2 des zweiten Flipflops verbunden, so handelte es sich um ein einfaches Schieberegister (s. Abschn. 9.3), dessen negierter Ausgang mit dem Eingang verbunden ist. Für dieses Schieberegister gäbe es zwei voneinander unabhängige Zählzyklen. Durch die beiden zusätzlichen Schaltglieder wird erreicht, daß der Zähler immer in den gewünschten Zählzyklus kommt (s. Graph in Bild **9.**4 c).

9.1.2 Steuerung des Zähltakts

Synchrone Zähler mit Steuerung des Zähltakts bestehen aus Untersetzer-Flipflops, vor deren Takteingängen eine Schaltung liegt, die den Flipflops den Takt nur dann zuführt, wenn sie kippen müssen. Statt Untersetzer-Flipflops können auch andere getaktete Flipflops verwendet werden, die als Untersetzer-Flipflops geschaltet sind. Bild **9.**5 zeigt die entsprechenden Beschaltungen der Informationseingänge bei verschiedenen Flipflops mit dynamischen Eingängen, die auf den 0-1-Wechsel reagieren, sowie bei den taktzustandsgesteuerten RS- und JK-Master-Slave-Flipflops.

Der Entwurf von Zählern mit Steuerung des Zähltakts hat gegenüber dem in Abschn. 8.3 beschriebenen Verfahren der Synthese von Folgeschaltungen die Besonderheit, daß hier zusätzlich der Takt für die einzelnen Flipflops als Ver-

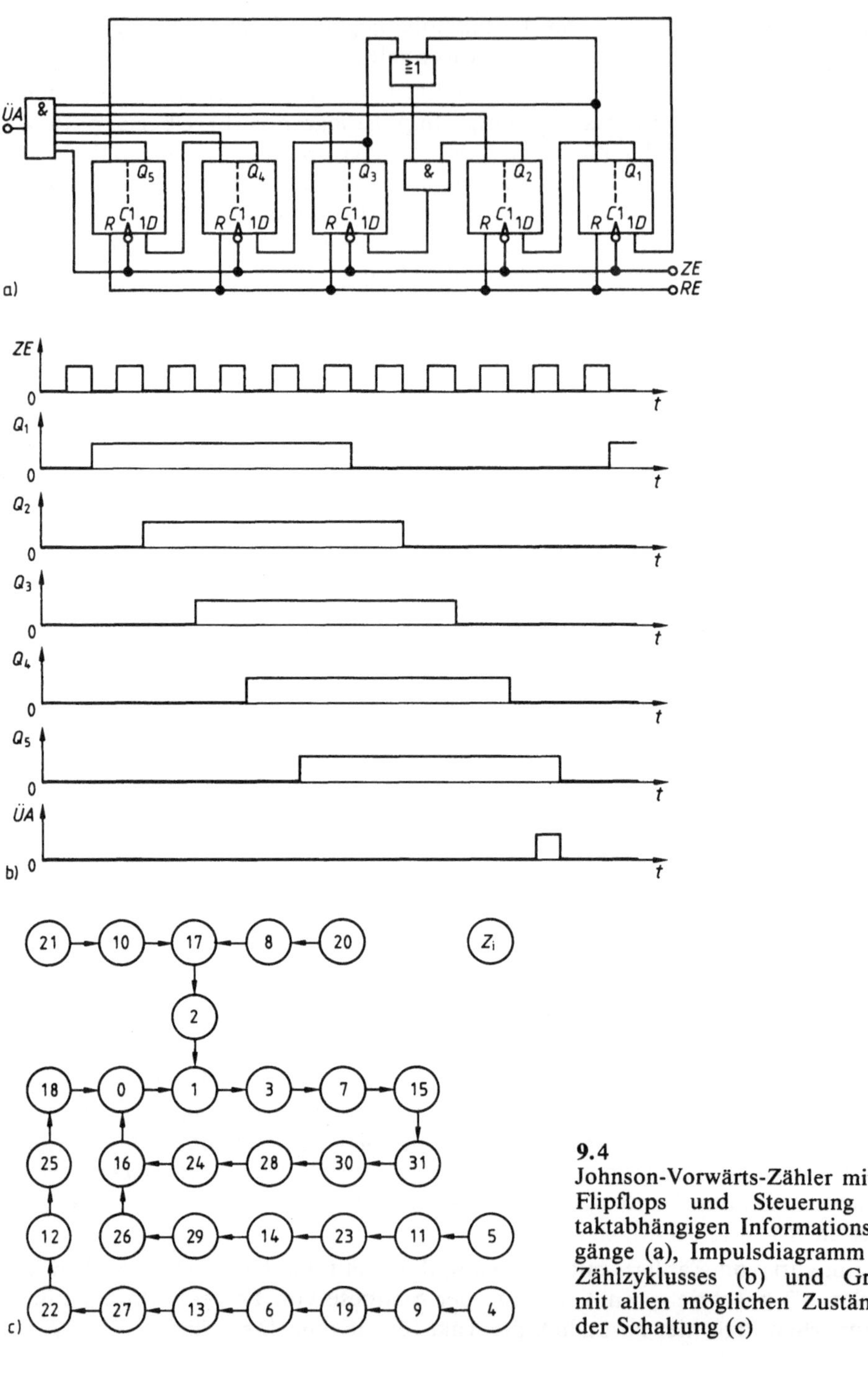

9.4
Johnson-Vorwärts-Zähler mit D-Flipflops und Steuerung der taktabhängigen Informationseingänge (a), Impulsdiagramm des Zählzyklusses (b) und Graph mit allen möglichen Zuständen der Schaltung (c)

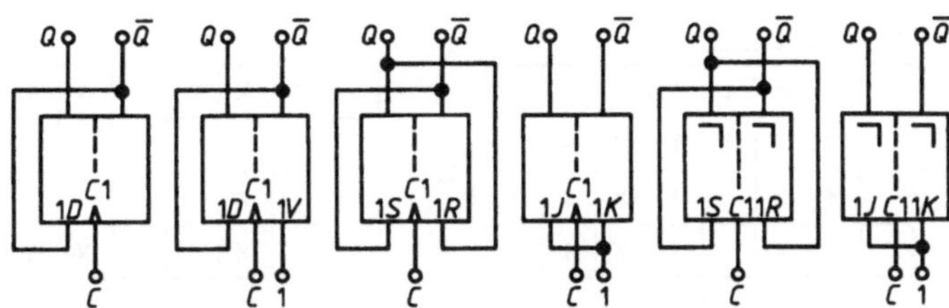

9.5 Schaltungen verschiedener Flipflops als Untersetzer

knüpfungsfunktion aus den Zählimpulsen und den alten inneren Zuständen des Zählers bestimmt werden muß. Diese Bestimmung geschieht am besten mit dem Impulsdiagramm und wird am folgenden Beispiel erläutert.

Beispiel 9.1. Es ist ein 8-4-2-1-BCD-Vorwärts-Zähler mit Steuerung des Zähltakts und Untersetzer-Flipflops zu entwerfen, die bei positivem Signalhub auf den 0-1-Wechsel des Takts ansprechen.

Bild **9.6** zeigt das Impulsdiagramm. Es enthält im oberen Teil die Zählimpulse am Zähleingang ZE sowie die Signalfolgen der vier Flipflops Q_1 bis Q_4. Im unteren Teil sind die für das zweite bis vierte Untersetzer-Flipflop erforderlichen Taktsignale T_2 bis T_4 sowie

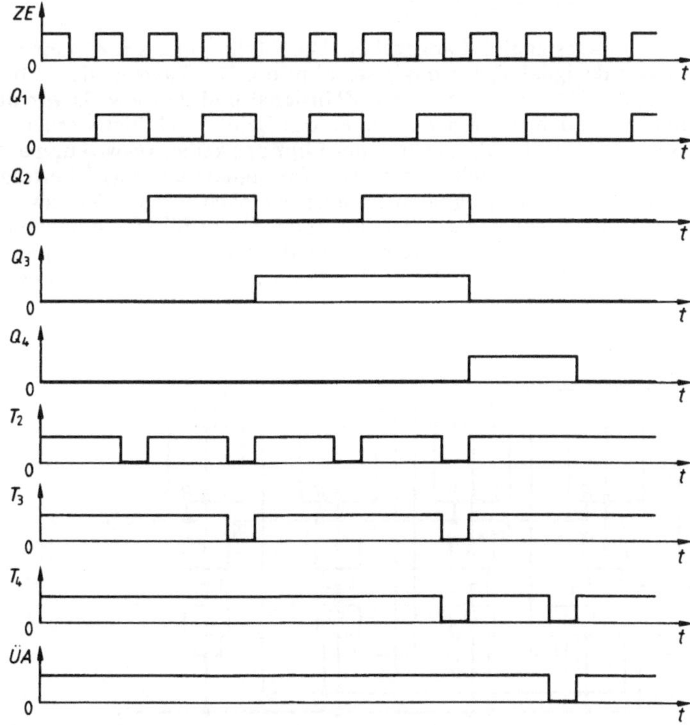

9.6 Impulsdiagramm des 8-4-2-1-BCD-Vorwärts-Zählers mit Steuerung des Zähltakts und Flipflops, die auf den 0-1-Wechsel des Takts ansprechen

$T_2 = ZE \vee \overline{Q}_1 \vee Q_4$

$T_3 = ZE \vee \overline{Q}_1 \vee \overline{Q}_2$

$T_4 = (ZE \vee \overline{Q}_1 \vee \overline{Q}_4)$
$\cdot (ZE \vee \overline{Q}_1 \vee \overline{Q}_2 \vee \overline{Q}_3)$

$\ddot{U}A = ZE \vee \overline{Q}_1 \vee \overline{Q}_4$

9.7 KV-Diagramme zur Bestimmung der Taktsignale T_2 bis T_4 und
des Übertragssignals $\ddot{U}_A$

das Übertragssignal $\ddot{U}A$ angegeben. Die Zählimpulse am Zähleingang ZE sind gleichzeitig das Taktsignal T_1 für das erste Flipflop. Die Taktsignale T_2 bis T_4 sowie das Übertragssignal $\ddot{U}A$ müssen aus dem Zählsignal und den jeweils vor der auslösenden Taktflanke liegenden inneren Zuständen des Zählers gebildet werden. Hierbei ist darauf zu
achten, daß die Signallaufzeiten der Flipflops keine Auswirkung auf die Taktsignale und
das Übertragssignal bekommen. Die Taktsignale und das Übertragssignal dürfen daher
nie von den Flipflopsignalen unmittelbar nach ihrem Wechsel abhängen. Die Taktsignale T_2 bis T_2 sowie das Übertragssignal $\ddot{U}A$ in Bild **9.**6 entsprechen dieser Forderung.
Bild **9.**7 zeigt die KV-Diagramme zur Bestimmung der Taktsignale und des Übertragssignals, Bild **9.**8 die Schaltung des gesamten Zählers. Die UND-Glieder in den Taktwe-
gen T_1 bis T_3 sowie das ODER-Glied im Taktweg T_1 dienen zum Ausgleich der Signallaufzeiten.

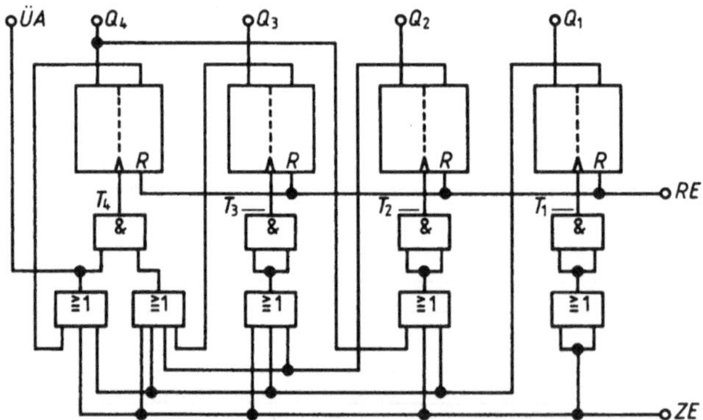

9.8 8-4-2-1-BCD-Vorwärts-Zähler mit Steuerung des Zähltakts

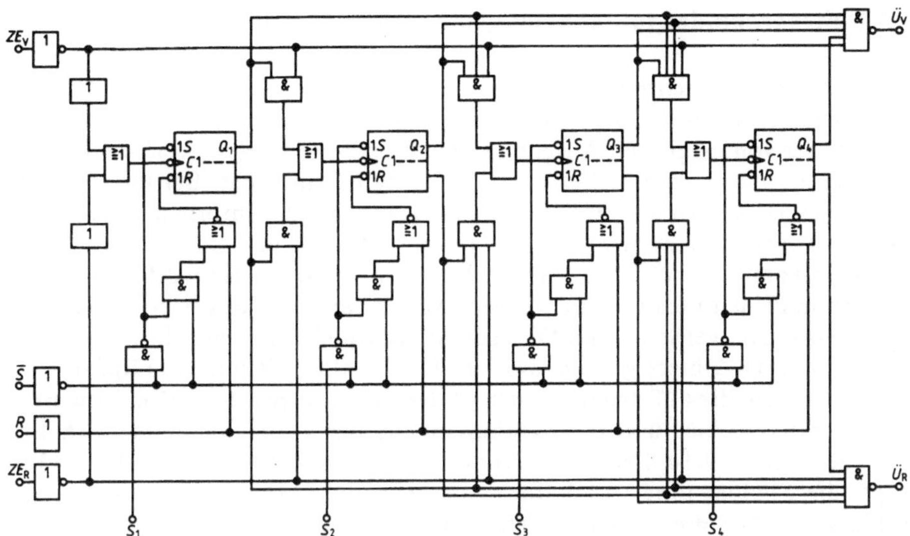

9.9 Vorwärts-Rückwärts-Dual-Zähler (Baustein TTL 74193) mit getrennten Eingängen und Ausgängen für die beiden Zählrichtungen

Die Schaltung eines Vorwärts-Rückwärts-Dual-Zählers (TTL-Baustein 74193) mit getrennten Eingängen und Ausgängen für die beiden Zählrichtungen zeigt Bild **9.9**.

9.2 Asynchrone Zähler

Ein Zähler hat asynchrones Verhalten, wenn Flipflops hintereinander geschaltet sind und nicht von den Zählimpulsen, sondern vom Ausgangssignal eines Vorgänger-Flipflops getaktet werden. Für die Realisierung asynchroner Zähler gibt es zwei Möglichkeiten. Bei der ersten Möglichkeit werden nur die taktabhängigen Informationseingänge der Flipflops gesteuert, bei der zweiten zusätzlich auch die taktunabhängigen Setz- und Rücksetzeingänge der Flipflops.

Der Entwurf von asynchronen Zählern weist gegenüber dem in Abschn. 8.3 beschriebenen Verfahren der Synthese von Folgeschaltungen die Besonderheit auf, daß zusätzlich geklärt werden muß, woher der Takt für die einzelnen Flipflops gewonnen werden kann. Der Takt kann nur von einem Flipflop gewonnen werden, das mindestens doppelt so oft seinen Zustand ändert wie das anzusteuernde Flipflop. Außerdem müssen die als Takt dienenden Zustandsänderungen alle gleichsinnig sein, d. h. alle von 0 nach 1 oder alle von 1 nach 0 gehen.

9.2.1 Steuerung der taktabhängigen Informationseingänge

Der einfachste asynchrone Zähler mit Steuerung der taktabhängigen Informationseingänge ist der in Bild **9.**1b gezeigte Dual-Zähler. Jedes höherwertige Flipflop ist hier vom negierten Ausgang seines Vorgängers getaktet. Diese einfache Taktung ist allerdings nur bei einem Dual-Zähler möglich. Bei allen anderen asynchronen Zählern mit Steuerung der taktabhängigen Informationseingänge, die mit n Flipflops weniger als 2^n Zustände bilden, müssen wenigstens zwei Flipflops vom selben Taktsignal getaktet werden. Beim Entwurf von solchen Zählern muß dann festgestellt werden, woher der Takt für die einzelnen Flipflops gewonnen werden kann. Dies soll am Beispiel eines asynchronen 8-4-2-1-BCD-Vorwärts-Zählers gezeigt werden. Der Zähler soll mit JK-Flipflops aufgebaut werden, die auf den 0-1-Wechsel des Takts ansprechen. Die Entwurfstabelle für den Zähler und die Synthesetabelle des zu verwendenden JK-Flipflops zeigt Tafel **9.**10. Die Spalten unter n zeigen die alten Zustände der Flipflops, die Spalten unter $n+1$ die neuen Zustände der Flipflops nach einem Zählimpuls. Aus diesen Zustandsfolgen entnimmt man, daß das zweite Flipflop sich nur dann ändert, also einen Taktimpuls benötigt, wenn das erste Flipflop von 1 nach 0 wechselt. Da die Flipflops auf den 0-1-Wechsel des Takts ansprechen, kann der bejahte Ausgang Q_1 des ersten Flipflops diesen Takt nicht liefern, wohl aber der negierte Ausgang $\overline{Q_1}$. Ferner entnimmt man aus den Zustandsfolgen, daß das dritte Flipflop vom negierten Ausgang des zweiten Flipflops getaktet werden kann; denn es ändert seinen Zustand nur dann, wenn das zweite Flipflop von 1 nach 0 wechselt. Das vierte Flipflop kann nur vom ersten Flipflop getaktet werden, weil nur dieses Flipflop beim Übergang des Zählers von 0111 (7) nach 1000 (8) und von 1001 (9) nach 0000 (0) einen 1-0-Wechsel macht. In den Spalten $J_4 K_4$ bis $J_1 K_1$ sind diejenigen Zeilen unterstrichen, in

Tafel **9.**10 Entwurfstabelle für einen asynchronen 8-4-2-1-BCD-Vorwärts-Zähler (a) und Synthesetabelle (b) der zu verwendenden JK-Flipflops

n				$n+1$				n							
Q_4	Q_3	Q_2	Q_1	Q_4	Q_3	Q_2	Q_1	J_4	K_4	J_3	K_3	J_2	K_2	J_1	K_1
0	0	0	0	0	0	0	1	X	X	X	X	X	X	1	X
0	0	0	1	0	0	1	0	0	X	X	X	1	X	X	1
0	0	1	0	0	0	1	1	X	X	X	X	X	X	1	X
0	0	1	1	0	1	0	0	0	X	1	X	X	1	X	1
0	1	0	0	0	1	0	1	X	X	X	X	X	X	1	X
0	1	0	1	0	1	1	0	0	X	X	X	1	X	X	1
0	1	1	0	0	1	1	1	X	X	X	X	X	X	1	X
0	1	1	1	1	0	0	0	1	X	X	1	X	1	X	1
1	0	0	0	1	0	0	1	X	X	X	X	X	X	1	X
1	0	0	1	0	0	0	0	X	1	X	X	0	X	X	1

a)

Q^n	Q^{n+1}	J^n	K^n
0	0	0	X
0	1	1	X
1	0	X	1
1	1	X	0

b)

denen die betreffenden Flipflops von ihren Vorgängern bzw. vom Zähleingang das Taktsignal bekommen. Nur diese Zeilen sind entsprechend den jeweiligen Zustandsfolgen der Flipflops mit den in der Synthesetabelle vorgeschriebenen Werten für J und K ausgefüllt. Die nicht unterstrichenen Zeilen haben für J und K das Redundanz-X, da in diesen Fällen das steuernde Flipflop keinen Taktimpuls liefert. Die so aufgestellten Ansteuerfunktionen für die Informationseingänge J_4 bis K_1 sind Funktionen der Flipflop-Variablen vor dem Takt, also der inneren Variablen Q_4^n, Q_3^n, Q_2^n und Q_1^n. Diese Funktionen werden nach den bekannten Verfahren unter Berücksichtigung der redundanten Zählerkombinationen (1010, 1011, 1100, 1101, 1110 und 1111) vereinfacht. Die Ergebnisse sind

$$J_4 = Q_3 \cdot Q_2, \qquad J_3 = 1, \qquad J_2 = \overline{Q_4}, \qquad J_1 = 1,$$
$$K_4 = 1, \qquad K_3 = 1, \qquad K_2 = 1, \qquad K_1 = 1.$$

Die Schaltung des Zählers zeigt Bild **9.11**.

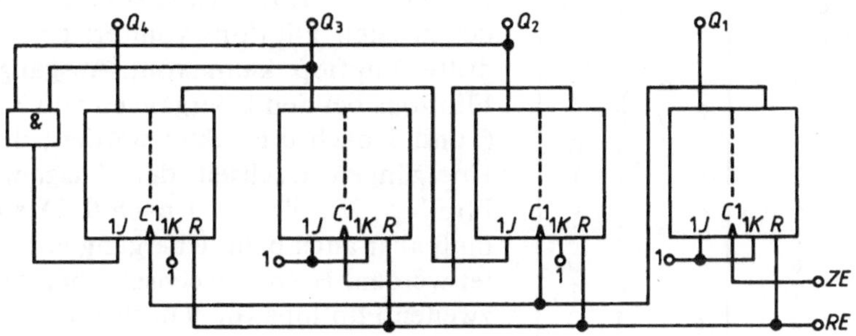

9.11 Asynchroner 8-4-2-1-BCD-Vorwärts-Zähler mit Steuerung der taktabhängigen Informationseingänge

Beispiel 9.2. Es ist die Schaltung für einen Untersetzer mit dem Untersetzungsverhältnis 5:1 gesucht.

Ein Untersetzungsverhältnis von 5:1 bedeutet, daß auf fünf 0-1-Wechsel des Eingangssignals ein 0-1-Wechsel des Ausgangssignals kommt. Die Schaltung muß dafür fünf Zustände haben. Die Codierung der Zustände und ihrer Folge spielt dabei keine Rolle. Betrachtet man die Entwurfstabelle des asynchronen 8-4-2-1-BCD-Vorwärts-Zählers in Tafel **9.10**, so erkennt man, daß die Ausgänge Q_2 bis Q_4 gerade fünf Zustände durchlaufen. Die Ausgänge Q_3 und Q_4 haben jeweils in diesem Zyklus nur einen 0-1-Wechsel. Also können von der Schaltung in Bild **9.11** die Flipflops Q_2 bis Q_4 den gesuchten 5:1-Untersetzer realisieren.

9.2.2 Steuerung der taktabhängigen und der taktunabhängigen Informationseingänge

Eine Reihe von Codierungen läßt sich in asynchronen Zählschaltungen nicht mehr allein durch geeignete Beschaltung der taktabhängigen Informationseingänge der Flipflops, sondern nur durch zusätzliche Steuerung der taktunabhängigen Informationseingänge realisieren. Zum Verdeutlichen wird für einen Zähler, der im Aiken-Code (Tafel **9.**12 entspr. Abschn. 3.2) zählen soll, untersucht, welches Flipflop von einem Vorgänger-Flipflop getaktet werden kann. Prüft man, ob das zweite Flipflop (Q_2) vom Ausgang des ersten Flipflops getaktet werden kann, so stellt man fest, daß dies bei den Übergängen von den Dezimalwerten 1 nach 2, 3 nach 4, 5 nach 6, 7 nach 8 und 9 nach 0 möglich wäre; denn bei diesen Übergängen wechselt der Ausgang des ersten Flipflops stets von 1 nach 0. Das zweite Flipflop muß aber auch beim Übergang vom Dezimalwert 4 nach 5 ge-

Tafel **9.**12 Aiken-Code

Dezimal-wert	Q_4	Q_3	Q_2	Q_1
0	0	0	0	0
1	0	0	0	1
2	0	0	1	0
3	0	0	1	1
4	0	1	0	0
5	1	0	1	1
6	1	1	0	0
7	1	1	0	1
8	1	1	1	0
9	1	1	1	1

taktet werden. Hierbei wechselt aber der Ausgang des ersten Flipflops nicht von 1 nach 0, sondern von 0 nach 1. Damit ist aber eine generelle Taktung des zweiten Flipflops vom ersten unmöglich. Das dritte Flipflop kann vom Ausgang des zweiten Flipflops bei den Übergängen von 3 nach 4, 5 nach 6 und 9 nach 0 getaktet werden; denn bei diesen Übergängen wechselt der Ausgang des zweiten Flipflops jeweils von 1 nach 0. Das dritte Flipflop muß aber auch beim Übergang von 4 nach 5 getaktet werden. Hierbei wechselt aber der Ausgang des zweiten Flipflops von 0 nach 1 und nicht von 1 nach 0. Damit kann aber auch das dritte Flipflop nicht generell vom zweiten Flipflop getaktet werden. Eine entsprechende Betrachtung zeigt, daß das dritte Flipflop auch nicht vom ersten Flipflop getaktet werden kann. Nur das vierte Flipflop kann ohne Einschränkung vom Ausgang des dritten Flipflop getaktet werden. Zum Realisieren des Zählers in asynchroner Betriebsart ließen sich nun die vier Flipflops wie bei einem Dualzähler hintereinander schalten, wenn es gelänge, beim Übergang von 4 nach 5 das zweite Flipflop auf 1 zu setzen und das dritte auf 0 rückzusetzen. Dies ist möglich, wenn der Zähler nach der Codierung 0100 für die dezimale 4 zuerst in den nächsten dualen Zustand, also 0101 wechselt und durch diese Codierung die Flipflops über die taktunabhängigen Setz- oder Rücksetzeingänge in die gewünschte Lage gebracht werden. Bild **9.**13 zeigt die entsprechende Schaltung. Beim Zählerstand 0101 spricht die UND-Schaltung an und setzt das zweite Flipflop über den taktunabhängigen Setzeingang S auf 1 sowie das dritte Flipflop über den taktunabhängigen Rücksetzeingang R auf 0. Hierdurch entsteht am negierten Ausgang des dritten Flipflops ein 0-1-Wechsel, der das vierte Flipflop taktet, so daß es von 0 nach 1 wechselt. Damit geht der Zustand 0101 in den Zustand 1011 über, der im Aiken-Code der dezimalen 5 entspricht.

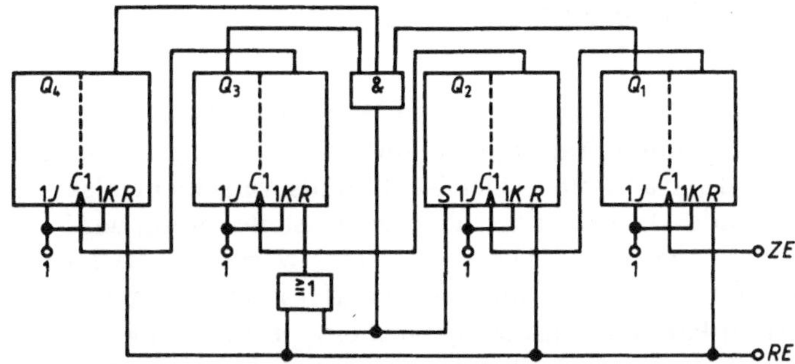

9.13 Asynchroner Vorwärts-Zähler im Aiken-Code mit Steuerung der taktabhängigen und der taktunabhängigen Informationseingänge der Flipflops

Die UND-Schaltung zur Auswertung des Zustands 0101 braucht keine Ansteuerung vom zweiten Flipflop, da die Codierung 0111 redundant ist. Der taktunabhängige Rücksetzeingang des dritten Flipflops muß über eine ODER-Schaltung angesteuert werden, da der Rücksetzimpuls zum einen von der zentralen Rücksetzung RE, zum anderen von der UND-Schaltung kommt.

Beispiel 9.3. Es ist ein Untersetzer mit dem Untersetzungsverhältnis 15:1 zu entwerfen.

Der 15:1-Untersetzer läßt sich recht einfach mit einem vierstufigen Dualzähler realisieren, bei dem einer der 16 möglichen Zustände durch Steuerung der taktunabhängigen Eingänge übersprungen wird. Dafür wird eine UND-Schaltung auf einen bestimmten Zählerstand eingestellt und von ihr der Zähler sofort in den nächsten Zustand versetzt. Für diesen Zweck eignet sich bei dem 15:1-Untersetzer besonders gut der Zählerstand 0000. Bei ihm braucht nämlich nur das erste Flipflop gesetzt zu werden. Außerdem war es wegen der asynchronen Betriebsweise der Schaltung vor dem Setzen vier Verzögerungszeiten lang 0, ehe es wieder 1 gesetzt wird. Es hat also genügend Zeit zu reagieren. Als Flipflops werden JK-Flipflops verwendet. Bild **9.**14 zeigt die Schaltung.

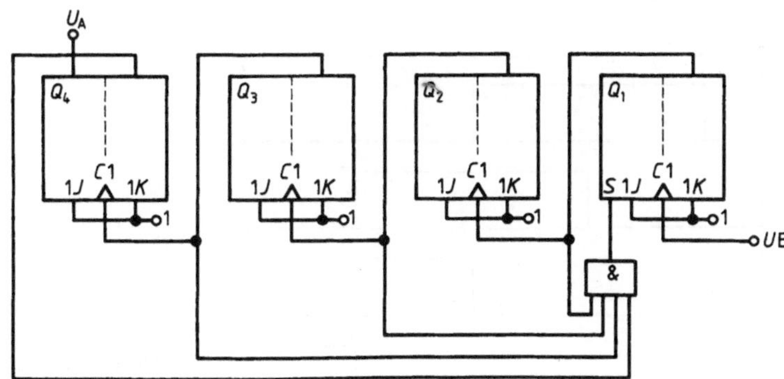

9.14 Untersetzer mit dem Untersetzungsverhältnis 15:1

9.3 Schieberegister

Ein Schieberegister besteht aus Flipflops, die so hintereinander geschaltet sind, daß bei einem Taktimpuls eine Stufe stets den Zustand ihres Vorgängers vor dem Takt annimmt. Der Taktimpuls verschiebt also eine im Schieberegister stehende Information um eine Stelle und wird daher auch Schiebeimpuls genannt. Schieberegister werden vorwiegend zur Serien-Parallel-Umsetzung und zur Parallel-Serien-Umsetzung benutzt. Bei der Serien-Parallel-Umsetzung wird eine in Serie ankommende Information Stelle für Stelle in das Register aufgenommen und liegt nach erfolgter Übernahme parallel zur Weiterverarbeitung vor. Die Parallel-Serien-Umsetzung dient z. B. dazu, eine parallel vorliegende Information Stelle für Stelle einem Übertragungskanal aufzuschalten. Verbindet man bei einem Schieberegister den Ausgang der letzten Stufe mit dem Eingang der ersten Stufe, so kann das Register als Zähler verwendet werden (s. Johnson-Zähler in Bild 9.4).

Schieberegister können nur synchron aufgebaut werden, da bei ihnen Flipflops auch dann kippen müssen, wenn ihre Vorgänger nicht kippen. Der Entwurf von Schieberegistern ist sehr leicht, da der Takt nur die Eingangsinforma-

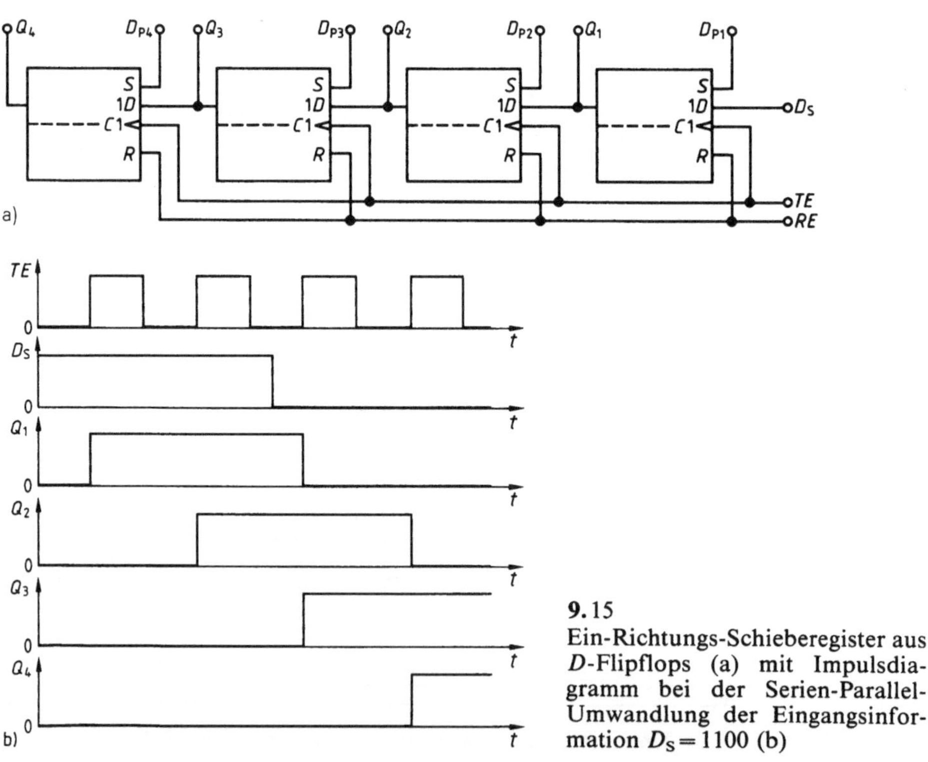

9.15
Ein-Richtungs-Schieberegister aus D-Flipflops (a) mit Impulsdiagramm bei der Serien-Parallel-Umwandlung der Eingangsinformation $D_S = 1100$ (b)

tion der Flipflops auf deren Ausgang übertragen muß. Die einfachsten Schaltungen ergeben sich daher mit D-Flipflops. Bei dem in Bild 9.15 gezeigten Ein-Richtungs-Schieberegister dient der Serieneingang D_S zur Aufnahme einer Serieninformation. Im Impulsdiagramm ist die Umwandlung der Serieninformation $D_S = 1100$ in die Paralleldarstellung an den Ausgängen Q_1 bis Q_4 dargestellt. Die Flipflops übernehmen ihre Eingangsinformation mit der positiven Taktflanke. Das erste Flipflop übernimmt vom Serieneingang D_S beim ersten und beim zweiten Taktimpuls die binäre 1, beim dritten und beim vierten Taktimpuls die binäre 0. Das zweite Flipflop übernimmt vom ersten Flipflop beim ersten und beim vierten Taktimpuls die binäre 0, beim zweiten und beim dritten Taktimpuls die binäre 1. Entsprechendes gilt für die beiden anderen Flipflops. Nach dem vierten Taktimpuls liegt an den Parallelausgängen Q_4 und Q_3 die binäre 1 und an Q_2 und Q_1 die binäre 0. Die am Serieneingang D_S zeitlich nacheinander aufgetretene Information liegt damit gleichzeitig an den Parallelausgängen vor.

Sollen Schieberegister mit RS- bzw. mit JK-Flipflops aufgebaut werden, so müssen die S- bzw. die J-Eingänge mit den bejahten Ausgängen der Vorgänger-Flipflops verbunden werden, die R- bzw. die K-Eingänge jedoch mit den verneinten Ausgängen (s. Bild 9.16). Der Serieneingang D_S wird bejaht mit dem S- bzw. dem J-Eingang und verneint mit dem R- bzw. dem K-Eingang des ersten Flipflops verbunden.

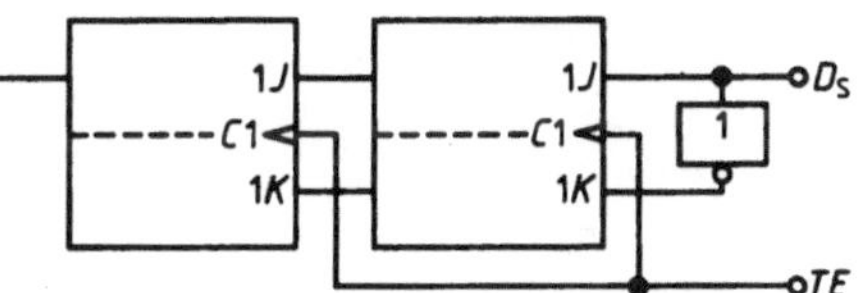

9.16
Beschaltung der taktabhängigen Informationseingänge eines JK-Flipflops beim Schieberegister

Bei der Parallel-Serien-Umsetzung wird die Parallelinformation über die Paralleleingänge D_{P1} bis D_{P4} in die Flipflops des Registers eingegeben. Am Ausgang Q_4 erscheint dann sofort die Information des Eingangs D_{P4}, nach einem Taktimpuls die Information des Eingangs D_{P3}, nach zwei Taktimpulsen die Information des Eingangs D_{P2} und nach drei Taktimpulsen die Information des Eingangs D_{P1}. Der Ausgang Q_4 liefert damit zeitlich nacheinander die an den Paralleleingängen gleichzeitig eingegebene Gesamtinformation.

Die Paralleleingabe der Gesamtinformation beim Ein-Richtungs-Schieberegister in Bild 9.15 ist asynchron, d.h. nicht mit dem Takt verknüpft, und kann daher zu jeder Zeit geschehen. Häufig ist dies nicht zulässig, so daß Schieberegister mit synchroner Paralleleingabe erforderlich sind. Eine solche synchrone Paralleleingabe hat das in Bild 9.17 gezeigte vierstellige Zwei-Richtungs-Schieberegister, das im wesentlichen dem CMOS-Baustein 4194 bzw. dem TTL-Baustein 74194 entspricht. Bei der Steuerkombination $S_1 = S_2 = 0$ bleibt der Schiebetakt wirkungslos, bei der Steuerkombination $S_1 = 1$ und $S_2 = 0$ wird von

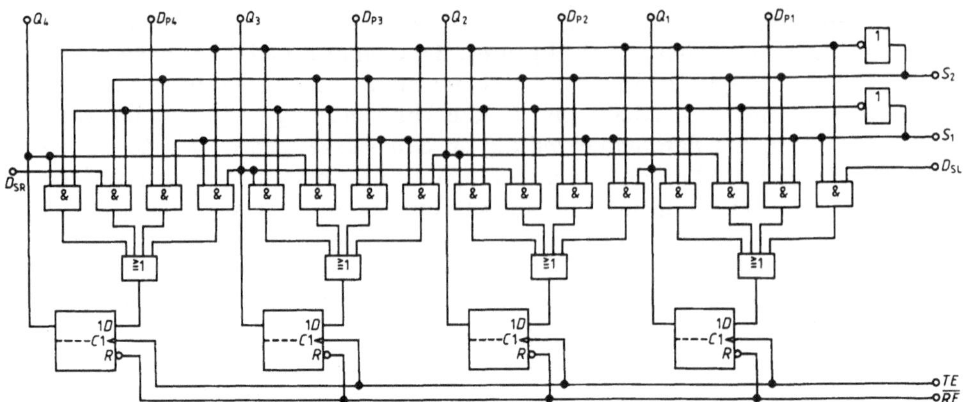

9.17 Zwei-Richtungs-Schieberegister mit synchroner Paralleleingabe
   Linksschieben bei $S_2 = 0$ und $S_1 = 1$,
   Rechtsschieben bei $S_2 = 1$ und $S_1 = 0$,
   Paralleleingabe bei $S_2 = 1$ und $S_1 = 1$

rechts nach links geschoben, bei der Steuerkombination $S_1 = 0$ und $S_2 = 1$ wird von links nach rechts geschoben und bei der Steuerkombination $S_1 = S_2 = 1$ werden mit dem Takt die Daten der Paralleleingänge D_{P1} bis D_{P4} in das Register übergeben.

10 Rechenschaltungen

10.1 Halbaddierer

Die einfachste Rechenoperation im Dualen ist die Addition von zwei Dualziffern A und B. Für diese Addition gibt es vier verschiedene Fälle, die in Tafel **10**.1 aufgeführt sind. Um eine entsprechende Additionsschaltung zu entwerfen, wird die duale Summe Σ_{dual} in die beiden Funktionen für die Stellensumme Z und für den Übertrag C (vom englischen Carry = Übertrag) aufgeteilt. Ist die duale Summe Σ_{dual} einstellig, so erhält die Funktion für den Übertrag C eine 0. Die Stellensumme Z gibt die Ziffer in der behandelten Stelle wieder, während der Übertrag C die Ziffer für die folgende Stelle ist, die dort bei der Addition mehrstelliger Dualzahlen berücksichtigt werden muß. Die Stellensumme

Tafel **10**.1 Additionstabelle für zwei Dualziffern A und B

B	A	$\begin{array}{c}B+A\\=\Sigma_{\mathrm{dual}}\end{array}$	C	Z
0	0	0	0	0
0	1	1	0	1
1	0	1	0	1
1	1	10	1	0

$$Z=(B\leftrightarrow A)=(\overline{B}\vee\overline{A})\cdot(B\vee A)=\overline{\overline{(B\cdot A)}\cdot(B\vee A)}=(B\cdot A)\vee\overline{(B\vee A)}\qquad(10.1)$$

ist die Antivalenz-Funktion der beiden Ziffern, während der Übertrag

$$C=B\cdot A\qquad(10.2)$$

die UND-Funktion der beiden Ziffern ist. Bild **10**.2 zeigt zwei einfache Schaltungen des Halbaddierers, die sich aus Gl. (10.1) und (10.2) ergeben, sowie ein einfaches Schaltzeichen, das unabhängig von der Realisierung der beiden Funktionen ist.

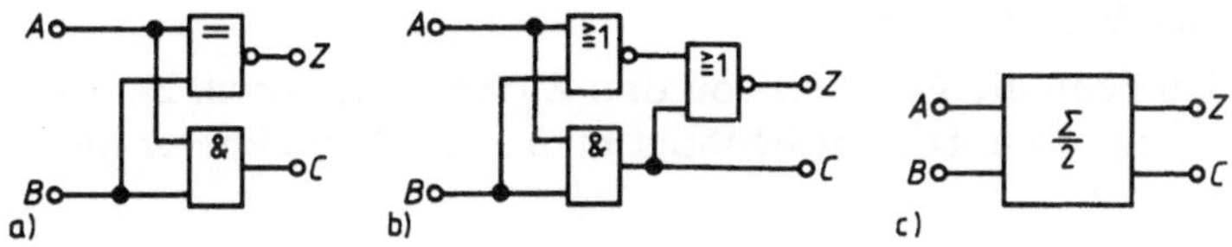

10.2 Halbaddierer aus einem Antivalenz- und einem UND-Glied (a), zwei NOR-Gliedern und einem UND-Glied (b) sowie einfaches Schaltzeichen (c)

10.2 Volladdierer

Bei der Addition von mehrstelligen Dualzahlen muß ein Übertrag von der vorherigen Stelle mit berücksichtigt werden, also die Summe der drei Ziffern A_n, B_n und C_n gebildet werden. Für diese Addition gibt es acht verschiedene Fälle, die in Tafel **10.**3 aufgeführt sind. A_n und B_n sind die Summanden der Stelle n, C_n der Übertrag, der zwar bei der Addition in der Stelle $n-1$ entstanden ist, aber zu den Summanden in der Stelle n hinzuaddiert werden muß,

Tafel **10.**3 Additionstabelle für drei Dualziffern A_n, B_n und C_n

C_n B_n A_n	$A_n + B_n + C_n = \Sigma_{dual}$	C_{n+1}	Z_n
0 0 0	0	0	0
0 0 1	1	0	1
0 1 0	1	0	1
0 1 1	10	1	0
1 0 0	1	0	1
1 0 1	10	1	0
1 1 0	10	1	0
1 1 1	11	1	1

sowie Σ_{dual} die Summe dieser drei Ziffern. Diese Summe ist wieder in die Stellensumme Z_n und den Übertrag C_{n+1} für die nachfolgende Stelle $n+1$ aufgeteilt. Um einfache Gleichungen für die Realisierung der beiden Funktionen zu finden, wird von ihren disjunktiven Normalformen ausgegangen. Für die Stellensumme Z_n wird die disjunktive Normalform

$$Z_n = (\overline{C_n} \cdot \overline{B_n} \cdot A_n) \vee (\overline{C_n} \cdot B_n \cdot \overline{A_n}) \vee (C_n \cdot \overline{B_n} \cdot \overline{A_n}) \vee (C_n \cdot B_n \cdot A_n)$$

$$= (\overline{C_n} \cdot ((\overline{B_n} \cdot A_n) \vee (B_n \cdot \overline{A_n}))) \vee (C_n \cdot ((\overline{B_n} \cdot \overline{A_n}) \vee (B_n \cdot A_n)))$$

$$= (\overline{C_n} \cdot (B_n \leftrightarrow A_n)) \vee (C_n \cdot (B_n \leftrightarrow A_n))$$

$$= (\overline{C_n} \cdot (B_n \leftrightarrow A_n)) \vee (C_n \cdot \overline{(B_n \leftrightarrow A_n)}) = C_n \leftrightarrow (B_n \leftrightarrow A_n) \qquad (10.3)$$

umgeformt. Für den Übertrag C_{n+1} wird die disjunktive Normalform

$$C_{n+1} = (\overline{C_n} \cdot B_n \cdot A_n) \vee (C_n \cdot \overline{B_n} \cdot A_n) \vee (C_n \cdot B_n \cdot \overline{A_n}) \vee (C_n \cdot B_n \cdot A_n)$$

$$= ((\overline{C_n} \vee C_n) \cdot (B_n \cdot A_n)) \vee ((\overline{B_n} \vee B_n) \cdot (C_n \cdot A_n)) \vee ((\overline{A_n} \vee A_n) \cdot (C_n \cdot B_n))$$

$$= (B_n \cdot A_n) \vee (C_n \cdot A_n) \vee (C_n \cdot B_n) \qquad (10.4)$$

vereinfacht. Bild **10.**4a zeigt die Gl. (10.3) und (10.4) entsprechende Schaltung eines Volladdierers.

Man kann die Addition von drei Ziffern auch durch zwei Additionen von zwei Ziffern lösen. Hierfür benötigt man zwei Halbaddierer und eine ODER-Schal-

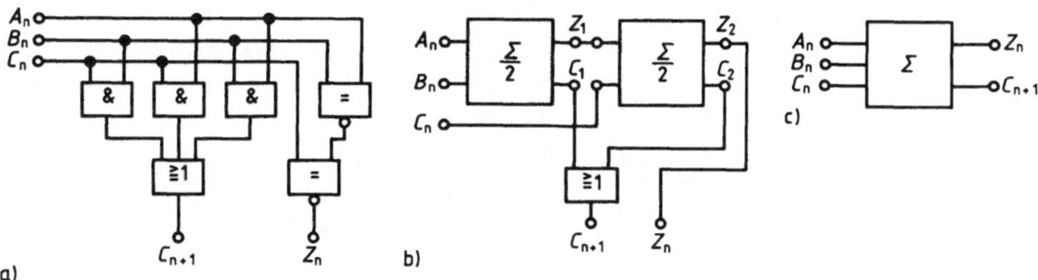

10.4 Volladdierer nach Gl. (10.3) und Gl. (10.4) (a), aus zwei Halbaddierern und einem ODER-Glied (b) sowie einfaches Schaltzeichen (c)

tung (Bild **10.4b**). Der erste Halbaddierer addiert die beiden Summanden A_n und B_n. Der zweite Halbaddierer addiert zur Summe des ersten Halbaddierers den Übertrag C_n hinzu. Da der Übertrag C_{n+1} bei $A_n = 1$ und $B_n = 1$ vom ersten Halbaddierer kommt, bei $A_n = 0$, $B_n = 1$ und $C_n = 1$ bzw. bei $A_n = 1$, $B_n = 0$ und $C_n = 1$ jedoch vom zweiten Halbaddierer, müssen die Übertragsausgänge der beiden Halbaddierer für den Übertragsausgang C_{n+1} disjunktiv verknüpft werden, was auch die Umformung der Gleichung (10.4) belegt

$$C_{n+1} = (\overline{C_n} \cdot B_n \cdot A_n) \vee (C_n \cdot \overline{B_n} \cdot A_n) \vee (C_n \cdot B_n \cdot \overline{A_n}) \vee (C_n \cdot B_n \cdot A_n)$$
$$= ((\overline{C_n} \vee C_n) \cdot B_n \cdot A_n) \vee (C_n \cdot ((\overline{B_n} \cdot A_n) \vee (B_n \cdot \overline{A_n})))$$
$$= (B_n \cdot A_n) \vee (C_n \cdot (B_n \leftrightarrow A_n)) = C_1 \vee (C_n \cdot Z_1) = C_1 \vee C_2. \tag{10.5}$$

Bild **10.4c** zeigt ein einfaches Schaltzeichen für den Volladdierer, das unabhängig von der Realisierung der beiden Funktionen C_{n+1} und Z_n ist.

10.3 Addition mehrstelliger Dualzahlen

Für die Addition mehrstelliger Dualzahlen gibt es zwei Möglichkeiten: erstens die Paralleladdition und zweitens die Serienaddition. Bei der Paralleladdition werden alle Stellen der beiden Dualzahlen gleichzeitig addiert, bei der Serienaddition hingegen werden die einzelnen Stellen der beiden Dualzahlen zeitlich nacheinander addiert.

10.3.1 Paralleladdition

Bei der Paralleladdition benötigt man je Stelle einen Addierer. In der niedrigsten Stelle genügt ein Halbaddierer, in allen anderen Stellen müssen Volladdierer verwendet werden. Bild **10.5** zeigt die entsprechende Schaltung.

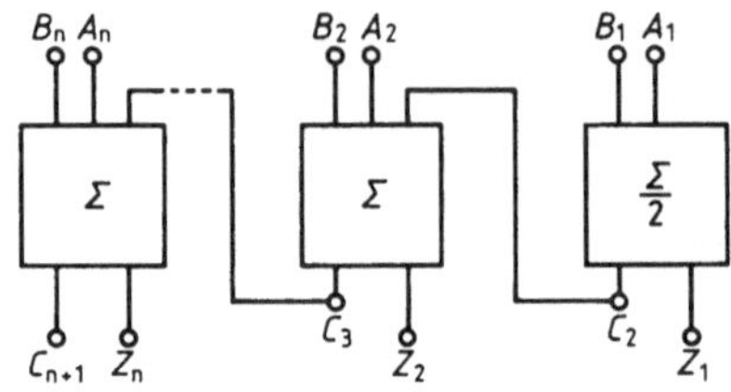

10.5 Paralleladdierer

Die Paralleladdition liefert im Vergleich zur Serienaddition das Additionsergebnis sehr schnell. Die Additionszeit wird jedoch dadurch erhöht, daß der Übertrag oft viele Addierer durchlaufen muß. Die höheren Stellen bringen in einem solchen Falle das richtige Ergebnis später als die niedrigeren. Ein Beispiel soll das erläutern. Ein Paralleladdierwerk habe 20 Dualstellen (entsprechend 6 Dezimalstellen). Der erste Summand besteht aus 20 Einsen, der zweite Summand sei 1 (eine 1 in der niedrigsten Stelle). Das Additionsergebnis ist eine 1 mit 20 folgenden Nullen.

$$
\begin{array}{r}
1\,1\,1\,1\,1\,1\,1\,1\,1\,1\,1\,1\,1\,1\,1\,1\,1\,1\,1\,1 \\
+1 \\
\hline
1\,1\,1\,1\,1\,1\,1\,1\,1\,1\,1\,1\,1\,1\,1\,1\,1\,1\,1\,1 \\
1\,0\,0\,0\,0\,0\,0\,0\,0\,0\,0\,0\,0\,0\,0\,0\,0\,0\,0\,0
\end{array}
$$

Es entsteht zunächst in der ersten Stelle ein Übertrag, der zur 1 der zweiten Stelle hinzuaddiert wird und dort wiederum einen Übertrag liefert. Der zweite Übertrag wird zu der 1 der dritten Stelle addiert und liefert ebenfalls einen Übertrag. Dies geht so fort, bis der Übertrag alle 20 Stellen durchlaufen hat und als C_{21} ausgegeben wird. Dieser Übertrag C_{21} wird zwar durch die beiden Ziffern in der niedrigsten Stelle verursacht; er muß aber alle 20 Addierer durchlaufen und erscheint daher am Ausgang erst nach der zwanzigfachen Durchlaufzeit eines Addierers.

Soll die Additionszeit eines Paralleladdierers verkürzt werden, so muß das Durchlaufen des Übertrags durch die einzelnen Stufen vermieden werden. In einigen Schaltungen zur Paralleladdition von vier Dualstellen und eines einlaufenden Übertrags, sogenannten 4-Bit-Volladdierern wie den TTL-Bausteinen 7483 und 74 283, und in arithmetisch-logischen Einheiten (s. Abschn. 10.6) werden daher die vier Ziffern Z_1 bis Z_4 sowie der Übertrag C_5 unabhängig voneinander parallel erzeugt. Im Englischen spricht man vom ,,look-ahead carry", dem vorausschauenden Übertrag. Für die Ermittlung der Überträge C_2 bis C_5, von denen C_2 bis C_4 in den Stellen 2 bis 4 zu den Summanden hinzuaddiert werden müssen, wird Gl. (10.4) umgeformt

$$
\begin{aligned}
C_{n+1} &= (\overline{C_n}\cdot B_n\cdot A_n) \vee (C_n\cdot B_n\cdot A_n) \vee (C_n\cdot \overline{B_n}\cdot A_n) \vee (C_n\cdot B_n\cdot \overline{A_n}) \\
&= ((\overline{C_n}\vee C_n)\cdot B_n\cdot A_n) \vee (C_n\cdot((\overline{B_n}\cdot A_n)\vee(B_n\cdot \overline{A_n}))) \\
&= (B_n\cdot A_n)\vee(C_n\cdot(B_n \leftrightarrow\!\!\!\!\!\backslash\, A_n)). \tag{10.6}
\end{aligned}
$$

Mit den Abkürzungen $G_n = B_n\cdot A_n$ (G vom englischen to generate = erzeugen, da durch den Ausdruck $B_n\cdot A_n$ der Übertrag erzeugt wird) sowie $P_n = B_n \leftrightarrow\!\!\!\!\!\backslash\, A_n$ (P vom englischen to propagate = fortpflanzen, da bei $B_n \leftrightarrow\!\!\!\!\!\backslash\, A_n$ ein einlaufender

Übertrag einen Übertrag für die nächste Stelle erzeugt, sich also fortpflanzt) erhält man für den Übertrag in der Stelle $n+1$

$$C_{n+1} = G_n \vee (C_n \cdot P_n). \tag{10.7}$$

Hieraus errechnen sich durch Einsetzen der Ausdrücke für C_n die Überträge für die Stellen 2 bis 5

$$C_2 = G_1 \vee (C_1 \cdot P_1), \tag{10.8}$$

$$C_3 = G_2 \vee (C_2 \cdot P_2) = G_2 \vee ((G_1 \vee (C_1 \cdot P_1)) \cdot P_2)$$
$$= G_2 \vee (G_1 \cdot P_2) \vee (C_1 \cdot P_1 \cdot P_2), \tag{10.9}$$

$$C_4 = G_3 \vee (C_3 \cdot P_3) = G_3 \vee ((G_2 \vee (G_1 \cdot P_2) \vee (C_1 \cdot P_1 \cdot P_2)) \cdot P_3)$$
$$= G_3 \vee (G_2 \cdot P_3) \vee (G_1 \cdot P_2 \cdot P_3) \vee (C_1 \cdot P_1 \cdot P_2 \cdot P_3), \tag{10.10}$$

$$C_5 = G_4 \vee (C_4 \cdot P_4)$$
$$= G_4 \vee ((G_3 \vee (G_2 \cdot P_3) \vee (G_1 \cdot P_2 \cdot P_3) \vee (C_1 \cdot P_1 \cdot P_2 \cdot P_3)) \cdot P_4)$$
$$= G_4 \vee (G_3 \cdot P_4) \vee (G_2 \cdot P_3 \cdot P_4) \vee (G_1 \cdot P_2 \cdot P_3 \cdot P_4) \vee (C_1 \cdot P_1 \cdot P_2 \cdot P_3 \cdot P_4). \tag{10.11}$$

Für die Ermittlung der Beziehungen für die Ziffern Z_1 bis Z_4 wird von Gl. (10.3) und den Abkürzungen $G_n = B_n \cdot A_n$ sowie $P_n = B_n \leftrightarrow A_n$ ausgegangen

$$Z_n = C_n \leftrightarrow (B_n \leftrightarrow A_n) = C_n \leftrightarrow P_n. \tag{10.12}$$

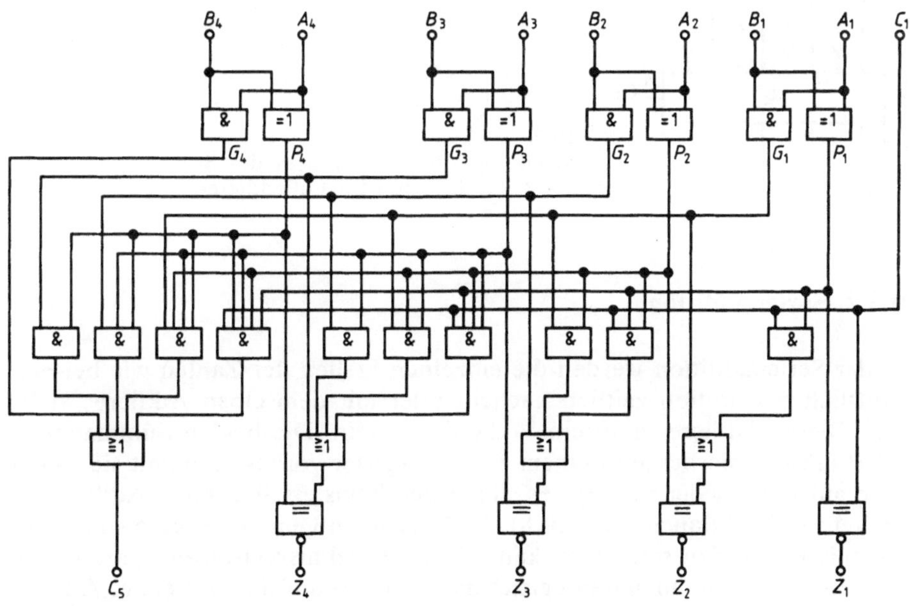

10.6 4-Bit-Volladdierer mit unabhängiger Erzeugung der Ziffern Z_1 bis Z_4 und des Übertrags C_5

Aus dieser Gleichung erhält man mit Gl. (10.8) bis (10.10) für die Überträge C_2 bis C_4 die Beziehungen für die Ziffern

$$Z_1 = C_1 \leftrightarrow P_1, \tag{10.13}$$

$$Z_2 = C_2 \leftrightarrow P_2 = (G_1 \vee (C_1 \cdot P_1)) \leftrightarrow P_2, \tag{10.14}$$

$$Z_3 = C_3 \leftrightarrow P_3 = (G_2 \vee (G_1 \cdot P_2) \vee (C_1 \cdot P_1 \cdot P_2)) \leftrightarrow P_3, \tag{10.15}$$

$$Z_4 = C_4 \leftrightarrow P_4 = (G_3 \vee (G_2 \cdot P_3) \vee (G_1 \cdot P_2 \cdot P_3) \vee (C_1 \cdot P_1 \cdot P_2 \cdot P_3)) \leftrightarrow P_4. \tag{10.16}$$

Einen 4-Bit-Volladdierer mit unabhängiger Erzeugung der Ziffern Z_1 bis Z_4 und des Übertrags C_5, der entsprechend den Gl. (10.11) und (10.13) bis (10.16) aufgebaut ist, zeigt Bild **10.6** (s. S. 191).

Beispiel 10.1. Der Stibitz-Code soll mit einem 4-Bit-Volladdierer in den 8-4-2-1-BCD-Code umgewandelt werden. Gesucht ist die Beschaltung des 4-Bit-Volladdierers.

Der Stibitz-Code heißt auch Exzeß-3-Code. Dieser Name rührt daher, daß bei ihm die Codierung der Dezimalziffern gleich der dualen Codierung der um 3 erhöhten Dezimalziffern ist. Man muß also von den Stibitz-Codierungen dezimal 3 bzw. dual 0011 abziehen und erhält die Codierung im 8-4-2-1-BCD-Code. Diese Subtraktion geschieht am einfachsten über die Addition des Komplements zu 16, also die Addition von dezimal 13 bzw. dual 1101. Der dabei entstehende Übertrag wird weggelassen. Bild **10.7** zeigt die gesuchte Schaltung.

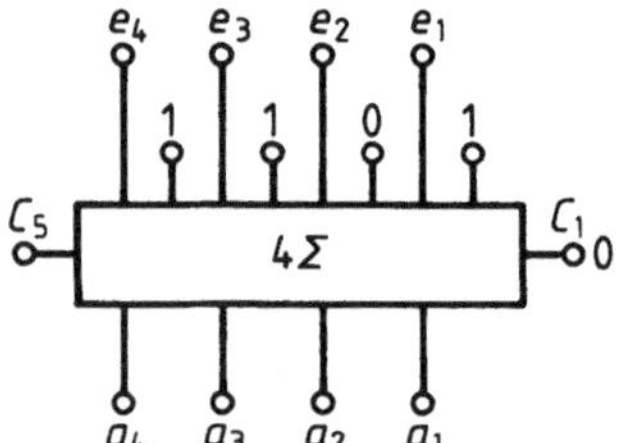

10.7
Schaltung zum Umwandeln des Stibitz-Codes in den 8-4-2-1-Code mit 4-Bit-Volladdierer

10.3.2 Serienaddition

Bei der Serienaddition werden die einzelnen Stellen der Zahlen wie bei einer schriftlichen Addition zeitlich nacheinander mit demselben Addierer aufaddiert. Dieser Addierer muß ein Volladdierer sein. Die beiden Summanden A und B müssen hierbei je in einem Schieberegister vorliegen, damit sie stellenweise auf den an der niedrigsten Stelle des Registers liegenden Addierer geschaltet werden können (Bild **10.8**). Außerdem muß ein Schieberegister für das Ergebnis vorhanden sein. Man kann dieses Ergebnisregister einsparen, wenn eines der beiden Summandenregister das Ergebnis aufnimmt. Bei der Addition jeder Stelle der Summanden kann ein Übertrag C_{n+1} entstehen, der bei der Addition der nächsten Stelle am Übertragseingang C_n des Addierers liegen muß.

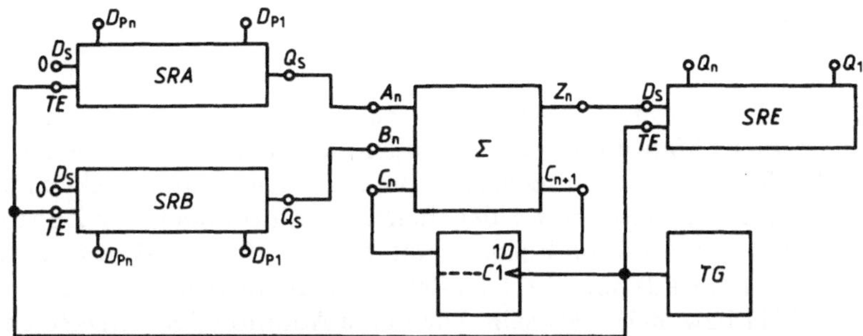

10.8 Schaltung zur Serienaddition
SRA Schieberegister für Summand *A*, *SRB* Schieberegister für Summand *B*, *SRE* Schieberegister für Ergebnis, Σ Volladdierer, *TG* Taktgeber, *TE* Takteingang, D_S Serieller Dateneingang, D_P Paralleler Dateneingang, Q_S Serieller Datenausgang

Der Übertragsausgang C_{n+1} muß also auf den Übertragseingang C_n des Addierers zurückgeführt werden. Das Übertragssignal darf aber erst bei der Addition der nächsten Summandenstelle am Eingang des Addierers wirksam werden. Daher muß es um einen Takt verzögert werden. Zwischen dem Übertragsausgang C_{n+1} und dem Übertragseingang C_n des Volladdierers liegt daher zur Verzögerung ein *D*-Flipflop, das mit dem Takt der Schieberegister getaktet wird.

Man kann das Flipflop zur Verzögerung des Übertrags auch in die Schaltung eines Serien-Volladdierers integrieren. Zur Berechnung einer entsprechenden Schaltung wird von Gl. (10.3) und (10.4) für die Stellensumme und für den Übertrag ausgegangen

$$Z_n = C_n \leftrightarrow (B_n \leftrightarrow A_n), \tag{10.17}$$

$$C_{n+1} = (B_n \cdot A_n) \vee (C_n \cdot A_n) \vee (C_n \cdot B_n) = (B_n \cdot A_n) \vee (C_n \cdot (A_n \vee B_n)). \tag{10.18}$$

Die Gleichung für den Übertrag wird nun mit der charakteristischen Gleichung des zu verwendenden Flipflops verglichen. Ein *RS*-Flipflop erweist sich als günstig. Seine charakteristische Gleichung ist

$$Q^{n+1} = (S^n \cdot \overline{R^n}) \vee (Q^n \cdot \overline{R^n}). \tag{10.19}$$

Der Zustand Q^{n+1} des Flipflops nach dem Takt entspricht dem Übertrag C_{n+1}, der Zustand Q^n vor dem Takt dem Übertrag C_n. Der Koeffizientenvergleich von Gl. (10.18) und (10.19) liefert

$$R^n = \overline{A_n \vee B_n}, \tag{10.20}$$

$$S^n = B_n \cdot A_n. \tag{10.21}$$

Bild **10.**9 zeigt die aus Gl. (10.17), (10.20) und (10.21) gewonnene Schaltung eines Serien-Volladdierers.

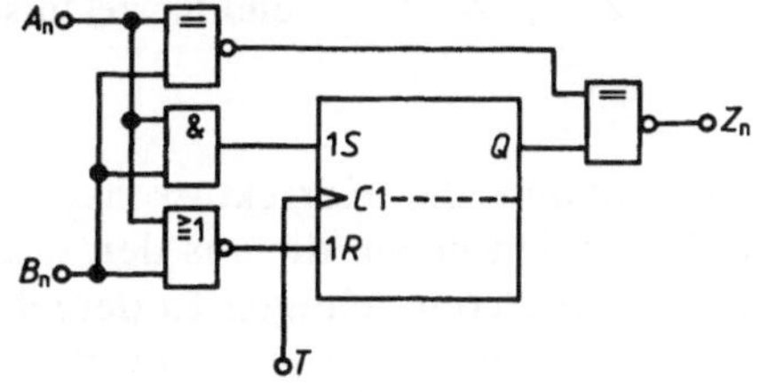

10.9 Serien-Volladdierer

10.4 Dezimale Addierer

Die Addition von BCD-codierten Zahlen ist etwas schwieriger als die von Dualzahlen. Man muß berücksichtigen, daß bei BCD-Codes aus der fortlaufenden Reihe der ersten sechszehn Binärzeichen sechs ausgeklammert sind und daß zum Zweierübertrag der dualen Addition noch der Zehnerübertrag der dezimalen Addition hinzukommt. Sollen z. B. im Aiken-Code die Summen 0011 + 0010 (3 + 2) bzw. 1011 + 1100 (5 + 6) gebildet werden, müssen die Ergebnisse 1011 bzw 0001 0001 sein. Die duale Addition der BCD-Zeichen liefert allerdings die Ergebnisse 0101 bzw. 10111, die im Aiken-Code unzulässig sind. Die in Abschn. 10.1 bis 10.3 behandelten Addierschaltungen sind also zur Addition von BCD-codierten Zahlen zunächst nicht geeignet. Man könnte nun dezimale Addierer wie normale Schaltnetze mit Hilfe der Funktionstabelle entwerfen. Die Funktionstabelle enthielte aber neun Variablen (zweimal je vier Variablen für die beiden Summanden sowie eine Variable für den Übertrag aus der vorherigen Stelle), mit denen $2^9 = 512$ Kombinationen möglich sind. Von diesen 512 Kombinationen entsprechen $2 \times 10 \times 10 = 200$ den möglichen Additionsergebnissen, 312 hingegen sind redundant. Das Aufstellen und Vereinfachen von Funktionen mit neun Variablen ist allerdings äußerst schwierig und langwierig, so daß es hier nicht durchgeführt werden kann. Aber auch in der Praxis wird ein anderer Weg beschritten. Man behandelt die BCD-codierten Zahlen zunächst wie Dualzahlen. Dadurch entstehen jedoch bei der Addition zum Teil falsche Ergebnisse. Sie werden dann in einer Korrekturschaltung berichtigt. Diese Korrekturschaltung läßt sich einfach entwerfen, da sie nur noch fünf Eingänge hat (Bild **10.**10).

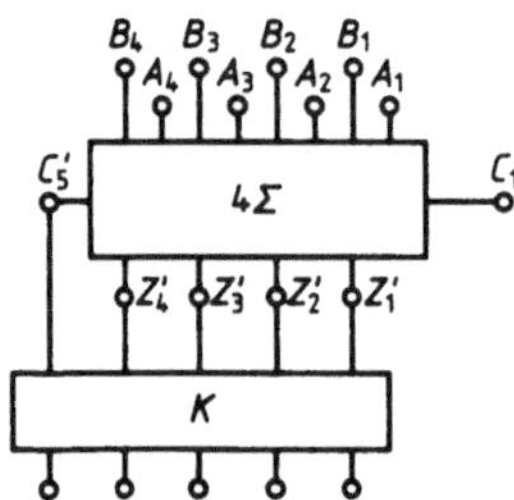

10.10
Dezimaler Addierer aus 4-Bit-Volladdierer (4Σ)
und Korrekturschaltung (K)

Zum Entwurf der Korrekturschaltung wird eine Korrekturtabelle aufgestellt. In ihr werden neben die aus den dualen Additionen kommenden Zwischenergebnisse die coderichtigen Endergebnisse geschrieben. Jede Stelle des Endergebnisses ist nun eine Funktion der fünf Stellen des Zwischenergebnisses. Um diese Funktion möglichst einfach zu erhalten, werden mit den fünf Stellen des

Tafel **10.**11 Korrekturtabelle für dezimale Addition im 8-4-2-1-BCD-Code

mögliche dezimale Summanden	dezimale Summe	Zwischenergebnisse $C'_5\ Z'_4\ Z'_3\ Z'_2\ Z'_1$					Endergebnisse $C_5\ Z_4\ Z_3\ Z_2\ Z_1$				
0+0	0	0	0	0	0	0	0	0	0	0	0
1+0	1	0	0	0	0	1	0	0	0	0	1
2+0	2	0	0	0	1	0	0	0	0	1	0
3+0	3	0	0	0	1	1	0	0	0	1	1
4+0	4	0	0	1	0	0	0	0	1	0	0
5+0	5	0	0	1	0	1	0	0	1	0	1
6+0	6	0	0	1	1	0	0	0	1	1	0
7+0	7	0	0	1	1	1	0	0	1	1	1
8+0	8	0	1	0	0	0	0	1	0	0	0
9+0	9	0	1	0	0	1	0	1	0	0	1
9+1	10	0	1	0	1	0	1	0	0	0	0
9+2	11	0	1	0	1	1	1	0	0	0	1
9+3	12	0	1	1	0	0	1	0	0	1	0
9+4	13	0	1	1	0	1	1	0	0	1	1
9+5	14	0	1	1	1	0	1	0	1	0	0
9+6	15	0	1	1	1	1	1	0	1	0	1
9+7	16	1	0	0	0	0	1	0	1	1	0
9+8	17	1	0	0	0	1	1	0	1	1	1
9+9	18	1	0	0	1	0	1	1	0	0	0
9+9+C	19	1	0	0	1	1	1	1	0	0	1
—	—	1	0	1	0	0	X	X	X	X	X
—	—	1	0	1	0	1	X	X	X	X	X
—	—	1	0	1	1	0	X	X	X	X	X
—	—	1	0	1	1	1	X	X	X	X	X
—	—	1	1	0	0	0	X	X	X	X	X
—	—	1	1	0	0	1	X	X	X	X	X
—	—	1	1	0	1	0	X	X	X	X	X
—	—	1	1	0	1	1	X	X	X	X	X
—	—	1	1	1	0	0	X	X	X	X	X
—	—	1	1	1	0	1	X	X	X	X	X
—	—	1	1	1	1	0	X	X	X	X	X
—	—	1	1	1	1	1	X	X	X	X	X

Zwischenergebnisses auch die redundanten Kombinationen angesetzt, für die keine Summanden existieren. Die Endergebnisse erhalten bei diesen Kombinationen das Redundanz-X. Die Funktionen des Endergebnisses können nun aus der Korrekturtabelle gewonnen werden. Tafel **10.**11 zeigt als Beispiel die Korrekturtabelle für die dezimale Addition im 8-4-2-1-BCD-Code. Die Vereinfachungen der fünf Funktionen Z_1 bis C_5 zeigt Bild **10.**12 und die zugehörige Schaltung Bild **10.**13.

Die Korrekturschaltung kann auch mit einer weiteren Addierschaltung realisiert werden. Bei genauer Betrachtung von Tafel **10.**11 sieht man, daß bis zur dezimalen Summe 9 das Zwischenergebnis mit dem Endergebnis übereinstimmt. Ab der dezimalen Summe 10 ist das Zwischenergebnis gegenüber dem Endergebnis um $00110_{\text{dual}} = 6_{\text{dezimal}}$ zu klein. Dieser Wert muß also zum Zwi-

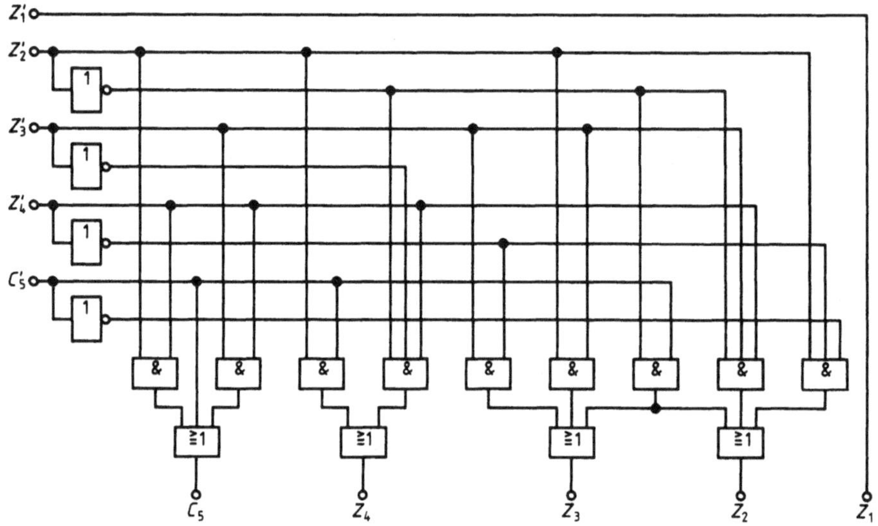

$$Z_2 = (C_5' \cdot \overline{Z_2'}) \vee (Z_4' \cdot Z_3' \cdot \overline{Z_2'}) \vee (\overline{C_5'} \cdot \overline{Z_4'} \cdot Z_2')$$

$$Z_3 = (C_5' \cdot \overline{Z_2'}) \vee (Z_3' \cdot Z_2') \vee (\overline{Z_4'} \cdot Z_3')$$

$$Z_4 = (C_5' \cdot Z_2') \vee (Z_4' \cdot \overline{Z_3'} \cdot \overline{Z_2'})$$

$$C_5 = C_5' \vee (Z_4' \cdot Z_2') \vee (Z_4' \cdot Z_3')$$

10.12 KV-Diagramme zum Vereinfachen der Funktionen der Korrekturschaltung

10.13 Korrekturschaltung für die dezimale Addition im 8-4-2-1-BCD-Code

schenergebnis hinzuaddiert werden, damit man das Endergebnis erhält. Das Korrektursignal

$$K = C_5' \vee (Z_4' \cdot Z_2') \vee (Z_4' \cdot Z_3')$$

ist identisch mit der oben gefundenen Übertragsfunktion C_5. Bild **10.14** zeigt die entsprechende Schaltung. Die Stelle Z_1' des Zwischenergebnisses ist identisch mit der Stelle Z_1 des Endergebnisses und braucht daher nicht durch den

Korrekturaddierer zu laufen. Somit genügt ein 4-Bit-Volladdierer, um mit den restlichen vier Stellen des Zwischenergebnisses die erforderliche Addition durchzuführen.

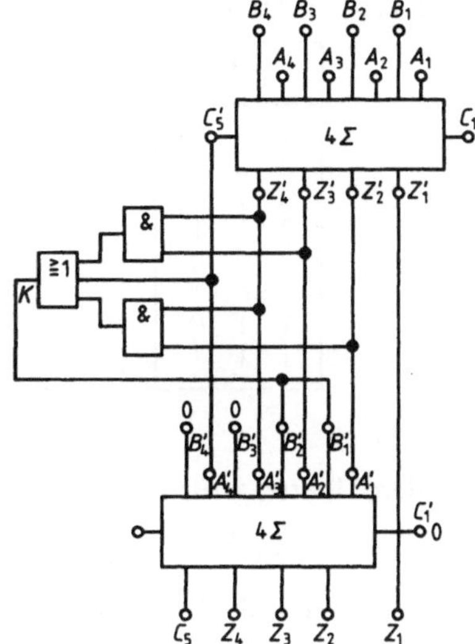

10.14
Dezimaler Addierer für den 8-4-2-1-BCD-Code mit 4-Bit-Volladdierer (4Σ) in der Korrekturschaltung

10.5 Subtrahierer

Die Subtraktion zweier Dualzahlen kann entweder direkt oder wie in Abschn. 2.5.2 beschrieben über die Addition des Komplements erfolgen. Bei Rechnern, die mit Dualzahlen oder mit BCD-codierten Zahlen arbeiten, wird fast ausschließlich von der zweiten Art der Differenzbildung Gebrauch gemacht, weil sich die Komplemente leicht bilden lassen und dabei das Rechenwerk einfacher und billiger wird. Die Subtraktion über die Addition des Komplements erfordert allerdings mehr Einzeloperationen als die direkte Subtraktion. Daher enthalten einige Rechenwerke sowohl Addierer als auch Subtrahierer. Wegen der relativ geringen Bedeutung von Subtrahierern wird hier nur kurz auf den Vollsubtrahierer eingegangen.

Ein Vollsubtrahierer muß in der Stelle n die Differenz

$$B_n - A_n - C_n = \Delta_{\text{dual}}$$

bilden. Für diese Differenz gibt es bei Dualzahlen acht verschiedene Fälle, die in Tafel **10.15** aufgeführt sind. B_n ist der Minuend der Stelle n, A_n der Subtrahend und C_n der Übertrag, der in der Stelle $n-1$ entstanden ist, aber in der Stelle n ebenfalls vom Minuenden subtrahiert werden muß. Die Differenz Δ_{dual} wird in die Stellendifferenz

$$D_n = (\overline{B_n} \cdot \overline{A_n} \cdot C_n) \vee (\overline{B_n} \cdot A_n \cdot \overline{C_n}) \vee (B_n \cdot \overline{A_n} \cdot \overline{C_n}) \vee (B_n \cdot A_n \cdot C_n) \tag{10.22}$$

Tafel **10.**15 Subtraktionstabelle für drei Dualziffern A_n, B_n und C_n

B_n A_n C_n	$B_n - A_n - C_n = \Delta_{\text{dual}}$	C_{n+1}	D_n
0 0 0	0	0	0
0 0 1	-1	1	1
0 1 0	-1	1	1
0 1 1	-10	1	0
1 0 0	1	0	1
1 0 1	0	0	0
1 1 0	0	0	0
1 1 1	-1	1	1

und den Übertrag für die nachfolgende Stelle

$$C_{n+1} = (\overline{B_n} \cdot \overline{A_n} \cdot C_n) \vee (\overline{B_n} \cdot A_n \cdot \overline{C_n}) \vee (\overline{B_n} \cdot A_n \cdot C_n) \vee (B_n \cdot A_n \cdot C_n) \qquad (10.23)$$

aufgeteilt. Gl. (10.23) für den Übertrag läßt sich vereinfachen zu

$$C_{n+1} = (\overline{B_n} \cdot C_n) \vee (\overline{B_n} \cdot A_n) \vee (A_n \cdot C_n). \qquad (10.24)$$

Die technische Realisierung des Vollsubtrahierers wird jedoch einfacher, wenn von der Normalform des Übertrags nach Gl. (10.23) ausgegangen wird; denn dabei können drei Schaltglieder mitbenutzt werden, die für die Stellendifferenz D_n erforderlich sind. Bild **10.**16 zeigt die den Gl. (10.22) und (10.23) entsprechende Schaltung sowie ein einfaches Schaltzeichen für den Vollsubtrahierer.

Ist bei einer Differenzbildung der Subtrahend größer als der Minuend, so ist das Ergebnis n e g a t i v. In einer Schaltung aus Subtrahierern entsteht dabei in der höchsten Stelle ein Übertrag, der nicht subtrahiert werden kann. Das Ergebnis liegt hierbei in K o m p l e m e n t - D a r s t e l l u n g vor; es muß also noch rückkomplementiert werden.

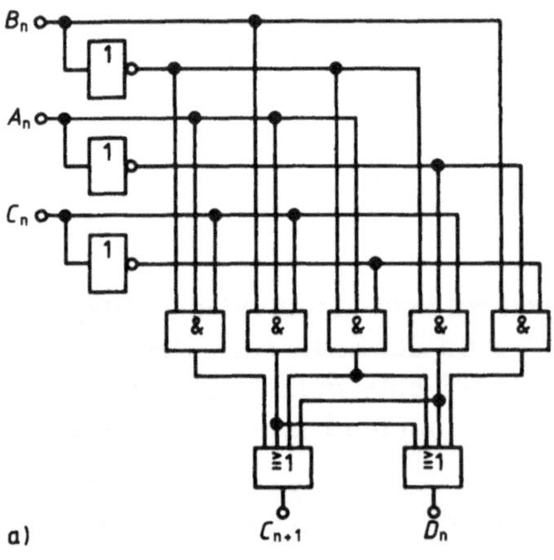
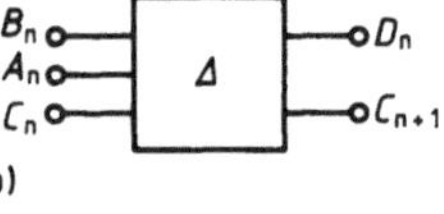

10.16
Vollsubtrahierer in disjunktiver Normalform (a) und einfaches Schaltzeichen (b)

Beispiel 10.2. Gesucht ist eine Schaltung, die die Differenz zweier vierstelliger Dualzahlen über die Addition des Komplements bildet.

Wie in Abschn. 2.5.2 beschrieben, erhält man bei dieser Methode die Differenz D, indem man zum Minuenden M zunächst das Komplement $K = B^n - S$ des Subtrahenden S zu B^n addiert und anschließend B^n wieder subtrahiert. Dabei ist n die Stellenzahl links vom Komma und B die Basis des Zahlensystems. Das Komplement K erhält man im Dualen dadurch, daß man den Subtrahenden invertiert und zu dieser Inversion 1 hinzuaddiert. Die Subtraktion von B^n nach der Addition des Komplements kann durch einfaches Weglassen der Ziffer 1 in der Stelle $n + 1$ geschehen. Zu beachten ist bei dieser Methode, daß ein negatives Ergebnis in Komplementdarstellung entsteht, das wieder rückkomplementiert werden muß. Man erkennt das negative Ergebnis daran, daß in der Stelle $n + 1$ eine 0 steht.

Die gesuchte Schaltung muß also folgende Aufgaben lösen:

1. Bilden der Inversion des Subtrahenden.
2. Addition von Minuend, Inversion und 1.
3. Additionsergebnis invertieren und 1 hinzuaddieren, wenn in der Stelle $n + 1$ eine 0 steht.
4. Ausgabe des Minus-Vorzeichens.

Für die Aufgabe 1 werden vier Inverter benötigt.

Die Aufgabe 2 wird mit einem 4-Bit-Volladdierer gelöst, dem als Summand A der Minuend, als Summand B die Inversion des Subtrahenden und am Übertragseingang eine 1 zugeführt wird.

Für die Aufgabe 3 muß der Übertragsausgang des Addierers von Aufgabe 2 invertiert werden, damit die benötigte 1 für die zusätzliche Addition entsteht. Das bedingte Invertieren des ersten Additionsergebnisses kann mit Exklusiv-Oder-Schaltungen geschehen. Tafel 10.17 zeigt, daß die Exklusiv-Oder-Verknüpfung die Datenvariable e_D direkt abbildet, wenn die Steuervariable $e_S = 0$ ist, und invertiert abbildet, wenn die Steuervariable $e_S = 1$ ist. Das bedingte Invertieren kann also vom invertierten Übertragssignal des ersten Addierers gesteuert werden. Die Addition geschieht wiederum mit einem 4-Bit-

Tafel **10.**17 Funktionstabelle der Exklusiv-Oder-Verknüpfung

e_S	e_D	a	
0	0	0	$\Big\}\ e_D$
0	1	1	
1	0	1	$\Big\}\ \overline{e_D}$
1	1	0	

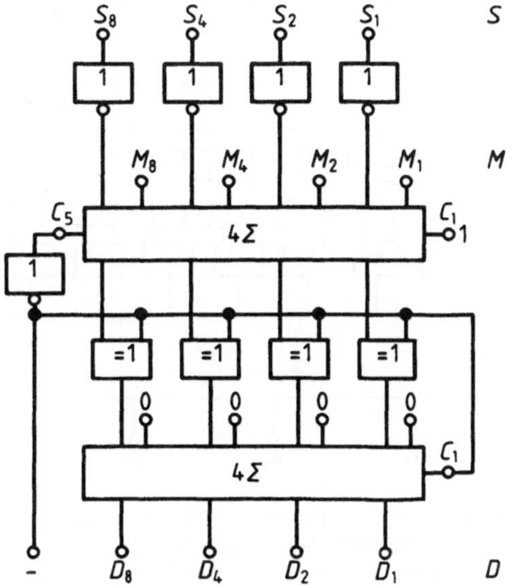

10.18 Schaltung zur Differenzbildung über die Addition des Komplements

Volladdierer, dem als Summand A Null, als Summand B das Ergebnis der ersten Addition über vier Exklusiv-Oder-Schaltungen und am Übertragseingang die 1 zugeführt wird. Sein Übertragsausgang wird nicht benötigt.

Die Aufgabe 4 wird vom invertierten Übertragssignal des ersten 4-Bit-Volladdierers übernommen.

Bild **10.**18 zeigt die gesuchte Schaltung.

10.6 Arithmetisch-logische Einheit (ALU)

Eine arithmetisch-logische Einheit (in Englisch Arithmetic Logic Unit = ALU) ist eine Schaltung, die mit zwei Datenwörtern verschiedene a r i t h m e t i s c h e und l o g i s c h e O p e r a t i o n e n durchführen kann. Die arithmetischen Operationen werden mit einem Addierer ausgeführt, der aus Gründen der Arbeitsgeschwindigkeit ein Paralleladdierer mit parallelem Übertrag ist. Um mit den Daten unterschiedliche arithmetische Operationen ausführen zu können, müssen diese dem Addierer entweder direkt oder invertiert oder aber zusammen mit dem Nullwort oder dem Einswort zugeführt werden. Bild **10.**19 zeigt einen 4-Bit-Volladdierer mit einer Ansteuerschaltung, die den gestellten Anforderungen entspricht. Durch die UND-Glieder mit den Steuereingängen S_3 und S_4 können die Datenwörter entweder auf den nachfolgenden Schaltungsteil durchgeschaltet werden oder nicht. Mit dem Steuersignal 0 liefern die UND-Glieder das Nullwort (0000). Die Exklusiv-ODER-Glieder liefern beim Steuersignal 0 die von den UND-Gliedern kommenden Signale direkt an den 4-Bit-Volladdierer, beim Steuersignal 1 hingegen invertiert. Bei den 16 Kombinationen der Steuersignale liefert der 4-Bit-Volladdierer die in Bild **10.**19b angegebenen Verknüpfungen. Zu beachten ist dabei, daß negative Ergebnisse in Komplementdarstellung vorliegen.

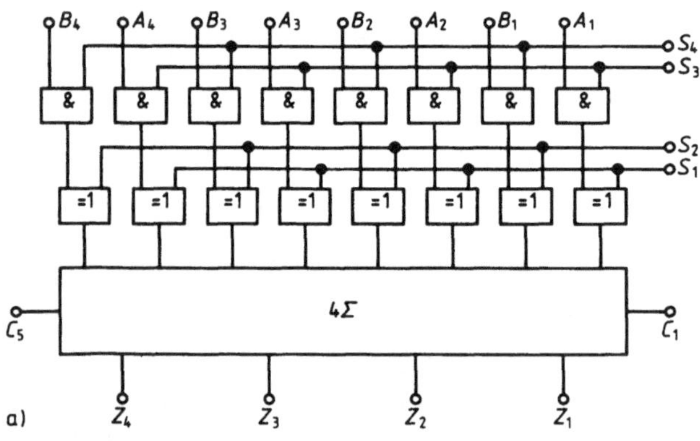

S_4	S_3	S_2	S_1	Z
0	0	0	0	C_1
0	0	0	1	$C_1 - 1$
0	0	1	0	$C_1 - 1$
0	0	1	1	$C_1 - 2$
0	1	0	0	$C_1 + A$
0	1	0	1	$C_1 - A - 1$
0	1	1	0	$C_1 + A - 1$
0	1	1	1	$C_1 - A - 2$
1	0	0	0	$C_1 + B$
1	0	0	1	$C_1 + B - 1$
1	0	1	0	$C_1 - B - 1$
1	0	1	1	$C_1 - B - 2$
1	1	0	0	$C_1 + A + B$
1	1	0	1	$C_1 + B - A - 1$
1	1	1	0	$C_1 + A - B - 1$
1	1	1	1	$C_1 - A - B - 2$

10.19 4-Bit-Volladdierer (4Σ) mit Ansteuerschaltung für universelle Verknüpfung der Daten (a) sowie Tabelle der verschiedenen Verknüpfungen (b)

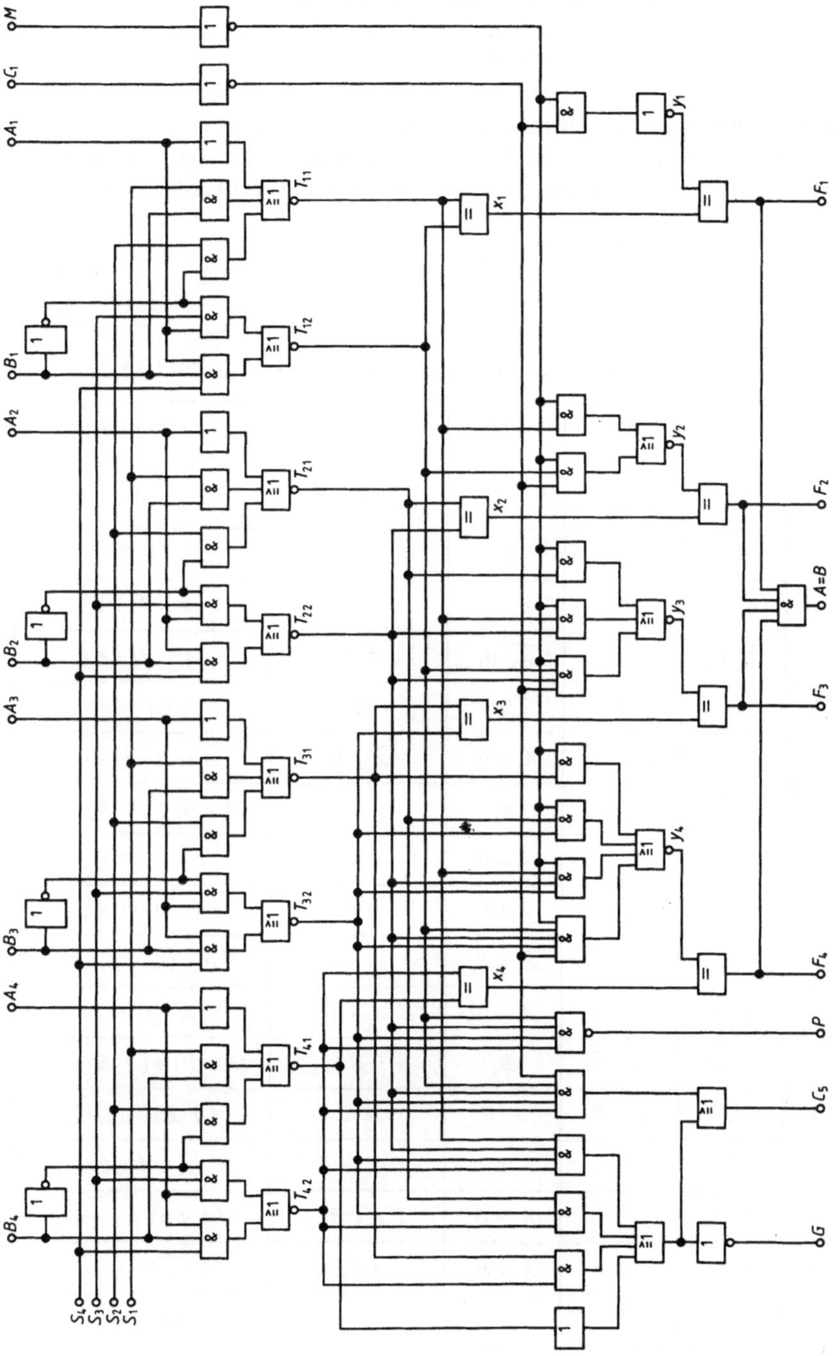

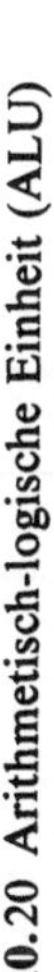

10.20 Arithmetisch-logische Einheit (ALU)

In arithmetisch-logischen Einheiten werden die zum Durchschalten und Invertieren der Datenwörter erforderlichen Schaltungsteile nicht mehr vor einem Addierer angeordnet, sondern in die Gesamtschaltung integriert. Dadurch können außer den arithmetischen Operationen über eine Betriebsartensteuerung auch logische Operationen realisiert werden. Bild **10.**20 zeigt das Schaltbild einer arithmetisch-logischen Einheit (ähnlich den integrierten Schaltungen 74181 und 4581). In der Schaltung werden zunächst die Teilfunktionen

$$T_{i1} = \overline{A_i \vee (B_i \cdot S_1) \vee (\overline{B_i} \cdot S_2)} \tag{10.25}$$

$$T_{i2} = \overline{(A_i \cdot \overline{B_i} \cdot S_3) \vee (A_i \cdot B_i \cdot S_4)} \tag{10.26}$$

$$X_i = T_{i1} \leftrightarrow T_{i2} \tag{10.27}$$

Tafel **10.**21 Arithmetische und logische Verknüpfungen der ALU in Bild **10.**20

$S_4\ S_3\ S_2\ S_1$	T_{i1}	T_{i2}	X_i	logische Operationen $M=1$ F	arithmetische Operationen $M=0$ F
0 0 0 0	$\overline{A_i}$	1	$\overline{A_i}$	$\overline{A}$	$A + C_1$
0 0 0 1	$\overline{A_i} \cdot \overline{B_i}$	1	$\overline{A_i} \cdot \overline{B_i}$	$\overline{A} \cdot \overline{B}$	$(A \vee B) + C_1$
0 0 1 0	$\overline{A_i} \cdot B_i$	1	$\overline{A_i} \cdot B_i$	$\overline{A} \cdot B$	$(A \vee \overline{B}) + C_1$
0 0 1 1	0	1	0	0	$C_1 - 1$
0 1 0 0	$\overline{A_i}$	$\overline{A_i} \vee B_i$	$\overline{A_i} \vee \overline{B_i}$	$\overline{A} \vee \overline{B}$	$A + (A \cdot \overline{B}) + C_1$
0 1 0 1	$\overline{A_i} \cdot \overline{B_i}$	$\overline{A_i} \vee B_i$	$\overline{B_i}$	$\overline{B}$	$(A \vee B) + (A \cdot \overline{B}) + C_1$
0 1 1 0	$\overline{A_i} \cdot B_i$	$\overline{A_i} \vee B_i$	$A_i \leftrightarrow B_i$	$A \leftrightarrow B$	$A - B - 1 + C_1$
0 1 1 1	0	$\overline{A_i} \vee B_i$	$A_i \cdot \overline{B_i}$	$A \cdot \overline{B}$	$(A \cdot \overline{B}) - 1 + C_1$
1 0 0 0	$\overline{A_i}$	$\overline{A_i} \vee \overline{B_i}$	$\overline{A_i} \vee B_i$	$\overline{A} \vee B$	$A + (A \cdot B) + C_1$
1 0 0 1	$\overline{A_i} \cdot \overline{B_i}$	$\overline{A_i} \vee \overline{B_i}$	$A_i \leftrightarrow B_i$	$A \leftrightarrow B$	$A + B + C_1$
1 0 1 0	$\overline{A_i} \cdot B_i$	$\overline{A_i} \vee \overline{B_i}$	B_i	B	$(A \vee \overline{B}) + (A \cdot B) + C_1$
1 0 1 1	0	$\overline{A_i} \vee \overline{B_i}$	$A_i \cdot B_i$	$A \cdot B$	$(A \cdot B) - 1 + C_1$
1 1 0 0	$\overline{A_i}$	$\overline{A_i}$	1	1	$A + A + C_1$
1 1 0 1	$\overline{A_i} \cdot \overline{B_i}$	$\overline{A_i}$	$A_i \vee \overline{B_i}$	$A \vee \overline{B}$	$(A \vee B) + A + C_1$
1 1 1 0	$\overline{A_i} \cdot B_i$	$\overline{A_i}$	$A_i \vee B_i$	$A \vee B$	$(A \vee \overline{B}) + A + C_1$
1 1 1 1	0	$\overline{A_i}$	A_i	A	$A - 1 + C_1$

mit $i = 1$ bis 4 gebildet. Diese Teilfunktionen werden durch die Steuersignale S_1 bis S_4 spezialisiert. Aus den Teilfunktionen werden mit dem Betriebsartensignal M (vom englischen Mode = Art) und dem Übertragssignal C_1 die Hilfsfunktionen

$$Y_1 = \overline{\overline{M \cdot C_1}}, \tag{10.28}$$

$$Y_2 = \overline{(\overline{M} \cdot T_{11}) \vee (\overline{Y_1} \cdot T_{12})} = \overline{(\overline{M} \cdot T_{11}) \vee (\overline{M} \cdot \overline{C_1} \cdot T_{12})}, \tag{10.29}$$

$$Y_3 = \overline{(\overline{M} \cdot T_{21}) \vee (\overline{Y_2} \cdot T_{22})}$$
$$= \overline{(\overline{M} \cdot T_{21}) \vee (\overline{M} \cdot T_{11} \cdot T_{22}) \vee (\overline{M} \cdot \overline{C_1} \cdot T_{12} \cdot T_{22})}, \tag{10.30}$$

$$Y_4 = \overline{(\overline{M} \cdot T_{31}) \vee (\overline{Y_3} \cdot T_{32})}$$
$$= \overline{(\overline{M} \cdot T_{31}) \vee (\overline{M} \cdot T_{21} \cdot T_{32}) \vee (\overline{M} \cdot T_{11} \cdot T_{22} \cdot T_{32}) \vee (\overline{M} \cdot \overline{C_1} \cdot T_{12} \cdot T_{22} \cdot T_{32})}$$
$$\tag{10.31}$$

gebildet. Aus diesen Hilfsfunktionen Y_i und den Teilfunktionen X_i werden schließlich die Endfunktionen

$$F_i = X_i \leftrightarrow Y_i \tag{10.32}$$

gebildet. Mit dem Betriebsartensignal $M = 1$ wird die logische Betriebsart angewählt. Hierbei sind alle Hilfsfunktionen $Y_i = 1$, so daß die Endfunktionen

$$F_i = X_i \leftrightarrow 1 = X_i$$

sind. Mit dem Betriebsartensignal $M = 0$ wird die arithmetische Betriebsart angewählt. In Tafel **10.**21 sind die Teilfunktionen T_{i1}, T_{i2} und X_i in Abhängigkeit von den Steuersignalen S_1 bis S_4 sowie die sich daraus ergebenden logischen ($M = 1$) und arithmetischen ($M = 0$) Endfunktionen (Operationen) aufgeführt. Zu beachten ist hierbei wiederum, daß negative arithmetische Ergebnisse in Komplementdarstellung vorliegen.

11 Zahlenvergleichsschaltungen

Bei digitalen Zahlenoperationen wird häufig von zwei Zahlen lediglich die Angabe verlangt, ob die beiden Zahlen gleich sind oder welche von ihnen größer ist. Schaltungen, die diese Operationen ausführen, heißen Zahlenvergleichsschaltungen bzw. von ihrem Einsatz hergeleitet Grenzwertmelder. Ein derartiger Zahlenvergleich kann entweder statisch oder dynamisch erfolgen.

11.1 Statische Zahlenvergleichsschaltungen

11.1.1 Vergleich durch Differenzbildung

Soll der Vergleich zweier Zahlen A und B rein rechnerisch durchgeführt werden, so muß der Code, in dem die Zahlen dargestellt sind, für Rechenzwecke geeignet sein. Man bildet die Differenz $\Delta = A - B$ der beiden Zahlen. Für $A > B$ ist die Differenz positiv, für $A < B$ negativ und für $A = B$ ist sie Null.

In der digitalen Verarbeitungstechnik führt man die Subtraktion normalerweise auf die Addition des Komplements zurück (s. Abschn. 2.5.2). Um das Komplement der Zahl B zu erhalten, muß man sie zunächst invertieren und anschließend eine 1 in der niedrigsten Stelle hinzuaddieren. Danach wird dieses Komplement zu A addiert und das Ergebnis ausgewertet. Ist A gleich B, so ist die Differenz Null. Für die Addition des Komplements gilt dann bei Dualzahlen

$$A + (2^n - B) = A + (2^n - A) = 2^n. \tag{11.1}$$

Hierbei liefert die zweite Addition nur im Übertrag eine 1, die Stellensumme ist 0. Man erhält also die Funktion

$$a_1 = (A = B) = \overline{Z}_1 \cdot \overline{Z}_2 \cdot \overline{Z}_3 \cdots \overline{Z}_n = \overline{Z_1 \vee Z_2 \vee Z_3 \vee \cdots \vee Z_n}. \tag{11.2}$$

Ist A kleiner als B, so ist die Differenz negativ. Mit $B = A + x$ ergibt sich

$$A + (2^n - B) = A + (2^n - (A + x)) = 2^n - x < 2^n. \tag{11.3}$$

Das Ergebnis der zweiten Addition

$$a_2 = (A < B) = \overline{C_n} \tag{11.4}$$

enthält also keinen Übertrag. Ist A größer als B, so ist die Differenz positiv. Mit $B = A - x$ ergibt sich

$$A + (2^n - B) = A + (2^n - (A - x)) = 2^n + x > 2^n . \tag{11.5}$$

Das Ergebnis der zweiten Addition

$$a_3 = (A > B) = C_n \cdot (Z_1 \vee Z_2 \vee Z_3 \vee \cdots \vee Z_n) \tag{11.6}$$

enthält also den Übertrag C_n und mindestens eine 1 in der Stellensumme. Man kann die Funktion

$$a_3 = (A > B) = \overline{a_1} \cdot \overline{a_2} = \overline{a_1 \vee a_2} \tag{11.7}$$

allerdings auch aus der Überlegung gewinnen, daß A größer als B ist, wenn A weder gleich B, noch kleiner als B ist. Eine nach diesem Prinzip arbeitende Schaltung zeigt Bild **11.1**. Die Schaltung erfordert einen relativ großen Aufwand. In Digitalrechnern spart man das zweite Addierwerk dadurch ein, daß man die zwei Additionen zeitlich nacheinander mit demselben Addierwerk durchführt. Diese Möglichkeit, den Aufwand zu verringern, kann man bei einer Vergleichsschaltung, die statisch arbeiten soll, nicht benutzen. Man kann allerdings den Vergleich so ausführen, daß man zur Zahl A direkt die Inversion der Zahl B addiert. Hierbei ergibt sich bei Gleichheit der beiden Zahlen $(A = B)$ das Einswort ohne Übertrag, also eine Zahl, die nur aus Einsen besteht. Ist die

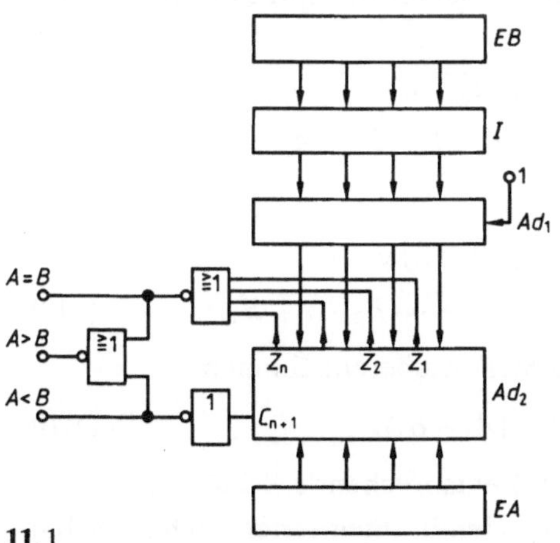

11.1
Rechnerischer Zahlenvergleich über die Differenz $A - B = A + (2^n - B)$
EA Eingabeschaltung für die Zahl A,
EB Eingabeschaltung für die Zahl B,
I Inverter,
Ad_1 erster Addierer,
Ad_2 zweiter Addierer

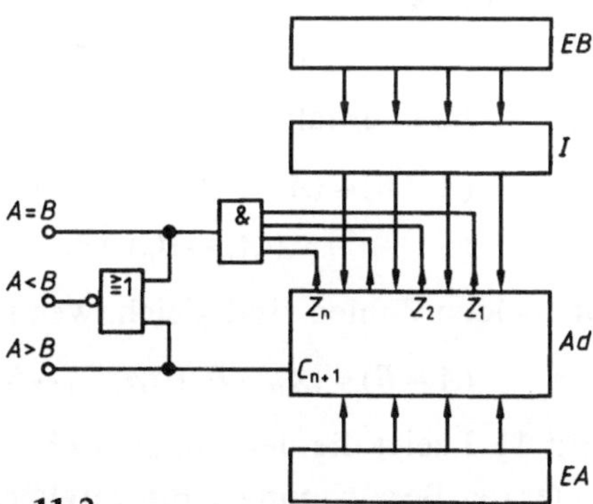

11.2
Vereinfachte Schaltung zum rechnerischen Zahlenvergleich über die Differenz $A - B = A + (2^n - B)$
EA Eingabeschaltung für die Zahl A,
EB Eingabeschaltung für die Zahl B,
I Inverter,
Ad Addierer

Zahl A größer als die Zahl B $(A > B)$, so entsteht der Übertrag C_n. Der Fall, daß die Zahl A kleiner als die Zahl B ist $(A < B)$, ist wiederum dadurch gekennzeichnet, daß weder der erste noch der zweite Fall vorliegt. Eine entsprechende Schaltung zeigt Bild **11**.2.

Bei beiden oben behandelten Schaltungen müssen die Addierwerke für die Codes ausgelegt sein, in denen die Zahlen A und B codiert sind; sie müssen also gegebenenfalls Korrekturschaltungen enthalten.

11.1.2 Stellenweiser Vergleich

Eine andere Möglichkeit für den statischen Zahlenvergleich ergibt sich, wenn man die beiden Zahlen stellenweise miteinander vergleicht. Voraussetzung für dieses Verfahren ist, daß die Zahlen durch eine aufsteigende Folge von Vollkonjunktionen codiert sind. Zwei aufeinanderfolgende Zahlen A und B müssen also durch zwei Vollkonjunktionen k_a und k_b codiert werden, wobei der Index b größer als a sein muß. Der Gray-Code scheidet daher für das folgende Verfahren aus, da bei ihm die dezimale 2 durch 11, also k_3^2 und die dezimale 3 durch 10, also k_2^2 codiert ist.

Unter den eben genannten Voraussetzungen ist eine Zahl A größer als eine andere Zahl B, wenn die höchste Stelle A_n der Zahl A größer als die höchste Stelle B_n der Zahl B ist, oder wenn die höchsten Stellen gleich sind, dafür aber die zweithöchste Stelle A_{n-1} der Zahl A größer ist als diejenige der Zahl B und so fort. Damit ergibt sich

$$(A > B) = (A_n \cdot \overline{B_n}) \vee ((A_n \leftrightarrow B_n) \cdot (A_{n-1} \cdot \overline{B_{n-1}})) \vee \cdots$$
$$\vee ((A_n \leftrightarrow B_n) \cdot (A_{n-1} \leftrightarrow B_{n-1}) \cdots (A_2 \leftrightarrow B_2) \cdot (A_1 \cdot \overline{B_1})). \qquad (11.8)$$

Entsprechend erhält man

$$(A < B) = (\overline{A_n} \cdot B_n) \vee ((A_n \leftrightarrow B_n) \cdot (\overline{A_{n-1}} \cdot B_{n-1})) \vee \cdots$$
$$\vee ((A_n \leftrightarrow B_n) \cdot (A_{n-1} \leftrightarrow B_{n-1}) \cdots (A_2 \leftrightarrow B_2) \cdot (\overline{A_1} \cdot B_1)). \qquad (11.9)$$

Die beiden Zahlen sind gleich, wenn alle Stellen übereinstimmen

$$(A = B) = (A_n \leftrightarrow B_n) \cdot (A_{n-1} \leftrightarrow B_{n-1}) \cdots (A_1 \leftrightarrow B_1). \qquad (11.10)$$

Bild **11**.3 zeigt die den Gl. (11.8) bis (11.10) entsprechende Schaltung.

Unter der Bezeichnung 4-Bit-Vergleicher werden in integrierter Technik Schaltungen hergestellt, mit denen vier Stellen von mehrstelligen Zahlen verglichen werden können. Sie haben außer den Eingängen für die vier Stellen der beiden Zahlen noch drei Erweiterungseingänge $e_{(A>B)}$, $e_{(A=B)}$ und $e_{(A<B)}$. Mit diesen Erweiterungseingängen können zwei gleichartige Schaltungen zum Vergleichen von Zahlen mit mehr als vier Stellen kaskadiert werden. Bei der Kaskadierung müssen die Erweiterungseingänge der höchstwertigen Schaltung so beschaltet

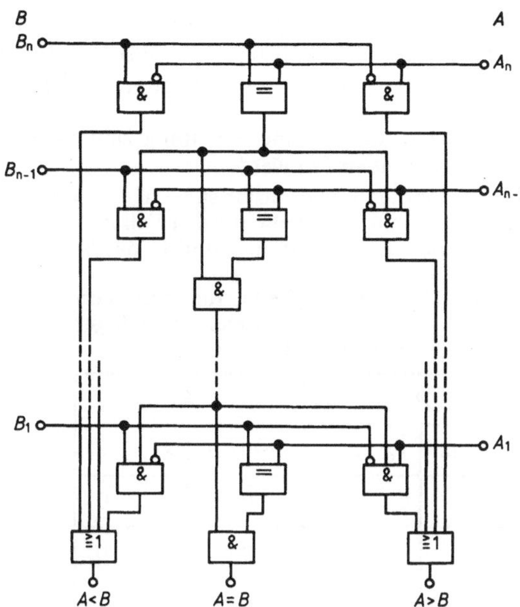

11.3
Schaltung zum stellenweisen
Zahlenvergleich

werden, als seien weitere höherwertigere Stellen der beiden Zahlen gleich. Die
Eingänge $e_{(A<B)}$ und $e_{(A>B)}$ müssen also mit 0 und der Eingang $e_{(A=B)}$ mit 1 beschaltet werden. Bild **11.4** zeigt die Kaskadierung von zwei 4-Bit-Verglei-
chern.

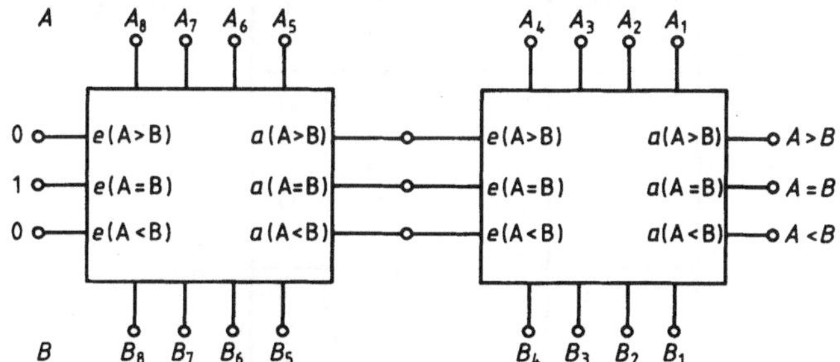

11.4
Kaskadierung von zwei
4-Bit-Vergleichern

11.1.3 Vergleich durch allgemeines Schaltnetz

Die allgemeinste Art des Zahlenvergleichs, die völlig unabhängig vom verwendeten Code ist, besteht darin, daß man für die Fälle $A > B$, $A = B$ und $A < B$ die
Funktionen aufstellt und sie soweit wie möglich vereinfacht. Man erhält allerdings bei langen Zahlen sehr umfangreiche Funktionen, deren Vereinfachung
z. T. große Schwierigkeiten bereitet. Günstige Lösungen bieten hierbei u. U.

Festwertspeicher (s. Abschn. 15.1.2). Bei langen Zahlen kann der Aufwand dieses Verfahrens so groß werden, daß man besser eine dynamische Code-Umsetzung und dabei einen dynamischen Zahlenvergleich vornimmt.

Beispiel 11.1. Es soll eine Schaltung zum Vergleich von zwei dreistelligen Zahlen im Gray-Code entworfen werden.

Die vollständige Funktionstabelle hat $2^{(2 \cdot 3)} = 64$ Kombinationen. Der Einfachheit halber wird eine verkürzte Tabelle für den Fall $A > B$ aufgestellt (Tafel 11.5). Die in der Tabelle aufgeführten Kombinationen sind in das KV-Diagramm von Bild 11.6 eingetragen. Je-

Tafel **11.5** Entwurfstabelle für den Vergleich $A > B$ zweier dreistelliger Zahlen im Gray-Code

A			B		
dezimal	e_6 e_5 e_4		dezimal	e_3 e_2 e_1	
1	0 0 1		0	0 0 0	
2	0 1 1		0	0 0 0	
2	0 1 1		1	0 0 1	
3	0 1 0		0	0 0 0	
3	0 1 0		1	0 0 1	
3	0 1 0		2	0 1 1	
4	1 1 0		0	0 0 0	
4	1 1 0		1	0 0 1	
4	1 1 0		2	0 1 1	
4	1 1 0		3	0 1 0	
5	1 1 1		0	0 0 0	
5	1 1 1		1	0 0 1	
5	1 1 1		2	0 1 1	
5	1 1 1		3	0 1 0	
5	1 1 1		4	1 1 0	
6	1 0 1		0	0 0 0	
6	1 0 1		1	0 0 1	
6	1 0 1		2	0 1 1	
6	1 0 1		3	0 1 0	
6	1 0 1		4	1 1 0	
6	1 0 1		5	1 1 1	
7	1 0 0		0	0 0 0	
7	1 0 0		1	0 0 1	
7	1 0 0		2	0 1 1	
7	1 0 0		3	0 1 0	
7	1 0 0		4	1 1 0	
7	1 0 0		5	1 1 1	
7	1 0 0		6	1 0 1	

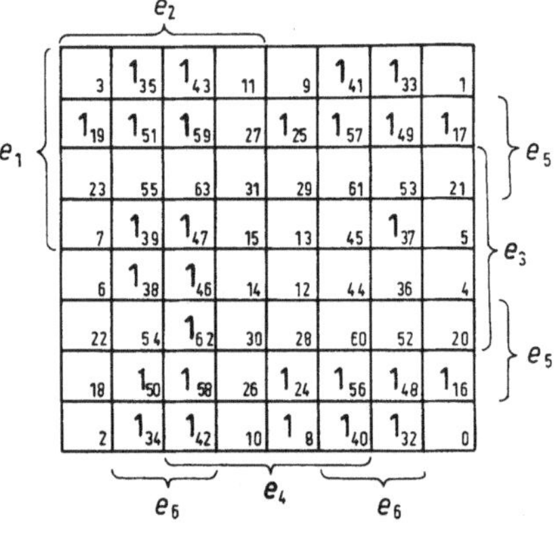

11.6 KV-Diagramm zum Vereinfachen der Funktion nach Tafel **11.5**

des Feld des KV-Diagramms ist zusätzlich mit dem Index seiner Vollkonjunktion bezeichnet; zur besseren Übersicht der Vereinfachungen sind im folgenden die Indizes der
geschleiften Felder und die vereinfachten schaltalgebraischen Ausdrücke nebeneinander
angegeben.

Felder	vereinfachter Ausdruck
32–35, 40–43, 48–51, 56–59	$\overline{e_3}\cdot e_6$
34, 35, 38, 39, 42, 43, 46, 47	$e_2\cdot\overline{e_5}\cdot e_6$
16, 17, 24, 25, 48, 49, 56, 57	$\overline{e_2}\cdot\overline{e_3}\cdot e_5$
8, 24, 40, 56	$\overline{e_1}\cdot\overline{e_2}\cdot\overline{e_3}\cdot e_4$
42, 46, 58, 62	$\overline{e_1}\cdot e_2\cdot e_4\cdot e_6$
17, 19, 49, 51	$e_1\cdot\overline{e_3}\cdot\overline{e_4}\cdot e_5$
33, 35, 37, 39	$e_1\cdot\overline{e_4}\cdot\overline{e_5}\cdot e_6$

Die Funktion lautet also

$$(A>B)=a_1=(\overline{e_3}\cdot e_6)\vee(e_2\cdot\overline{e_5}\cdot e_6)\vee(\overline{e_2}\cdot\overline{e_3}\cdot e_5)\vee(\overline{e_1}\cdot\overline{e_2}\cdot\overline{e_3}\cdot e_4)$$
$$\vee(\overline{e_1}\cdot e_2\cdot e_4\cdot e_6)\vee(e_1\cdot\overline{e_3}\cdot\overline{e_4}\cdot e_5)\vee(e_1\cdot\overline{e_4}\cdot\overline{e_5}\cdot e_6).$$

Durch Vertauschen von e_1 gegen e_4, e_2 gegen e_5 und e_3 gegen e_6 erhält man

$$(A<B)=a_2=(\overline{e_6}\cdot e_3)\vee(e_5\cdot\overline{e_2}\cdot e_3)\vee(\overline{e_5}\cdot\overline{e_6}\cdot e_2)\vee(\overline{e_4}\cdot\overline{e_5}\cdot\overline{e_6}\cdot e_1)$$
$$\vee(\overline{e_4}\cdot e_5\cdot e_1\cdot e_3)\vee(e_4\cdot\overline{e_6}\cdot\overline{e_1}\cdot e_2)\vee(e_4\cdot\overline{e_1}\cdot\overline{e_2}\cdot e_3).$$

Ferner gilt

$$(A=B)=a_3=\overline{a_1}\cdot\overline{a_2}=\overline{a_1\vee a_2}.$$

Aus diesen Gleichungen ergibt sich die Schaltung nach Bild 11.7.

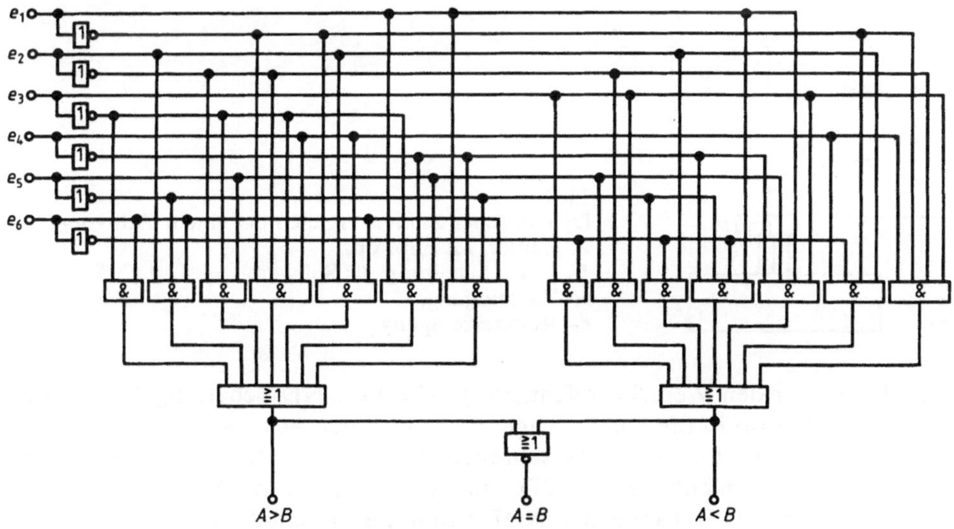

11.7 Schaltung zum Vergleich von zwei dreistelligen Zahlen im Gray-Code

11.2 Dynamische Zahlenvergleichsschaltungen

Unter dynamischen Zahlenvergleichsschaltungen werden Schaltungen verstanden, die das Kleiner-, Gleich- oder Größer-Signal nicht direkt nach Anlegen der beiden Zahlen A und B ausgeben, sondern entweder erst nach Ablauf eines zusätzlichen Verarbeitungszyklus, der getrennt ausgelöst werden muß, oder nur dann, wenn die eine Zahl in einem Zählvorgang entsteht.

Dynamische Vergleicher der ersten Art erhält man, wenn beim Zahlenvergleich durch Differenzbildung Serienaddierer verwendet werden. Da diese Schaltungen leicht aus Bild **11.1** und **11.2** abgeleitet werden können und sie außerdem einen recht großen Aufwand erfordern, wird im folgenden nur noch auf die dynamischen Vergleicher der zweiten Art eingegangen, die auf einem Zählvorgang basieren.

Soll bei einem Zähler, in den kontinuierlich aufsteigend eingezählt wird, festgestellt werden, ob der Zählerstand Z einen vorgegebenen Sollwert S noch nicht erreicht, erreicht oder schon überschritten hat, so kann man diesen Vergleich mit einer UND-Schaltung, einem Flipflop und einer NOR-Schaltung ausführen. Die UND-Schaltung wird im Code des Zählers auf den Sollwert S eingestellt, mit ihren Eingängen an den Zähler und mit ihrem Ausgang an den Eingang des Flipflops angeschlossen (Bild **11.8**). Vor Beginn des Zählvorgangs wird der Zähler Z auf den Wert 0 zurückgesetzt und gleichzeitig das Flipflop FF markiert. Somit führt der Ausgang $Z < S$ das 1-Signal (sofern S nicht 0 ist).

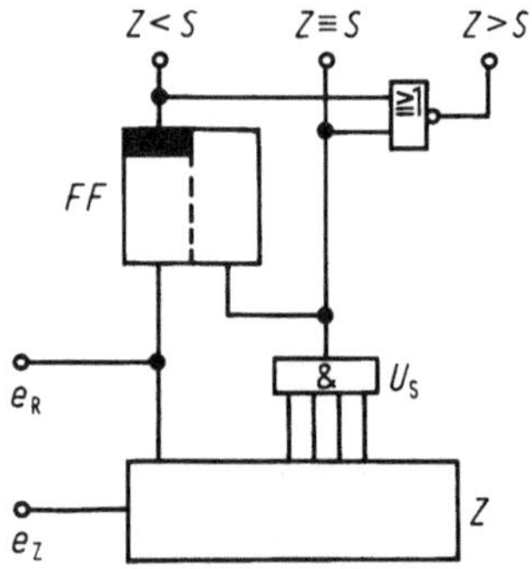

11.8
Dynamischer Zahlenvergleich bei einem Zählvorgang
Z Zähler, FF Flipflop,
U_S UND-Schaltung für Sollwert,
e_Z Zähleingang,
e_R Rücksetzeingang

Hat der Zähler den Wert S erreicht, so spricht die UND-Schaltung U_S an und kippt das Flipflop in die andere Lage. Nun führt der Ausgang $Z \equiv S$ das 1-Signal und $Z < S$ das 0-Signal. Überschreitet der Zähler den Sollwert S, so ist die UND-Bedingung nicht mehr erfüllt, und der Ausgang $Z \equiv S$ führt 0-Signal. Jetzt haben beide Eingänge der NOR-Schaltung 0-Signal, so daß an ihrem Ausgang 1-Signal ansteht. Der Ausgang der NOR-Schaltung bringt immer dann eine 1, wenn beide Eingänge auf 0 liegen. Das ist aber auch dann der Fall, wenn der Zähler nach Erreichen von S auf einen niedrigeren Wert zurück-

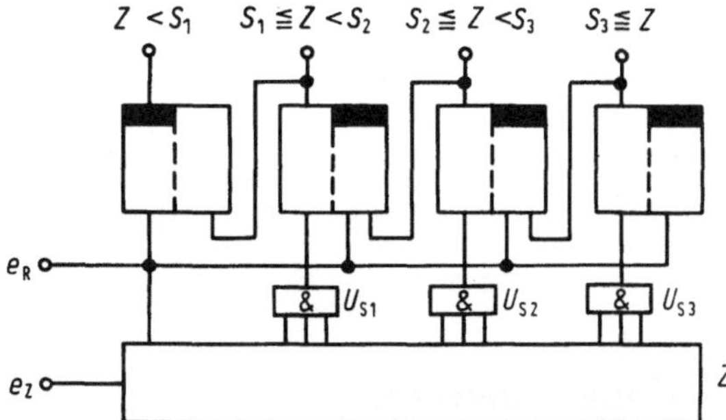

11.9
Schaltung zum Klassieren von
Zählergebnissen
Z Zähler,
U_S UND-Schaltung für Sollwert,
e_Z Zähleingang,
e_R Rücksetzeingang

fiele. In diesem Fall wäre aber $Z < S$ und damit die Signalisierung $Z > S$ falsch. Bei diesem Verfahren muß also unbedingt in einer Richtung gezählt werden. Beim Rückwärtszählen muß der Flipflop-Ausgang mit $Z > S$ und der NOR-Ausgang mit $Z < S$ bezeichnet werden.

Ein dynamischer Zahlenvergleich nach der zuletzt beschriebenen Methode eignet sich wegen seines geringen Aufwands sehr gut zum Durchführen von Klassier- und Sortiervorgängen, wie sie in der Meßwertverarbeitung häufig angewendet werden. Bild 11.9 zeigt eine Schaltung, die theoretisch auf beliebig viele Klassen erweitert werden kann. Für jede weitere Klasse sind lediglich eine weitere UND-Schaltung und ein Flipflop erforderlich.

12 Code-Umsetzer

Bei der digitalen Verarbeitung von Informationen innerhalb eines Gerätes oder
einer Anlage wird in den einzelnen Teilen nicht immer derselbe Code verwendet, vielmehr wird jeweils der Code benutzt, der für die vorliegende Aufgabe
am günstigsten ist. Für Rechenzwecke ist der Code am geeignetsten, der eine
einfache Komplementbildung gestattet, für eine Dezimalausgabe der (1 aus
10)-Code, für eine Analog-Digital-Umsetzung von Strecken oder Winkeln ein
einschrittiger Code. Bei der Übertragung von Daten hingegen müssen Übertragungsfehler erkannt und u. U. sogar korrigiert werden können. Hier müssen daher gesicherte Codes benutzt werden. Um für die einzelnen Aufgaben den jeweils günstigsten Code verwenden zu können, sind zwischen den einzelnen
Verarbeitungsteilen Schaltungen erforderlich, die einen Code in einen anderen
umsetzen. Diese Schaltungen heißen Code-Umsetzer oder Code-Wandler.
Man unterscheidet zwischen allgemeinen Code-Umsetzern, Codierern und Decodierern. Allgemeine Code-Umsetzer setzen zwischen beliebigen Codes
um, Codierer nur von einem (1 aus n)-Code in einen beliebigen anderen
Code und Decodierer nur in einen (1 aus n)-Code, wobei der (1 aus 10)-Code
die größte Rolle spielt. Man unterscheidet auch zwischen statischen und dynamischen Code-Umsetzern. Bei statischen Code-Umsetzern besteht zwischen den Eingängen und den Ausgängen der Schaltung ein einfacher funktio-
neller Zusammenhang, der durch logische Schaltungen ohne Speicher verwirk-
licht wird. Bei einer Änderung der Eingangsgrößen erfolgt sofort eine Änderung der Ausgangsgrößen. Dynamische Code-Umsetzer erfordern entweder eine Zwischenspeicherung des Eingangscodes in einem Zähler und an-
schließendes Umzählen oder eine Seriendarstellung der umzusetzenden Codierungen.

12.1 Statische Code-Umsetzer

12.1.1 Allgemeine Code-Umsetzer

Die Notwendigkeit der Umsetzung von einem Code in einen anderen tritt in
der Digitaltechnik sehr häufig und für die verschiedensten Codes auf. Da es
nur für wenige Fälle fertige Schaltungen gibt, muß ein allgemeiner Code-Umsetzer oft selbst entworfen werden. Dieser Entwurf ist jedoch recht einfach.

Man braucht nur den Eingangscode aufzustellen und daneben den gewünschten Ausgangscode zu schreiben. Jede Stelle des Eingangscodes stellt dabei eine Variable dar und jede Stelle des Ausgangscodes eine Funktion. Da eine vollständige Funktionstabelle sämtliche Kombinationen der Variablen enthält, viele Codes jedoch nicht alle Kombinationen ausnutzen, muß man diese fehlenden Kombinationen noch ergänzen. Sie stellen für die Funktionen Redundanzen dar, die beim Vereinfachen der Funktionen mitverwendet werden können. Wird der Code-Umsetzer mit programmierbaren Festwertspeichern (s. Abschn. 15.1.2.2) aufgebaut, so bleiben diese Redundanzen unberücksichtigt.

Beispiel 12.1. Es ist eine Schaltung zu entwerfen, die den 8-4-2-1-BCD-Code in den Stibitz-Code umwandelt.

Der Stibitz-Code heißt auch Exzeß-3-Code. Dieser Name rührt daher, daß bei ihm die Codierung der Dezimalziffern gleich der dualen Codierung der um 3 erhöhten Dezimalziffern ist (s. Beispiel 10.1). Man braucht also nur zu den Codierungen im 8-4-2-1-BCD-Code dezimal 3 bzw. dual 0011 hinzuzuaddieren und erhält die Codierungen im Stibitz-Code. Bild 12.1 zeigt die gesuchte Schaltung.

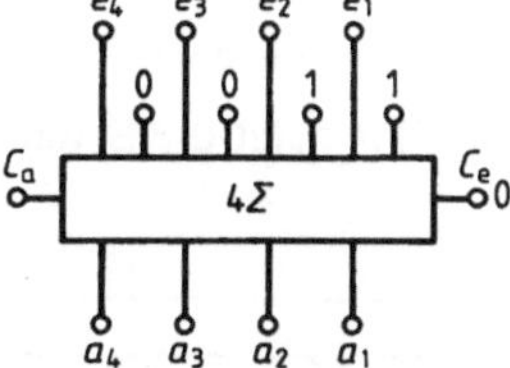

12.1
Schaltung zum Umwandeln des 8-4-2-1-BCD-Codes in den Stibitz-Code mit 4-Bit-Volladdierer

Beispiel 12.2. Es ist eine Schaltung zu entwerfen, die den Aiken-Code in den 8-4-2-1-Code umwandelt.

Tafel **12.2** Entwurfstabelle für einen Umsetzer vom Aiken-Code in den 8-4-2-1-Code

e_4	e_3	e_2	e_1	Dezimal-wert	a_4	a_3	a_2	a_1
0	0	0	0	0	0	0	0	0
0	0	0	1	1	0	0	0	1
0	0	1	0	2	0	0	1	0
0	0	1	1	3	0	0	1	1
0	1	0	0	4	0	1	0	0
0	1	0	1	–	X	X	X	X
0	1	1	0	–	X	X	X	X
0	1	1	1	–	X	X	X	X
1	0	0	0	–	X	X	X	X
1	0	0	1	–	X	X	X	X
1	0	1	0	–	X	X	X	X
1	0	1	1	5	0	1	0	1
1	1	0	0	6	0	1	1	0
1	1	0	1	7	0	1	1	1
1	1	1	0	8	1	0	0	0
1	1	1	1	9	1	0	0	1

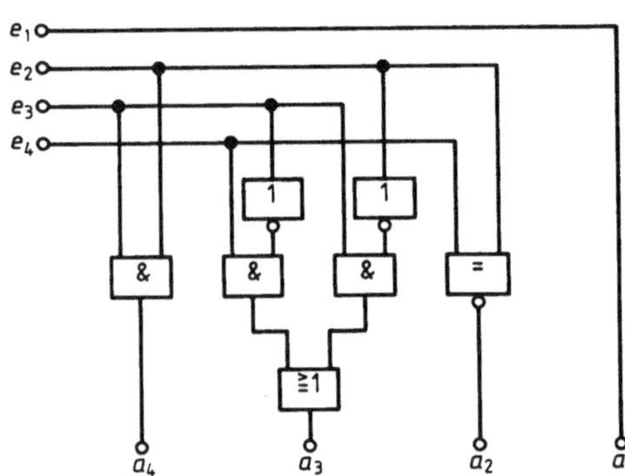

12.3 KV-Diagramme zum Entwurf des Umsetzers vom Aiken-Code in den 8-4-2-1-Code

Die Entwurfstabelle ist in Tafel **12.**2 wiedergegeben. Bild **12.**3 zeigt von links nach rechts die KV-Diagramme zur Vereinfachung der Funktionen a_1 bis a_4. Die Vereinfachungsergebnisse sind:

$$a_1 = e_1$$

$$a_2 = (\overline{e_4} \cdot e_2) \vee (e_4 \cdot \overline{e_2}) = e_4 \leftrightarrow e_2$$

$$a_3 = (e_4 \cdot \overline{e_3}) \vee (e_3 \cdot \overline{e_2})$$

$$a_4 = e_3 \cdot e_2$$

Bild **12.**4 zeigt die Schaltung.

12.4
Umsetzer vom Aiken-Code in den 8-4-2-1-Code

Zu den allgemeinen Code-Umsetzern gehören auch Schaltungen, die einen ungesicherten Code durch zusätzliche Stellen auf Prüfbarkeit oder Korrigierbarkeit ergänzen. Hierbei bleiben die informationstragenden Stellen des Codes unverändert; sie bestimmen jedoch, ob in den Ergänzungsstellen eine 0 oder eine 1 steht.

Beispiel 12.3. Es ist eine Schaltung zu entwerfen, die vierstellige Binärzeichen durch Ergänzung eines Paritätsbits auf gerade Quersumme prüfbar macht.
Tafel **12.**5 zeigt die Entwurfstabelle. Die Funktion a läßt sich im Hinblick auf das Eliminieren von Variablen nicht vereinfachen. In disjunktiver Normalform erhält man

Tafel 12.5 Entwurfstabelle zum Gewinnen des Paritätsbits für gerade Quersummen bei vierstelligen Binärzeichen

e_4	e_3	e_2	e_1	a
0	0	0	0	0
0	0	0	1	1
0	0	1	0	1
0	0	1	1	0
0	1	0	0	1
0	1	0	1	0
0	1	1	0	0
0	1	1	1	1
1	0	0	0	1
1	0	0	1	0
1	0	1	0	0
1	0	1	1	1
1	1	0	0	0
1	1	0	1	1
1	1	1	0	1
1	1	1	1	0

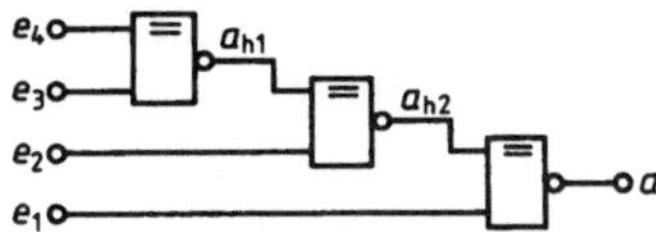

12.6 Paritätsgenerator, der vierstellige Binärzeichen auf gerade Quersumme ergänzt

$$a = (e_1 \cdot \overline{e_2} \cdot \overline{e_3} \cdot \overline{e_4}) \vee (\overline{e_1} \cdot e_2 \cdot \overline{e_3} \cdot \overline{e_4}) \vee (\overline{e_1} \cdot \overline{e_2} \cdot e_3 \cdot \overline{e_4}) \vee (e_1 \cdot e_2 \cdot e_3 \cdot \overline{e_4})$$
$$\vee (\overline{e_1} \cdot \overline{e_2} \cdot \overline{e_3} \cdot e_4) \vee (e_1 \cdot e_2 \cdot \overline{e_3} \cdot e_4) \vee (e_1 \cdot \overline{e_2} \cdot e_3 \cdot e_4) \vee (\overline{e_1} \cdot e_2 \cdot e_3 \cdot e_4).$$

Die folgende Umrechnung liefert jedoch ein interessantes Ergebnis

$$a = ((e_1 \cdot e_2) \cdot ((e_3 \cdot \overline{e_4}) \vee (\overline{e_3} \cdot e_4))) \vee ((\overline{e_1} \cdot \overline{e_2}) \cdot ((e_3 \cdot \overline{e_4}) \vee (\overline{e_3} \cdot e_4)))$$
$$\vee ((e_1 \cdot \overline{e_2}) \cdot ((e_3 \cdot e_4) \vee (\overline{e_3} \cdot \overline{e_4}))) \vee ((\overline{e_1} \cdot e_2) \cdot ((e_3 \cdot e_4) \vee (\overline{e_3} \cdot \overline{e_4})))$$
$$= ((e_1 \cdot e_2) \cdot (e_3 \leftrightarrow e_4)) \vee ((\overline{e_1} \cdot \overline{e_2}) \cdot (e_3 \leftrightarrow e_4)) \vee ((e_1 \cdot \overline{e_2}) \cdot (e_3 \leftrightarrow e_4)) \vee ((\overline{e_1} \cdot e_2) \cdot (e_3 \leftrightarrow e_4))$$
$$= (\overline{e_1} \cdot ((\overline{e_2} \cdot (e_3 \leftrightarrow e_4)) \vee (e_2 \cdot (e_3 \leftrightarrow e_4)))) \vee (e_1 \cdot ((e_2 \cdot (e_3 \leftrightarrow e_4)) \vee (\overline{e_2} \cdot (e_3 \leftrightarrow e_4))))$$
$$= (\overline{e_1} \cdot ((\overline{e_2} \cdot (e_3 \leftrightarrow e_4)) \vee (e_2 \cdot \overline{(e_3 \leftrightarrow e_4)}))) \vee (e_1 \cdot ((e_2 \cdot (e_3 \leftrightarrow e_4)) \vee (\overline{e_2} \cdot \overline{(e_3 \leftrightarrow e_4)})))$$
$$= (\overline{e_1} \cdot (e_2 \leftrightarrow (e_3 \leftrightarrow e_4))) \vee (e_1 \cdot (e_2 \leftrightarrow (e_3 \leftrightarrow e_4))).$$

Mit den Beziehungen $a_{h1} = e_3 \leftrightarrow e_4$ und $a_{h2} = e_2 \leftrightarrow a_{h1}$ erhält man weiter

$$a = (\overline{e_1} \cdot (e_2 \leftrightarrow a_{h1})) \vee (e_1 \cdot (e_2 \leftrightarrow a_{h1}))$$
$$= (\overline{e_1} \cdot (e_2 \leftrightarrow a_{h1})) \vee (e_1 \cdot \overline{(e_2 \leftrightarrow a_{h1})})$$
$$= (\overline{e_1} \cdot a_{h2}) \vee (e_1 \cdot \overline{a_{h2}}) = e_1 \leftrightarrow a_{h2}.$$

Bild 12.6 zeigt die zugehörige Schaltung.

Die Schaltung in Bild **12.**6 ist ein Beispiel für eine Kettenschaltung, bei der die Funktion mehrerer Variabler so realisiert wird, daß zunächst zwei Variablen eine Hilfsgröße bilden. Diese Hilfsgröße wird dann mit einer weiteren Variablen zu einer neuen Hilfsgröße verbunden und so fort, bis die Verknüpfung der letzten Hilfsgröße und der letzten Variablen die Funktion liefert. Bei einer Kettenschaltung haben alle Verknüpfungsglieder nur zwei Eingänge und einen Ausgang. Die Schaltung in Bild **12.**6 ist ein Sonderfall einer Kettenschaltung, bei dem alle Kettenglieder gleich sind. Die Schaltung läßt sich für beliebig viele Stellen erweitern, allerdings wachsen von Kettenglied zu Kettenglied bzw. von Ausgang zu Ausgang die Verzögerungszeiten. Die Schaltung läßt sich auch zur Umsetzung des Gray-Codes in den Dualcode verwenden; a_{h1} gibt dabei die dritte Stelle des Dualcodes wieder, a_{h2} die zweite und a die erste.

Ein häufig auftretender Fall der allgemeinen Codeumsetzung ist die Umsetzung des 8-4-2-1-BCD-Codes in den Code für 7-Segment-Anzeigen. Diese Anzeigeeinheiten bilden aus sieben Segmenten die zehn Dezimalziffern 0 bis 9. Da mit den vier Stellen des 8-4-2-1-BCD-Codes 16 Kombinationen möglich sind, aber nur 10 für die Dezimalziffern benötigt werden, werden mit den restlichen Kombinationen weitere Zeichen für Sonderzwecke gebildet (Bild **12.**7).

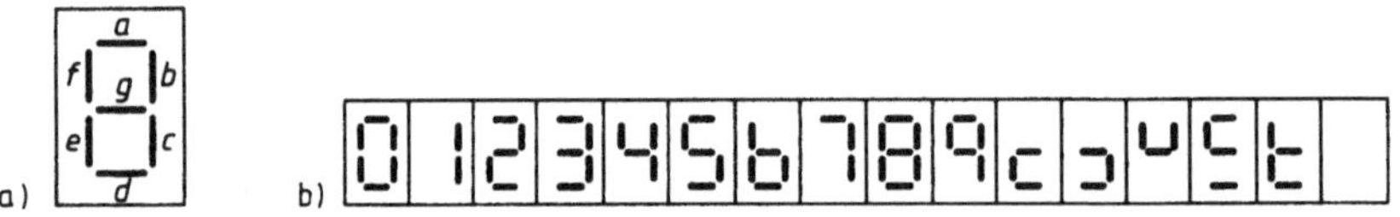

12.7 7-Segment-Anzeige (a) und Darstellung der Dezimalziffern 0 bis 9 und
der Sonderzeichen mit diesen Segmenten (b)

Eine Schaltung (ähnlich der integrierten TTL-Schaltung 7448) für diese Codeumsetzung zeigt Bild **12.**8. Die BCD-Codierungen werden den Eingängen e_1 bis e_4 zugeführt, die 7-Segment-Codierungen an den Ausgängen a bis g abgenommen. Mit einem 0-Signal am Eingang $\overline{LT}$ (vom englischen Lamp Test = Lampentest) werden alle Ausgänge auf 1 geschaltet, so daß alle Segmente aufleuchten. Mit einem 0-Signal am Nullunterdrückungseingang $\overline{RBI}$ (vom englischen Ripple Blanking Input = Fortpflanz-Austast-Eingang) nehmen bei der Eingangsbeschaltung $e_1 = e_2 = e_3 = e_4 = 0$ die Ausgänge a bis f 0-Signal an, während sie beim 1-Signal an $\overline{RBI}$ 1-Signal entsprechend der Dezimalziffer 0 annehmen. Mit dem Nullunterdrückungsausgang $\overline{RBO}$ (vom englischen Ripple Blanking-Output) kann eine niedrigere Stufe zur weiteren Nullunterdrückung angesteuert werden.

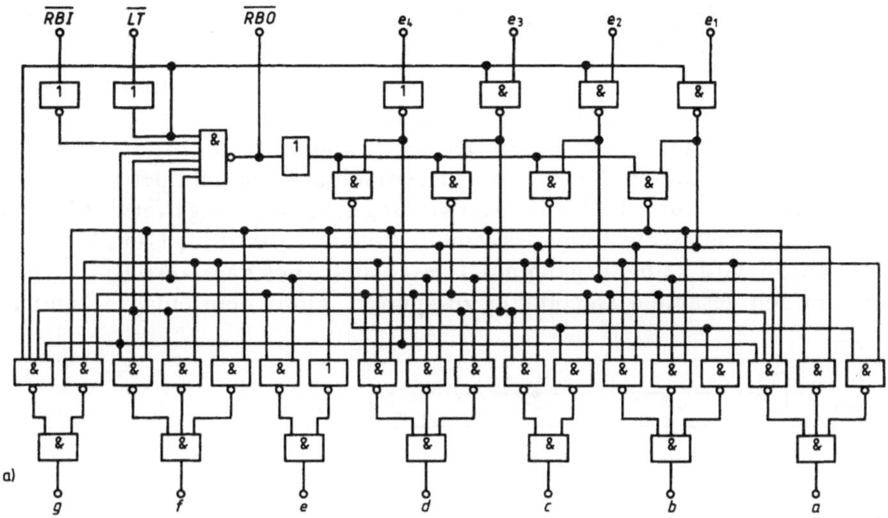

$\overline{RBI}$	$\overline{LT}$	e_4	e_3	e_2	e_1	g	f	e	d	c	b	a
1	1	0	0	0	0	0	1	1	1	1	1	1
X	1	0	0	0	1	0	0	0	0	1	1	0
X	1	0	0	1	0	1	0	1	1	0	1	1
X	1	0	0	1	1	1	0	0	1	1	1	1
X	1	0	1	0	0	1	1	0	0	1	1	0
X	1	0	1	0	1	1	1	0	1	1	0	1
X	1	0	1	1	0	1	1	1	1	1	0	0
X	1	0	1	1	1	0	0	0	0	1	1	1
X	1	1	0	0	0	1	1	1	1	1	1	1
X	1	1	0	0	1	1	1	0	0	1	1	1
X	1	1	0	1	0	1	0	1	1	0	0	0
X	1	1	0	1	1	1	0	0	1	1	0	0
X	1	1	1	0	0	1	1	0	0	0	1	0
X	1	1	1	0	1	1	1	0	1	0	0	1
X	1	1	1	1	0	1	1	1	1	0	0	0
X	1	1	1	1	1	0	0	0	0	0	0	0
0	1	0	0	0	0	0	0	0	0	0	0	0
X	0	X	X	X	X	1	1	1	1	1	1	1

12.8 Umsetzer vom 8-4-2-1-BCD-Code in den 7-Segment-Code (a) mit Funktionstabelle (b)

12.1.2 Decodierer

Decodierer setzen einen beliebigen Code in einen (1 aus n)-Code um. Alle Zeichen eines (1 aus n)-Codes haben nur eine Stelle mit 1 und alle anderen mit 0 besetzt. Hat der Eingangscode eines Decodierers k Stellen und soll der Decodierer den Eingangscode vollständig decodieren, so muß er 2^k Ausgänge haben. Wird der Eingangscode nicht vollständig decodiert, so hat der Decodierer weniger als 2^k Ausgänge.

Ein häufig auftretender Fall der Decodierung ist die Umsetzung des 8-4-2-1-BCD-Codes in den (1 aus 10)-Code. Bild **12.**9 zeigt eine entsprechende Schaltung (CMOS-Schaltkreis 4028) mit der zugehörigen Funktionstabelle. Mit den vier Eingängen können $2^4 = 16$ Eingangskombinationen gebildet werden. Davon werden aber nur zehn für die Aktivierung eines Ausgangs verwendet. Liegt eine der restlichen sechs Eingangskombinationen (1010, 1011, 1100, 1101, 1110, 1111) an, so wird kein Ausgang auf 1 geschaltet. Dies kann dazu benutzt werden, um den gesamten Decodierer zu sperren. Führt man entsprechend Bild

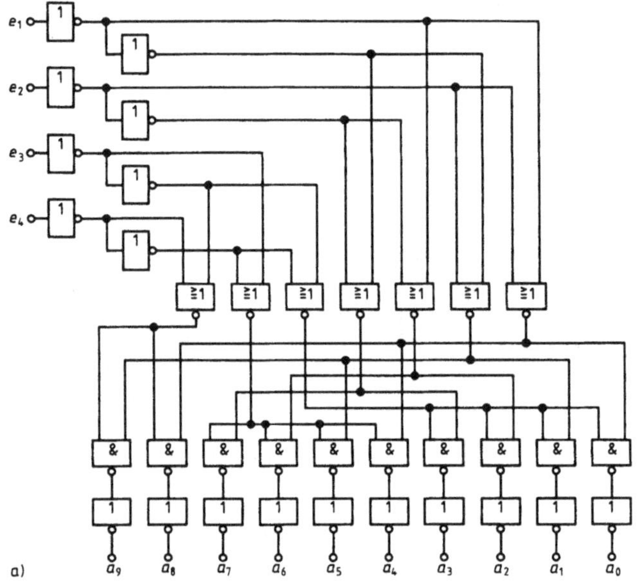

a)

e_4 e_3 e_2 e_1	a_9 a_8 a_7 a_6 a_5 a_4 a_3 a_2 a_1 a_0
0 0 0 0	0 0 0 0 0 0 0 0 0 1
0 0 0 1	0 0 0 0 0 0 0 0 1 0
0 0 1 0	0 0 0 0 0 0 0 1 0 0
0 0 1 1	0 0 0 0 0 0 1 0 0 0
0 1 0 0	0 0 0 0 0 1 0 0 0 0
0 1 0 1	0 0 0 0 1 0 0 0 0 0
0 1 1 0	0 0 0 1 0 0 0 0 0 0
0 1 1 1	0 0 1 0 0 0 0 0 0 0
1 0 0 0	0 1 0 0 0 0 0 0 0 0
1 0 0 1	1 0 0 0 0 0 0 0 0 0
1 0 1 0	0 0 0 0 0 0 0 0 0 0
1 0 1 1	0 0 0 0 0 0 0 0 0 0
1 1 0 0	0 0 0 0 0 0 0 0 0 0
1 1 0 1	0 0 0 0 0 0 0 0 0 0
1 1 1 0	0 0 0 0 0 0 0 0 0 0
1 1 1 1	0 0 0 0 0 0 0 0 0 0

b)

12.9 Umsetzer vom 8-4-2-1-BCD-Code in den (1 aus 10)-Code (a) mit Funktionstabelle (b)

12.10 die Eingangssignale e_3 und e_4 über ODER-Glieder zu, deren zweite Eingänge mit einem weiteren Eingang e_S verbunden sind, so kann man mit einem 1-Signal an diesem Eingang e_S den Decodierer sperren. Die Funktionstabelle in Bild **12.**9b zeigt nämlich, daß alle Ausgänge des Decodierers 0-Signal führen, wenn die Eingänge e_3 und e_4 mit 1 beschaltet sind; die Beschaltung der anderen beiden Eingänge spielt dabei keine Rolle. Mit dieser Maßnahme kann

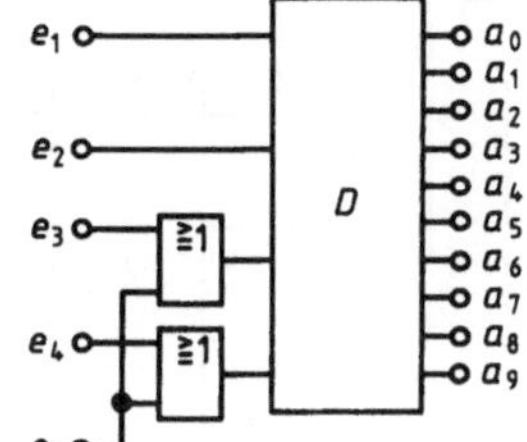

12.10
Decodierer (D) vom 8-4-2-1-BCD-Code in den
(1 aus 10)-Code mit zusätzlichem Sperreingang e_S

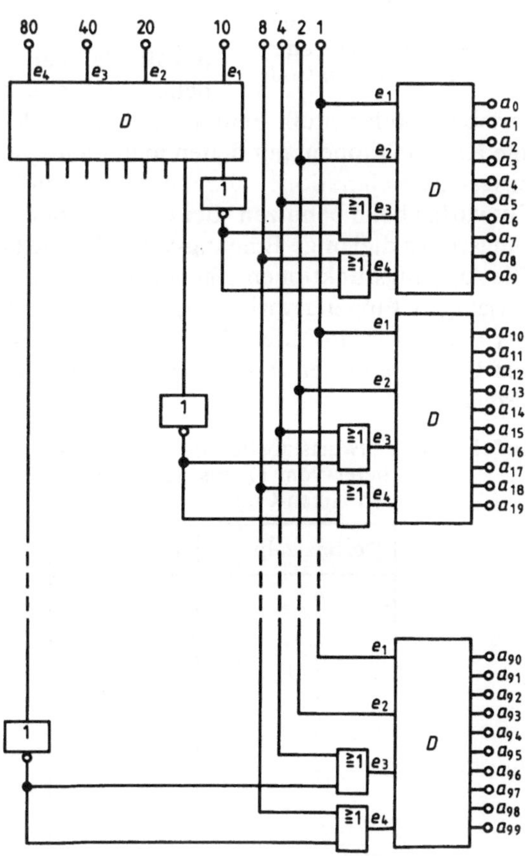

12.11
(1 aus 100)-Decodierer
D Decodierer vom 8-4-2-1-BCD-
Code in den (1 aus 10)-Code

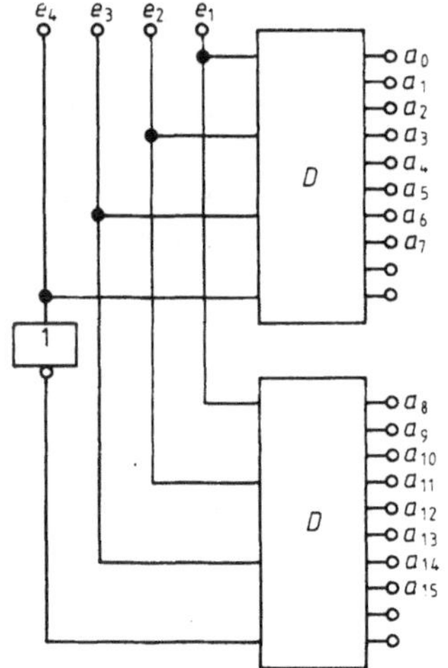

12.12 (1 aus 16)-Decodierer
   D Decodierer vom
   8-4-2-1-BCD-Code in
   den (1 aus 10)-Code

z. B. mit 11 (1 aus 10)-Decodierern eine (1 aus 100)-Decodierung realisiert werden (Bild **12.**11). Verzichtet man auf die beiden Ausgänge a_8 und a_9, so kann man den Eingang e_4 als Sperreingang benutzen. Bild **12.**12 zeigt einen so aufgebauten (1 aus 16)-Decodierer.

12.1.3 Codierer

Codierer setzen von einem (1 aus n)-Code in einen beliebigen anderen Code um. Bei n Eingängen sind $k = \mathrm{ld}\,n$ Ausgänge erforderlich ($\mathrm{ld} = \log_2$), wobei k natürlich ganzzahlig sein muß. Codierer werden z. B. gebraucht, um die im (1 aus n)-Code vorliegenden Daten einer Tastatur in den im Gerät verwendeten Code umzusetzen.

Der Entwurf von Codierern erscheint zunächst mühevoll, da man für die vollständige Funktionstabelle sämtliche Kombinationen der n Eingangsvariablen bilden muß. Beim (1 aus 10)-Code sind das z. B. $2^{10} = 1024$ zehnstellige Kombinationen, mit denen man nicht gut arbeiten kann. Da von den vielen Eingangskombinationen die meisten redundant sind, kann man eine verkürzte Entwurfstabelle benutzen. Bei dieser Tabelle steht vor jedem Zeichen des Ausgangscodes diejenige Eingangsvariable, die bei dem betreffenden Zeichen 1 ist. Die Ausgangsfunktionen ergeben sich dann durch die disjunktive Verknüpfung derjenigen Eingangsvariablen, bei denen in der Funktionsspalte eine 1 steht. Als Beispiel ist in Tafel **12.**13 die Entwurfstabelle für einen Codierer vom (1 aus 10)-Code in den Aiken-Code und in Bild **12.**14 die zugehörige Schaltung gezeigt.

Tafel **12.**13 Entwurfstabelle für einen Codierer vom (1 aus 10)-Code in den Aiken-Code

Dezimalzahl	e	a_4	a_3	a_2	a_1
0	e_0	0	0	0	0
1	e_1	0	0	0	1
2	e_2	0	0	1	0
3	e_3	0	0	1	1
4	e_4	0	1	0	0
5	e_5	1	0	1	1
6	e_6	1	1	0	0
7	e_7	1	1	0	1
8	e_8	1	1	1	0
9	e_9	1	1	1	1

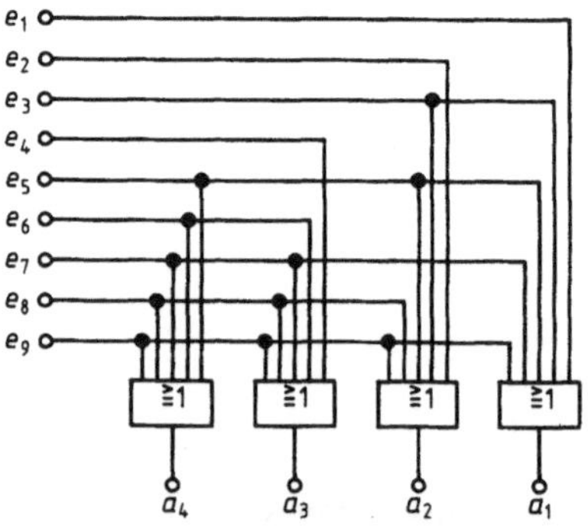

12.14 Codierer vom (1 aus 10)-Code in den Aiken-Code

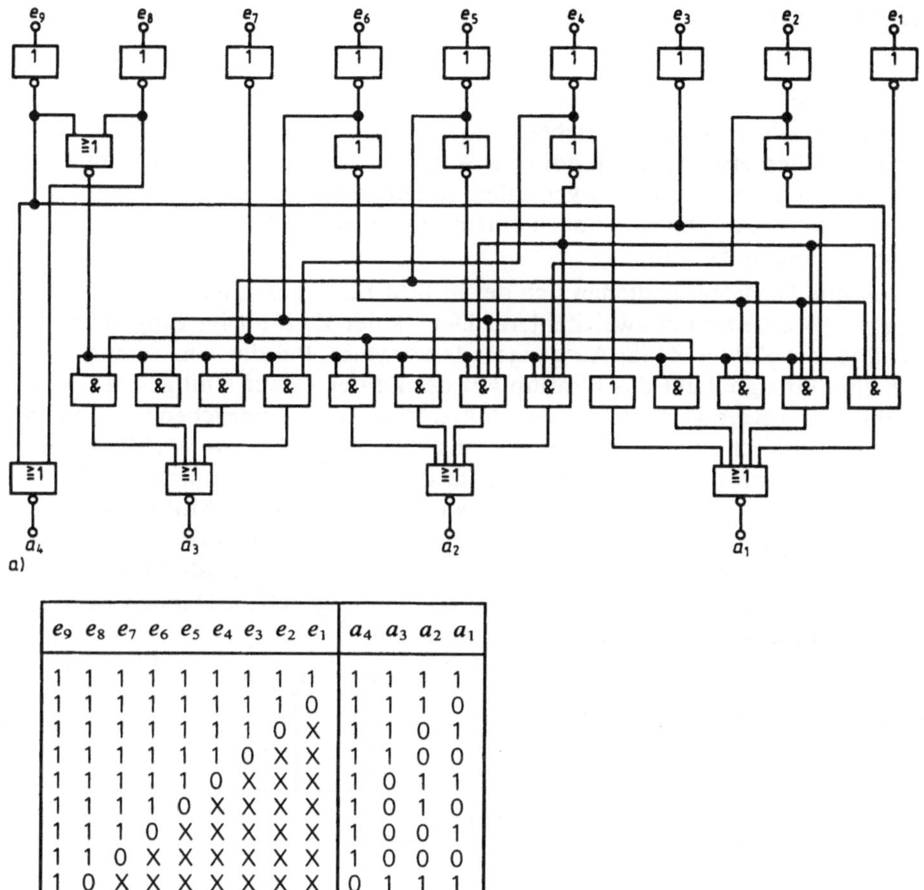

12.15 Prioritäts-Codierer für die Umsetzung des (1 aus 10)-Codes in den 8-4-2-1-BCD-Code (a) mit Funktionstabelle (b)

Bei der Eingabe von (1 aus n)-Zeichen über Tastaturen besteht die Gefahr, daß mehrere Tasten gleichzeitig betätigt werden. Dabei würden mit einer einfachen Codierschaltung wie im Bild **12.**14 falsche Zeichen entstehen. Deswegen wurden Codierer mit Prioritäten entwickelt, bei denen jeweils die höchstwertige Eingangsvariable das Ausgangszeichen bestimmt. Bild **12.**15 zeigt die Schaltung (a) und die Funktionstabelle (b) eines Codierers mit Prioritäten (TTL-Baustein 74 147), der den (1 aus 10)-Code in den 8-4-2-1-BCD-Code umsetzt. Ein X in der Tabelle bedeutet, daß die betreffende Variable entweder 0 oder 1 sein darf. Die Schaltung ist 0-aktiv, d.h. die Ausgänge werden 0, wenn die entsprechenden Eingänge 0 werden.

12.2 Dynamische Code-Umsetzer

In gewissen Fällen werden statische Code-Umsetzer sehr aufwendig. So erfordert z. B. die Umsetzung von siebenstelligen Dualzahlen in zweistellige Dezimalzahlen einen etwa zehnmal höheren Aufwand als die Umsetzung von zwei BCD-codierten Dekaden in zweistellige Dezimalzahlen. Geringer wird der Aufwand, wenn der Dualcode nach einem dynamischen Verfahren in den Dezimalcode umgesetzt wird.

Dynamische Umsetzer bedienen sich des in Bild **12.**16 gezeigten Umzählverfahrens. Es arbeitet mit zwei Zählern. Der Zähler Z_1 zählt im Eingangscode rückwärts, der Zähler Z_2 im Ausgangscode vorwärts. Bei der Umsetzung wird durch ein Startsignal auf das Flipflop FF_1 der Zähler Z_2 auf Null gesetzt, während die umzusetzende Zahl N in den Zähler Z_1 parallel eingegeben wird. Beim nächsten 0-1-Wechsel am rechten Ausgang des Multivibrators MV kippt das Flipflop FF_1 zurück und markiert dabei das Flipflop FF_2, wodurch das Tor T geöffnet und der Starteingang blockiert wird. Nun zählt der Multivibrator in beide Zähler ein. Erreicht der Zähler Z_1 den Wert Null, so spricht die UND-Schaltung U an und setzt das Flipflop FF_2 wieder zurück. Dadurch wird das Tor T geschlossen und der Starteingang wieder freigegeben. Danach liegt im Zähler Z_2 die Zahl N im Ausgangscode vor.

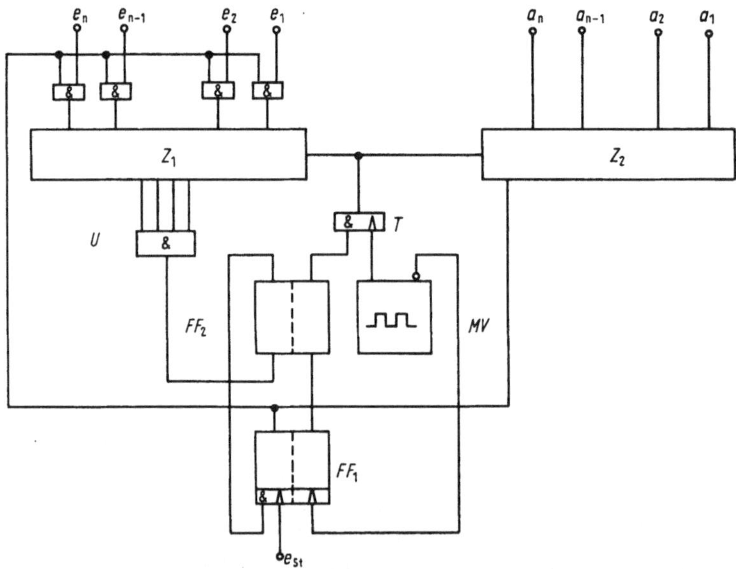

12.16 Dynamischer Code-Umsetzer nach dem Umzählverfahren
Z_1 Rückwärtszähler im Eingangscode,
Z_2 Vorwärtszähler im Ausgangscode,
MV Multivibrator, FF_1 Startflipflop,
FF_2 Toröffnungsflipflop, T Tor, U UND-Schaltung

Wenn die Zählkapazitäten Z_{K1} und Z_{K2} der beiden Zähler übereinstimmen, kann der Zähler Z_1 auch vorwärts und der Zähler Z_2 rückwärts zählen. Man spart dabei die UND-Schaltung U ein, weil nun der Übertragsimpuls des Zählers Z_1 beim Übergang nach Null das Flipflop FF_2 zurücksetzen kann. Bei ungleicher Zählkapazität geht das jedoch nicht, wie die folgende Rechnung zeigt. Mit Z_K als Zählkapazität, N als Zählerstand und K als Komplement von N zu Z_K gilt allgemein

$$N = Z_K - (Z_K - N) = Z_K - K, \tag{12.1}$$

und für die beiden Zähler

$$N_1 = Z_{K1} - K_1, \qquad N_2 = Z_{K2} - K_2.$$

Zählt der Zähler Z_1 von N_1 an vorwärts und der Zähler Z_2 von 0 an rückwärts, gilt

$$N_2 = Z_{K2} - K_1 = Z_{K2} - (Z_{K1} - N_1) = N_1 + (Z_{K2} - Z_{K1}). \tag{12.2}$$

Die Zählerstände N_1 und N_2 werden also nur dann gleich, wenn die Zählerkapazitäten Z_{K1} und Z_{K2} der beiden Zähler gleich sind.

13 Multiplexer

Multiplexer sind nach DIN 44300 Funktionseinheiten, die Nachrichten von einer Gruppe von Nachrichtenkanälen an eine andere Gruppe von Nachrichtenkanälen übergeben. Zwei Fälle spielen eine besondere Rolle: die Konzentration von n Kanälen auf einen Kanal sowie die Verteilung von einem Kanal auf n Kanäle. Alle anderen Fälle lassen sich auf diese beiden Sonderfälle zurückführen. Häufig werden Funktionseinheiten der letzten Art als Demultiplexer bezeichnet, während der Begriff Multiplexer auf den ersten Sonderfall eingeengt wird. Im Sinn der Norm muß jedoch von konzentrierenden und expandierenden Multiplexern gesprochen werden. Multiplexer werden zur Datenabfrage, zur Parallel-Serien- und zur Serien-Parallel-Umsetzung sowie als Festwertspeicher benutzt.

13.1 Konzentrierende Multiplexer

Ein konzentrierender Multiplexer soll eine Information, die an einem von n Dateneingängen liegt, an den Datenausgang übergeben. Über Steuereingänge, auch Adresseingänge genannt, soll bestimmt werden, welcher Eingang seine Information an den Ausgang übergibt. Häufig wird noch gewünscht, daß die

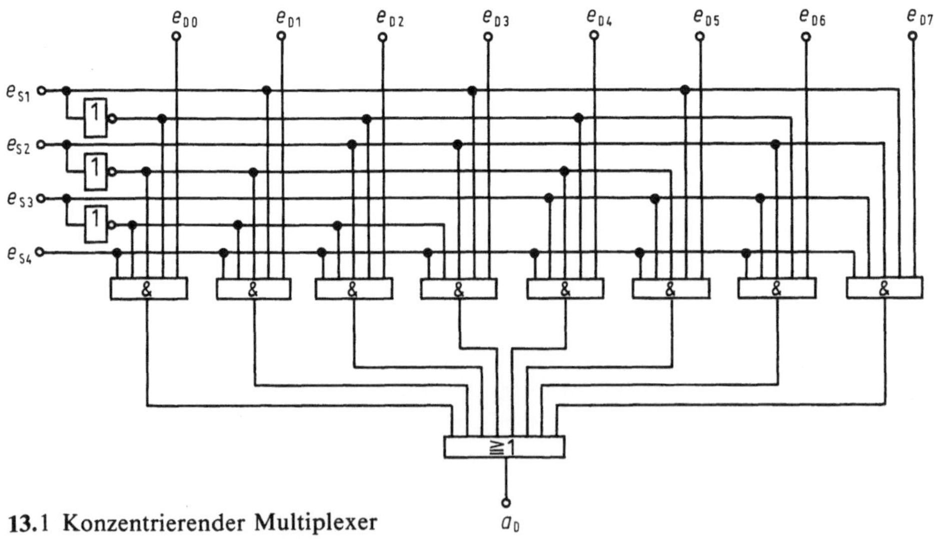

13.1 Konzentrierender Multiplexer

Übergabe erst bei einem zusätzlichen Übergabesignal ausgeführt wird. Diese Forderungen lassen sich mit einer Schaltung nach Bild 13.1 erfüllen. Sie ist für acht Dateneingänge ausgelegt. Der Datenausgang a_D ist über ein ODER-Glied mit acht zu den Dateneingängen e_{D0} bis e_{D7} gehörenden UND-Gliedern verbunden. Jedes UND-Glied wird über eine eigene Kombination der Steuereingänge e_{S1} bis e_{S3} angewählt. Die Übergabe erfolgt durch 1-Signal am Steuereingang e_{S4}.

Mit wachsender Anzahl der Kanäle wird die Ansteuerung nach Bild 13.1 zu aufwendig. Man verwendet dann gestaffelte Ansteuerungen, bei denen zunächst Gruppen gebildet werden. Die eigentliche Ansteuerung der Kanäle wird zwischen den Gruppen vorgenommen. Eine entsprechende Ansteuerung für 64 Kanäle ist in Bild 13.2 dargestellt. Geht man davon aus, daß der Gesamtaufwand proportional zur Anzahl der Eingänge wächst, verhält sich bei 64 Kanälen der Aufwand bei der direkten Ansteuerung zum Aufwand bei der gestaffelten Ansteuerung wie 576 zu 248.

Der Multiplexer nach Bild 13.1 ist nur für Binärsignale geeignet. Sollen Analogsignale übergeben werden, so müssen die Steuerkreise von den Analog-

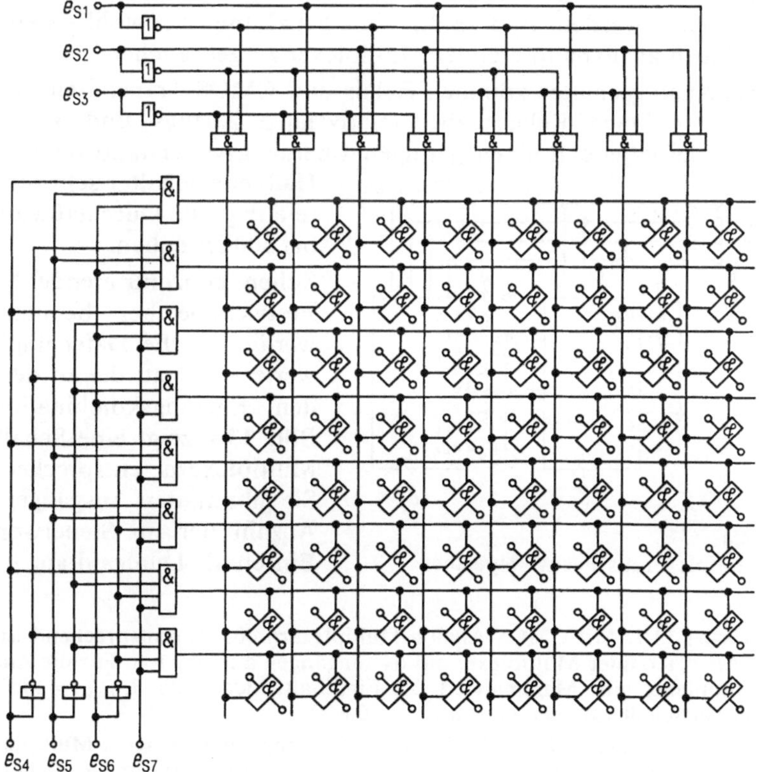

13.2 Multiplexer mit gestaffelter Ansteuerung für 64 Kanäle

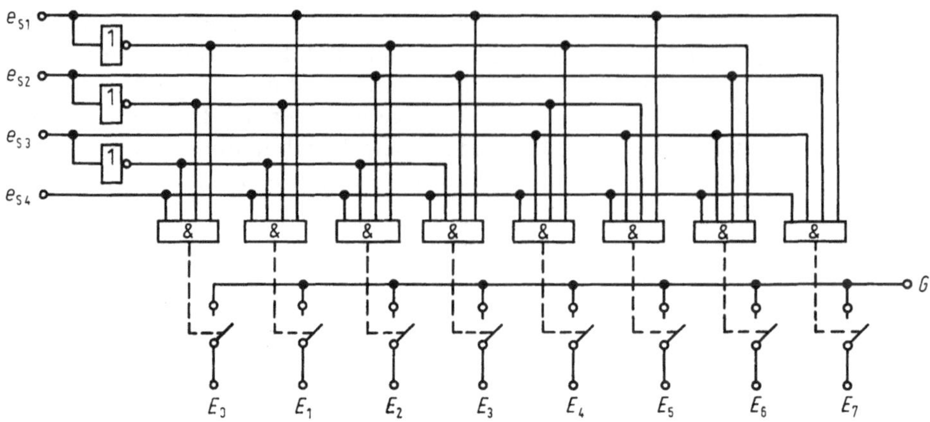

13.3 Multiplexer für Analogsignale

kreisen getrennt sein. Die Analogsignale müssen über Analogschalter geführt werden, die an ihren Ausgängen parallel liegen und die von den Steuersignalen geschaltet werden (Bild **13.3**). Diese Schaltung ist sowohl als konzentrierender als auch als expandierender Multiplexer zu gebrauchen.

Als Analogschalter kommen Relais und CMOS-Transmissionsglieder (s. Bild **6.**47) in Frage. Relais haben relativ lange Anzugs- und Abfallzeiten (einige ms), dafür jedoch einen geringen Übergangswiderstand (etwa 1 Ω), während

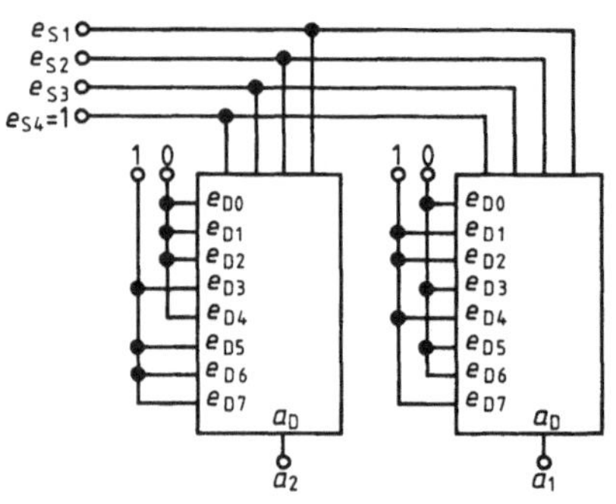

13.4
Multiplexer als Festwertspeicher

Halbleiterschalter sehr schnell sind, aber relativ große Durchlaßwiderstände (50 Ω bis 500 Ω) haben.

Sollen konzentrierende Multiplexer als Festwertspeicher benutzt werden, so werden an die Dateneingänge die Festwerte angelegt, die zu den entsprechenden Eingangskombinationen gehören. Bild **13.4** zeigt eine Schaltung aus zwei Multiplexern entsprechend Bild **13.1**. Sie gibt an den Ausgängen a_2 und a_1 die Anzahl der im Steuerwort enthaltenen Einsen als Dualzahl an.

Beispiel 13.1. Mit CMOS-Analog-Multiplexern 4051 B (entsprechend Bild **13.**3) ist ein konzentrierender Multiplexer mit 64 Eingängen aufzubauen. Für die Analogschalter im Multiplexer gilt: Maximalwert des Einschaltwiderstands $R_{ONmax} = 1$ kΩ; Minimalwert des Ausschaltwiderstands $R_{OFFmin} = 50$ MΩ.

Der Multiplexer in Bild **13.**3 hat nur 8 Eingänge, der gesuchte Multiplexer soll 64 Eingänge haben. Es werden also für die 64 Eingänge 8 Multiplexer benötigt, deren Ausgänge einfach parallel geschaltet werden können. Von den 8 Multiplexern darf immer nur einer zur Übergabe freigegeben sein; dafür muß er am Steuereingang e_{S4} mit 1-Signal angesteuert werden. Alle anderen Multiplexer müssen dabei am Steuereingang e_{S4} 0-Signal haben. Die Ansteuerung mit 1-Signal kann von einem weiteren Multiplexer geschehen, dessen gemeinsamer Datenanschluß G mit 1 beschaltet ist und dessen Einzelanschlüsse E_0 bis E_7 die Steuereingänge e_{S4} der anderen Multiplexer ansteuern. Die nicht mit 1 belegten Ausgänge des Multiplexers liefern jedoch kein 0-Signal, sie sind lediglich hochohmig (50 MΩ). Man muß daher die Steuereingänge e_{S4} über Pull-down-Widerstände R_P, die groß gegenüber den Einschaltwiderständen R_{ON} der Analogschalter sind, auf 0-Signal legen. Es wird gewählt $R_P = 50\ R_{ONmax} = 50\ \text{k}\Omega$. Bild **13.5** zeigt die gesuchte Schaltung.

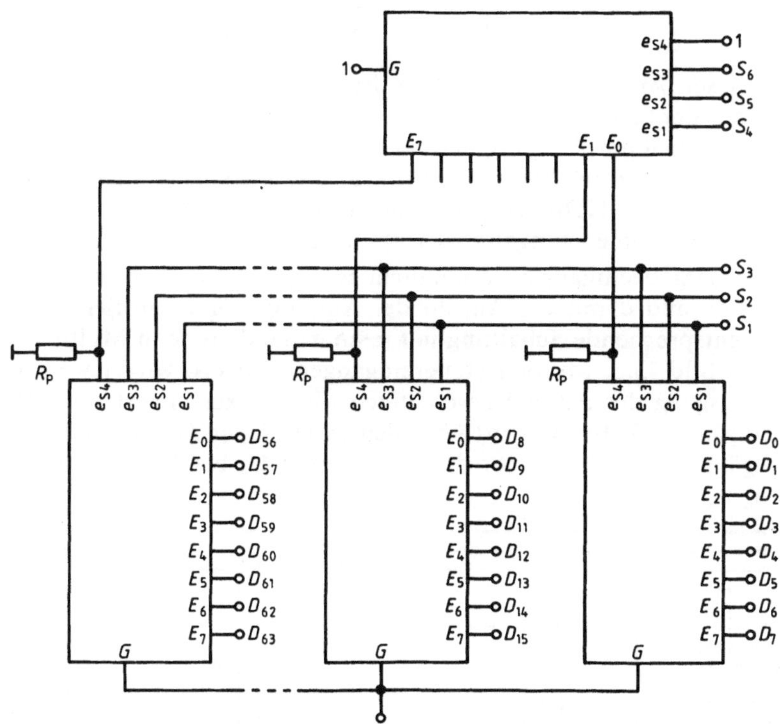

13.5 Konzentrierender Multiplexer mit 64 Eingängen

13.2 Expandierende Multiplexer (Demultiplexer)

Ein expandierender Multiplexer soll eine Information von einem Dateneingang an einen von n Datenausgängen übergeben. Der Datenausgang soll über Steuereingänge angewählt werden. Außerdem soll die Übergabe erst bei einem zusätzlichen Signal ausgeführt werden. Eine Schaltung mit acht Ausgängen,

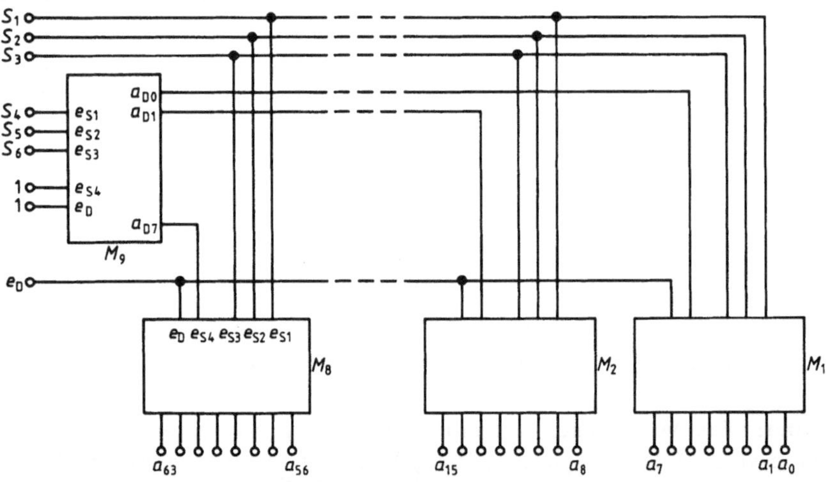

13.6
Expandierender
Multiplexer
(Demultiplexer)

die diesen Anforderungen genügt, ist im Bild **13.**6 wiedergegeben. Sie ergibt sich aus der Schaltung in Bild **13.**1 durch zwei Vereinfachungen. Einmal ist das ODER-Glied am Ausgang entfallen; denn jedes UND-Glied steuert einen eigenen Ausgang an. Zum anderen sind alle Dateneingänge parallel geschaltet und über ein UND-Glied, das vom Übergabeeingang e_{S4} gesteuert wird, mit dem gemeinsamen Eingang e_D verbunden.

Der Übergabeeingang e_{S4} ermöglicht es, expandierende Multiplexer parallel zu schalten und damit die Anzahl der Ausgänge zu vergrößern. Bild **13.**7 zeigt eine entsprechende Schaltung mit neun expandierenden Multiplexern entsprechend Bild **13.**6. Mit den Steuereingängen S_1 bis S_3 wird jeweils ein bestimmter Ausgang der parallel geschalteten Multiplexer angesteuert. Mit den Steuereingängen S_4 bis S_6 wird über den Multiplexer M_9 mit dem 1-Signal seiner Eingänge e_{S4} und e_D einer der Multiplexer M_1 bis M_8 über seinen Steuereingang e_{S4} angewählt.

13.7 Parallelschaltung von expandierenden Multiplexern M zur Erweiterung der Anzahl der Eingänge

14 Bussysteme, Schnittstellen, Pegelumsetzung

14.1 Bussysteme

Für das Zusammenspiel der bisher vorgestellten Funktionsgruppen ist ein Informationsaustausch erforderlich. Dazu hat sich in der Digitaltechnik ein System bewährt, das man mit Bussystem bezeichnet. Ein Bussystem ist eine Einrichtung zur kollektiven Kommunikation mehrerer Teilnehmer untereinander, wobei jeder Teilnehmer mit jedem anderen direkt verkehren kann.

Der Bus wird daher von einer oder von mehreren Leitungen zur Übertragung binärer Signale gebildet. Diese Sammelschiene kann sowohl eine Verbindung zwischen Funktionsgruppen in einer integrierten Schaltung als auch eine äußere Verbindung zwischen einzelnen Baugruppen oder Geräten sein.

14.1.1 Busstrukturen

Baugruppen oder Geräte, die am Bussystem angeschlossen werden, können auf drei Arten Informationen austauschen:

a) Teilnehmer arbeitet als Empfänger (receiver).
Der Datenfluß erfolgt nur in einer Richtung.

b) Teilnehmer arbeitet nur als Sender (transmitter).
Der Datenfluß erfolgt nur in einer Richtung.

c) Teilnehmer arbeitet als Sender und als Empfänger (transceiver).
Der Datenfluß erfolgt in beiden Richtungen (bidirektional).

Um zu gewährleisten, daß immer nur ein Teilnehmer spricht (talker) bzw. nur bestimmte Teilnehmer hören (listener), ist eine Steuerung des Systems über Steuer- und Adreßleitungen erforderlich (Bild **14.1**).

Über den Datenbus werden Daten von einer Einheit zur anderen transportiert. Der Datentransport erfolgt im allgemeinen bit-parallel (meh-

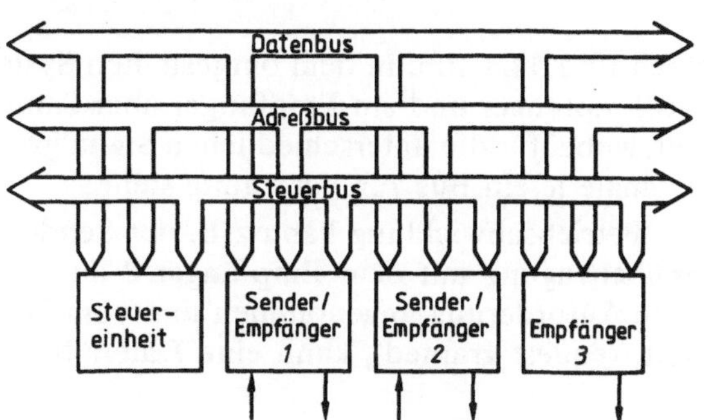

14.1 System mit Datenbus, Adreßbus und Steuerbus

rere parallele Leitungen) und byte-seriell (Nahbereichsübertragung z. B. innerhalb einer Baugruppe). Daneben ist ein bit-serieller Betrieb möglich, der bei größeren Entfernungen angewandt wird. Serielle Bussysteme arbeiten langsamer als parallele Bussysteme. Sie erfordern einen erhöhten Schaltungsaufwand wegen der notwendigen Parallel-Serien- und Serien-Parallel-Umsetzung, kommen jedoch mit einer einfachen Leitungsführung aus.

Der Adreßbus sorgt für die Adressierung der anzusprechenden Einheit. Er ist nicht immer zwingend erforderlich. Häufig wird auch der Datenbus zur Adressenübertragung mitbenutzt. Die Übertragungsart wird durch ein Steuersignal gekennzeichnet.

Der Steuerbus vereinigt alle zum System gehörenden Steuersignale. Dabei dienen die Datenübertragungs-Steuersignale der Steuerung des Datenbusses. Die Adressen-Steuersignale zeigen an, daß eine Adresse am Bus anliegt.

Für eine Datenübertragung gibt es prinzipiell zwei Möglichkeiten:

a) direkte Übertragung Sender-Empfänger (Bild **14.**2),

b) Datenübertragung über das Steuerwerk (Bild **14.**3).

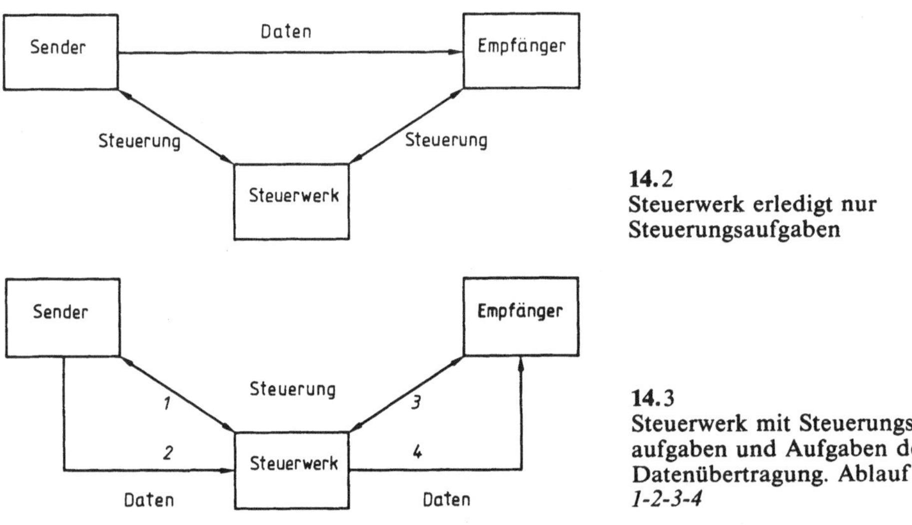

14.2
Steuerwerk erledigt nur
Steuerungsaufgaben

14.3
Steuerwerk mit Steuerungsaufgaben und Aufgaben der
Datenübertragung. Ablauf
1-2-3-4

Nach Bild **14.**1 sind in dem dargestellten System eine Steuereinheit, zwei Sender/Empfänger und ein Empfänger über Sammelschienen miteinander gekoppelt, wobei für die unterschiedlichen Signalgruppen Daten, Adressen und Steuersignale je ein Bus zur Verfügung steht.

Zur Betriebsabwicklung kann z. B. der Sender *1* bei dem Steuerwerk eine Datenübertragung mit dem Empfänger *2* anfordern (Datatransferrequest). Wird diese Anforderung angenommen und vom Steuerwerk eine Steuerleitung aktiviert (request granted), kann eine Datenübertragung nach Bild **14.**2 erfolgen.

Es muß lediglich ein Datenweg vom Sender zum Bus und vom Bus zum Empfänger freigemacht und das Ende der Datenübertragung dem Steuerwerk gemeldet werden. Das Steuerwerk erledigt nur Steuerungsaufgaben. Hingegen werden beim Übertragungsprinzip nach Bild **14.**3 vom Steuerwerk nicht nur Steuerungsaufgaben, sondern auch Datenübertragungsaufgaben übernommen. Das Steuerwerk arbeitet als Datenpuffer, indem es erst ein Datenbyte aufnimmt (read) und es dann an den Empfänger weiterleitet (write).

Für die Steuerung der dargestellten Übertragungsarten haben sich im wesentlichen zwei Methoden bewährt:

die zyklische Steuerung und die wahlfreie Steuerung.

Zyklisch gesteuerte Bussysteme arbeiten mit einem festen, von einer zentralen Steuerung vorgegebenen Zyklus. Zum Steuerbus gehört hierbei ein Taktbus. Auf dem Taktbus wird den Sende-Empfänger-Einheiten mitgeteilt, wann Information geschrieben oder gelesen werden darf. Die für das Lesen und Schreiben der Daten benötigten Steuersignale werden in einem Adressen- und einem Instruktions-Decoder erzeugt und mit dem Takt verknüpft. Schreib- und Lesetakte müssen zur Vermeidung von Übertragungsfehlern zeitlich aufeinander abgestimmt sein (Bild **14.**4).

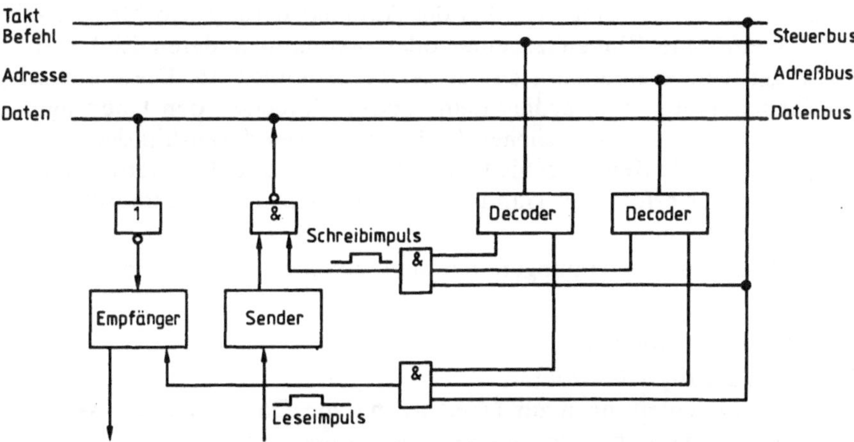

14.4 Beispiel für eine zyklisch gesteuerte Sende-Empfangs-Einheit

Im Gegensatz zu zyklischen Bussystemen, in denen die Informationen zu genau festgelegten Zeiten übertragen werden, wird der Bus in Systemen mit wahlfreiem Zugriff (random access) nach Bedarf und Prioritäten belegt. In zyklischen Systemen genügt die Taktausgabe durch das zentrale Steuergerät; im wahlfreien System sind wesentlich mehr Steuerinformationen auszutauschen, weil ein echter Dialogverkehr mit Rückmeldungen notwendig ist. Man spricht vom Quittungsbetrieb (Handshake).

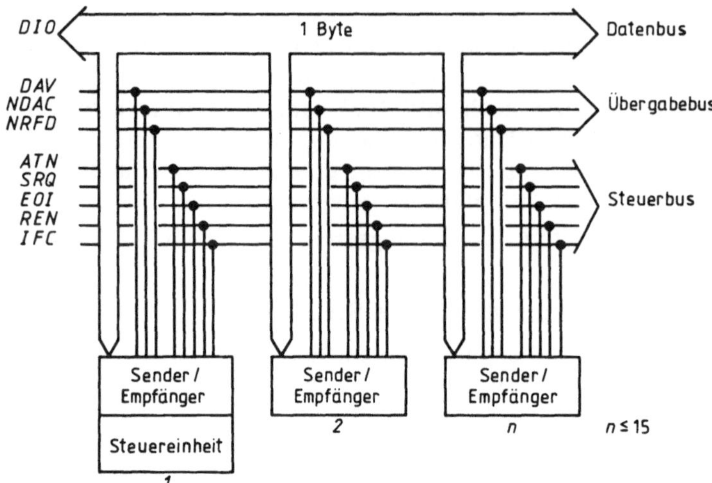

14.5
IEC-Bussystem

Als Beispiel wird ein von der International Electrotechnical Commission genormtes System vorgestellt, das IEC-Bussystem mit Dreidraht-Handshake. Es wird z. B. eingesetzt bei der Automatisierung von Meßplätzen (Bild **14.5**). Wenn eine Einheit zu einer oder mehreren anderen Einheiten Daten übertragen will, meldet sie sich bei der Steuereinheit an. Diese adressiert die Empfänger (Hörer) und ordnet dem Sender (Sprecher) den Übertragungszeitpunkt zu. Die so angesprochenen Einheiten führen daraufhin den Datentransfer aus. Dabei laufen verschiedene Steuerungs- und Quittierungsmeldungen hin und her; es erfolgt ein Handshake. Nach dem Datenaustausch ist der Bus wieder freigeschaltet.

Folgende Signalbezeichnungen mit den üblichen Abkürzungen werden benutzt:

Datenbus (engl. Data Bus)

DIO   Data Input/Output –
         8 Datenleitungen zur Übertragung von Daten und Adressen

Übergabebus (Data Byte Transfer Control Bus)

DAV   Data Valid – Daten auf dem Bus sind gültig

NDAC   Not Data Accepted – Daten übernommen, negiert

NRFD   Not Ready For Data – Bereit zur Datenannahme, negiert

Steuerbus (Interface Management Bus)

ATN   Attention – Achtung:
         Steuergerät legt fest, ob Adresse oder Daten übertragen werden

SRQ   Service Request – Bedienungsruf:
         Gerät fordert Bedienung an (z. B. Datenabruf)

EOI   End Or Identity – Ende oder Identifizierung: In Verbindung mit ATN wird Ende einer Blockübertragung angezeigt oder Identifizierung eines SRQ-Rufes eingeleitet.

REN   Remote Enable – Fernsteuerungsfreigabe: Sperre der lokalen Bedienungsfunktion, Fernsteuerung

IFC   Interface Clear – Schnittstellensystem in Grundstellung bringen.

Das Bussystem arbeitet mit negativem Signalhub (aktiv low). Eine Ausnahme bilden die Signale *DAC* und *RFD*, die für eine UND-Verknüpfung den High-Zustand benötigen. Aus diesem Grunde werden sie in negierter Form notiert. Der Ablauf des IEC-Dreidraht-Handshake soll an einem Impulsdiagramm erläutert werden (Bild **14.6**).

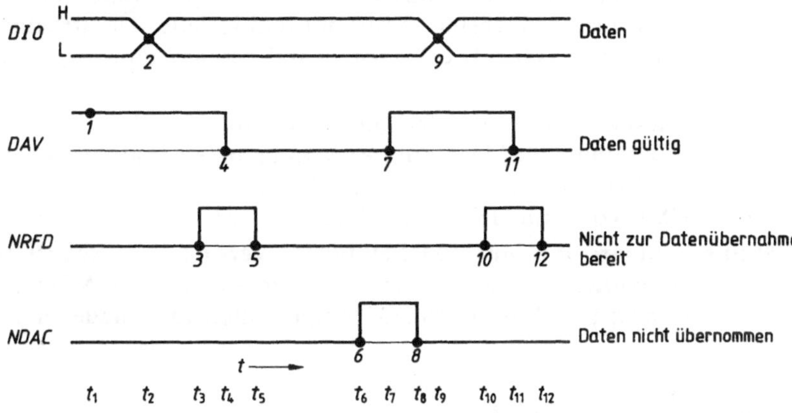

14.6 Zeitlicher Ablauf des Dreidraht-Handshake

Zum Zeitpunkt t_1 führt die Leitung *DAV* H-Signal. Der Sprecher (die Handshake-Quelle) zeigt damit an, daß die noch anstehenden Daten ungültig sind. Die Hörer (Handshake-Senken) signalisieren mit einem L-Signal auf den Leitungen *NDAC* und *NRFD*, daß keine Daten übernommen werden und daß sie nicht zur Datenübernahme bereit sind. Zum Zeitpunkt t_2 überprüft der Sprecher die Signale *NRFD* und *NDAC* und setzt das neue Datenbyte auf die Datenleitung. Wenn auch der langsamste Hörer ab t_3 zum Datenempfang bereit ist, erscheint mit seiner Bestätigung H-Signal auf der *NRFD*-Leitung. Sobald der Sprecher dieses H-Signal festgestellt hat, gibt er zum Zeitpunkt t_4 L-Signal auf die *DAV*-Leitung und zeigt damit, daß die Daten auf dem Datenbus gültig sind. Ab t_5 setzen die Hörer L-Signal für *NRFD* und zeigen damit an, daß der Bereitschaftszustand beendet ist. Wenn zum Zeitpunkt t_6 alle Hörer die Datenübernahme quittiert haben, erscheint H-Signal auf der *NDAC*-Leitung. Hat der Sprecher dieses H-Signal festgestellt, erklärt er ab t_7 mit einem H-Signal auf der *DAV*-Leitung die noch anstehenden Daten für ungültig. Mit einem L-Signal auf der *NDAC*-Leitung ist ab t_8 der Ausgangszustand (siehe t_1) wieder erreicht. Sowohl für den Hersteller als auch für den Anwender hat sich eine Normung der Bussysteme als nützlich erwiesen.

Hier einige Beispiele für normierte Systeme:

CAMAC   Computer Application for Measurement and Control. Euratom 1969. Ein Bussystem, das zunächst für die Belange der europäischen Kernforschungsstätten und der Kerntechnik entwickelt worden ist, in Ermangelung eines allgemein genormten Bussystems für größere Prozeßautomatisierungsaufgaben aber auch darüber hinaus Verbreitung gefunden hat.

PDV-Bus   Prozeßlenkung mit Datenverarbeitungs-Anlagen. Ein im Rahmen eines Forschungsauftrags für Prozeßlenkung entwickeltes Bussystem, das sich in einen Nahbereichsbus (NBB) und einen Fernbereichsbus (FBB) mit rein serieller Übertragung gliedern läßt, und das der IEC als sog. Kandidatensystem vorgestellt worden ist.

IEC-Bus   International Electrotechnical Commission: Interface System for Programmable Measuring Apparatus byte-serial, bit-parallel. DIN IEC 66.22, Januar 1976. DIN IEC 625-1,2. USA-Vornorm: IEEE-Standard 488/1975.

S 100-Bus   Standard-Bus mit 100 Leitungen. Versuch zur Realisierung eines einheitlichen Systembusses zur Kombination von Mikrorechner-Systemen und Mikrorechner-Komponenten verschiedener Hersteller.

14.1.2 Technischer Aufbau

Bei der Realisierung von Bussystemen haben sich zwei Konfigurationen durchgesetzt: die Schaltung mit offenem Kollektor und die Tristate-Schaltung.

14.1.2.1 Schaltung mit offenem Kollektor. Diese Schaltung gibt es nur in TTL-Technik (s. Abschn. 6.4.2). Als Sender werden hierbei Bausteine mit offenem Kollektor verwendet (Bild **14.**7), deren Ausgänge parallel geschaltet sind und dadurch bei positivem Signalhub das Wired-AND bzw. bei negativem Signalhub das Wired-OR realisieren. Im Beispiel nach Bild **14.**8 sind drei Sender und vier Empfänger mit einem Eindrahtbus verbunden. Am Bus liegt im Ruhezustand H-Signal. Geht ein Senderausgang auf L-Signal, wird der Bus auf L-Signal herabgezogen (aktiv low). Mit den Senderausgängen a_1 bis a_3 wird bei positivem Signalhub ein Wired-AND $a_B = a_1 \cdot a_2 \cdot a_3$ realisiert, bei negativem Signalhub ein Wired-OR $a_B = a_1 \vee a_2 \vee a_3$.

Für die Dimensionierung des Abschlußwiderstands R_L gilt, daß der Bus die Spannungsbereiche der Binärvariablen einhalten muß. Dabei ist zu beachten, daß die Belastbarkeit der Senderbausteine nicht überschritten wird.

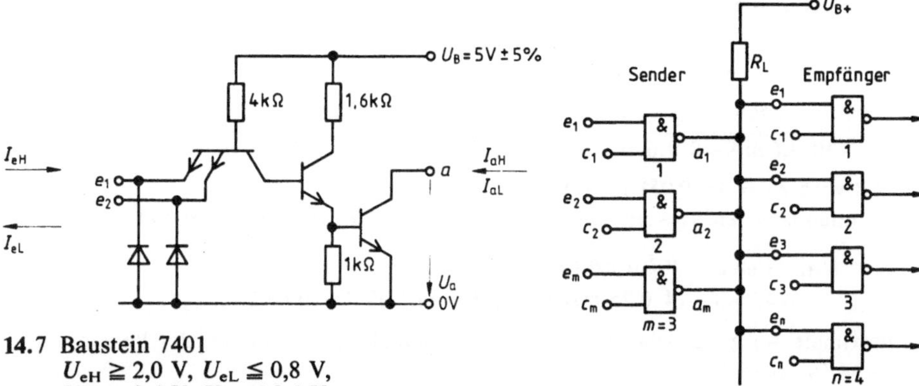

14.7 Baustein 7401
$U_{eH} \geqq 2{,}0$ V, $U_{eL} \leqq 0{,}8$ V,
$U_{aH} \geqq 2{,}4$ V, $U_{aL} \leqq 0{,}4$ V,
$I_{eL} = 1{,}6$ mA, $I_{eH} = 40$ µA,
$I_{aH} = 250$ µA, $F_{aL} = 10$,
$U_{SH} = U_{aHmin} - U_{eHmin} = 0{,}4$ V,
$U_{SL} = U_{eLmax} - U_{aLmax} = 0{,}4$ V

14.8
Eindrahtbus mit drei Sendern und
vier Empfängern.
c Steuereingang

Mit der Anzahl der Senderausgänge m und der Anzahl n der vom Bus angesteuerten Empfängereingänge wird bei H-Signal auf dem Bus an R_L der Spannungsabfall

$$I\,R_L = (m\,I_{aH} + n\,I_{eH})\,R_L \tag{14.1}$$

auftreten; er darf nicht dazu führen, daß der Bereich des H-Signals unterschritten wird. Mit $U_{aHmin} = U_{eHmin} + U_{SH}$ (s. Abschn. 6.4.6) gilt

$$(m\,I_{aH} + n\,I_{eH})\,R_L \leqq U_{Bmin} - U_{aHmin} = U_{Bmin} - (U_{eHmin} + U_{SH}). \tag{14.2}$$

Führt der Bus L-Signal, darf der Strom, der in den aktivierten Ausgang fließt, die Grenze der Ausgangsbelastbarkeit nicht überschreiten.

Mit dem Ausgangsfächer F_{aL} (Anzahl der erlaubten Lasteinheiten) gilt

$$I_{aL} = \frac{U_{Bmax} - U_{aLmax}}{R_L} + n\,I_{eL} \leqq F_{aL}\,I_{eL}. \tag{14.3}$$

Somit erhält man für den Widerstand R_L

$$\frac{U_{Bmax} - U_{aLmax}}{F_{aL}\,I_{eL} - n\,I_{eL}} \leqq R_L \leqq \frac{U_{Bmin} - U_{aHmin}}{m\,I_{aH} + n\,I_{eH}}. \tag{14.4}$$

Die Anzahl der anschließbaren Sender und Empfänger ist also begrenzt.

Beispiel 14.1. Mit dem TTL-Baustein 7401 aus Bild **14.7** soll ein Bussystem mit vier Sendern und acht Empfängern aufgebaut werden. Es sind der Lastwiderstand R_L, der Minimalwert des hohen Ausgangssignals U_{aH} sowie der maximale Ausgangsstrom I_{aL} eines Senders zu bestimmen.

Gl. (14.4) liefert die Grenzwerte für den Lastwiderstand R_L

$$\frac{U_{Bmax} - U_{aLmax}}{F_{aL} I_{eL} - n I_{eL}} \leq R_L \leq \frac{U_{Bmin} - U_{aHmin}}{m I_{aH} + n I_{eH}}$$

$$\frac{5{,}25 \text{ V} - 0{,}4 \text{ V}}{10 \cdot 1{,}6 \text{ mA} - 8 \cdot 1{,}6 \text{ mA}} = 1{,}51 \text{ k}\Omega \leq R_L \leq \frac{4{,}75 \text{ V} - 2{,}4 \text{ V}}{4 \cdot 0{,}25 \text{ mA} + 8 \cdot 0{,}04 \text{ mA}} = 1{,}78 \text{ k}\Omega.$$

Gewählt wird $R_L = (1 \pm 0{,}05)$ 1,6 kΩ.

Bei der ungünstigsten Versorgungsspannung U_{Bmin} erhält man ein H-Signal am Bus

$$U_{aH} = U_{Bmin} - (m I_{aH} + n I_{eH}) R_{Lmax}$$
$$= 4{,}75 \text{ V} - (4 \cdot 0{,}25 \text{ mA} + 8 \cdot 0{,}04 \text{ mA})\, 1{,}05 \cdot 1{,}6 \text{ k}\Omega = 2{,}53 \text{ V}.$$

Die maximale Ausgangsbelastung bei einem L-Signal = 0,4 V und bei der Versorgungsspannung U_{Bmax} wird

$$I_{aL} = \frac{U_{Bmax} - U_{aLmax}}{R_{Lmin}} + n I_{eL} = \frac{5{,}25 \text{ V} - 0{,}4 \text{ V}}{0{,}95 \cdot 1{,}6 \text{ k}\Omega} + 8 \cdot 1{,}6 \text{ mA} = 15{,}99 \text{ mA}.$$

Die Größe des Lastwiderstands R_L beeinflußt die Geschwindigkeit der Bussignale. Parallel zu R_L muß eine parasitäre Kapazität C_{par} angenommen werden, deren Größe von den Busleitungen, der Buslänge und der Teilnehmerzahl abhängt. Die Zeitkonstante $T_{par} = R_L C_{par}$ bestimmt bei einem L-H-Übergang das Einschwingen in den hohen Pegel. Der H-L-Übergang ist unkritisch, da der Schaltverzug im wesentlichen von der Schaltcharakteristik des Treibertransistors abhängt. Da der Lastwiderstand R_L einen Leitungsabschluß darstellt, muß bei seiner Dimensionierung darauf geachtet werden, daß es nicht zu Reflexionen auf der Leitung kommt. Sein Wert muß dem Wellenwiderstand der Leitung entsprechen.

14.1.2.2 Tristate-Schaltung. Im Gegensatz zur offenen Kollektor-Schaltung darf bei der Tristate-Schaltung je Leitung nur ein Sender aktiviert werden. Die Schaltung kann sowohl in TTL- als auch in CMOS-Technik ausgeführt werden. In beiden Fällen wird eine Gegentakt-Ausgangsstufe benutzt mit je einem Transistor für das H- und das L-Signal. Sind beide Transistoren gesperrt, nimmt der Ausgang einen dritten Zustand ein, er wird hochohmig. Daneben ist in der CMOS-Technik der Einsatz von Analogschaltern (Transmissionsglied) gebräuchlich. Die CMOS-Technologie wird dort eingesetzt, wo ein geringer Leistungsbedarf und/oder eine hohe Störsicherheit gefordert werden. Die TTL-Schottky-Varianten zeichnen sich durch kleine Signal-Laufzeiten aus. Als integrierte Schaltung stehen Bausteine mit 8 Transceivern zur Verfügung, z. B. 74LS245 (Bild **14.**9).

Die Schaltung erlaubt einen Datentransport vom Bus A zum Bus B oder in umgekehrter Richtung in Abhängigkeit vom Zustand des Signals für die Richtungssteuerung *(DIR)*. Der Freigabeeingang $\overline{E}$ schaltet mit dem 1-Signal die Bausteinausgänge in den hochohmigen Zustand. Alle Empfänger zeigen Schwellwertverhalten mit der Schalthysterese $U_H = 0{,}4$ V. Dadurch wird die Störsicherheit der Busempfänger erhöht.

Bei der Dimensionierung eines Bussystems spielt neben der Belastbarkeit der Bustreiber (statische Belastung) das Übertragungsverhalten der Leitung eine wesentliche Rolle (dynamische Belastung). Um eine Signaldegenerierung zu vermeiden, muß die Leitung mit dem Wellenwiderstand Z_L der Leitung abgeschlossen werden. Dabei sind die Grenzen der Binärvariablen zu beachten. Eine gebräuchliche Schaltung zeigt Bild **14.10**.

Es gelten folgende Forderungen:

a) Die Parallelschaltung der Widerstände R_1 und R_2 muß gleich dem Wellenwiderstand Z_L der Busleitung sein

$$Z_L = R_1 R_2/(R_1 + R_2). \qquad (14.5)$$

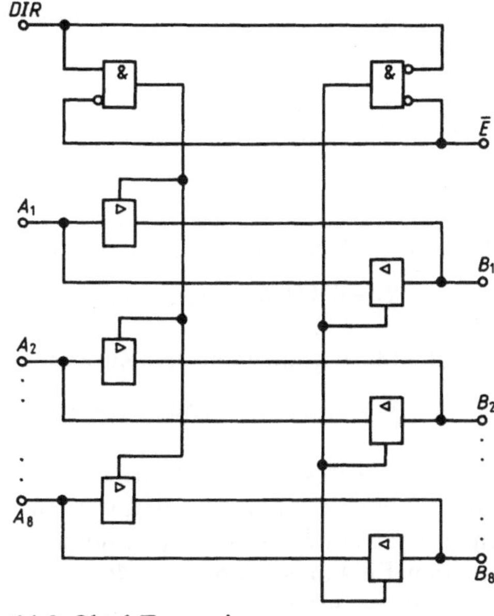

14.9 Oktal-Transceiver

b) Damit die Grenze des H-Pegels am Bus nicht unterschritten wird, soll die Bus-Leerlaufspannung U_l etwa gleich der maximalen Ausgangsspannung U_{aHmax} eines TTL-Standard-Schaltkreises sein. Rechnet man nun mit der für TTL-Schaltkreise typischen Spannung $U_{aH} = 3{,}4$ V, dann wird bei Belastung des Busses der H-Pegel nicht unter $U_{aHmin} = 2{,}4$ V sinken, so daß zur Empfän-

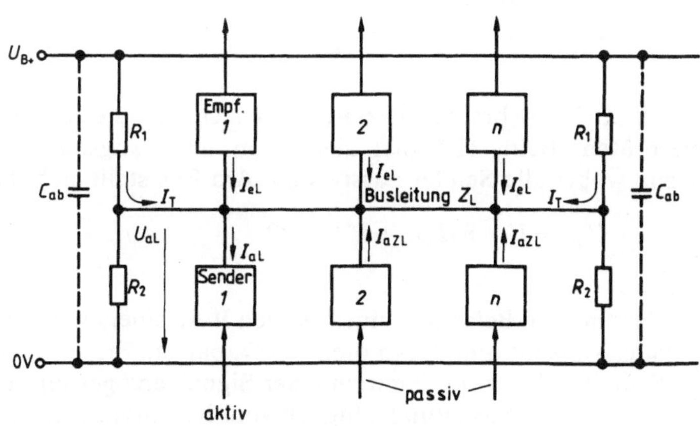

14.10 Busleitung mit parallelem Abschluß
C_{ab} Kapazität der Abblockkondensatoren

gereingangsspannung $U_{eHmin} = 2{,}0$ V der Störspannungsabstand $U_{SH} = 0{,}4$ V gewahrt bleibt. Somit gilt für den unbelasteten Spannungsteiler

$$U_l/R_2 = U_{B+}/(R_1 + R_2)\,,$$

bzw.

$$R_1/R_2 = (U_{B+}/U_l) - 1\,. \tag{14.6}$$

Mit $U_{B+} = 5$ V und $U_l = U_{aH} = 3{,}4$ V ist

$$R_1 = 0{,}471\,R_2 \quad \text{und} \quad R_2 = 2{,}125\,R_1\,.$$

Mit Gl. (14.5) erhält man den Zusammenhang mit dem Wellenwiderstand

$$R_1 = 1{,}471\,Z_L \quad \text{und} \quad R_2 = 3{,}125\,Z_L\,.$$

c) Wenn der Bus L-Signal führt, darf der zulässige Ausgangsstrom I_{aL} des aktiven Treibers nicht überschritten werden. Dann wird auch der L-Pegel eingehalten. Der Strom I_{aL} setzt sich zusammen aus dem Strom I_T des Spannungsteilers, den Eingangsströmen I_{eL} der Empfänger und den Ausgangsströmen I_{aZL} der passiven Sender

$$
\begin{aligned}
I_{aL} &= 2\,I_T + n\,I_{eL} + (n-1)\,I_{aZL} \\
&= 2\left(\frac{U_{B+} - U_{aL}}{R_1} - \frac{U_{aL}}{R_2}\right) + n\,I_{eL} + (n-1)\,I_{aZL}\,.
\end{aligned}
\tag{14.7}
$$

Die Auflösung dieser Gleichung liefert die maximale Anzahl der Teilnehmer

$$
n_{max} = \frac{I_{aL} - 2\left(\dfrac{U_{B+} - U_{aL}}{R_1} - \dfrac{U_{aL}}{R_2}\right) + I_{aZL}}{I_{eL} + I_{aZL}}\,.
\tag{14.8}
$$

d) Mit der Teilnehmerzahl $n \leqq n_{max}$ läßt sich jetzt die Annahme $U_l = U_{aH} = 3{,}4$ V überprüfen. Beim H-Signal ziehen im ungünstigsten Fall alle Teilnehmer Strom, wobei alle Sender passiv sind. Am Bus stellt sich die Spannung

$$U_{Bus} = U_l - n\,(I_{aZH} + I_{eH})\,R_1/2 \tag{14.9}$$

ein.

Die dynamische Belastung eines aktiven Bustreibers wird bestimmt durch seine Eingangskapazität und durch die Kabelkapazität. Sie führt zu einer Abflachung der Signalflanken und damit zu einer Signalverzögerung. Die maximal mögliche Länge einer Busleitung hängt ab vom Kabeltyp, von der statischen und dynamischen Belastung und von der Anordnung der Sender und Empfänger längs des Busses.

Beispiel 14.2. Gegeben ist eine Busanordnung nach Bild **14.**10 mit seriellem Abschluß und $R_2 = \infty$. Von den Bustreibern (Tristate) sind folgende Werte bekannt: $U_{B+} = 5\ \text{V}$ $(1 \pm 0,05)$, $U_{aL} \leqq 0,55\ \text{V}$, $I_{aL} = 64\ \text{mA}$, $I_{aZL} = 50\ \mu\text{A}$, $I_{eL} = 0,4\ \text{mA}$.

Gesucht ist die maximal zulässige Teilnehmerzahl n bei einem Wellenwiderstand der Busleitung a) $Z_L = 180\ \Omega$, b) $Z_L = 220\ \Omega$ unter Berücksichtigung der ungünstigen Toleranz von U_{B+} und R $(1 \pm 0,1)$.

Die Busanordnung ist ein Sonderfall von Bild **14.**10 für $R_2 = \infty$. Damit erhält man mit den Gleichungen (14.5) und (14.8)

$$R = Z_L \qquad n_{\max} = \frac{I_{aL} - \dfrac{2}{R}(U_{B+} - U_{aL}) + I_{aZL}}{I_{eL} + I_{aZL}}$$

a) $Z_L = 180\ \Omega = R\ (1 \pm 0,1)$

$$n_{\max} = \frac{64\ \text{mA} - \dfrac{2}{0,162\ \text{k}\Omega}\,(5,25\ \text{V} - 0,55\ \text{V}) + 0,05\ \text{mA}}{0,4\ \text{mA} + 0,05\ \text{mA}} = 13,39$$

$$n = 13$$

b) $Z_L = 220\ \Omega = R\ (1 \pm 0,1)$

$$n_{\max} = \frac{64\ \text{mA} - \dfrac{2}{0,198\ \text{k}\Omega}\,(5,25\ \text{V} - 0,55\ \text{V}) + 0,05\ \text{mA}}{0,4\ \text{mA} + 0,05\ \text{mA}} = 36,83$$

$$n = 36$$

14.2 Schnittstellen

14.2.1 Begriffe

Für den Datenaustausch zwischen digitalen Einheiten oder Geräten benötigt man Regeln, die sowohl die möglichen Funktionen zwischen den Systemkomponenten festlegen als auch die elektrischen Eigenschaften der Verbindungsleitungen. Betrachtet wird eine Datenstation mit Datenendeinrichtung DEE (Datenquelle, Datensenke) und Datenübertragungseinrichtung DÜE nach Bild **14.**11.

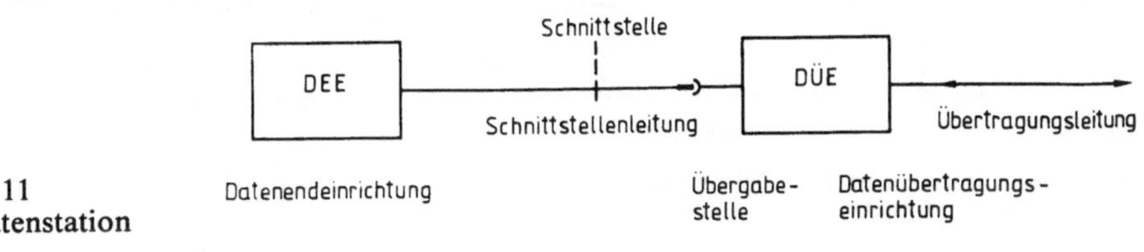

14.11
Datenstation
Datenendeinrichtung
Übergabe-
stelle
Datenübertragungs-
einrichtung

Die Schnittstelle (Interface) legt fest, welche physikalischen Eigenschaften die Schnittstellenleitungen (Verbindungsleitungen) aufweisen müssen, wie sie bezeichnet und welche Signale auf den Schnittstellenleitungen ausgetauscht werden. Der Ort, an dem die Signale auf den Schnittstellenleitungen in definierter Weise übergeben werden, heißt Übergabestelle. Abweichend von der Definition für Schnittstellen (Interface) spricht man vom Ein-Ausgabe-Interface, vom Bus-Interface, vom asynchronen Kommunikations-Interface-Adapter ACIA und anderen Schnittstellenbausteinen im Sinne einer Anpass- bzw. Koppelelektronik, die erforderlich ist, um zwischen Systemen, Baugruppen oder Bausteinen mit unterschiedlichen Kenngrößen kommunizieren zu können.

14.2.2 V.24-Schnittstelle

Eine genormte Schnittstelle für eine serielle Datenübertragung mit Geschwindigkeiten bis zu 20 000 Bit/s über kurze Entfernungen von etwa 15 m (60 m bei kapazitätsarmen Kabeln) ist die V.24-Schnittstelle. Die genauen Festlegungen sind in folgenden Normen enthalten:

DIN 66 020 und 66 259,

CCITT V.24 und V.28 (Comité Consultativ International Télégraphique et Téléfonique),

EIA RS 232 C (Electronic Industries Association).

Sie umfassen unter anderem die Stiftbezeichnung der Steckverbindung, die Beschreibung der elektrischen Signaleigenschaften der Signalquelle (Leitungstreiber) und der Signalsenke (Leitungsempfänger), die Funktion der Schnittstellenleitungen und die logische Bewertung der Signalpegel. Das L-Signal $-15\text{ V} \leqq U_{\ddot{U}L} \leqq -3\text{ V}$ wird mit logisch „1", das H-Signal $+3\text{ V} \leqq U_{\ddot{U}H} \leqq +15\text{ V}$ mit logisch „0" bewertet (negativer Signalhub). Im Spannungsbereich von -3 V bis $+3\text{ V}$ ist der logische Zustand undefiniert. Der Betrag der Leerlaufspannung der Datenquelle gegenüber der zugehörigen Betriebserde darf 25 V nicht übersteigen (Bild **14.**12). Übliche Werte für die Signalpegel an der Über-

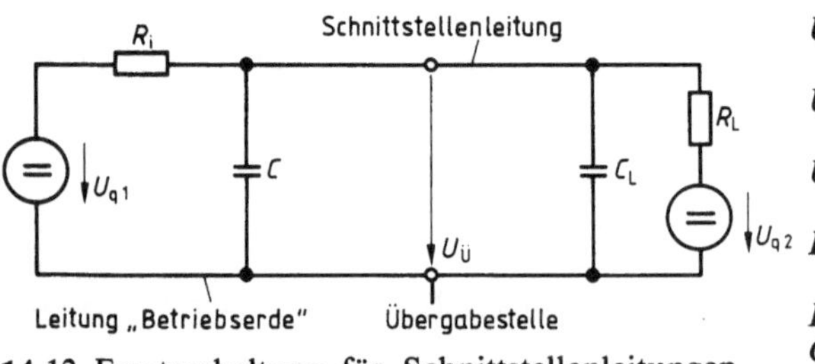

U_{q1}	Quellenspannung der Signalquelle
$U_{\ddot{U}}$	Spannung an der Übergabestelle
U_{q2}	Quellenspannung der Signalsenke
R_i	Innenwiderstand der Signalquelle
R_L	Lastwiderstand
C	Quellenkapazität
C_L	Lastkapazität

14.12 Ersatzschaltung für Schnittstellenleitungen nach DIN 66 259

gabestelle sind − 12 V und + 12 V. Der Signalhub ist somit relativ groß und damit auch der Störabstand. Sofern die Daten des Senders bit-parallel vorliegen, z. B. bei einem Mikrorechner, wird ein Interface-Baustein erforderlich, um sie in ein serielles Format umzusetzen. Die Datenübertragung zu einem externen Gerät z. B. Drucker, Fernschreiber, Kassettenrecorder usw. kann dann nach Anpassung der Spannungspegel mit einer V.24-Schnittstelle erfolgen. Eine weitere Anwendung findet die V.24-Schnittstelle bei der Datenfernübertragung auf Telefonleitungen. Hierbei werden von der Datenübertragungseinrichtung DÜE die von der Datenendeinrichtung DEE gelieferten Signale in eine für die Fernübertragung geeignete Form gebracht bzw. die empfangenen Datensignale der von der Schnittstelle geforderten Form angepaßt.

14.2.3 20-mA-Schnittstelle

Eine weitere Schnittstelle für eine Serien-Datenübertragung ist die 20-mA-Schnittstelle, auch TTY-Schnittstelle genannt (Teletype = Fernschreiber). Festlegungen hierzu findet man in DIN 66258, Teil 1. Diese C-S-Schnittstelle (Current, Serienübergabe) arbeitet mit einer 20-mA-Stromschleife. Dabei gelten folgende Zuordnungen:

Binärzeichen 0; der Strom in der Übertragungsleitung ist $I = 0$ mA.

Binärzeichen 1; der Strom in der Übertragungsleitung ist $I = 20$ mA.

Die Leerlaufspannung darf maximal 24 V betragen.

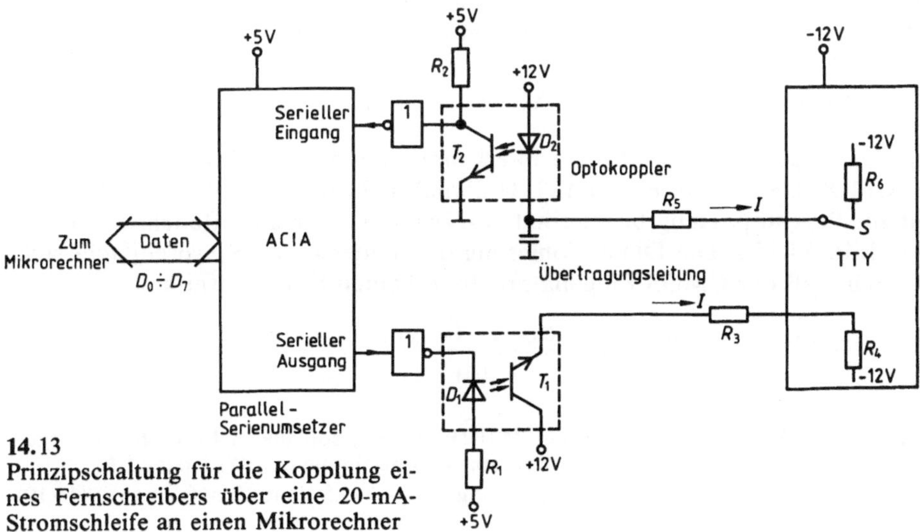

14.13
Prinzipschaltung für die Kopplung eines Fernschreibers über eine 20-mA-Stromschleife an einen Mikrorechner

Das Prinzip der 20-mA-Stromschleife zeigt Bild **14.**13. Eine übergeordnete Steuerung, die im Bild nicht dargestellt ist, hat den ACIA auf Senden geschaltet. Liegt nun am Ausgang ein H-Signal, schaltet der Inverter auf L-Signal. Durch die Lumineszenz-Diode D_1 fließt der Durchlaßstrom $I_F = 5$ V$/R_1$, der ausreichen muß, um den Phototransistor T_1 so durchzuschalten, daß in der Schleife $+12$ V $- T_1 - R_3 - R_4 - 12$ V der Strom $I = 20$ mA fließt. Somit entspricht bei positivem Signalhub ein H-Signal am ACIA-Ausgang dem Schleifenstrom in der Übertragungsleitung. Bei der Datenübertragung vom TTY zum ACIA wird mit dem Schalter S die obere Stromschleife geschlossen. Es fließt der Strom $I = 20$ mA. Die Lumineszenzdiode D_2 schaltet den Phototransistor T_2 durch, und der Invertereingang erhält L-Signal. Somit liegt am ACIA-Eingang ein H-Signal. In diesem Beispiel werden zur galvanischen Trennung der Systeme Optokoppler eingesetzt. Man vergrößert damit die Störsicherheit.

14.3 Pegelumsetzung

Die verschiedenen Schaltkreisfamilien arbeiten mit unterschiedlichen Spannungspegeln. Sollen Baugruppen verschiedener Schaltkreisfamilien verbunden werden, so ist zunächst zu prüfen, ob dabei die zulässigen Grenzwerte eingehalten werden. Die Baugruppen müssen miteinander vereinbar sein, was man kompatibel nennt. Zwischen einigen Schaltkreisfamilien besteht nur eine eingeschränkte Kompatibilität. Das bedeutet z.B., daß zwar der Ausgang eines CMOS-Gatters TTL-kompatibel ist, nicht jedoch die Eingänge. Andere Schaltkreisfamilien sind untereinander nichtkompatibel. Diese Nichtkompatibilität gilt erst recht, wenn von Standard-Bausteinen ein Übergang auf hohe bipolare Spannungen gefordert wird, z.B. nach der V.24-Schnittstellennorm. Dann werden Interface-Schaltungen eingesetzt, um den Pegelunterschied auszugleichen.

14.3.1 Pegelumsetzung TTL-CMOS

Aus dem Pegeldiagramm Bild **14.**14 erkennt man, daß ein direktes Steuern eines CMOS-Gatters mit einem TTL-H-Signal nicht möglich ist. Eine Möglichkeit zur Pegelanpassung bietet ein TTL-NAND-Gatter mit offenem Kollektor nach Bild **14.**15a. Die Dimensionierung des Widerstands R_L vereinfacht sich dadurch, daß der CMOS-Eingang praktisch keinen Strom aufnimmt.

$$\frac{U_{Bmax} - U_{aLmax}}{I_{aL}} \leqq R_L \leqq \frac{U_{Bmin} - U_{eHmin}}{I_{aH}} \tag{14.10}$$

Beispiel 14.3. Mit dem TTL-Baustein 7401 (Bild **14.**7) soll die in Bild **14.**15a dargestellte Pegelumsetzung durchgeführt werden. Man bestimme den Widerstand R_L.
Mit der minimalen CMOS-Eingangsspannung $U_{eHmin} = 3,5$ V erhält man aus Gl. (14.10) für den Widerstand R_L die Grenzwerte

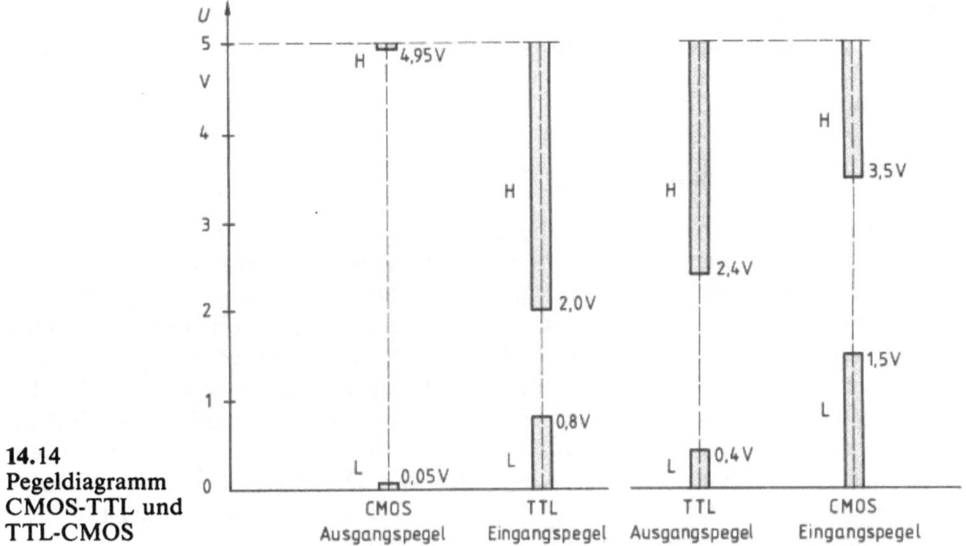

14.14
Pegeldiagramm
CMOS-TTL und
TTL-CMOS

$$\frac{U_{Bmax} - U_{aLmax}}{I_{aL}} \leq R_L \leq \frac{U_{Bmin} - U_{eHmin}}{I_{aH}}$$

$$\frac{5,25\ V - 0,4\ V}{16\ mA} \leq R_L \leq \frac{4,75\ V - 3,5\ V}{0,25\ mA}$$

$$303\ \Omega \leq R_L \leq 5\ k\Omega.$$

Um die Spannungsquelle nicht zu stark zu belasten, wird $R_L = 3,3\ k\Omega$ gewählt.

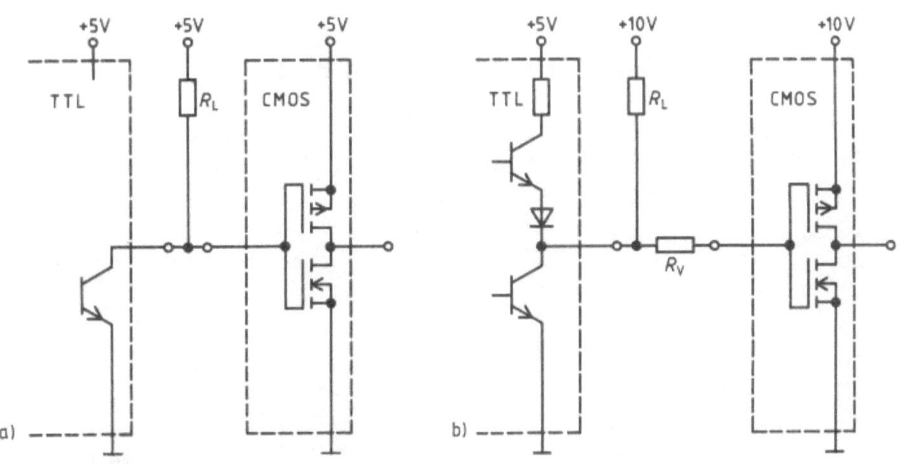

14.15 Pegelumsetzer TTL-CMOS
   a) gleiche Betriebsspannung; TTL-Gatter mit offenem Kollektor
   b) unterschiedliche Betriebsspannungen; TTL-Gatter mit Gegentaktendstufe

Eine Pegelanpassung mit einer TTL-Gegentaktendstufe ist ebenfalls möglich. R_L ist so zu dimensionieren, daß I_{aL} nicht überschritten wird. Da CMOS-Eingänge kapazitive Lasten darstellen, empfiehlt es sich, zum Schutz des TTL-Ausgangs den Vorwiderstand $R_v = 1$ kΩ vorzusehen (Bild **14.**15 b).

14.3.2 Pegelumsetzung LSL-TTL

Industrielle Steuerungssysteme arbeiten oft mit der langsamen störsicheren Logik LSL. Diese Technik bietet erhöhten Schutz gegen Störimpulse und wegen der hohen Versorgungsspannung $U_B = + 12$ V bzw. $+24$ V auch eine große statische Störsicherheit. Dazu stehen leistungsstarke Treiber zur Verfügung. Die Forderungen an eine Eingangs- und Ausgangsperipherie werden in starkem Maße erfüllt. Für die zentrale Steuerungseinheit mit einem komplexen Logikumfang und einer gegenüber der Peripherie größeren Arbeitsgeschwindigkeit bietet sich u. a. die TTL-Standard-Technik an. Für die Pegelumsetzung werden Inverter mit offenem Kollektor eingesetzt. Die Dimensionierung des Kollektorwiderstands R_L erfolgt nach Gl. (14.4). Es sind dabei die Daten der LSL-Serie einzusetzen. Ein Anwendungsbeispiel zeigt Bild **14.**16.

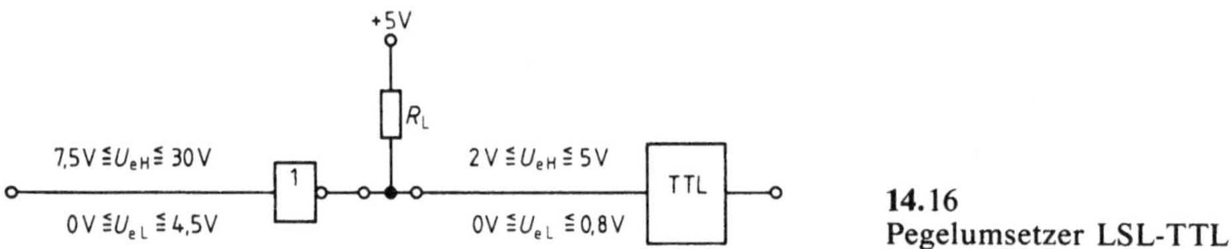

14.16
Pegelumsetzer LSL-TTL

14.3.3 Umsetzung zwischen TTL- und V.24-Pegel

TTL-Schaltkreise können keine bipolaren Pegel erzeugen. Es sind jedoch einfache Schaltungen möglich für eine Umsetzung der TTL-Pegel auf die Pegel der V.24-Schnittstelle (Bild **14.**17).

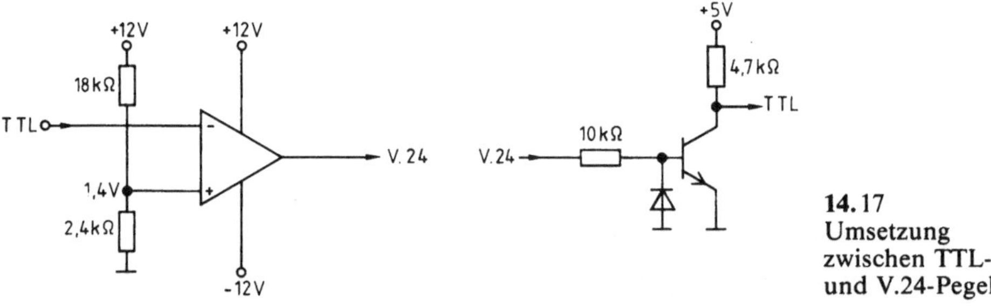

14.17
Umsetzung
zwischen TTL-
und V.24-Pegel

Vom TTL-Ausgang wird der invertierende Eingang eines Operationsverstärkers angesteuert. Der nichtinvertierende Eingang liegt fest auf $+1{,}4$ V. Die Versorgungsspannungen sind $+12$ V und -12 V. Bei beiden TTL-Pegeln geht der Operationsverstärker in die Sättigung. Gleichzeitig setzt er den TTL-üblichen positiven Signalhub um in den negativen Signalhub der V.24-Schnittstelle.

Für die Umsetzung des V.24-Pegels in den TTL-Pegel genügt im Prinzip ein Transistor-Inverter. Die Pegelumsetzer gibt es auch als integrierte Schaltungen, z. B. 4fach-Leitungstreiber 75 188 TTL auf V.24 und 4fach-Empfänger 75 189A V.24 auf TTL.

15 Halbleiterspeicher

Digitale Halbleiterspeicher sind Funktionseinheiten von digitalen nachrichtenverarbeitenden Systemen, die digitale Daten aufnehmen, bewahren und abgeben
(DIN 44300). Sie bestehen aus dem eigentlichen Speichermedium, der Adressiereinheit zum Anwählen einer Speicherstelle oder eines Speicherelements,
der Leseeinrichtung und bei Schreib-Lese-Speichern der Schreibeinrichtung.

15.1 Begriffe

Man unterscheidet zwischen Schreib-Lese-Speichern und Festwertspeichern.
Schreib-Lese-Speicher können sowohl angebotene Daten aufnehmen als
auch eingespeicherte wiedergeben. Sie können also beschrieben und gelesen
werden, woraus sich ihr Name herleitet. Die Kurzbezeichnung für Schreib-
Lese-Speicher ist RAM (engl. Random Access Memory). Sie kennzeichnet die
in der Folge erklärte Art des Datenzugriffs. Festwertspeicher hingegen können nur eine einmal eingegebene Information wiedergeben; sie können also
nur gelesen werden und heißen daher ROM (engl. Read Only Memory). Kann
die Informationseingabe vom Anwender selbst durch einen Programmiervorgang erfolgen, so spricht man von programmierbaren Festwertspeichern
PROM (engl. Programmable Read Only Memory).
Die kleinste Einheit eines digitalen Speichers ist das Speicherelement; es
kann eine Binärstelle, ein Bit, speichern. Bit groß geschrieben bezeichnet eine
Binärziffer oder eine Binärstelle; bit klein geschrieben ist hingegen die Maßeinheit der Information. Das Speicherelement wird realisiert von einer Halbleiterschaltung. Mit einer Adresse kann eine Speicherzelle angesteuert werden.
Diese Speicherzelle besteht aus nur einem Speicherelement oder aus einer
Gruppe von Speicherelementen. Die Gruppe kann 4, 8, 12, 16 oder mehr Bits
umfassen. Man spricht von einem Speicherwort. Besteht das Wort aus 8 Bits,
also aus einem Byte, so ist der Speicher byteorganisiert. Allgemein spricht
man von einem wortorganisierten Speicher, wenn eine Gruppe von Elementen gemeinsam angesteuert wird, und von einem bitorganisierten Speicher, wenn die angesteuerte Speicherzelle nur ein Speicherelement enthält.
Kleine Zwischenspeicher vom Umfang einer oder mehrerer Wortlängen, die
zur vorübergehenden Aufnahme einer Information dienen, nennt man Register (z. B. Ein- bzw. Ausgaberegister).

Das Fassungsvermögen von digitalen Speichern wird S p e i c h e r k a p a z i t ä t genannt. Sie wird entweder in Bytes oder in Worten und deren Länge angegeben, wobei der große Buchstabe K für den Faktor $2^{10} = 1024$ benutzt wird. Ein Speicher 16 K × 8 kann $16 \cdot 1024 = 16\,384$ Worte aus 8 Bits speichern. Er besteht aus mindestens $16\,384 \cdot 8 = 131\,072 = 128$ K Speicherelementen. Kontrollbits zum Sichern der gespeicherten Daten werden bei der Angabe der Speicherkapazität nicht mitgezählt.

Als Z u g r i f f s z e i t bezeichnet man die Zeitspanne zwischen dem Beginn der Ansteuerung einer Speicherzelle und dem Ende der Datenübertragung in diese oder aus dieser Speicherzelle. Die T r a n s f e r r a t e gibt an, wieviel Bits, Bytes oder Worte pro Sekunde in den Speicher eingeschrieben oder aus ihm ausgelesen werden können. Bei wortorganisierten Speichern ist die Transferrate in Worten pro Sekunde gleich dem Kehrwert der Z y k l u s z e i t.

Beim Aufsuchen der einzelnen Speicherelementgruppen unterscheidet man zwischen dem wahlfreien und dem sequentiellen Zugriff. W a h l f r e i e r Z u griff (random access) bedeutet, daß bei konstanter Zugriffszeit Adressen in beliebiger Reihenfolge aufgerufen werden können, s e q u e n t i e l l e r Z u g r i f f hingegen, daß die Reihenfolge beim Adressenaufruf Einfluß auf die Zugriffszeit hat.

Schreib-Lese-Speicher werden in statischer und in dynamischer Technik ausgeführt. Bei der s t a t i s c h e n T e c h n i k dienen bistabile Kippstufen als Speicherelemente, bei der d y n a m i s c h e n T e c h n i k Kondensatoren. Die dynamische Technik hat den Nachteil, daß sich die Kondensatoren infolge von Leckströmen entladen. Die in den Speicherelementen gespeicherte Information muß daher in bestimmten Mindestabständen wieder aufgefrischt werden. Dynamische Speicherelemente sind jedoch einfacher aufgebaut und benötigen daher bei der Integration weniger Platz. Außerdem ist ihr Leistungsverbrauch geringer als der von statischen Speicherelementen. Halbleiterspeicher werden zum größten Teil aus MOS-Feldeffekttransistoren aufgebaut. Daneben sind Halbleiterspeicher in bipolarer Technik im Einsatz.

15.2 Speicher mit freiem Zugriff

Speicher mit freiem Zugriff stellen die größte Gruppe von Halbleiterspeichern dar. Während beim Schreib-Lese-Speicher die gespeicherte Information beim Ausfall der Versorgungsspannung verloren geht, bleibt sie beim Festwertspeicher erhalten. Somit unterscheidet man zwischen flüchtigem und nicht flüchtigem Speicher (engl. volatile, non volatile memory).

15.2.1 Schreib-Lese-Speicher (RAM)

Beim Schreib-Lese-Speicher mit wahlfreiem Zugriff (RAM) werden die Speicherelemente matrixförmig angeordnet (Bild **15.**1). Ein bestimmtes Speicherelement wird durch Anwahl einer X-Leitung (Zeile, engl. Row) und einer Y-Leitung (Spalte, engl. Column) erreicht. Diese Leitungen werden über Decodierer angewählt (s. Abschn. 12.1.2), an die die X- und Y-Adressen gelegt werden. In jedem Kreuzungspunkt der Speichermatrix befindet sich ein Speicherelement mit Ansteuerlogik. Über eine zentrale Steuerlogik wird der Speicherbaustein aktiviert und seine Betriebsart bestimmt. Die Aktivierung erfolgt über den $\overline{CS}$-Eingang (Chip-Select = Chip-Auswahl). Die Negation (Überstreichung) der Eingangsbezeichnung ($\overline{CS}$) drückt aus, daß die Aktivierung durch die logische 0 ($= \overline{1}$) erfolgt. Durch das 1-Signal am $\overline{CS}$-Eingang werden die Dateneingänge und die Datenausgänge hochohmig, durch das 0-Signal werden sie niederohmig (Tristate-Verhalten). Die Wahl der Betriebsart (Lesen oder Schreiben) erfolgt über den $R/\overline{W}$-Eingang (Read/not Write = Lesen/nicht Schreiben). Durch das 1-Signal wird die Betriebsart Lesen erzeugt, durch das 0-Signal die Betriebsart Schreiben.

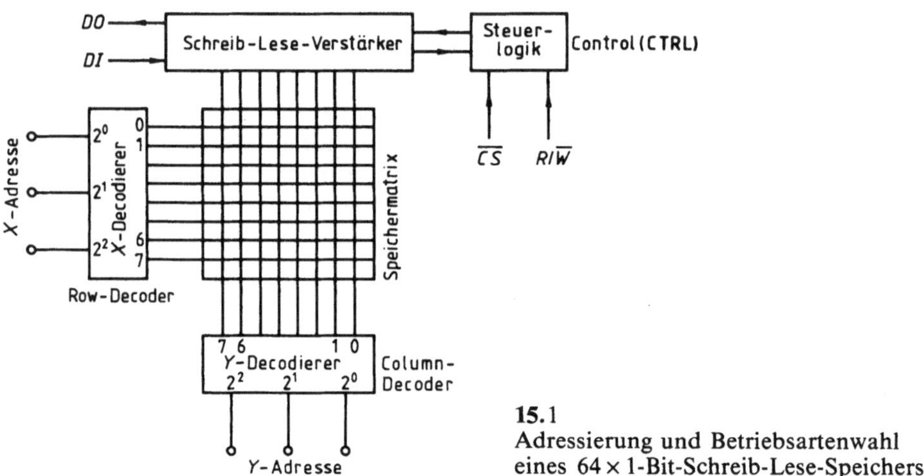

15.1
Adressierung und Betriebsartenwahl
eines 64×1-Bit-Schreib-Lese-Speichers

15.2.1.1 Statische Technik. Statische Schreib-Lese-Speicher können sowohl mit Zellen aus bipolaren Transistoren als auch mit Zellen aus unipolaren Transistoren aufgebaut werden. Im allgemeinen erlaubt die unipolare Technik eine große Integrationsdichte bei geringem Leistungsbedarf und relativ langen Zugriffs- und Zyklus-Zeiten. Die bipolare Technik hat bei relativ großem Leistungsbedarf eine kleinere Integrationsdichte und kurze Zugriffs- und Zyklus-Zeiten (s. Tafel **6.**54).

Bild **15.**2 zeigt die Schaltung eines RAM-Elements in TTL-Technik. Dieses Speicherelement besteht aus einer bistabilen Kippstufe mit zwei Multi-Emitter-

Transistoren. Über die X- und Y-Adreßleitung wird das Speicherelement angesteuert. Die 0 wird auf der Schreib-Lese-Leitung $SL0$ und die 1 auf der Schreib-Lese-Leitung $SL1$ dargestellt. Im Ruhezustand liegt an den Adreßleitungen L-Signal (positiver Signalhub). Mit H-Signal an den Adreßleitungen wird das Speicherelement aktiviert.

Soll eine 0 geschrieben werden, erhält $SL1$ H-Signal, wird also auf 1 gelegt. Der Transistor T_2 sperrt. Über den oberen Emitter des Transistors T_1 fließt jetzt der volle Emitterstrom in $SL0$. Soll eine 1 geschrieben werden, ist $SL0$ auf 1 zu legen. Jetzt sperrt der Transistor T_1. Der

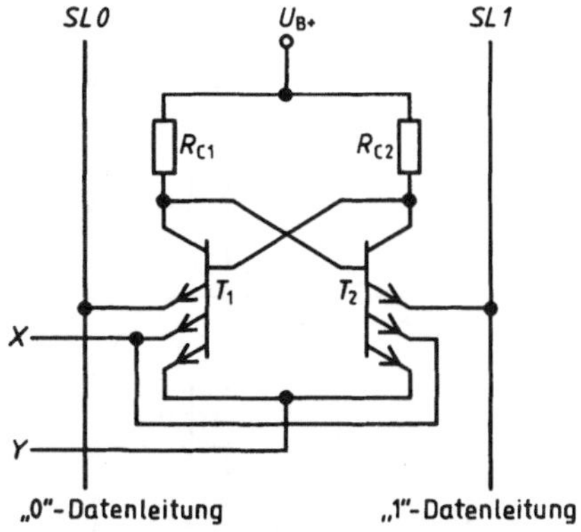

15.2 Speicherelement in TTL-Technik für bitweise Adressierung über getrennte Adreßleitungen

Transistor T_2 liefert Strom über den oberen Emitter in die Schreib-Lese-Leitung $SL1$. Zum Lesen wird erst das Element aktiviert. Ein Transistor ist durchgeschaltet, z. B. T_2. Dann führt $SL1$ den Emitterstrom, der von einem Verstärker (nicht gezeichnet) als 1-Signal gelesen wird. War der Transistor T_1 leitend, dann wird über $SL0$ ein 0-Signal gelesen.

Um größere Arbeitsgeschwindigkeiten zu erreichen, werden mit der TTL-Schottky- und der ECL-Technik ungesättigte Schaltkreise eingesetzt. Die Zugriffszeit wird damit herabgesetzt auf <50 ns und auf <20 ns. Allerdings ist die Speicherkapazität auf etwa 4 K Bits begrenzt.

Bild **15.3** zeigt ein Speicherelement in NMOS-Technik für bitweise Adressierung über getrennte Adreßleitungen X und Y. Mit den als Arbeitswiderstand geschalteten Transistoren T_3 und T_4 bilden die Transistoren T_1 und T_2 das bistabile Element. T_5 und T_6 sowie T_7 und T_8 dienen als Schalter zum Anschalten der Schreib-Lese-Leitungen $SL1$ und $SL2$ (Datenleitungen 1 und 2). Mit einem 1-Signal auf den Adreßleitungen X und Y wird das Element aktiviert. Zum Schreiben einer 1 wird auf die Leitung $SL1$ eine 1 und auf die Leitung $SL2$ eine 0 gelegt (pos. Signalhub). Dadurch geht $\overline{Q}$ nach 0 und sperrt den Transistor T_1. Q nimmt den H-Pegel an. Beim Schreiben einer 0 führt $SL1$ ein L-Signal und $SL2$ ein H-Signal. Über T_7 und T_5 wird T_2 gesperrt. T_1 wird durchgeschaltet, und Q nimmt den L-Pegel an. Die Flipflop-Zustände bleiben nach Abschalten der Adreßleitungen erhalten. Zum Lesen muß erst das Element aktiviert werden. Dann können die Datenleitungen die Flipflop-Zustände zur 0/1-Auswertung übertragen: $Q = H \triangleq 1$ und $\overline{Q} = H \triangleq 0$.

RAMs in NMOS-Technik stehen bis zu einer Speicherkapazität von etwa 64 K Bits zur Verfügung. Die typischen Daten eines 1-K$\times$4-Speichers sind: Adreßzugriffszeit <200 ns, Schreib- oder Lesezykluszeit >200 ns, Verlustleistung 350 mW.

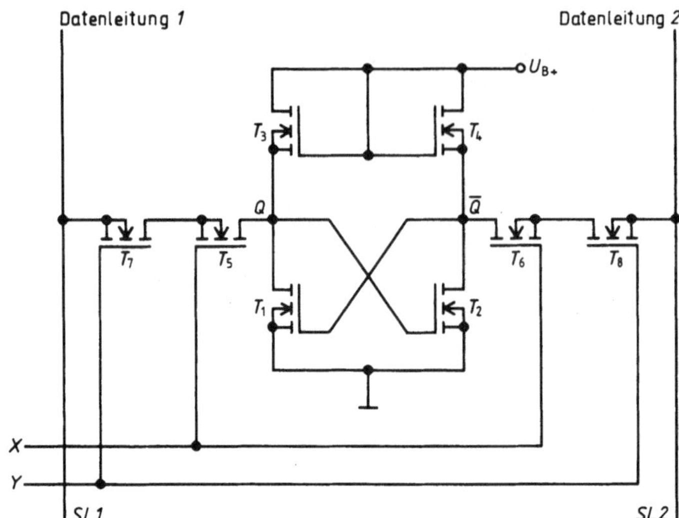

15.3
Speicherelement in
NMOS-Technik
für bitweise Adres-
sierung über ge-
trennte Adreßlei-
tungen

Bild **15.**4 zeigt ein Speicherelement in CMOS-Technik für bitweise Adressierung.

Auch hier wird das Speicherelement von einer bistabilen Kippstufe gebildet, deren Inverter aus komplementären Transistoren bestehen (selbstsperrende P-Kanal und N-Kanal FET). T_5 und T_6 schalten die Datenleitungen $SL1$ und

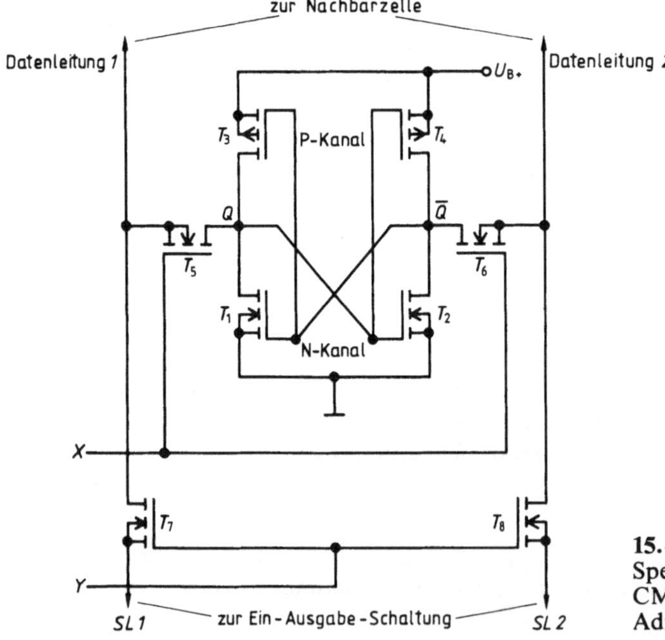

15.4
Speicherelement in
CMOS-Technik für bitweise
Adressierung

SL2 an. Dazu muß die *X*-Adreßleitung H-Signal führen. Über T_7 und T_8 werden die Datenleitungen *SL1* und *SL2* zu einer Ein-/Ausgabe-Schaltung durchgeschaltet. Dazu muß die *Y*-Adreßleitung H-Signal führen. Schreiben und Lesen erfolgt entsprechend den Vorgängen bei einem statischen NMOS-Element.

Bild **15.**5 zeigt Aufbau und Organisation eines 1-K × 4-Bit-CMOS-Schreib-Lese-Speichers. Der Speicherteil besteht aus einer Matrix mit 64 Zeilen und 64 Spalten. Zur Zeilenanwahl stehen mit den Adreßeingängen e_{A4} bis e_{A9} hier $2^6 = 64$ Wortleitungen zur Verfügung. Zum Ansteuern der Spalten dienen 4 Adreßeingänge e_{A0} bis e_{A3}. Damit kann 1 aus 16 Wörtern mit je 4 Bits aus einer Zeile auf

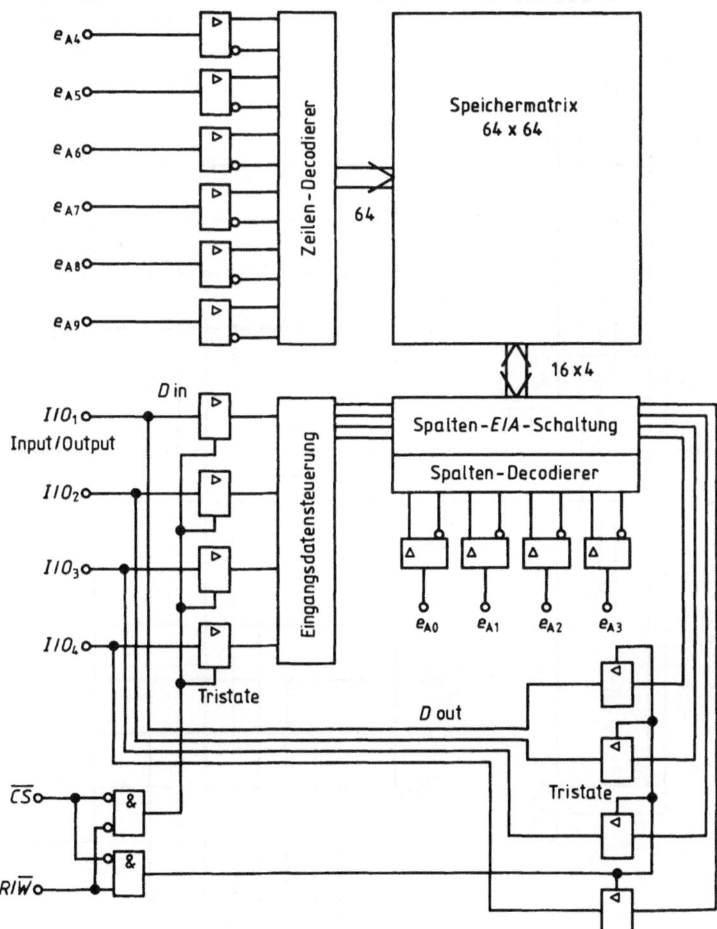

15.5 Blockschaltung eines 1 K × 4-Bit-RAMs

die Spalten-Ein-/Ausgabe-Schaltung geschaltet werden. Die Adreßsignale werden über Verstärker den Decodierern zugeführt. Für die Datenein- und -ausgänge sind die Anschlüsse I/O_1 bis I/O_4 vorgesehen. Beide Datenflüsse führen über getrennte Verstärker mit Tristate-Verhalten (s. Abschn. 6.4.5). Diese Verstärker werden aktiviert über die Eingänge $\overline{CS}$ und $R/\overline{W}$ wie in Abschn. 15.2.1 beschrieben. Der Speicherbaustein benötigt nur eine Betriebsspannung $U_\mathrm{B} = +5$ V und ist TTL-kompatibel.

Beispiel 15.1. Mit $1\,\mathrm{k} \times 4$-RAM-Bausteinen nach Bild **15.**5 ist ein $2\,\mathrm{k} \times 8$-RAM-Speicher aufzubauen.

Es sind sowohl die Anzahl der Adressen als auch die Anzahl der Datenausgänge zu verdoppeln. Also werden vier Bausteine benötigt. Die Adreßverdopplung erfolgt über

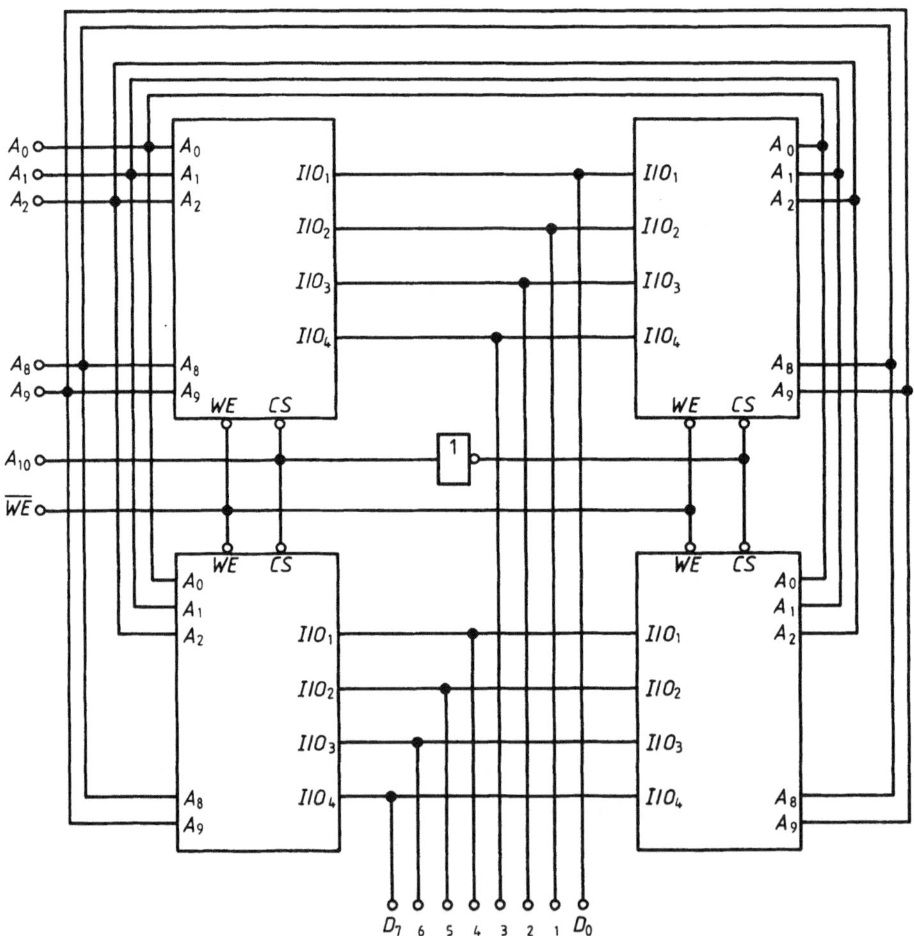

15.6 $2\,\mathrm{K} \times 8$-RAM aus vier $1\,\mathrm{K} \times 4$-RAM-Bausteinen

den CS-Eingang, der einmal direkt und einmal über eine Negation angesteuert wird. Die Verdopplung der Datenausgänge geschieht durch Parallelschalten von zwei Bausteinen. Bild **15.**6 zeigt die Gesamtschaltung.

Bild **15.**7 zeigt in einem Impuls-Zeit-Diagramm den Verlauf der Steuersignale $\overline{CS}$ und $R/\overline{W}$ sowie der Daten und Adressen für je einen Schreib- und einen Lesezyklus. Zum Lesen ist $R/\overline{W} = H$ erforderlich. Wenn mit $\overline{CS} = L$ der Baustein angewählt ist, steht der Speicherinhalt nach Ablauf einer $\overline{CS}$-Zugriffszeit $t_{AC} < 200$ ns an den Ausgängen zur Verfügung. Spätestens 80 ns nach Abwahl des Bausteins mit dem Signal $\overline{CS} = H$ werden die Ausgangstreiber hochohmig. Die Adresse muß beim Lesen und beim Schreiben über den ganzen Zyklus statisch anliegen, falls nicht ein Adreßregister vorhanden ist. Bei einer Adressenänderung muß der $R/\overline{W}$-Eingang H-Signal führen. Damit soll ein unbeabsichtigtes Schreiben vermieden werden. Die Schreibdauer t_{wp} ist größer als 140 ns.

In dieser Zeit müssen die Daten am Eingang bis zum Wechsel des $R/\overline{W}$-Signals mindestens 80 ns anstehen. Frühestens 10 ns nach Schreibende verlieren die Eingangsdaten ihre Gültigkeit. Der hier beschriebene Baustein hat bei der Speicherkapazität $1\,\mathrm{K} \times 4$ Bit die Zykluszeit > 200 ns, die Adreßzugriffszeit < 200 ns und die Verlustleistung 50 mW im aktiven Zustand, jedoch nur 25 µW im nicht selektierten Zustand bei reduzierter Betriebsspannung (stand by).

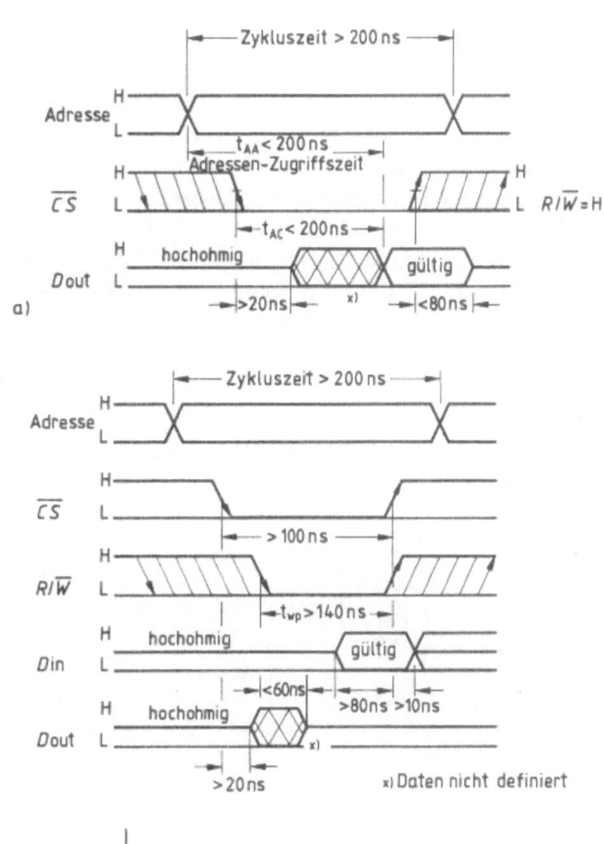

15.7
Impuls-Zeitdiagramm für Lese- und Schreib-Zyklus des RAMs in Bild **15.**5
a) Lese-Zyklus
b) Schreib-Zyklus

Bei der gleichen Speicherkapazität gibt es Bausteine in CMOS-Technik, die schneller arbeiten z. B. mit der Zugriffszeit < 70 ns und der Zykluszeit > 70 ns bei der Verlustleistung 200 mW (aktiv)/100 µW (stand by). Die mögliche Speicherkapazität liegt etwa bei 256 K Bits.

15.2.1.2 Dynamische Technik. Wenn man statische MOS-Speicher nur taktweise an die Betriebsspannung legt, kann man Verlustleistung einsparen. Zur Informationsspeicherung wird bei dieser dynamischen Betriebsart die Gate-Source-Kapazität der MOS-FET ausgenutzt. Dabei läßt sich die Anzahl der Transistoren reduzieren, so daß gegenüber den statischen Speichern eine größere Speicherkapazität möglich ist (256 K Bits im Jahr 1984). Die Wirkungsweise eines dynamischen Elements wird am Beispiel eines dynamischen 3-Transistor-Speicherelements erklärt (Bild **15.**8 a). Schreib-Wortleitung und Lese-Wortleitung dienen zur Auswahl des Elements zum Schreiben bzw. zum Lesen. Zum Schreiben wird über T_1 das Speicherelement mit der Schreib-Datenleitung verbunden. Dann lädt sich die Gate-Source-Kapazität C_1 auf das Potential der Schreib-Datenleitung auf (C_1 geladen $\hat{=}$ 1, keine Ladung $\hat{=}$ 0) und speichert den jeweiligen Zustand.

Ist eine 1 gespeichert (positiver Signalhub), wird T_2 niederohmig, ist eine 0 gespeichert, sperrt T_2. Zum Lesen wird mit einem H-Signal auf der Lese-Datenleitung die parasitäre Leitungskapazität C_2 geladen. Dann wird über die Lese-Auswahlleitung T_3 angesteuert. T_3 wird niederohmig. War eine 1 gespeichert, also T_2 niederohmig, kann die Ladung von C_2 über T_3 und T_2 nach Masse abfließen. Dieser Ladungsabfluß ist ein Kriterium für die gespeicherte 1. War eine 0 gespeichert und somit T_2 gesperrt, kann die Ladung von C_2 nicht abfließen. Sie ist ein Kriterium für die gespeicherte 0. Da die Kapazität C_1 in Richtung der Lese-Datenleitung über den Transistor T_2 entkoppelt ist, erfolgt das Lesen zerstörungsfrei. Die Kapazität C_1 ist mit 0,1 pF bis 1 pF sehr klein. Entsprechend klein ist die gespeicherte Ladung. Auch ein winziger Leckstrom baut dann die Ladung sehr schnell ab. Die Ladung muß in kurzen Zeitabständen (2 ms) aufgefrischt werden (refresh). Entsprechende Steuerschaltungen sind im Speicherbaustein enthalten.

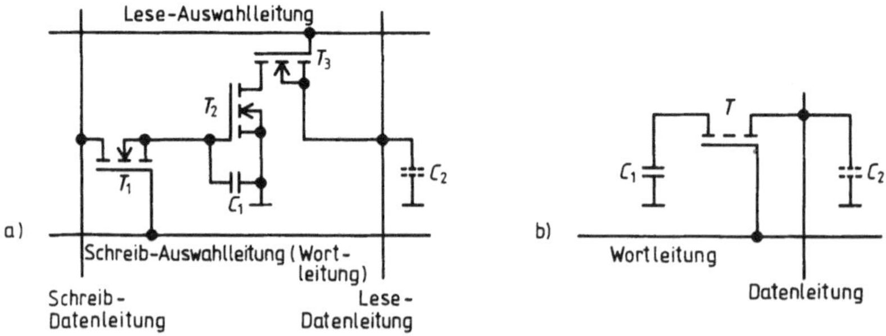

15.8 Speicherelement eines dynamischen RAMs
   a) als 3-Transistor-Speicherelement   b) als 1-Transistor-Speicherelement

Wenn man auf ein zerstörungsfreies Lesen verzichtet, können die Transistoren T_2 und T_3 der Schaltung **15.8a** entfallen, und man erhält eine Schaltung nach Bild **15.8b**, ein dynamisches 1-Transistor-Speicherelement. Es wird geschrieben, indem die Kapazität C_1 über den Transistor T auf die Datenleitung geschaltet wird. Die Information der Datenleitung wird dann in C_1 gespeichert. Zum Lesen wird vorher die parasitäre Kapazität C_2 geladen. Dann werden die beiden Kapazitäten über T miteinander verbunden. War in C_1 eine 0 gespeichert, folgt jetzt ein Ladungsausgleich zwischen C_2 und C_1. Die damit verbundene Spannungsänderung auf der Datenleitung bildet das Kriterium für eine 0 bzw. eine 1. Die ausgelesene Information muß nach dem Lesezyklus neu eingeschrieben werden.

Vergleichsdaten für einen dynamischen Speicher (DRAM) und einen statischen CMOS-Speicher (SRAM) für $16 \, K \times 1$:

DRAM: Zykluszeit Schreiben oder Lesen $> 235 \, ns$, Verlustleistung $150 \, mW$ (aktiv)/ $11 \, mW$ (stand by).

SRAM: Zykluszeit Schreiben oder Lesen $> 55 \, ns$, Verlustleistung $200 \, mW$ (aktiv)/ $100 \, \mu W$ (stand by).

15.2.2 Festwertspeicher

Als Festwertspeicher in Halbleitertechnik können konzentrierende Multiplexer verwendet werden (s. Abschn. 13.1). Speicherelemente sind in diesem Falle die Dateneingänge e_D der Multiplexer, die fest mit den die Binärinformation repräsentierenden Spannungen verbunden werden. Multiplexer sind also frei programmierbare Festwertspeicher, deren Information durch Ändern der Spannungen an den Dateneingängen sogar geändert werden kann. Für Festwertspeicher größerer Kapazität sind Multiplexer jedoch nicht geeignet, da für jedes Bit am Speicher ein Anschluß benötigt wird. Man verwendet deshalb Speicher, die in ihrem Aufbau und ihrer Organisation den im Abschn. 15.2.1 besprochenen Schaltungen ähnlich sind (s. Bild **15.1**). Das Prinzip der Speicherung ist ein anderes.

15.2.2.1 Nur-Lese-Speicher (ROM). Mit ROM bezeichnet man im allgemeinen Sprachgebrauch einen irreversiblen Festwertspeicher, bei dem der Speicherinhalt nur vom Hersteller programmiert werden kann. Die Programmierung erfolgt beim Herstellungsprozeß. Dabei wird der Speicherinhalt mit einem der letzten Produktionsschritte durch eine spezielle Maske erzeugt (Masken-Programmierung). Grundsätzlich ist eine Ausführung mit bipolaren oder mit unipolaren Transistoren möglich. Die meisten masken-programmierbaren ROMs werden in MOS-Technologie hergestellt. Bild **15.9** zeigt ROM-Speicherelemente in NMOS-Technik. Durch die Maskenprogrammierung kann die Dicke der Isolationsschicht zwischen dem Gate und dem Kanal des Transistors variiert werden. Transistoren mit einer dicken Gate-Oxidschicht bleiben hochoh-

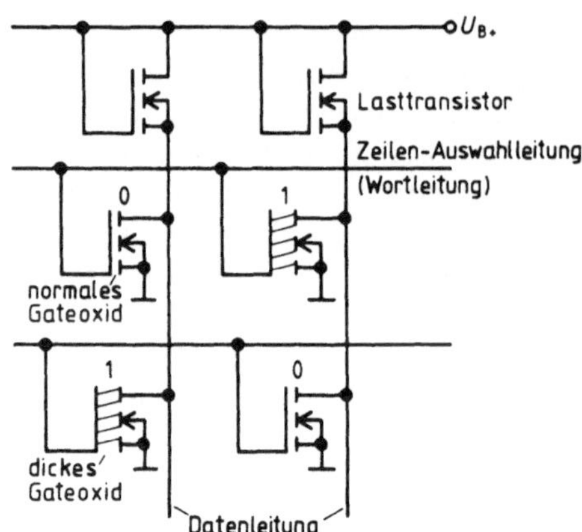

15.9 Prinzipieller Aufbau eines masken-programmierbaren Nur-Lese-Speichers (ROM) in NMOS-Technik

mig und speichern eine 1. Bei einer normalen Gate-Oxidschicht zieht der angesteuerte Transistor die Datenleitung auf 0.

Zur Zeit sind maskenprogrammierte ROMs mit einer Speicherkapazität >256 K Bits auf dem Markt. Zum Vergleich:

8-K × 8-NMOS-ROM: Zugriffszeit <300 ns, Verlustleistung 400 mW.

8-K × 8-CMOS-ROM: Zugriffszeit <250 ns, Verlustleistung 50 mW (aktiv)/ 5 μW (stand by).

Aus schaltalgebraischer Sicht stellt ein ROM ein Verknüpfungsnetz dar. Mit n Adreßeingängen treten 2^n Vollkonjunktionen (Minterme) im Decodierer auf. Bei einer Adresse führt nur ein Minterm eine 1 und wählt damit ein Speicherwort an. Mit der Programmierung kann diese 1 auf die Datenleitung übertragen werden. Im Bild 15.10 wird die 1 durch einen Punkt in der Kreuzung der Wortleitung mit der Datenleitung dargestellt. Eine Datenleitung führt also eine 1 immer dann, wenn unter der anstehenden Adresse das zur Datenleitung gehörende Speicherelement 1-programmiert ist. Das ist z.B. bei der Datenleitung a_0 der Fall bei den Adressen 0 oder 1 oder 6 oder 7. Somit gilt für a_0 die Verknüpfungsgleichung $a_0 = \overline{e_2}\,\overline{e_1}\,\overline{e_0} \vee \overline{e_2}\,\overline{e_1}\,e_0 \vee e_2 e_1 \overline{e_0} \vee e_2 e_1 e_0$. Man könnte die Datenleitung durch ein ODER-Gatter ersetzen, den gesamten Speicher also durch einen Zu-

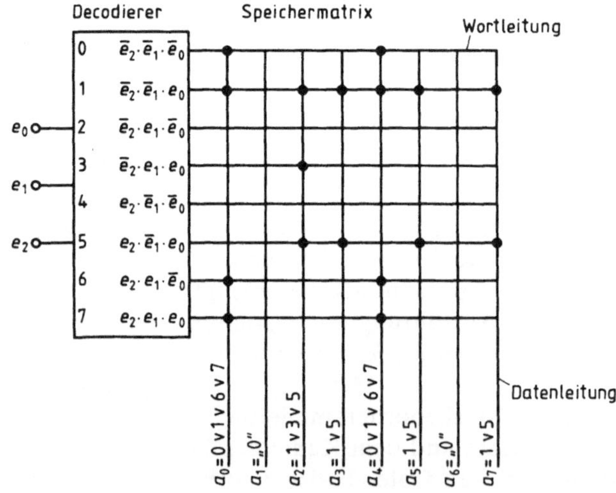

15.10 Darstellung eines ROMs aus schaltalgebraischer Sicht

ordner aus disjunktiv verknüpften Vollkonjunktionen. Eine Datenleitung führt nie 1, also immer 0, wenn in der Matrix kein Punkt erscheint. Die Programmiertabelle zu Bild **15.**10 zeigt Tafel **15.**11.

Tafel **15.**11 Programmiertabelle zum ROM in Bild **15.**10

Eingang Adresse		Ausgang Datenleitung							
Dez.	Dual	a_0	a_1	a_2	a_3	a_4	a_5	a_6	a_7
0	$\overline{e_2}\ \overline{e_1}\ \overline{e_0}$	1	0	0	0	1	0	0	0
1	$\overline{e_2}\ \overline{e_1}\ e_0$	1	0	1	1	1	1	0	1
2	$\overline{e_2}\ e_1\ \overline{e_0}$	0	0	0	0	0	0	0	0
3	$\overline{e_2}\ e_1\ e_0$	0	0	1	0	0	0	0	0
4	$e_2\ \overline{e_1}\ \overline{e_0}$	0	0	0	0	0	0	0	0
5	$e_2\ \overline{e_1}\ e_0$	0	0	1	1	0	1	0	1
6	$e_2\ e_1\ \overline{e_0}$	1	0	0	0	1	0	0	0
7	$e_2\ e_1\ e_0$	1	0	0	0	1	0	0	0

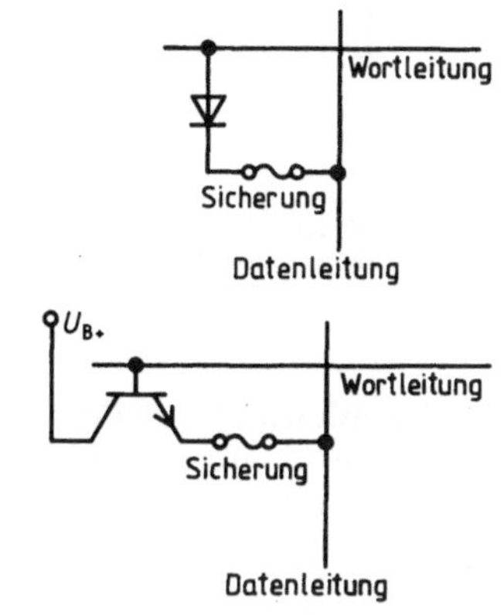

15.12 Aufbau eines irreversiblen vom Anwender programmierbaren Nur-Lese-Speichers (PROM)

15.2.2.2 Programmierbare Festwertspeicher (PROM).

Festwertspeicher, die vom Anwender programmiert werden können, werden PROMs genannt. Es sind einmalig programmierbare ROMs, also irreversible Speicher. Bei der Programmierung wird das Koppelelement zwischen der Zeilen-Auswahlleitung und der Datenleitung entweder getrennt, oder es bleibt verbunden. Als Koppelelement kann eine Diode mit in Reihe geschalteter Sicherungsschicht aus Nickel-Chrom (NiCr Fusible Link) oder ein bipolarer Transistor mit „Schmelzdraht" benutzt werden (Bild **15.**12). Mit einem entsprechenden Stromimpuls kann beim Programmiervorgang das Sicherungselement zerstört und damit die Verbindung zwischen der Wortleitung und der Datenleitung unterbrochen werden. Ein Umprogrammieren ist hierdurch nicht möglich. Man spricht bei diesem Programmiervorgang vom Fusible-Link-Verfahren.

Vergleichsdaten einiger bipolarer PROMs:
256 × 4 Bit, Zugriffszeit 50 ns, Verlustleistung 500 mW,
2 K × 4 Bit, Zugriffszeit 50 ns, Verlustleistung 550 mW,
2 K × 8 Bit, Zugriffszeit 60 ns, Verlustleistung 600 mW.

Wiederprogrammierbare Festwertspeicher, reversible Speicher, unterscheiden sich wesentlich in der Art des Löschvorgangs. Ein durch UV-Licht löschbarer Speicher EPROM (Erasable PROM) ist äußerlich erkennbar an einem Quarzfenster, das in der Mitte den Baustein abdeckt. Durch dieses Fenster wird beim Löschen (erase) ultraviolettes Licht auf die integrierte Schaltung gestrahlt. Da normales Glas nicht UV-durchlässig ist, wird für das Fenster Quarzglas (SiO_2)

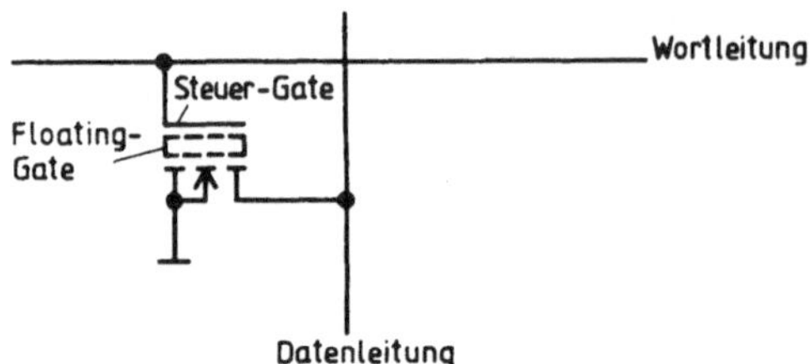

15.13 Prinzipieller Aufbau eines Speicherelements eines EPROMs

benutzt. Der Aufbau eines Speicherelements ist im Bild **15.**13 dargestellt. Das Element besteht aus
einem selbstsperrenden N-Kanal-
FET. Zwischen Gate und Kanal ist
ein hochisoliertes zweites Gate angeordnet (Floating Gate). Ist
dieses zweite Gate ladungsträger-
frei, schaltet der Transistor beim
Anlegen einer positiven Spannung
an das Steuer-Gate (H-Signal auf
der Wortleitung) durch und zieht
die Datenleitung auf den L-Pegel. Zum Programmieren wird an den Drainan-
schluß des Transistors für etwa 50 ms eine erhöhte Spannung von etwa +25 V
gelegt. Dadurch gelangt eine negative Ladung auf das Floating-Gate. Das Steuer-
Gate wird jetzt so stark abgeschirmt, daß der Transistor nicht mehr durchschalten kann. Durch intensive UV-Bestrahlung wird das Floating-Gate wieder entladen. Dabei wird der gesamte Speicherinhalt gelöscht. Speicherzellen dieser
Art werden auch FAMOS-Zellen genannt (Floating Gate Avalanche Injec-
tion MOS).

Mit EEPROM (Electrical Erasable PROM) werden Festwertspeicher bezeich-
net, die elektrisch löschbar sind. Eine elektrisch lösch- und programmierbare
Speicherzelle ist ähnlich aufgebaut wie die eines EPROMS. Das „schwebende"
Gate hat hier jedoch eine Stelle mit einer besonderes dünnen Isolierschicht.
Durch diese dünne Isolierschicht können Elektronen je nach Richtung des
elektrischen Feldes in beiden Richtungen hindurchtunneln (Tunneleffekt).
Hierdurch ist das Floating-Gate auf- oder entladbar. Das entspricht einem Pro-
grammier- oder einem Löschvorgang. Bei diesem Speicher kann wortweise ge-
löscht und programmiert werden.

Vergleichsdaten für einen 8-K × 8-Bit-Speicher:
EPROM: Zugriffszeit 350 ns, Verlustleistung 350 mW/75 mW,
EEPROM: Zugriffszeit 470 ns, Verlustleistung 300 mW/90 mW.

15.2.3 Programmierbare logische Anordnungen (PLA, FPLA)

Programmierbare Logik-Anordnungen (Programmable Logic Arrays)
realisieren schaltalgebraische Funktionen anstelle umfangreicher Verknüp-
fungsnetze. Sie werden dort eingesetzt, wo viele Eingangsvariablen verarbeitet
werden müssen und die Speicherkapazität eines ROMs nicht ausgenutzt wird.
Ähnlich dem ROM/PROM gibt es masken-programmierbare Logik-Anordnungen PLA und vom Anwender nach dem Fusable-Link-Verfahren programmierbare Bausteine FPLA (Field Programmable Logic Array).

Beim ROM und PROM sind mit der Decodiereinrichtung alle Minterme, die mit den Adreßvariablen gebildet werden können, fest vorgegeben. Zu n Adreßeingängen gehören 2^n Vollkonjunktionen und 2^n Wortleitungen. Bei programmierbaren Logik-Anordnungen ist auch die Anschaltung der Eingangsvariablen programmierbar. Es können beliebige UND-Verknüpfungen verwendet werden. Die Anzahl dieser UND-Verknüpfungen ist wesentlich kleiner als 2^n. Auch die Anzahl der Ausgänge ist begrenzt und damit die der notwendigen ODER-Verknüpfungen. Um zu einer optimalen Anordnung zu kommen, sind die Ausgangsfunktionen nach den Regeln der Schaltalgebra zu minimisieren.

Der im Bild **15.**10 dargestellte Nur-Lese-Speicher ist in seiner Speicherkapazität schlecht ausgenutzt. Es treten mit a_1 und a_6 zwei Nullfunktionen auf. Unter den Adressen 2 und 4 findet man Null-Wörter. Die Adressen 6 und 7 rufen gleiche Wörter auf, und es gibt gleiche Ausgangsfunktionen $a_3 = a_5 = a_7$ und $a_0 = a_4$. Die Programmiertabelle Tafel **15.**11 kann als Funktionstabelle gelesen werden. Man erkennt, daß sich die Ausgangsfunktionen vereinfachen lassen

$$a_0 = a_4 = \overline{e_2} \cdot \overline{e_1} \vee e_2 \cdot e_1\,, \quad a_1 = a_6 = 0\,, \qquad \text{(entfällt)}$$

$$a_2 = \overline{e_2} \cdot e_0 \vee \overline{e_1} \cdot e_0\,, \quad a_3 = a_5 = a_7 = \overline{e_1} \cdot e_0 = \overline{e_1} \cdot e_0 \vee 0\,.$$

Man benötigt also zur Darstellung der Ausgangsfunktion mit Gattern 2 ODER-Gatter sowie 4 UND-Gatter. Bild **15.**14 zeigt die Realisierung der Ausgangsfunktionen mit einer Anordnung FPLA. Die UND-Verknüpfungen werden mit der UND-Matrix, die ODER-Verknüpfungen mit der ODER-Matrix dargestellt. „Kein" Kreuzungspunkt bedeutet eine durchgebrannte Sicherung, also eine 1 bei der UND-Matrix und eine 0 bei der ODER-Matrix (positiver Signalhub). Die Ausgänge können über ein Exklusiv-ODER-Gatter invertiert werden. Mit den Tristate-Gattern am Ausgang kann der Baustein bei einem H-Signal am $\overline{CS}$-Eingang gesperrt werden.

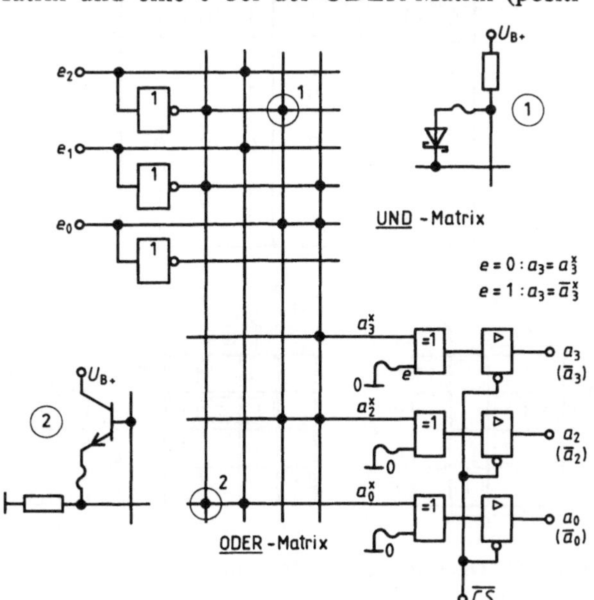

15.14
Programmierbare
Logische Anordnung
FPLA mit UND-Verknüpfung nach ① und
ODER-Verknüpfung
nach ②

Kommerzielle FPLAs sind für eine größere Speicherkapazität vorgesehen als im Beispiel von Bild **15.**14.

Vergleichsdaten:

a) 12 Eingänge, 50 UND-Verknüpfungen, 5 Ausgänge, Verlustleistung 550 mW, Zugriffszeit < 35 ns.

b) 16 Eingänge, 48 UND-Verknüpfungen, 8 Ausgänge, Verlustleistung 600 mW, Zugriffszeit < 50 ns.

Beispiel 15.2. Die in Tafel **15.**15 gegebenen drei Funktionen sollen mit einem FPLA-Baustein realisiert werden. Der Baustein enthält in der UND-Matrix sechs Konjunktionsleitungen und in der ODER-Matrix drei Disjunktionsleitungen. Es sind

1) in KV-Diagramme die Schleifen für die sechs Konjunktionen einzutragen,
2) die Ergebnisse der Schleifen im KV-Diagramm sowie die Gleichungen für die Funktionen a_1 bis a_3 anzugeben,
3) die Koppelpunkte in den Matrizen einzutragen.

Tafel **15.**15 Funktionstabelle für die Funktionen aus Beispiel 15.2

e_4	e_3	e_2	e_1	a_3	a_2	a_1
0	0	0	0	1	1	0
0	0	0	1	0	1	1
0	0	1	0	1	1	0
0	0	1	1	0	0	0
0	1	0	0	1	1	0
0	1	0	1	0	1	1
0	1	1	0	1	0	1
0	1	1	1	1	0	1
1	0	0	0	1	0	1
1	0	0	1	1	0	1
1	0	1	0	1	1	0
1	0	1	1	0	0	0
1	1	0	0	0	0	0
1	1	0	1	1	1	0
1	1	1	0	1	0	1
1	1	1	1	1	1	1

Hier ist ein Funktionsbündel zu vereinfachen. Die Vereinfachungen in den KV-Diagrammen sind so vorzunehmen, daß mit insgesamt sechs verschiedenen Schleifen alle Funktionen realisiert werden können. Das geht nur, wenn nicht jede Funktion für sich maximal vereinfacht wird. Die KV-Diagramme mit den Vereinfachungsschleifen zeigt Bild **15.**16. Die Ergebnisse der Schleifen sind

$$K_1 = e_2 \cdot e_3$$
$$K_2 = \overline{e_2} \cdot \overline{e_3} \cdot e_4$$
$$K_3 = e_1 \cdot \overline{e_2} \cdot \overline{e_4}$$
$$K_4 = \overline{e_1} \cdot \overline{e_2} \cdot \overline{e_4}$$
$$K_5 = e_1 \cdot e_3 \cdot e_4$$
$$K_6 = \overline{e_1} \cdot e_2 \cdot \overline{e_3} \, .$$

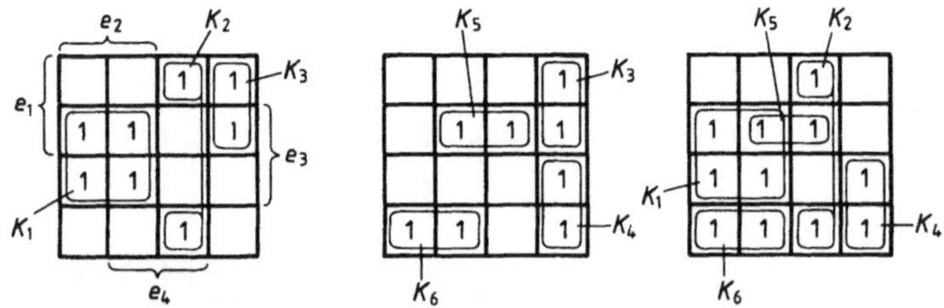

15.16 KV-Diagramme mit Vereinfachungsschleifen der Funktion aus Tafel **15.**15

Mit ihnen erhält man die Gleichungen für die Funktionen.

$$a_1 = K_1 \vee K_2 \vee K_3$$

$$a_2 = K_3 \vee K_4 \vee K_5 \vee K_6$$

$$a_3 = K_1 \vee K_2 \vee K_4 \vee K_5 \vee K_6$$

Bild **15.**17 zeigt die Matrizen mit den Koppelpunkten.

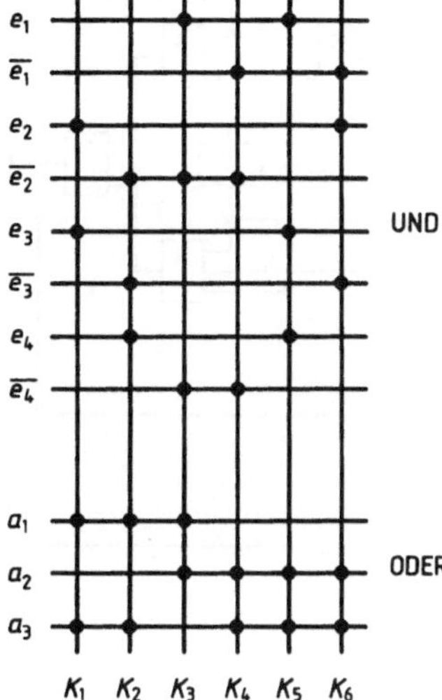

15.17
Programmier-Matrizen mit Koppelpunkten zur Realisierung der Funktionen aus Tafel **15.**15 mit einem FPLA-Baustein

15.3 Speicher mit seriellem Zugriff

Die Daten in einem Speicher mit seriellem Zugriff können i. allg. nur nach einer bestimmten Anzahl von Schritten erreicht werden, die von der Lage der Speicherzelle im Speicher abhängt. Beim Zugriff auf eine bestimmte Speicherzelle müssen nacheinander alle vor ihr liegenden Zellen aufgerufen werden.

15.3.1 Schieberegister

Aufbau und Wirkungsweise von Schieberegistern werden im Abschn. 9.3 beschrieben. Hier wird die Anwendung eines rückgekoppelten Schieberegisters als **Umlaufspeicher** für Schreib-Lese-Betrieb behandelt (Bild **15.**18). Zwischen dem Ausgang und dem Eingang des Schieberegisters liegt eine Schaltung, die es ermöglicht, entweder die am Ausgang des Registers anstehende Information wieder in das Register hineinzuschieben, oder von außen über den Dateneingang e_D neue Informationen einzugeben. Parallel zum Schieberegister wird vom Takt ein modulo-n-Zähler (Zähler mit n Zuständen) betrieben, dessen Inhalt die Adresse der am Registerausgang befindlichen Information ist. An den modulo-n-Zähler ist ein Vergleicher angeschlossen, in den die Adressen eingegeben werden. Bei Gleichheit des Zählerstands und der angelegten Adresse gibt der Vergleicher ein 1-Signal ab, das den Dateneingang und den Datenausgang freigibt. Es kann also gleichzeitig eine gespeicherte Information ausgegeben und eine neue eingeschrieben werden.

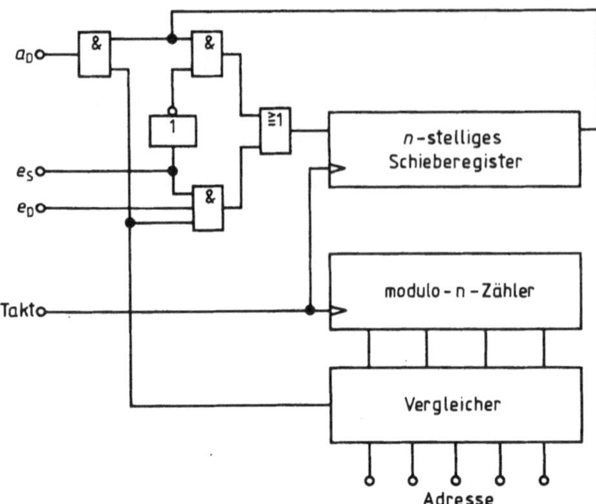

15.18
Rückgekoppeltes Schiebe-
register als Umlauf-
speicher
a_D Datenausgang,
e_D Dateneingang,
e_S Steuereingang

Schieberegister für Umlaufspeicher werden häufig in dynamischer Technik
ausgeführt. Bild **15.**19 zeigt ein Schieberegisterelement in dynamischer
Zweiphasentechnik aus MOS-Feldeffekttransistoren. Die Transistoren T_1 und
T_2 sowie T_4 und T_5 bilden zusammen je einen Inverter. (Die Kanalwiderstände von T_2 und T_5 sind wesentlich größer als die von T_1 und T_4.) Die Transistoren T_3 und T_6 dienen zur Kopplung zwischen zwei Invertern.

Das Verschieben oder Eingeben der Information geschieht in zwei Phasen durch die beiden Taktimpulse TI_1 und TI_2. Wenn der Taktimpuls TI_1 logisch $1(U_{\mathrm{B}-})$ wird (s. Bild **15.**20), wird der erste Inverter aus T_1 und T_2 aktiviert und die Ein-

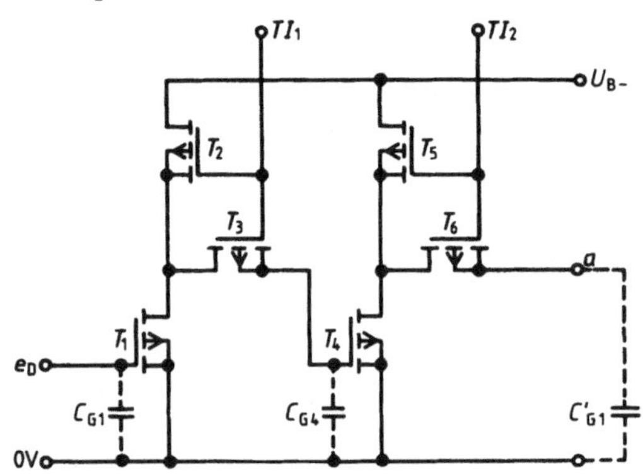

15.19 Schieberegisterelement in dynamischer
Zweiphasentechnik aus PMOS-Feldeffekttransistoren

gangsinformation über T_3 invertiert auf die Gate-Source-Kapazität C_{G4} des
Transistors T_4 gegeben. Nachdem TI_1 abgeklungen ist, aktiviert TI_2 den zweiten Inverter und gibt über T_6 die Information von C_{G4} invertiert an den Ausgang a. Durch die zweimalige Negation hat also der Ausgang a bzw. die Gate-Source-Kapazität C'_{G1} des ersten Transistors des folgenden Registerelements
am Ende des Taktimpulses TI_2 dieselbe Information, die am Anfang des Impulses TI_1 am Eingang e_D bzw. an C_{G1} lag.

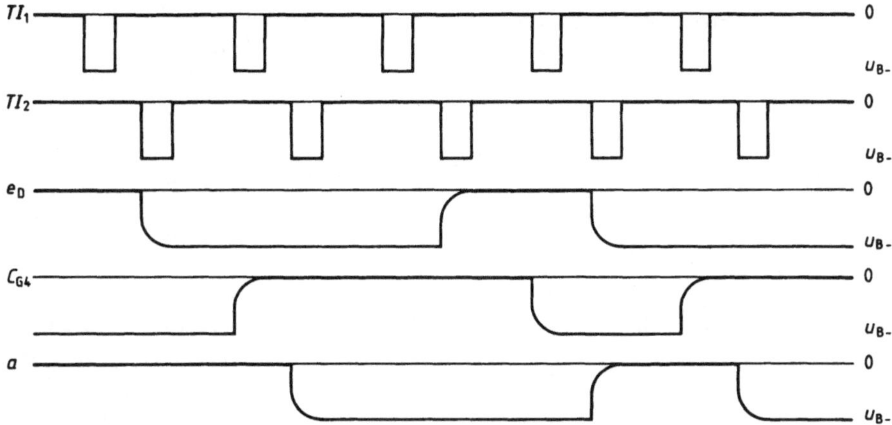

15.20 Impulsdiagramm zum Schieberegisterelement in Bild 15.19

Die Gate-Source-Kapazität C_{G1} des ersten Transistors muß ihre Ladung vom Ende des Taktimpulses TI_2 bis zum Ende des neuen Taktimpulses TI_1 speichern, die Gate-Source-Kapazität C_{G4} des vierten Transistors vom Ende des Taktimpulses TI_1 bis zum Ende des Taktimpulses TI_2. Die Impulszeiten dürfen daher nicht zu lange dauern, d.h., die Taktfrequenz darf einen Mindestwert nicht unterschreiten.

Die Leistungsaufnahme der Stufe ist sehr gering; denn die Transistoren T_1 bis T_3 können nur während der Dauer von TI_1 Strom führen. Sie steigt allerdings mit der Taktfrequenz.

15.3.2 FIFO-Speicher

FIFO-Speicher (First In, First Out), auch Silo-Speicher genannt, sind seriell organisierte Schreib-Lese-Speicher, die ein Auslesen der Daten nur in derselben Reihenfolge erlauben, wie sie eingeschrieben wurden. Im Gegensatz zum normalen Schieberegister erfolgt das Einschreiben und Auslesen nicht synchron. Während beim normalen Schieberegister die Daten mit jedem Taktsignal nur eine Stufe in Richtung Ausgang verschoben werden, „sinken" sie im Silo-Speicher ohne externen Takt auf den letzten freien Platz vor dem Ausgang. Dieser „Bubble Through"-Mechanismus ist asynchron zu den Schreib- und Lesesignalen. Eine Steuerlogik (Control Unit) markiert, welche Registerplätze schon belegt sind, und erzeugt intern so viele Schiebesignale, daß die Daten aufschließen (Bild 15.21). Die Meldung „Eingabe frei" (Input Ready = IR) verschwindet, wenn der Speicher voll ist. Dadurch wird die Dateneingabe gesperrt. Die Meldung „Ausgabe bereit" (Output Ready = OR) verschwindet bei leerem Speicher. Der FIFO-Speicher eignet sich als Pufferspeicher bei der Datenübertragung, wenn Sender und Empfänger mit unterschiedlichen Geschwindigkeiten arbeiten und dabei die Speicherkapazität nicht überschritten

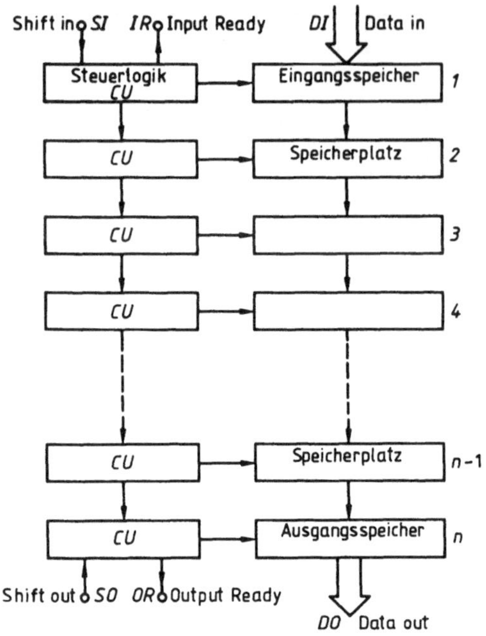

15.21 Klassischer Aufbau eines FIFO-Speichers

wird. Bild **15.**22 zeigt das Prinzipschaltbild eines FIFO-Speichers mit asynchronem Schieberegister. Ist beim Flipflop FF_1 der negierte Ausgang $\overline{Q}_1 = IR$, so ist die Eingabe von Daten möglich. Mit dem Übernahmetakt $SI = 1$ wird wegen $\overline{Q}_1 = 1$ die UND-Verknüpfung 1. Das erste Register wird getaktet, und die Daten werden vom Eingang DI an den Ausgang des Registers 1 übergeben. Gleichzeitig wird das Flipflop FF_1 mit dem Setzsignal $S_1 = 1$ gesetzt ($Q_1 = 1$). Ist beim Flipflop FF_2 der negierte Ausgang $\overline{Q}_2 = 1$, so wird wegen $Q_1 = 1$ auch die zweite UND-Verknüpfung 1

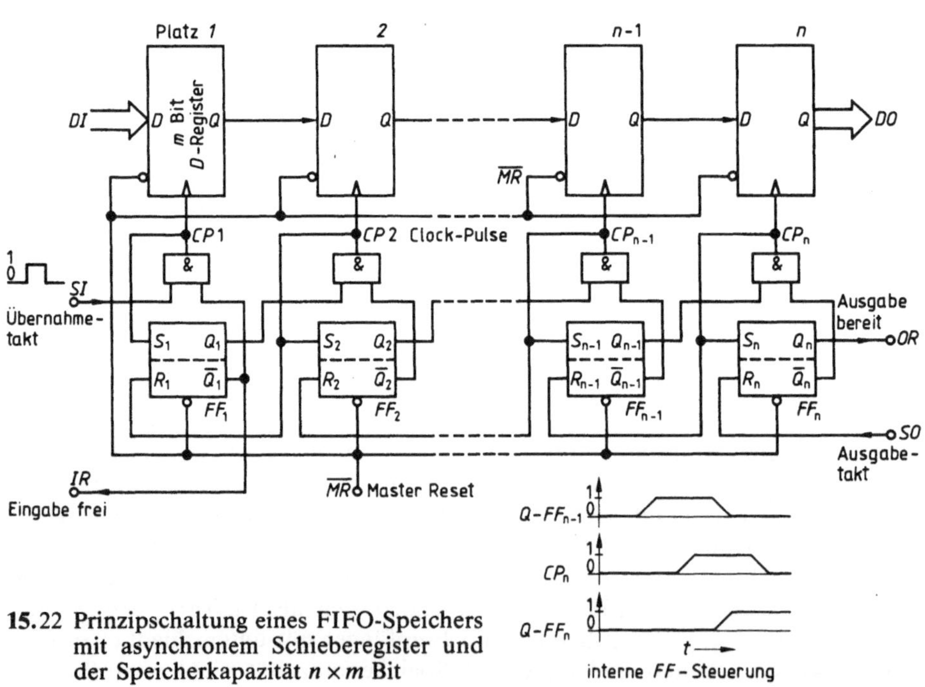

15.22 Prinzipschaltung eines FIFO-Speichers mit asynchronem Schieberegister und der Speicherkapazität $n \times m$ Bit

und das Register 2 getaktet. Gleichzeitig werden das Flipflop FF_2 gesetzt ($Q_2 = 1$) und das Flipflop FF_1 gelöscht ($\overline{Q}_1 = 1$). Das Flipflop FF_2 steuert dann das Flipflop FF_3, wenn der Platz 3 noch frei ist. Q_n meldet mit 1-Signal, daß am Registerausgang DO Daten zum Abruf bereitstehen. Damit FF_n für den nächsten Takt vorbereitet wird, muß es mit dem Ausgabetakt SO über $R_n = 1$ gelöscht werden. Ein Impuls-Zeit-Diagramm zur Steuerung des Bubble Through-Mechanismus ist im Bild 15.22 getrennt herausgezeichnet.

Neben den FIFO-Speichern mit asynchronem Schieberegister gibt es noch FIFO-Speicher mit Datenspeicherung in einem RAM mit unabhängigem Schreib- und Lese-Zugriff. Hier wird über Zähler gesteuert.

15.3.3 LIFO-Speicher

LIFO-Speicher (Last In, First Out), auch Stapel-Speicher (Stack) genannt, sind seriell organisierte Schreib-Lese-Speicher, die ein Auslesen der Daten nur in der umgekehrten Reihenfolge des Einschreibens erlauben. Beim Einschrei-

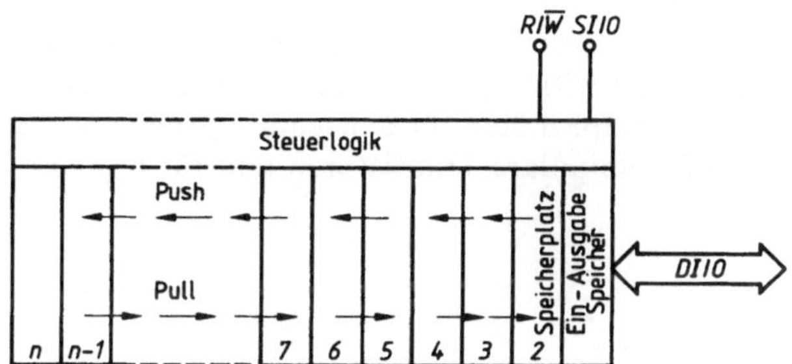

15.23
Prinzip eines LIFO-Speichers

ben (Bild 15.23), dem Push-Vorgang, sinken die Daten zum Stapelgrund auf das zuletzt gespeicherte Wort. Beim Lesen, dem Pull-Vorgang, werden die Daten vom Stapelgrund zum Datenausgang angehoben. Eine Steuerlogik ähnlich der beim FIFO-Speicher übernimmt die Steuerungsaufgaben. Der Speicher entspricht einem Links-Rechts-Schieberegister. Die Daten werden mit Links-Schiebeimpulsen gespeichert, mit Rechts-Schiebeimpulsen ausgelesen. LIFO-Speicher werden z.B. zur Zwischenspeicherung von Daten oder als Adreßspeicher für Unterprogramme eingesetzt.

15.3.4 Ladungsschiebespeicher

Ladungsschiebespeicher CTD (Charge Transfer Device) zeichnen sich durch einen einfachen Aufbau ihrer Speicherelemente aus und sind deshalb für einen hohen Integrationsgrad geeignet. Man unterscheidet zwischen Eimerkettenspeichern BBD (Bucket Brigade Device) und Speichern mit ladungsgekoppelten Bauelementen CCD (Charge Coupled Device).

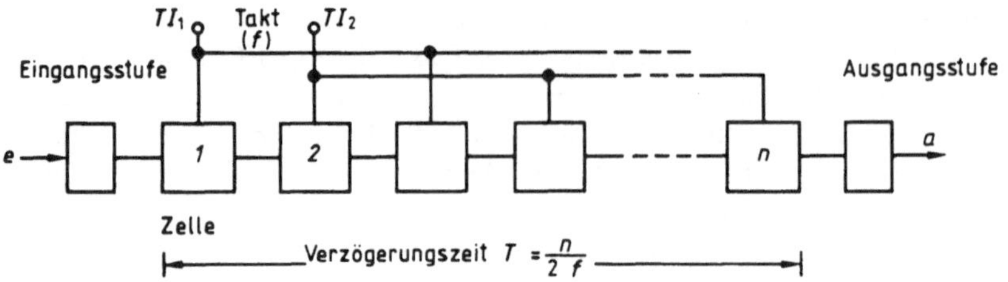

15.24 Prinzip der Ladungsübertragung bei Ladungsschiebespeichern

Beim Speicher vom Typ CCD werden dicht nebeneinander liegende Elektroden von einem zweiphasigen Taktsignal angesteuert (Bild **15.**24). Unter den Elektroden wird im Halbleitersubstrat durch ein elektrisches Feld ein Bereich mit beweglichen Ladungsträgern erzeugt. Durch das alternierende Aufschalten der Taktspannungen werden die beweglichen Ladungsträger (Minoritätsladungsträger) zur jeweiligen Nachbarelektrode geschoben. Sie können am Ausgang des Speichers z. B. den Sperrstrom einer Diode beeinflussen. Dieser Sperrstrom wird dann als Signal ausgewertet. CCDs werden als serielle Speicher in der Digitaltechnik und als Verzögerungsleitung für analoge Signale eingesetzt. Beim BBD-Speicher werden die durch eine Halbleitergeometrie gezielt erreichten Kapazitäten für den Ladungstransport herangezogen. Es gibt Schaltungen für unipolare Transistoren und für bipolare Transistoren.

16 Mikroprogrammierbare Steuerungen (MPS)

Schaltwerke in der klassischen Form bestehen aus einem Zuordner (Verknüpfungsnetz) und einem Speicher (Flipflops, s. Abschn. 8). Die Möglichkeiten der
Halbleitertechnologie zur Großintegration haben den Systementwurf für digitale Schaltwerke stark beeinflußt. Programmierte Festwertspeicher bzw. wiederprogrammierbare Festwertspeicher übernehmen die Funktion des Zuordners (Bild **16.**1). Schaltwerke dieser Art eignen sich vorzugsweise für Steuerungsaufgaben. Man spricht deshalb von mikroprogrammierten Steuerungen MPS. Die für den Ablauf der Steuerung notwendigen Informationen
sind als Speicherinhalt festgelegt. Elementare Befehlstypen, Mikrobefehle,
bestimmen die Steuerschritte. Der gesamte Steuerungsablauf wird von einer
Folge von Mikrobefehlen vorgegeben, dem Mikroprogramm. Man unterscheidet zwischen asynchronen (nichtgetakteten) und synchronen (getakteten)
Steuerwerken. Die in der Folge benutzten Bezeichnungen für binäre Variablen
und binäre Funktionen werden mit Bild **16.**1 am Beispiel eines synchronen
Steuerwerks erläutert. Wie ein Vektor aus mehreren Komponenten besteht, so
bestehen auch die Eingabe-, Zustands- und Ausgabegrößen aus mehreren Variablen.

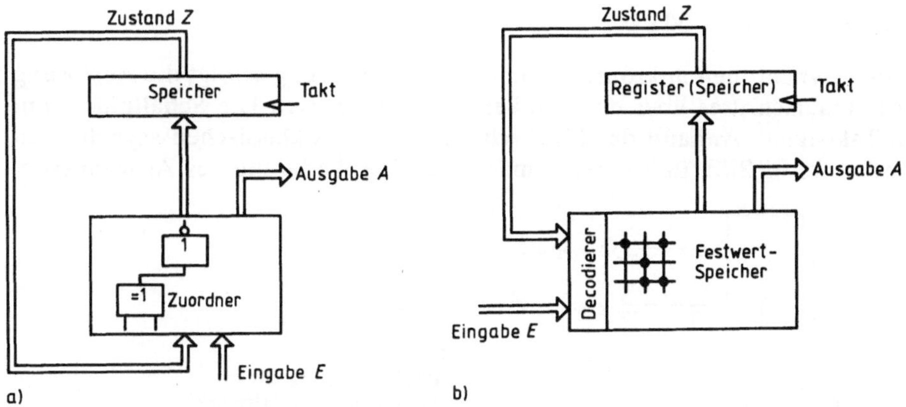

16.1 Zusammenhang zwischen einem klassischen Schaltwerk und einer mikroprogrammierbaren Steuerung
a) Blockschaltung für ein synchrones Schaltwerk
b) Blockschaltung für eine synchrone MPS

Man spricht vom

Eingangsvektor $\quad E = (e_1, e_2, \ldots, e_j)$,

Ausgangsvektor $\quad A = (a_1, a_2, \ldots, a_k)$,

Zustandsvektor $\quad Z = (Q_1, Q_2, \ldots, Q_m)$,

Funktionsvektor $\quad f = (f_1, f_2, \ldots, f_k)$,

Funktionsvektor $\quad g = (g_1, g_2, \ldots, g_m)$.

Die Funktionsvektoren f und g stellen ein Bündel von Funktionen $f_1, f_2, \ldots, f_k$ bzw. $g_1, g_2, \ldots, g_m$ dar. Man nennt sie deshalb auch Funktionsbündel. Die Verknüpfung der Vektoren miteinander kann durch die Funktionsvektoren beschrieben werden.

Der Folgezustandsvektor

$$Z^{n+1} = g(E^{n+1}, Z^n) \tag{16.1}$$

ist abhängig vom Eingangsvektor E^{n+1} und vom Zustandsvektor Z^n nach den Vorschriften des Funktionsvektors g. Der Ausgangsvektor

$$A^{n+1} = f(Z^n, E^{n+1}) \tag{16.2}$$

ist abhängig vom Eingangsvektor E^{n+1} und vom Zustandsvektor Z^n nach den Vorschriften des Funktionsvektors f, sofern nicht eine Markierung des Ausgangsvektors durch den Zustandsvektor genügt.

Die Realisierung eines Schaltwerks mit einem Zuordner aus Einzelgattern wird immer dann kritisch, wenn bei mehreren unabhängigen Eingangsvariablen ein Bündel von Ausgangsvariablen auftritt. Hier ist die Lösung mit einem Speicher vorzuziehen. Wenn dieser Speicher wiederprogrammierbar ist, so können spätere Änderungen der Entwurfsgrößen in einem neuen Programm berücksichtigt werden, ohne die Verdrahtung ändern zu müssen.

16.1 Asynchrone MPS

Bei der asynchronen mikroprogrammierbaren Steuerung erfolgt die Auslösung eines Steuerschrittes über einen äußeren Signalwechsel. Die Schaltung kennt kein Taktsignal. Anhand des Blockschaltbildes eines klassischen asynchronen Schaltwerks in Bild **16.**2 erkennt man, daß eine Änderung des Ausgangsvek-

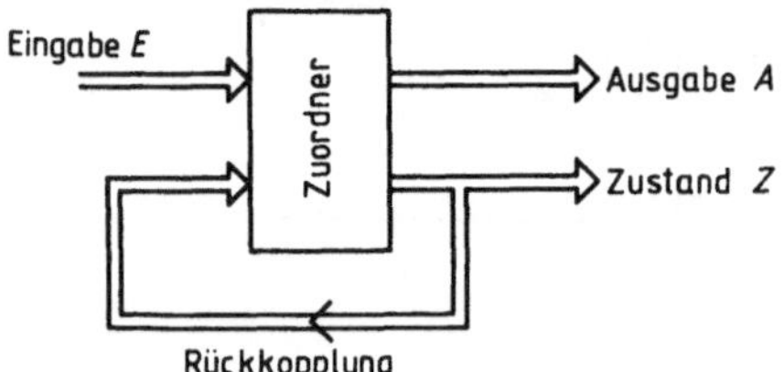

16.2
Blockschaltung für ein
asynchrones Schaltwerk

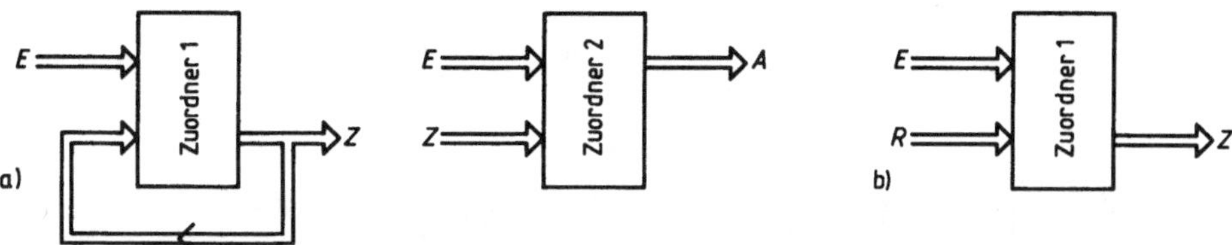

16.3 Zur Analyse eines asynchronen Schaltwerks nach Bild **16.**2
  a) Zerlegung in einen rückgekoppelten und in einen rückkopplungsfreien Teil
  b) Aufgetrennte Rückkopplung

tors A nur möglich ist, wenn sich der Eingangsvektor E ändert, es sei denn, die Schaltung schwingt (unbrauchbar). Es gilt für den Ausgangsvektor

$$A = f(E, Z) \quad \text{(Ausgangsfunktion)} \tag{16.3}$$

und für den Zustandsvektor

$$Z = g(E, Z) \quad \text{(Übergangsfunktion).} \tag{16.4}$$

Entscheidend für das Verhalten des Asynchronschaltwerks ist die Übergangsfunktion. Um es zu erhalten, zerlegt man das Schaltwerk in einen rückwirkungsfreien Teil und in einen Teil mit Rückkopplung und betrachtet nur den rückgekoppelten Teil der Schaltung. Dazu trennt man die Rückkopplung auf und bezeichnet den so gewonnenen, zusätzlichen Eingangsvektor mit R (Bild **16.**3). Für diesen rückwirkungsfreien Ersatz-Zuordner gilt

$$Z = g(E, R). \tag{16.5}$$

Die Bedingung für einen stabilen Zustand des Systems lautet dann

$$Z = R. \tag{16.6}$$

Ersetzt man nun das Schaltwerk durch einen Speicher, so lassen sich die angestellten Überlegungen auf eine mikroprogrammierbare Steuerung übertragen (Bild **16.**4). Es soll in einem Beispiel, das im Prinzip die Wirkungsweise einer asynchronen MPS darstellt, die Steuersequenz 0001-0010-0100-1000 realisiert werden. Die Eins wird in der Speichermatrix durch einen Kreuzungspunkt markiert. Der Rückkopplungsvektor $R(R_1, R_0)$ bildet zusammen mit dem Eingangsvektor $E(e)$ die duale Speicheradresse eR_1R_0. Wechselt das Eingangssignal e, entsteht eine neue Adresse. Die Speicherzellen für den Zustandsvektor unter dieser Adresse müssen so programmiert sein, daß sie zu einer weiteren Adresse führen ($e = \text{const}$), unter der die Stabilitätsbedingung $Z = R$ erfüllt ist. Unter dieser Adresse findet man den neuen Ausgangsvektor $A(a_3, a_2, a_1, a_0)$.

Für die Darstellung des Steuerungsablaufes stehen neben dem Blockschaltbild die Automatentabelle (Tafel **16.**5), die Funktionstabelle (Tafel **16.**6) und der Zustandsgraph (Bild **16.**4b) zur Verfügung. Beim Zustandsgraph (s. Abschn. 8.1) wird jeder Zustand durch einen Kreis dargestellt, der die Werte des Zustandes $Z = R$ enthält. Die Zustandsfolge soll einschrittig sein. Pfeile

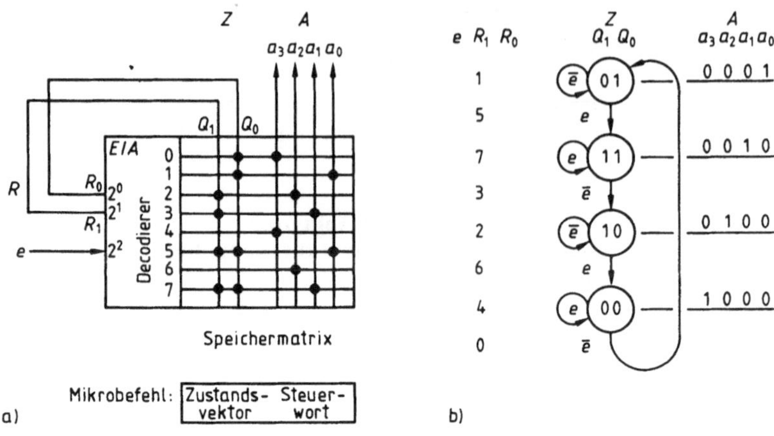

16.4 Asynchrone mikroprogrammierbare Steuerung
a) Blockschaltbild,   b) Zustandsgraph

Tafel **16.5** Automatentabelle zur Steuerung in Bild **16.4**

n R_1 R_0	$n+1$ $e=0$ Q_1 Q_0	$n+1$ $e=1$ Q_1 Q_0	n $a_3\ a_2\ a_1\ a_0$
0 0	0 1	⓪ ⓪	1 0 0 0
0 1	⓪ ①̄	1 1	0 0 0 1
1 1	1 0	① ①̄	0 0 1 0
1 0	① ⓪̄	0 0	0 1 0 0

Tafel **16.6** Funktionstabelle für die Programmierung
der Speichermatrix in Bild **16.4**

Adresse	E^{n+1} e	R^n $R_1\ R_0$	Z^{n+1} $Q_1\ Q_0$	A^n $a_3\ a_2\ a_1\ a_0$
0	0	0 0	0 1	1 0 0 0
1	0	0 1	0 1	0 0 0 1
2	0	1 0	1 0	0 1 0 0
3	0	1 1	1 0	0 0 1 0
4	1	0 0	0 0	1 0 0 0
5	1	0 1	1 1	0 0 0 1
6	1	1 0	0 0	0 1 0 0
7	1	1 1	1 1	0 0 1 0

markieren den Übergang von einem zum anderen Zustand. Dabei wird die Bedingung für den Zustandswechsel, der Wert des Eingangsvektors, am Pfeil notiert. Ein Übergangspfeil, der am gleichen Kreis beginnt und endet, zeigt an, daß ein Zustand erhalten bleibt. Für $e = 1$ wird die Eingangsvariable bejaht notiert, für $e = 0$ verneint.

In der Automatentabelle sind die stabilen Zustände eingekreist. Ändert sich das Eingangssignal e, erfolgt ein Spaltenwechsel in der Zeile des alten Zustandes. Darauf wechselt die Zeile in der neuen Spalte, so daß jetzt wieder ein stabiler Zustand $Q_1 Q_0 = R_1 R_0$ erreicht ist. Geht man z. B. aus vom stabilen Zustand $Q_1 Q_0 = 00$ bei $e = 1$ und dem Steuerwort $A = 1000$ und wechselt jetzt das Eingangssignal e nach 0, so wechseln $Q_1 Q_0$ nach 01 (Spaltenwechsel). In der darunter liegenden Zeile findet man für $R_1 R_0 = 01$ ein $Q_1 Q_0 = 01$, also einen neuen stabilen Zustand. Dazu gehört das Steuerwort 0001.

Um bei der MPS die Speicherbelegung mit aufsteigender Adresse sortiert zu erhalten, bildet man aus der Automatentabelle die normale Funktionstabelle (Tafel **16.**6). Hier müssen unter jeder Adresse die Ausgangsvektoren angegeben werden, damit nicht bei einem Zustandswechsel unerwünschte Zwischenwerte entstehen können.

16.2 Synchrone MPS

Bei synchronen MPS handelt es sich um getaktete Steuerungen, deren Steuerablauf synchron mit dem Taktsignal erfolgt. Änderungen des Eingangssignals werden erst mit dem Takt wirksam.

16.2.1 Autonome MPS

Autonome mikroprogrammierbare Steuerungen haben keinen variablen Eingangsvektor. Sie können daher in ihrem Ablauf nicht beeinflußt werden. Die autonome MPS ist nichts anderes als ein Einrichtungs-Zähler, den man natürlich auch realisieren kann, wie in Abschn. 8 und 9 beschrieben.

Es soll wie im Beispiel aus Abschn. 16.1 die Steuersequenz 0001-0010-0100-1000 realisiert werden. Dabei werden sowohl eine Lösung mit nur einer Speichermatrix vorgestellt als auch eine Lösung mit vollständigem Halbleiterspeicher aus Adreßdecodierer und Speicherteil (Bild **16.**7 und Bild **16.**9). In diesen Schaltungen wird die gerade angesteuerte Speicherzelle vom Zustandsvektor, die folgende Speicherzelle vom Folgezustandsvektor adressiert. Man spricht deshalb auch von der Adresse und der Folgeadresse. In beiden Beispielen kommt man mit vier Speicherzeilen aus, also mit der Hälfte der Zeilen aus dem Beispiel einer asynchronen MPS. Während die Schaltung in

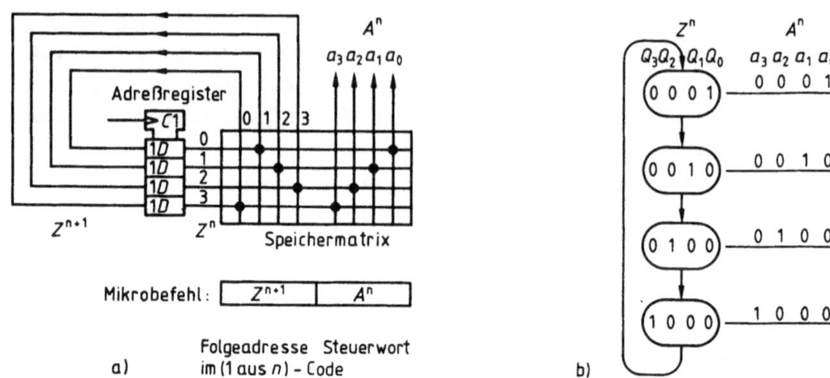

16.7 Autonome MPS mit Adresse im (1 aus n)-Code
   a) Prinzipschaltbild,   b) Zustandsgraph

Tafel **16.**8 Zustandstabelle zur Steuerung in Bild **16.**7

Z^n				Z^{n+1}				A^n			
Q_3	Q_2	Q_1	Q_0	Q_3	Q_2	Q_1	Q_0	a_3	a_2	a_1	a_0
0	0	0	1	0	0	1	0	0	0	0	1
0	0	1	0	0	1	0	0	0	0	1	0
0	1	0	0	1	0	0	0	0	1	0	0
1	0	0	0	0	0	0	1	1	0	0	0

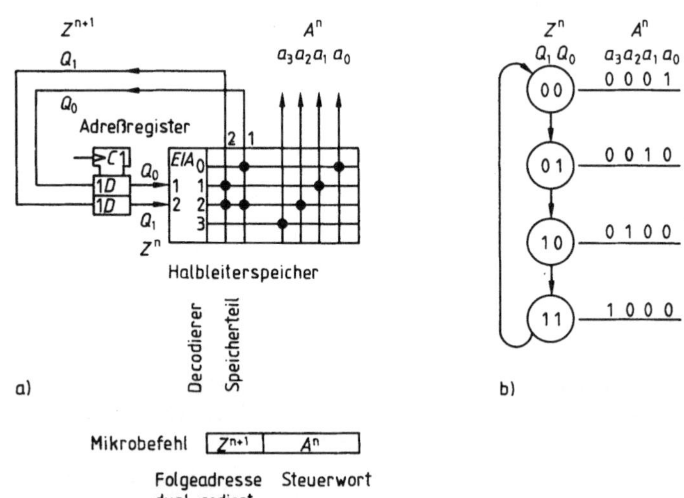

16.9 Autonome MPS mit dual codierter Adresse
   a) Prinzipschaltbild,   b) Zustandsgraph

Tafel **16.**10 Zustandstabelle
zur Steuerung in Bild **16.**9

Z^n Q_1 Q_0	Z^{n+1} Q_1 Q_0	A^n a_3 a_2 a_1 a_0
0 0	0 1	0 0 0 1
0 1	1 0	0 0 1 0
1 0	1 1	0 1 0 0
1 1	0 0	1 0 0 0

Bild **16.**7 mit einer Adresse im (1 aus n)-Code kein Decodiernetz benötigt, wird in Bild **16.**9 bei einer geringeren Anzahl von Speicherplätzen für die dual codierte Adresse ein Decodierer erforderlich. Beim heutigen Stand der Technik gehören Adreßdecodierer und Speicher zu einem Baustein. Deshalb ist diese Lösung die wirtschaftlichste, besonders dann, wenn die Zahl der nötigen Speicherplätze groß ist. Eine weitere Möglichkeit, Speicherplätze einzusparen, ist dann gegeben, wenn Ausgangsvektor und Folgezustandsvektor übereinstimmen.

16.2.2 MPS mit Eingangsvektor

Während der Ablauf eines autonomen Steuerwerks nicht von außen beeinflußt werden kann, gibt es Steuerwerke, bei denen Ausgangsvektor bzw. Zustandsvektor von äußeren Bedingungen abhängen, die mit dem Eingangsvektor wirksam werden.

16.2.2.1 Zustandsorientierte MPS. In Übereinstimmung mit dem Moore-Automaten in Bild **16.**11 wird bei dieser mikroprogrammierbaren Steuerung der aktuelle Ausgangsvektor A^n nur vom Zustandsvektor Z^n bestimmt. Der Eingangsvektor E^{n+1} beeinflußt erst einen Takt später mit dem Folgezustandsvektor Z^{n+1} den Steuerungsablauf. Es gelten folgende Funktionsbündel:

$$\text{Übergangsfunktion} \quad Z^{n+1} = g(Z^n, E^{n+1}) \tag{16.7}$$

$$\text{Ausgangsfunktion} \quad A^n = f(Z^n) \tag{16.8}$$

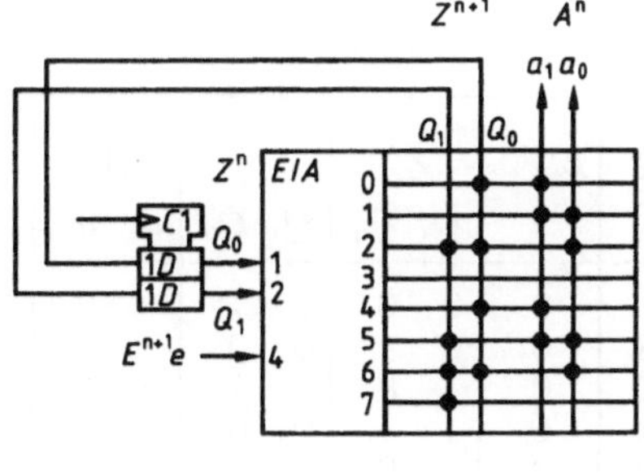

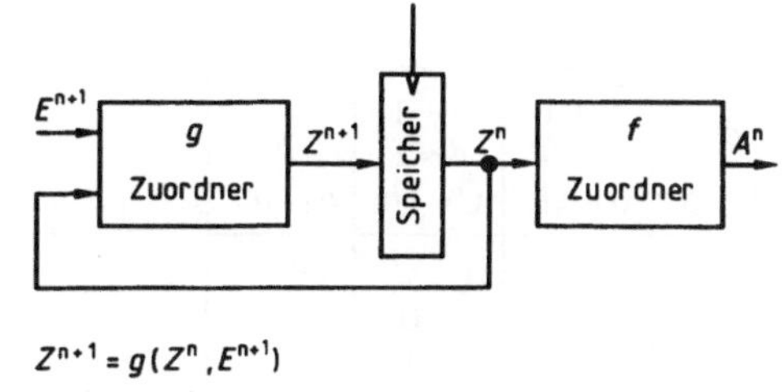

16.11 Zustandsorientierte Steuerwerke
  a) Zustandsorientierte MPS
  b) Moore-Automat

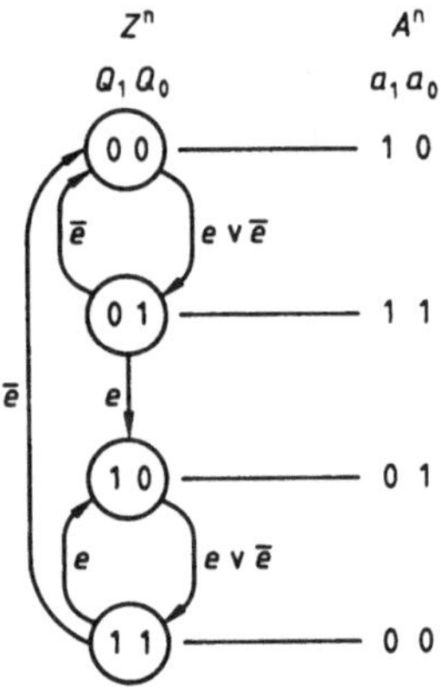

16.12
Zustandsgraph der zu-
standsorientierten MPS
in Bild **16.11**

Für die Darstellung des Steuerungsablaufes stehen neben dem Blockschaltbild wiederum Zustandsgraph und Automatentabelle zur Verfügung (Bild **16.12** und Tafel **16.13**). Die Funktionstabelle (Tafel **16.14**) zeigt die Speicherbelegung sortiert nach aufsteigenden Adressen und kann sowohl aus dem Graphen als auch aus der Automatentabelle gewonnen werden. Dazu werden alle möglichen Adressen aus Eingangsvektor E^{n+1} und Zustandsvektor Z^n notiert. Zum Zustandsvektor findet man den zugehörigen Ausgangsvektor A^n. Der Folgezustandsvektor Z^{n+1} wird vom Eingangsvektor E^{n+1} und dem Zustandsvektor Z^n bestimmt. Die so gewonnene Funktionstabelle kann nun zur Programmierung des Speichers der MPS herangezogen werden.

Aus der Funktionstabelle in Tafel **16.14** erkennt man, daß zu den Adressen 0 bis 3 die gleichen Steuerwörter (Ausgangsvektoren) gehören wie zu den Adressen 4 bis 7. Im einen Fall ist das Eingangssignal $e=0$, im anderen Fall ist $e=1$. Man kann nun die Folgezustände nebeneinander anordnen, paarweise für $e=0$ und $e=1$. In Bild **16.15** bilden sie dann die Dateneingänge eines Multiplexers. Welches Datenpaar auf den Ausgang geschaltet wird, entscheidet der Steuereingang des Multiplexers mit dem Eingangssignal e. Er wählt die Folgeadresse aus. Mit dieser Anordnung wird die Zahl der benötigten Speicherplätze reduziert von $8 \cdot (2+2)=32$ in Bild **16.11** auf $4 \cdot (2 \cdot 2+2)=24$ in Bild **16.15**. Je größer die Anzahl der Adressen, um so mehr Speicherzellen können eingespart werden.

Tafel **16.13** Automatentabelle
　　　　　　zur Steuerung in
　　　　　　Bild **16.11**

Z^n		$\begin{array}{c}n+1\\e=0\end{array}$		$\begin{array}{c}n+1\\e=1\end{array}$		A^n	
Q_1	Q_0	Q_1	Q_0	Q_1	Q_0	a_1	a_0
0	0	0	1	0	1	1	0
0	1	0	0	1	0	1	1
1	0	1	1	1	1	0	1
1	1	0	0	1	0	0	0

Tafel **16.14** Funktionstabelle für
　　　　　　die Programmierung
　　　　　　der Speichermatrix in
　　　　　　Bild **16.11**

Adresse	E^{n+1}	Z^n		Z^{n+1}		A^n	
	e	Q_1	Q_0	Q_1	Q_0	a_1	a_0
0	0	0	0	0	1	1	0
1	0	0	1	0	0	1	1
2	0	1	0	1	1	0	1
3	0	1	1	0	0	0	0
4	1	0	0	0	1	1	0
5	1	0	1	1	0	1	1
6	1	1	0	1	1	0	1
7	1	1	1	1	0	0	0

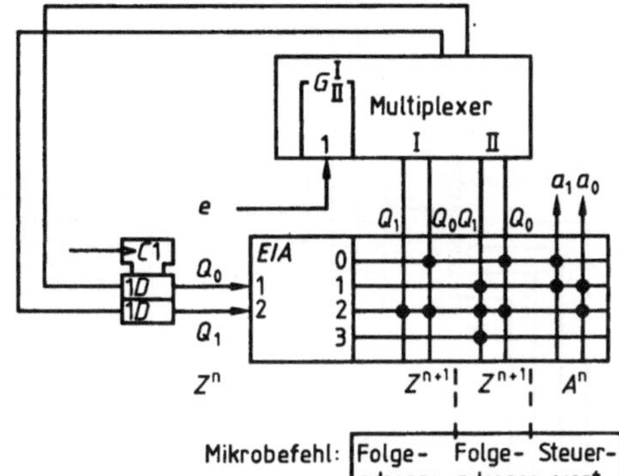

16.15
Zustandsorientierte MPS mit Auswahl der
Folgeadresse

Ist zum Beispiel ein Zustandsgraph gegeben mit

dem Eingangsvektor $E^{n+1}(e_1, e_0)$,

dem Zustandsvektor $Z^n(Q_2, Q_1, Q_0)$ und

dem Ausgangsvektor $A^n(a_2, a_1, a_0)$

und sind die Steuerwörter bei den Adressen 0 bis 7, 8 bis 15, 16 bis 23 und 24 bis 31 im Quartett gleich, so werden $32 \cdot (3+3) = 192$ Speicherplätze benötigt. Beim Einsatz eines Multiplexers verringert sich die Anzahl der Speicherplätze auf $8 \cdot (4 \cdot 3 + 3) = 120$. Der Steuerschalter des Multiplexers arbeitet dann mit 4 Stellungen entsprechend den möglichen Variablen-Kombinationen des Eingangsvektors E^{n+1}.

Beispiel 16.1. Der Zähler aus Beispiel 8.2 soll als MPS mit Auswahl der Folgeadresse durch einen Multiplexer realisiert werden.
Tafel **16.**16 zeigt die Automatentabelle. Es wird ein Multiplexer mit zweimal vier Eingängen und vier Ausgängen benötigt. Die Eingangsvariable e schaltet zwischen den beiden Eingangsgruppen um und legt damit die Zählrichtung fest. Bei $e = 0$ wählt der Multiplexer die Folgezustände für das Vorwärtszählen und bei $e = 1$ für das Rückwärtszählen aus. Bild **16.**17 zeigt die Gesamtschaltung.

Tafel **16.**16 Automatentabelle zur Programmierung der Speichermatrix in Bild **16.**17

| Adresse | Z^n | | | | Z^{n+1} E^{n+1} | | | | | | | | A^n |
| | | | | | $e=0$ | | | | $e=1$ | | | | |
	Q_3	Q_2	Q_1	Q_0	Q_3	Q_2	Q_1	Q_0	Q_3	Q_2	Q_1	Q_0	a
0	0	0	0	0	0	0	0	1	1	0	0	1	0
1	0	0	0	1	0	0	1	0	0	0	0	0	1
2	0	0	1	0	0	0	1	1	0	0	0	1	1
3	0	0	1	1	0	1	0	0	0	0	1	0	0
4	0	1	0	0	0	1	0	1	0	0	1	0	1
5	0	1	0	1	0	1	1	0	0	1	0	0	0
6	0	1	1	0	0	1	1	1	0	1	0	1	0
7	0	1	1	1	1	0	0	0	0	1	1	0	1
8	1	0	0	0	1	0	0	1	0	1	1	1	1
9	1	0	0	1	0	0	0	0	1	0	0	0	0

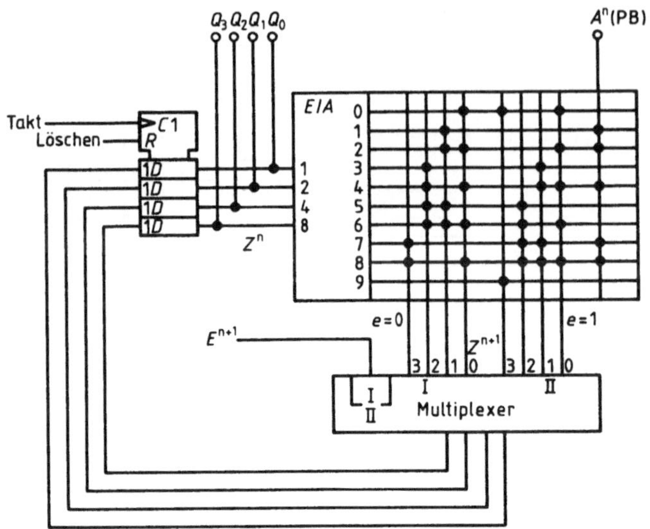

16.17 Zustandsorientierte MPS als Vor-Rückwärtszähler mit
Ausgabe eines Paritäts-Bits (PB)

16.2.2.2 Übergangsorientierte MPS. Legt man für den Steuerablauf einer mikroprogrammierbaren Steuerung das Verhalten eines Mealy-Automaten zugrunde, so kommt man zur übergangsorientierten MPS (Bild **16.**18). Bei ihr

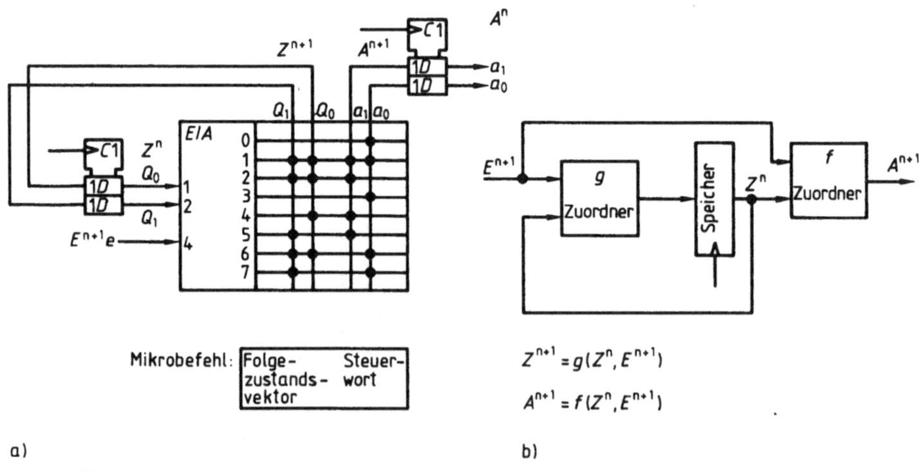

a)   b)

16.18 Übergangsorientierte Steuerwerke
a) Übergangsorientierte MPS,   b) Mealy-Automat

Tafel **16.**19 Automatentabelle der übergangsorientierten MPS in Bild **16.**18

| Z^n | $n+1$ | | | | | |
| | $e=0$ | | | $e=1$ | | |
Q_1 Q_0	Q_1	Q_0 / a_1	a_0	Q_1	Q_0 / a_1	a_0
0 0	0	0 / 0	1	0	1 / 1	0
0 1	1	1 / 1	1	1	0 / 1	0
1 0	1	1 / 1	0	1	1 / 0	1
1 1	0	0 / 0	1	1	0 / 0	1

beeinflußt der Eingangsvektor sowohl den Folgezustandsvektor als auch den Ausgangsvektor. Der Steuerungsablauf kann durch folgende Funktionsbündel beschrieben werden:

Übergangsfunktion $\quad Z^{n+1} = g(Z^n, E^{n+1}),$ $\hfill (16.10)$

Ausgangsfunktion $\quad A^{n+1} = f(Z^n, E^{n+1}).$ $\hfill (16.11)$

Tafel **16.**20 Funktionstabelle für die Programmierung der Speichermatrix in Bild **16.**18

| Adresse | E^{n+1} | Z^n | | Z^{n+1} | | A^{n+1} | |
	e	Q_1	Q_0	Q_1	Q_0	a_1	a_0
0	0	0	0	0	0	0	1
1	0	0	1	1	1	1	1
2	0	1	0	1	1	1	0
3	0	1	1	0	0	0	1
4	1	0	0	0	1	1	0
5	1	0	1	1	0	1	0
6	1	1	0	1	1	0	1
7	1	1	1	1	0	0	1

Die Darstellung des Graphen weicht von der bisher benutzten Form ab. Der Ausgangsvektor wird den Übergangspfeilen zugeordnet. Man spricht vom Übergangsgraphen (Bild **16.**21). Betrachtet man den Zustand $Q_1 Q_0 = 00$, so ist zu erkennen, daß beim Eingangssignal $e=0$ der Folgezustand 00 und das Steuerwort 01 entstehen, beim Eingangssignal $e=1$ hingegen der Folgezustand 01 und das Steuerwort 10. Aus dem Übergangsgraphen kann die Automatentabelle aufgestellt werden, in dem zum Zustandsvektor Z^n abhängig vom Wert

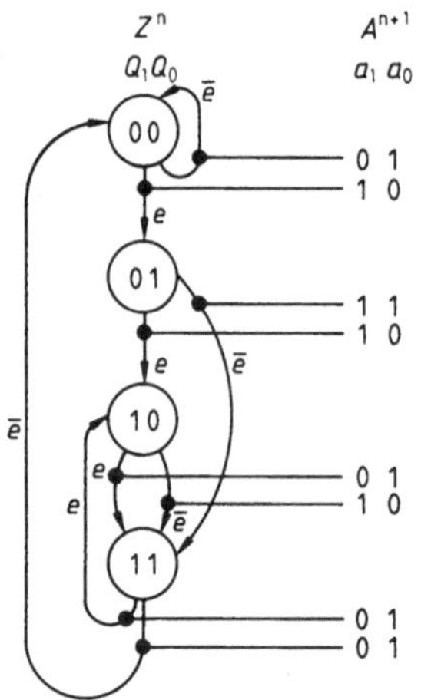

16.21 Übergangsgraph der MPS in Bild **16.**19

des Eingangsvektors E^{n+1} die Werte des Folgezustandsvektors Z^{n+1} und des Ausgangsvektors A^{n+1} übertragen werden. Da beim Mealy-Automaten die Ausgaben (Ausgangsvektor) aus den alten Zuständen Z^n und den neuen Eingaben E^{n+1} gebildet werden, entstehen sie nur flüchtig und müssen in Flipflops gespeichert werden. Deshalb wird das Steuerwort A^{n+1} dem Register zugeführt und erst mit dem Takt an den Ausgang geschaltet.

In Bild **16.**22 ist eine Schaltung angegeben, in der der Eingangsvektor E^{n+1} mit vier Variablen auftritt. Die Variablen sollen nur einzeln wirksam werden, wie es im Übergangsgraph nach Bild **16.**23 dargestellt ist. An jedem Übergangspfeil oder an jeder Halteschleife ist daher nur eine Variable notiert. Die drei anderen Variablen können

als redundant angenommen werden. Würde man alle Eingangsvariablen dem Festwertspeicher zuführen, bestünden die Adressen aus 6 Bits. Das würde eine Speicherkapazität von 64 Wörtern erfordern. Durch Einsatz des Multiplexers, der das benötigte Eingangssignal auswählt, wird die Anzahl der Speicherwör-

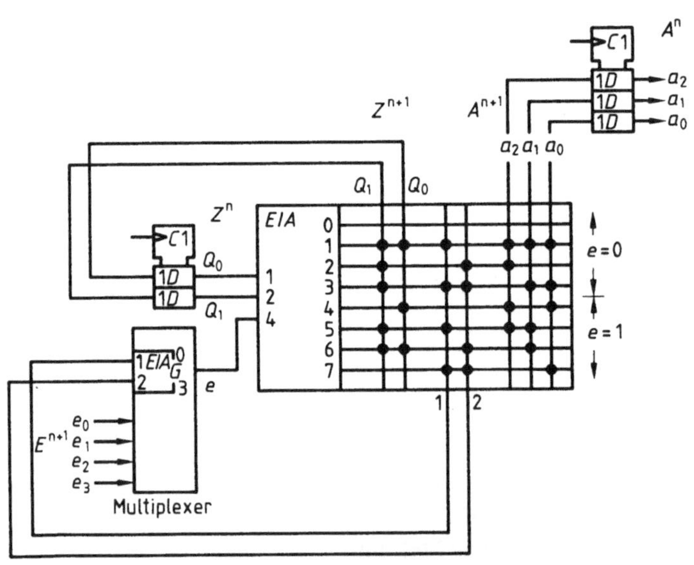

Mikrobefehl:

Folge- zustands- vektor	Aus- wahl- code	Steuer- wort

16.22
Übergangsorientierte MPS mit Auswahl des Eingangsvektors

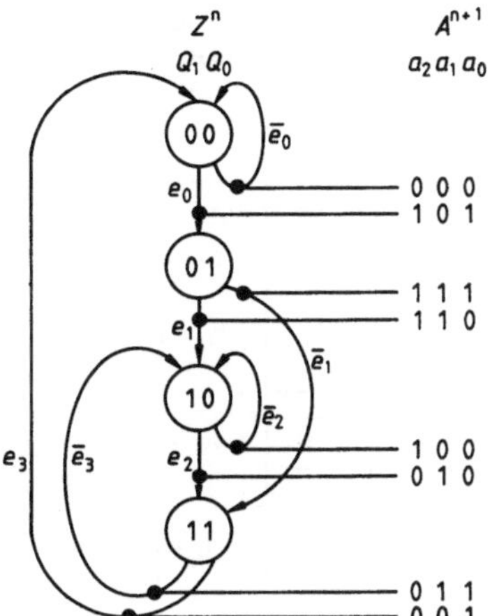

16.23
Übergangsgraph der MPS in Bild **16.22**

ter auf 8 reduziert. Der Übergangsgraph nach Bild **16.**23 zeigt, daß der Zustandsvektor bestimmt, welches Eingangssignal wirksam wird, und somit den Ausgangsvektor A^{n+1} und den Folgezustandsvektor Z^{n+1} festlegt. Diese Zuordnung des benötigten Eingangssignals e zum Folgezustandsvektor Z^{n+1} und zum Ausgangsvektor A^{n+1} übernehmen in der Schaltung nach Bild **16.**22 die Speicherspalten für den Auswahlcode.

Beispiel 16.2. Die mit Bild **8.**7 und Tafel **8.**11 dargestellte Mealy-Folgeschaltung ist mit einem FPLA-Baustein zu realisieren. Dabei sollen die Eingaben, die Ausgaben und die Zustände dual entsprechend den dezimalen Indizes der Kurzbezeichnungen codiert werden.

Aus Tafel **8.**11 erhält man mit der festgelegten Codierung die Funktionstabelle in Tafel **16.**24. Die Adressen werden aus dem neuen Eingangsvektor E^{n+1} und dem alten Zustandsvektor Z^n mit den 4 Variablen e_0, e_1, Q_0 und Q_1 gebildet. Mit diesen 4 Variablen können 16 Adressen gebildet werden, von denen aber nur 9 vorkommen. Der FPLA-

Tafel 16.24 Funktionstabelle zur Programmierung der FPLA in Bild **16.**25

Adresse	E^{n+1}		Z^n		Z^{n+1}		A^{n+1}				
	e_1	e_0	Q_1	Q_0	Q_1	Q_0	a_3	a_2	a_1	a_0	
5	0	1	0	1	0	1	0	0	0	1	A_1
6	0	1	1	0	1	0	0	0	1	0	A_2
7	0	1	1	1	1	1	0	0	1	1	A_3
9	1	0	0	1	1	0	0	1	0	0	A_4
10	1	0	1	0	1	1	0	1	0	1	A_5
11	1	0	1	1	0	1	0	1	1	0	A_6
13	1	1	0	1	1	1	0	1	1	1	A_7
14	1	1	1	0	0	1	1	0	0	0	A_8
15	1	1	1	1	1	0	1	0	0	1	A_9

Baustein muß also 9 Konjunktionsleitungen haben. An Disjunktionsleitungen werden 2 für die Folgezustände und 4 für die Ausgaben benötigt, insgesamt also 6. Bild **16.**25 zeigt die Gesamtschaltung.

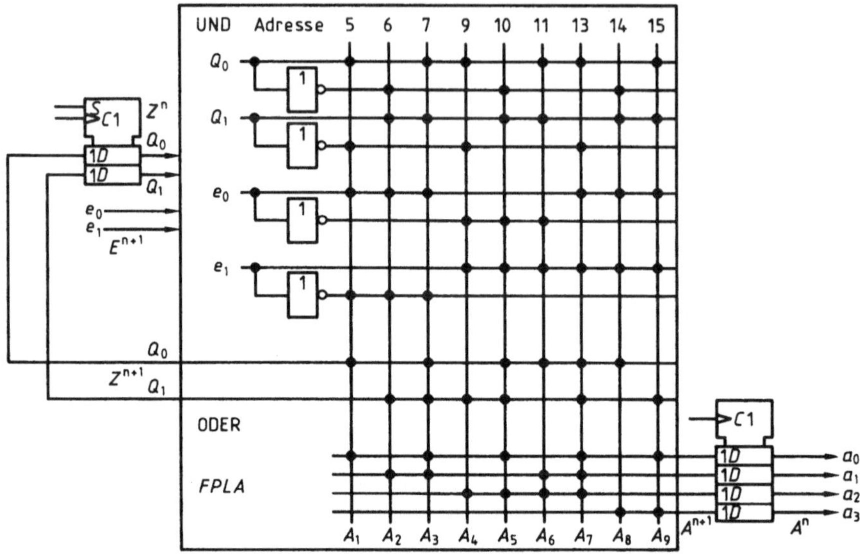

16.25 Übergangsorientierte Steuerung

17 Digital-Analog-Umsetzer

Digital-Analog-Umsetzer dienen zum Umsetzen einer digital vorliegenden Nachricht in die analoge Darstellung. Diese Umsetzung wird z. B. benötigt, wenn an ein Digitalgerät ein Analoggerät angeschlossen werden soll (ein Analogrechner oder ein Schreiber zum Sichtbarmachen der Tendenz der Größe). Außerdem wird sie bei Analog-Digital-Umsetzern nach dem Kompensatorprinzip verwendet, bei denen der digitale Wert einer Größe dadurch gebildet wird, daß die unbekannte analoge Größe mit einer stufenweise gebildeten analogen Hilfsgröße verglichen wird. Man kann grundsätzlichen einen Digitalwert in jede beliebige physikalische Größe umwandeln, die größte Bedeutung haben allerdings Umsetzer erlangt, deren analoges Ausgangssignal eine elektrische Spannung ist. Sie arbeiten mit geschalteten Spannungsteilern, Stromsummatoren und Widerstandskettenleitern.

17.1 Digital-Analog-Umsetzer mit Spannungsteiler

Bei Digital-Analog-Umsetzern mit geschaltetem Spannungsteilerabgriff besteht der Spannungsteiler aus Widerständen, die in ganzzahligen Vielfachen einer kleinsten Einheit abgestuft sind. Dieser Widerstandsteiler wird von

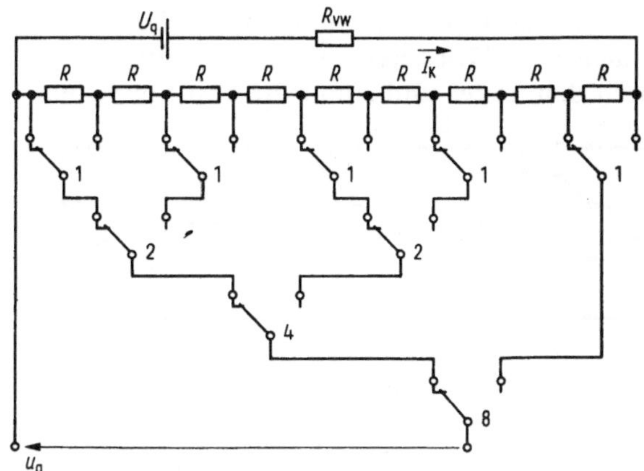

17.1 Digital-Analog-Umsetzer mit Spannungsteiler aus neun Widerständen je Dekade

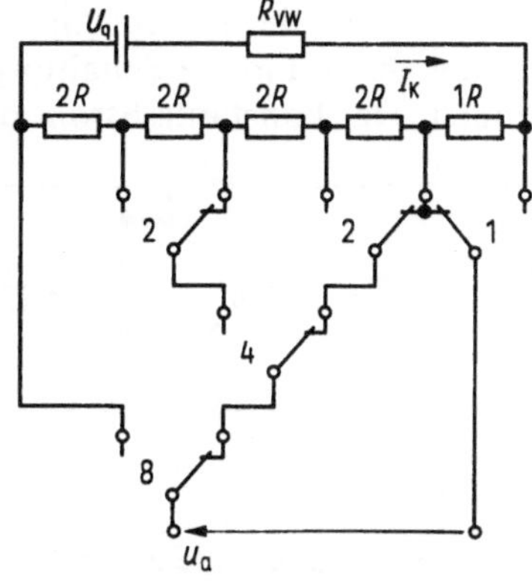

17.2 Digital-Analog-Umsetzer mit Spannungsteiler aus fünf Widerständen je Dekade

einem Konstantstrom I_K durchflossen, der so eingestellt ist, daß am kleinsten Widerstand die dem kleinsten Digitalwert entsprechende Spannung entsteht. Der Konstantstrom wird meist aus einer Spannungsquelle U_q über einen Vorwiderstand R_{VW} gewonnen. Die analoge Spannung kann entweder vom Teiler über eine Schalteranordnung abgegriffen (Bild **17.1** und **17.2**) oder durch Umschalten des Teilers nach Art der Feussner-Schaltung gewonnen werden (Bild **17.3**). In beiden Fällen kommen als Schalter eigentlich nur Relais in Frage, wodurch die Umsetzer relativ langsam sind.

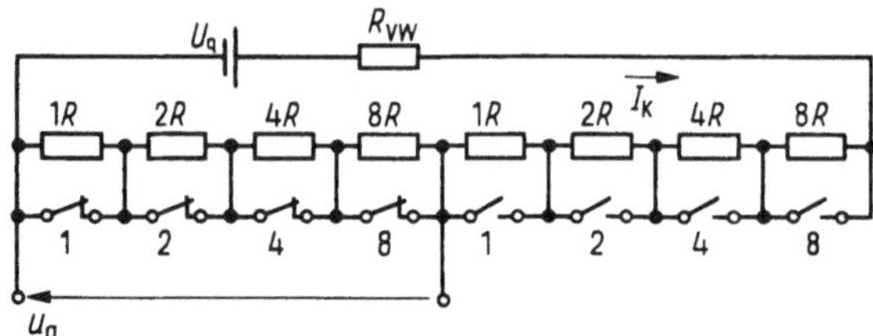

17.3
Digital-Analog-Umsetzer mit
Spannungsteiler nach Art der
Feussner-Schaltung

Die Ausgangsspannung der Schaltung nach Bild **17.1** wird im (1 aus n)-Code abgegriffen. Zur Umsetzung des m-stelligen Dualcodes werden $2^m - 1$ gleiche Widerstände benötigt. Wegen dieser großen Anzahl von Widerständen wird diese Schaltung fast ausschließlich zum Umsetzen von BCD-codierten Zahlen verwendet. Je Dekade werden, wie Bild **17.1** zeigt, neun Widerstände benötigt. Man kann zwei Dekaden von einer Spannungsquelle speisen, wenn die zweite Dekade spiegelbildlich an die linke Seite der ersten Dekade angehängt wird und ihre Widerstände $10\,R$ betragen.

Auch bei der Schaltung nach Bild **17.2** wächst die Anzahl der Widerstände exponentiell mit der Stellenzahl. Bei n Dualstellen werden $2^{(n-1)}$ Widerstände benötigt. Daher wird auch diese Schaltung fast nur zur Umsetzung von BCD-codierten Zahlen verwendet. Je Dekade sind fünf Widerstände und eine eigene Spannungsquelle erforderlich.

Digital-Analog-Umsetzer nach Art der Feussner-Schaltung können in jedem beliebigen Wertigkeitscode angesteuert werden. Sie benötigen nur eine Spannungsquelle und im Grunde für jede Codestelle nur einen Widerstand, wie die abgewandelte Schaltung nach Bild **17.4** zeigt; oft werden jedoch zwei benutzt. Der konstante Strom durch den Teiler und somit die konstante Bela-

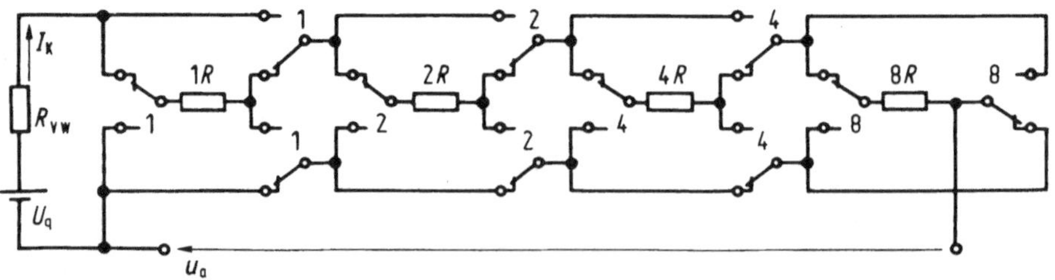

17.4 Schaltungsvariante zu Bild **17.3**

stung der Spannungsquelle wird dadurch erreicht, daß beim Einschalten eines Widerstands in den linken Zweig (Bild 17.3) ein gleich großer Widerstand aus dem rechten Zweig entfernt wird. Ein Nachteil dieser Schaltungen gegenüber denen von Bild 17.1 und 17.2 ist der, daß Kontaktübergangswiderstände im Spannungsteilerkreis liegen. Um hierbei Umsetzfehler zu vermeiden, muß der kleinste Teilerwiderstand größer als der doppelte Wert der Summe aller Kontaktübergangswiderstände sein.

Allen vier Schaltungen ist gemeinsam, daß ihr Innenwiderstand nicht konstant ist, sondern von der Ausgangsspannung abhängt. Ohne Berücksichtigung des Vorwiderstands R_{VW} ist der Innenwiderstand beim halben Wert der maximalen Ausgangsspannung am größten. Damit die Ausgangsspannung durch den Lastwiderstand R_L nicht über einen zugelassenen Fehler hinaus verfälscht wird, muß der Lastwiderstand R_L in einem bestimmten Verhältnis zum maximalen Innenwiderstand stehen. Ersetzt man hierbei den Digital-Analog-Umsetzer durch eine Ersatzspannungsquelle mit der Quellenspannung U_q und dem Innenwiderstand R_{imax}, so gilt für die Ausgangsspannung

$$U_a = U_q R_L / (R_L + R_{imax}) \tag{17.1}$$

bzw. für den Lastwiderstand

$$R_L = R_{imax} \frac{U_a / U_q}{1 - U_a / U_q} = R_{imax} \frac{1 + (U_a - U_q)/U_q}{-(U_a - U_q)/U_q} . \tag{17.2}$$

Bei vorgegebenem relativen Spannungsfehler

$$F_{rU} = (U_a - U_q)/U_q \tag{17.3}$$

erhält man den Minimalwert des Lastwiderstands

$$R_L \gtrless - R_{imax}(1 + F_{rU})/F_{rU} . \tag{17.4}$$

Beispiel 17.1. Es soll ein Digital-Analog-Umsetzer nach Art der Feussner-Schaltung für zwei Dekaden im Aiken-Code ausgelegt werden. Die kleinste Spannungseinheit soll 10 mV betragen. Zur Verfügung stehen Relais mit Kontaktübergangswiderständen von maximal 1 Ω sowie ein Spannungsnormal mit der Quellenspannung $U_q = 2$ V und dem Innenwiderstand $R_i = 1\ \Omega$. Man berechne die Teilerwiderstände R_1 bis R_8, den Vorwiderstand R_{VW} und die Mindestgröße des Lastwiderstands R_L für den maximalen relativen Spannungsfehler $F_{rU} = -0{,}5\%$.

Im Widerstandsteiler des Digital-Umsetzers liegen 8 Kontaktübergangswiderstände von maximal 1 Ω in Reihe. Daher muß der kleinste Teilerwiderstand größer als $2 \times 8\ \Omega$ sein; er wird zu $R_1 = 20\ \Omega$ gewählt. Die übrigen Teilerwiderstände sind entsprechend den Wertigkeiten des Aiken-Codes

$$R_2 = 2R_1 = 40\ \Omega, \qquad R_5 = 10R_1 = 200\ \Omega,$$
$$R_3 = 4R_1 = 80\ \Omega, \qquad R_6 = R_8 = 20R_1 = 400\ \Omega,$$
$$R_4 = 2R_1 = 40\ \Omega, \qquad R_7 = 40R_1 = 800\ \Omega.$$

An der Summe von $99\,R_1$ muß die maximale Ausgangsspannung $U_{amax} = 0{,}99$ V abfallen.

Für sie gilt

$$U_{amax} = U_q \cdot 99\, R_1 / (99\, R_1 + R_{VW} + R_i),$$

bzw. für den Vorwiderstand

$$R_{VW} = (U_q \cdot 99\, R_1 / U_{amax}) - 99\, R_1 - R_i$$
$$= (2\ \text{V} \cdot 99 \cdot 20\ \Omega / 0{,}99\ \text{V}) - 99 \cdot 20\ \Omega - 1\ \Omega = 2019\ \Omega.$$

Zur Berechnung der Mindestgröße des Lastwiderstands wird der maximale Innenwiderstand des Umsetzers benötigt. Er ergibt sich am Bereichsende, da der Vorwiderstand größer ist als die Summe der Teilerwiderstände:

$$R_{imax} = 99\, R_1 (R_{VW} + R_i) / (99\, R_1 + R_{VW} + R_i)$$
$$= 99 \cdot 20\ \Omega (2019\ \Omega + 1\ \Omega) / (99 \cdot 20\ \Omega + 2019\ \Omega + 1\ \Omega)$$
$$= 999{,}9\ \Omega \approx 1\ \text{k}\Omega.$$

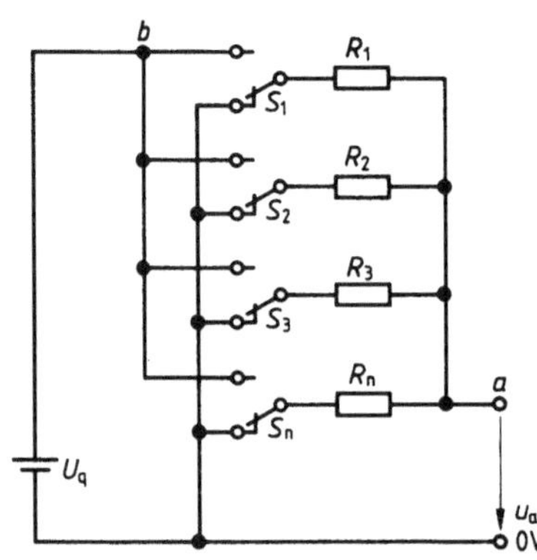

17.5 Digital-Analog-Umsetzer mit veränderlichem Spannungsteiler

Mit diesem maximalen Innenwiderstand ist nach Gl. (17.4) die Mindestgröße des Lastwiderstands

$$R_L \gtreqless - R_{imax} (1 + F_{rU}) / F_{rU}$$
$$= 1\ \text{k}\Omega (1 - 0{,}005) / 0{,}005 = 199\ \text{k}\Omega.$$

Bild 17.5 zeigt einen Digital-Analog-Umsetzer mit veränderlichem Spannungsteiler, der leicht von elektronischen Schaltern angesteuert werden kann. Die Widerstände R_1 bis R_n werden von den Schaltern S_1 bis S_n entweder an 0 V oder an den Punkt b, den Pluspol der Konstantspannung U_q gelegt. Die vom Ausgang a nach 0 V liegenden Widerstände bilden den Leitwert G_{a0}, die nach b liegenden den Leitwert G_{ab}. Mit diesen Leitwerten ist die Ausgangsspannung

$$u_a = U_q \frac{\dfrac{1}{G_{a0}}}{\dfrac{1}{G_{a0}} + \dfrac{1}{G_{ab}}} = U_q \frac{G_{ab}}{G_{ab} + G_{a0}} = U_q \frac{G_{ab}}{G_{ges}}. \tag{17.5}$$

Ist $G_1 = 1/R_1$ der kleinste Leitwert und sind die übrigen Leitwerte Vielfache dieses kleinsten Leitwerts, so ist die Ausgangsspannung

$$u_a = Z U_q G_1 / G_{ges} \tag{17.6}$$

eine lineare Funktion des Digitalwerts Z. Die Leitwerte können nach jedem beliebigen Wertigkeitscode gestuft sein. Die Durchlaßwiderstände der Schalter müssen vernachlässigbar klein gegenüber den Widerständen R_1 bis R_n sein.

17.2 Digital-Analog-Umsetzer mit Stromsummation

Bei Digital-Analog-Umsetzern mit Stromsummation werden Ströme erzeugt, die den **Wertigkeiten** des verwendeten Codes entsprechen. Diese Ströme werden in einer Summiervorrichtung aufsummiert und erzeugen das analoge Ausgangssignal. Da man Ströme gut mit elektronischen Bauelementen schalten kann, können sehr schnelle Umsetzer dieser Art gebaut werden.

Die einfachste Schaltung zeigt Bild **17.6**. Die den Wertigkeiten entsprechenden Ströme werden durch die Quellenspannung U_q und die zugehörigen Widerstände bestimmt und am Summierwiderstand R_S aufsummiert. Ein Teilstrom

$$I_v = (U_q - u_a)/R_v \qquad (17.7)$$

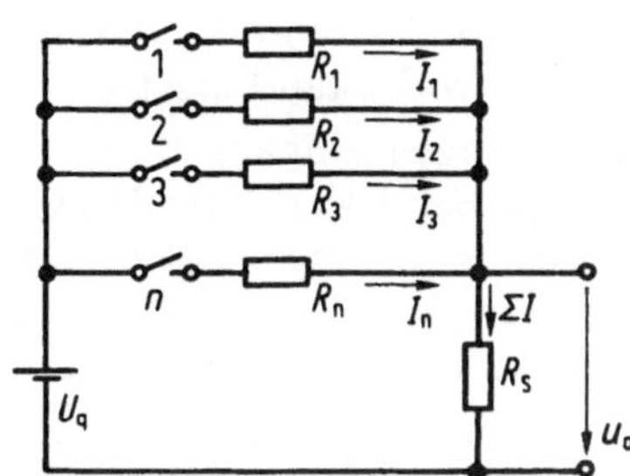

17.6
Digital-Analog-Umsetzer mit Stromsummation am Summierwiderstand R_S

hängt nicht nur von der Konstantspannung U_q, sondern auch von der Ausgangsspannung u_a ab. Daher ist auch die Ausgangsspannung keine lineare Funktion des Digitalwerts Z; denn es gilt

$$u_a = R_S \Sigma I_v = R_S Z I_1 = R_S Z (U_q - u_a)/R_1 \qquad (17.8)$$

und aufgelöst nach der Ausgangsspannung

$$u_a = U_q R_S Z/(R_1 + R_S Z). \qquad (17.9)$$

Die Schaltung arbeitet nur dann mit geringem Fehler, wenn der Summierwiderstand R_S klein ist gegen den Gesamtwiderstand der Parallelschaltung aller Einzelwiderstände bzw. gegen R_1/Z_{max}, wie folgende Rechnung zeigt. Durch Umwandlung von Gl. (17.8) erhält man mit $Z = Z_{max}$ für den Summierwiderstand

$$R_S = \frac{R_1 u_a}{Z_{max}(U_q - u_a)} = \frac{R_1}{Z_{max}} \cdot \frac{u_a/U_q}{1 - u_a/U_q}. \qquad (17.10)$$

Bei vorgegebenem relativen Stromfehler

$$F_{rI} = \frac{I_{Ist} - I_{Soll}}{I_{Soll}} = \frac{[(U_q - u_a)/R_1] - U_q/R_1}{U_q/R_1} = \frac{-u_a}{U_q} \qquad (17.11)$$

ergibt sich der Maximalwert des Summierwiderstands

$$R_S \leqq \frac{R_1}{Z_{max}} \cdot \frac{-F_{rI}}{1 + F_{rI}}. \qquad (17.12)$$

Die Kombination von Gl. (17.9) und (17.12) liefert den Zusammenhang zwischen der Quellenspannung U_q, der maximalen Ausgangsspannung u_{amax} beim größten Digitalwert Z_{max} und dem relativen Stromfehler F_{rI}

$$U_q = -u_{amax}/F_{rI} \,. \tag{17.13}$$

Zu geringen Fehlern gehören hohe Quellenspannungen. Für $u_{amax} = 1$ V ist z. B. bei $F_{rI} = -0,1\%$ eine Quellenspannung von 1000 V erforderlich.

Die Schaltung nach Bild **17.**6 läßt sich wesentlich verbessern, wenn man den Summierwiderstand R_S durch einen **Summierverstärker** mit sehr kleinem Eingangswiderstand ersetzt.

Den geringen Eingangswiderstand erhält man durch eine starke **Gegenkopplung** (s. Band XII) über den Gegenkopplungswiderstand R_{GK} (Bild **17.**7). Verwendet man einen Operationsverstärker mit vernachlässigbarem Eingangsstrom, so erhält man mit der Differenzverstärkung $v_D = u_a/u_D$ den Eingangswiderstand des gegengekoppelten Verstärkers

$$R_e = u_e/i_e \approx u_e/i_{GK} = -u_D R_{GK}/(-u_D - u_a) = R_{GK}/(1 + v_D). \tag{17.14}$$

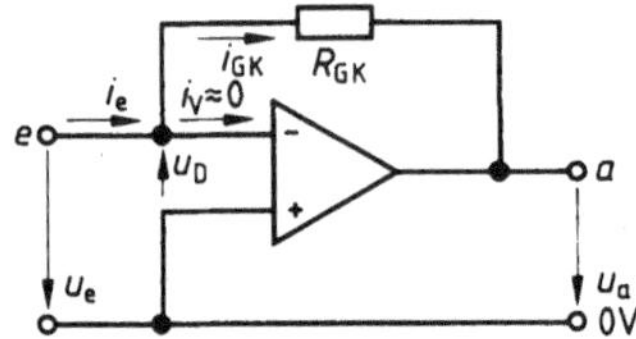

17.7
Gegengekoppelter Operationsverstärker
als Summierverstärker

Für die Ausgangsspannung des Verstärkers gilt

$$u_a = u_D v_D = -u_e v_D \approx -(i_e R_{GK} + u_a)v_D, \tag{17.15}$$

und nach u_a aufgelöst

$$u_a \approx -i_e R_{GK} v_D/(1 + v_D) \approx -i_e R_{GK}|_{v_D \to \infty}\,. \tag{17.16}$$

Beispiel 17.2. Die Teilwiderstände eines Digital-Analog-Umsetzers mit Summierverstärker für drei Dekaden im 8-4-2-1-BCD-Code sind zu berechnen. Zur Verfügung stehen ein Operationsverstärker mit der Verstärkung $v = 10\,000$, eine Spannungsquelle mit der Quellenspannung $U_q = 10$ V, dem Innenwiderstand $R_i = 1\ \Omega$ und dem maximal zulässigen Laststrom $I_{Lmax} = 15$ mA. Die kleinste Ausgangsspannung soll 1 mV betragen und der systembedingte Stromfehler $F_{rI} = -0,05\%$ nicht überschreiten.

Der kleinste Teilstrom wird zu 10 µA gewählt. Im Maximalfall fließen dann 9,99 mA, wodurch die Spannungsquelle nicht überlastet wird. Der Eingangsstrom $i_e = 10$ µA muß am Ausgang des Operationsverstärkers die Spannung $u_a = 1$ mV erzeugen. Nach Gl. (17.16) ist hierfür der Gegenkopplungswiderstand des Verstärkers

$$R_{GK} \approx u_a/i_e = 1\ \text{mV}/(10\ \text{µA}) = 100\ \Omega.$$

Damit ergibt sich der Eingangswiderstand des Verstärkers

$$R_e = 100\ \Omega/10\,001 \approx 10\ \text{m}\Omega.$$

Er entspricht dem Summierwiderstand R_S der einfachen Schaltung. Nach Gl. (17.12) errechnet sich mit diesem Wert und dem zulässigen Stromfehler der Mindestwert des höchsten Widerstands

$$R_1 \gtreqless -Z_{max} R_S (1 + F_{rI})/F_{rI} = 999 \cdot 10 \text{ m}\Omega (1 - 0{,}0005)/0{,}0005 = 19{,}97 \text{ k}\Omega.$$

Bei 10 V und 10 µA werden jedoch 1 MΩ benötigt. Dieser Wert liegt weit über 19,97 kΩ, so daß der Stromfehler nicht überschritten wird. Die Teilwiderstände müssen die Werte

$$
\begin{aligned}
R_1 &= 10 \text{ V}/(10 \text{ µA}) &&= 1 \text{ M}\Omega, & R_7 &= 10 \text{ V}/(0{,}4 \text{ mA}) &&= 25 \text{ k}\Omega, \\
R_2 &= 10 \text{ V}/(20 \text{ µA}) &&= 500 \text{ k}\Omega, & R_8 &= 10 \text{ V}/(0{,}8 \text{ mA}) &&= 12{,}5 \text{ k}\Omega, \\
R_3 &= 10 \text{ V}/(40 \text{ µA}) &&= 250 \text{ k}\Omega, & R_9 &= 10 \text{ V}/(1 \text{ mA}) &&= 10 \text{ k}\Omega, \\
R_4 &= 10 \text{ V}/(80 \text{ µA}) &&= 125 \text{ k}\Omega, & R_{10} &= 10 \text{ V}/(2 \text{ mA}) &&= 5 \text{ k}\Omega, \\
R_5 &= 10 \text{ V}/(0{,}1 \text{ mA}) &&= 100 \text{ k}\Omega, & R_{11} &= 10 \text{ V}/(4 \text{ mA}) &&= 2{,}5 \text{ k}\Omega, \\
R_6 &= 10 \text{ V}/(0{,}2 \text{ mA}) &&= 50 \text{ k}\Omega, & R_{12} &= 10 \text{ V}/(8 \text{ mA}) &&= 1{,}25 \text{ k}\Omega
\end{aligned}
$$

haben.

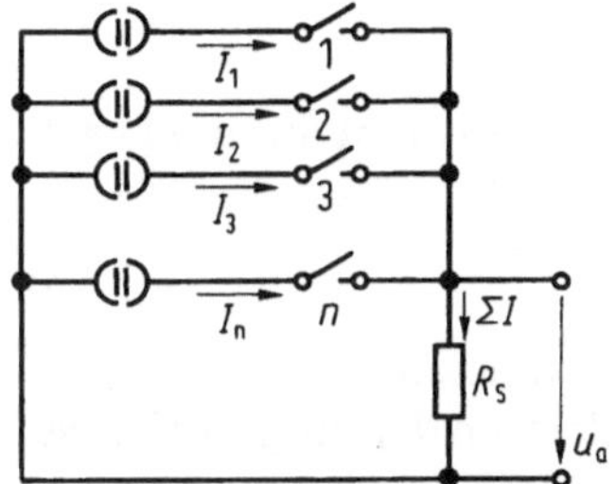

17.8 Digital-Analog-Umsetzer mit Stromgeneratoren

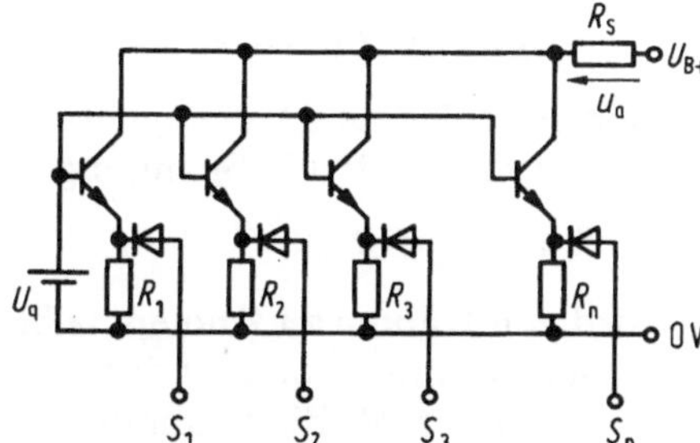

17.9 Stromgeneratoren aus Emitterfolgern

Werden die Ströme von Stromgeneratoren (mit dem Innenwiderstand $R_i \to \infty$) geliefert, so kann der Summierwiderstand groß sein (Bild 17.8), ohne daß ein Fehler auftritt. Die Stromgeneratoren können z. B. wie in Bild 17.9 aufgebaut sein. Sie werden gesperrt, wenn an die Steuereingänge S eine Spannung gelegt wird, die größer als die Quellenspannung U_q ist.

17.3 Digital-Analog-Umsetzer mit Widerstandskettenleitern

Digital-Analog-Umsetzer mit Widerstandskettenleitern benutzen eine feste Kette aus Widerstandsteilern mit n Einspeisungspunkten für Quellenspannungen oder Quellenströme. Im Gegensatz zu den in Abschn. 17.1 behandelten Schaltungen mit Spannungsteilern haben Widerstandskettenleiter einen konstanten Innenwiderstand. Die bei Spannungseinspeisung erforderliche Spannungsquelle wird allerdings unterschiedlich belastet.

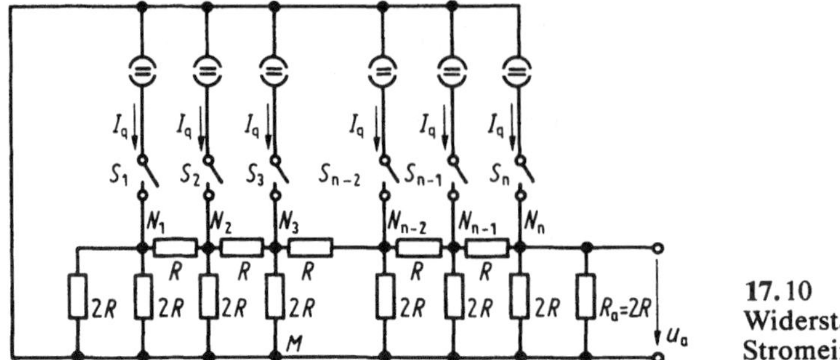

17.10
Widerstandskettenleiter mit
Stromeinspeisung

Bild **17.**10 zeigt einen Widerstandskettenleiter zum Umsetzen von Dualzahlen
mit n Knoten für Stromeinspeisung. Zwischen jedem Knotenpunkt und der
Masseschiene M liegt derselbe Widerstand

$$R_{\mathrm{NM}} = R \cdot 2R/(R + 2R) = 2R/3 . \tag{17.17}$$

Wird in einen Knoten N ein Quellenstrom I_q eingespeist, entsteht an ihm gegen
die Masseschiene M die Spannung

$$u_\mathrm{N} = I_\mathrm{q} \cdot 2R/3 . \tag{17.18}$$

Sie wird von Knoten zu Knoten halbiert, da die Widerstandsanordnung jeweils
ein Teilerverhältnis von $2 : 1$ darstellt. Wird in den Knoten N_1 eingespeist, so
wird am Knoten N_n die Spannung

$$u_{\mathrm{aN1}} = u_\mathrm{N}/2^{(n-1)} = I_\mathrm{q} \cdot 2R/(3 \cdot 2^{(n-1)}) \tag{17.19}$$

abgegriffen. Wird in den Knoten N_k eingespeist, so erhält man als Ausgangsspannung

$$u_{\mathrm{aNk}} \doteq \frac{2}{3} I_\mathrm{q} R \frac{2^{(k-1)}}{2^{(n-1)}} = \frac{2}{3} I_\mathrm{q} R \frac{1}{2^{(n-k)}} . \tag{17.20}$$

Bei Einspeisung in mehrere Knoten ist wegen der Gültigkeit des Überlage-
rungssatzes die Ausgangsspannung proportional zu den mit 1 besetzten Wertigkeiten a einer Dualzahl

$$u_\mathrm{a} = \frac{2}{3} I_\mathrm{q} R \frac{1}{2^{(n-1)}} \sum_{v=0}^{n-1} a_v 2^v . \tag{17.21}$$

Soll die Einspeisung nicht mit einem Quellenstrom, sondern mit einer Quellenspannung erfolgen, so muß man die Stromquellen durch gleichwertige
Spannungsquellen ersetzen (s. Band I). Eine Stromquelle stellt sich durch einen Quellenstrom I_q mit parallel liegendem Innenwiderstand R_i dar (Bild
17.11a). Die Leerlaufspannung ist

$$U_\mathrm{l} = I_\mathrm{q} R_\mathrm{i} . \tag{17.22}$$

17.11
Gleichwertigkeit einer Stromquelle mit Quellenstrom I_q und parallel liegendem linearen Innenwiderstand R_i (a) und einer Spannungsquelle mit Quellenspannung U_q und seriell liegendem linearen Innenwiderstand R_i (b)

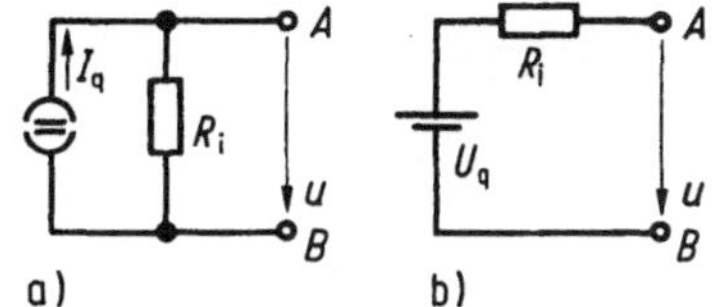

Im Kurzschlußfall fließt der Strom I_q über die Klemmen AB. Eine der Stromquelle gleichwertige Spannungsquelle muß im Leerlauf die Spannung U_l und im Kurzschlußfall den Kurzschlußstrom $I_K = U_l/R_i$ liefern. Daraus folgt, daß die Spannungsquelle aus der Quellenspannung $U_q = I_q R_i$ und dem in Reihe geschalteten Innenwiderstand R_i bestehen muß (Bild **17.11** b).

In Bild **17.**10 liegt an jedem Knoten N der Widerstand $2R$ nach Masse, der als Innenwiderstand der Stromquellen anzusehen ist. Er muß bei Spannungseinspeisung von Masse auf die Quellenspannung U_q geschaltet werden (Bild **17.**12). Ohne Berücksichtigung des Kurzschlusses über die Ruheseite der Umschalter liegt von jedem Schalterzweig S nach Masse der Widerstand

$$R_{SM} = 2R + 2R \cdot 2R/(4R) = 3R. \tag{17.23}$$

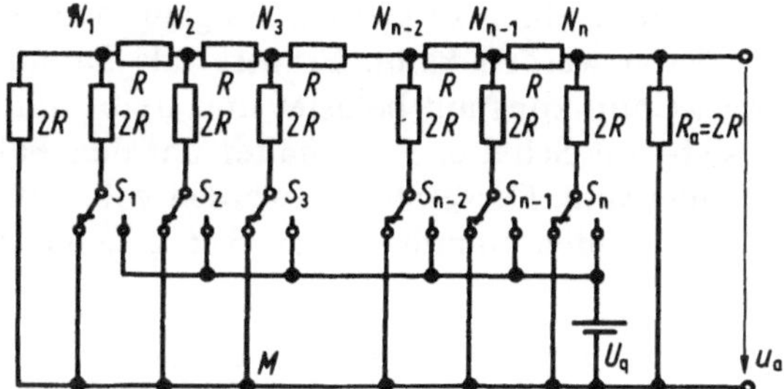

17.12
Widerstandskettenleiter mit
Spannungseinspeisung

Die Quellenspannung U_q erzeugt daher an jedem Knoten N die Spannung $U_q/3$. Wird im Schalterzweig S_1 eingespeist, so wird am Knoten N_n die Ausgangsspannung

$$u_{aS1} = U_N/2^{(n-1)} = U_q/(3 \cdot 2^{(n-1)}) \tag{17.24}$$

abgegriffen. Bei Einspeisung im Schalterzweig S_k gilt für die Ausgangsspannung

$$u_{aSK} = U_N 2^{(k-1)}/2^{(n-1)} = U_q/(3 \cdot 2^{(n-k)}). \tag{17.25}$$

Bei Einspeisung in mehrere Schalterzweige wird entsprechend Gl. (17.21)

$$u_a = \frac{U_q}{3 \cdot 2^{(n-1)}} \sum_{v=0}^{n-1} a_v 2^v. \tag{17.26}$$

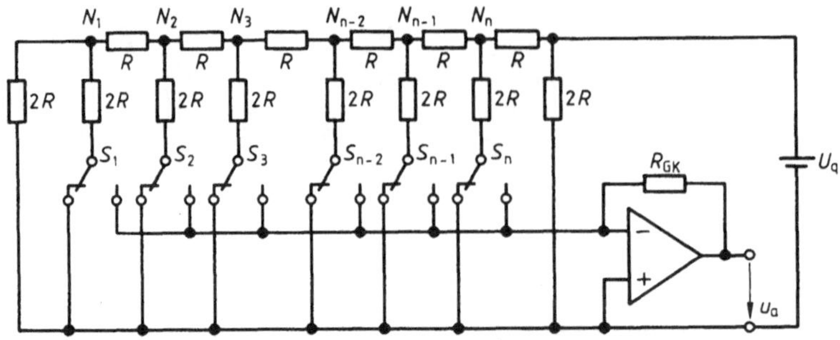

17.13 Widerstandskettenleiter mit Spannungseinspeisung und Stromabnahme

In der Schaltung nach Bild 17.12 wird die Quellenspannung U_q je nach Größe des umzusetzenden Digitalwerts unterschiedlich belastet. Liegt zu der Quellenspannung ein Innenwiderstand in Reihe, so wirkt sich die unterschiedliche Belastung ungünstig auf die Linearität und die Einschwingzeit des Umsetzers aus.

Bild 17.13 zeigt eine Schaltungsvariante, bei der gegenüber Bild 17.12 gewissermaßen die Einspeisung der Quellenspannung und die Abnahme der Ausgangsspannung miteinander vertauscht sind. Der Verstärker hat durch die Gegenkopplung einen so kleinen Eingangswiderstand, daß er gegenüber $2R$ vernachlässigt werden kann. Er wirkt als Summierverstärker. Die Quellenspannung ist nun konstant belastet und treibt durch die $2R$-Widerstände Ströme, die sich von Schalter zu Schalter um den Faktor 2 unterscheiden, also dual gewichtet sind. Diese Ströme werden von den Schaltern entweder nach Masse M oder in den Summierverstärker geleitet. Im Schalterzweig S_n fließt der Strom

$$I_n = U_q/2R, \tag{17.27}$$

im Schalterzweig S_1 der Strom

$$I_1 = U_q/(2^n R). \tag{17.28}$$

Die Summe der in den Summierverstärker fließenden Ströme ist

$$\sum I_v = \frac{U_q}{2^n R} \sum_{v=0}^{n-1} a_v 2^v. \tag{17.29}$$

Damit ergibt sich am Ausgang des Summierverstärkers die Ausgangsspannung

$$u_a \approx -\frac{U_q R_{GK}}{2^n R} \sum_{v=0}^{n-1} a_v 2^v. \tag{17.30}$$

Über den Gegenkopplungswiderstand R_{GK} kann die Ausgangsspannung in ihrer Größe verändert werden.

Die Schaltungen der Bilder **17.**12 und **17.**13 haben dieselbe Anordnung der Widerstände und der Schalter, die nur unterschiedlich betrieben wird. Bei Bild **17.**12 spricht man von der Spannungsbetriebsweise oder dem Spannungsmode, bei Bild **17.**13 von der Strombetriebsweise oder dem Strommode. In beiden Schaltungen kann die Quellenspannung U_q auch negativ bzw. eine Wechselspannung sein. Bei integrierten Schaltungen mit elektronischen Schaltern S müssen diese Schalter allerdings für die Stromleitung in beiden Richtungen geeignet sein. Man nennt die Schaltungen auch multiplizierende Digital-Analog-Umsetzer, weil die Ausgangsspannung aus der Quellenspannung durch Multiplikation mit dem Digitalwert entsteht.

Beispiel 17.3. Mit einem 8-Bit-Digital-Analog-Umsetzer entsprechend Bild **17.**13 und einem 1 K × 8-Bit-PROM soll ein Funktionsgenerator aufgebaut werden, der ein Rechteck-, ein Sägezahn-, ein Dreieck- und ein Sinus-Signal zwischen 0 und 1 V abgibt. Die Gesamtschaltung und die Programmierung des PROMs sind anzugeben.

Es wird ein Digital-Analog-Umsetzer mit integriertem Gegenkopplungswiderstand $R_{GK} = R$ gewählt. Die Quellenspannung zur Speisung des Digital-Analog-Umsetzers muß dann -1 V betragen. Der Digital-Analog-Umsetzer wird an seinen Dateneingängen D_0 bis D_7 von den Datenausgängen D_0 bis D_7 des PROMs angesteuert.

Das PROM hat 1 K = 1024 Adressen, mit denen die vier verschiedenen Betriebsarten des Funktionsgenerators erzeugt werden müssen. Damit stehen für den Zyklus einer Betriebsart $1024/4 = 256 = 2^8$ Adressen zur Verfügung. Zur Erzeugung eines Zyklus wird ein 8-stelliger Dualzähler benötigt, der die Adreßeingänge A_0 bis A_7 des PROMs ansteuert. Der Dualzähler wird von einem Multivibrator (Abschn. 7.3) getaktet. Zur Einstellung der vier verschiedenen Betriebsarten werden die Adreßeingänge A_8 und A_9 über einen vierstufigen Drehschalter und einen Codierer (Abschn. 12.1.3) aus zwei ODER-Schaltungen angesteuert. Bild **17.**14 zeigt die Gesamtschaltung.

Der 8-Bit-Digital-Analog-Umsetzer bildet $2^8 = 256$ verschiedene Werte von 0 bis 255. Mit diesen Werten müssen die vier verschiedenen Funktionswerte gebildet werden. Das PROM muß nun so programmiert werden, daß es bei jedem Zählerstand den Digital-Analog-Umsetzer für den gewünschten Funktionswert ansteuert.

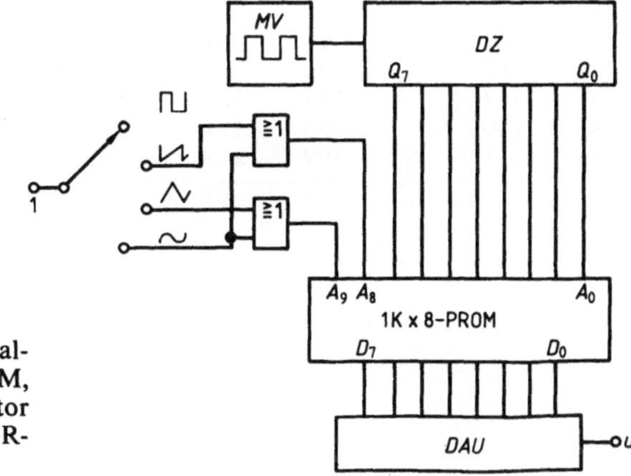

17.14
Funktionsgenerator aus Digital-Analog-Umsetzer (*DAU*), PROM, Dual-Zähler (*DZ*), Multivibrator (*MV*) und Codierer aus zwei NOR-Gliedern

Im Adreßbereich 0 bis 255 muß das PROM so programmiert sein, daß es am Ausgang des Digital-Analog-Umsetzers ein Rechtecksignal erzeugt. Dafür wird im Adreßbereich 0 bis 127 der Dezimalwert 255 und im Adreßbereich 128 bis 255 der Dezimalwert 0 programmiert.

Im Adreßbereich 256 bis 511 muß die Programmierung ein Sägezahnsignal erzeugen. Dafür wird bei der Adresse 256 mit dem Wert 0 begonnen und bei jeder folgenden Adresse der Wert um 1 erhöht.

Im Adreßbereich 512 bis 767 muß das Dreiecksignal erzeugt werden. Dieses wird im Adreßbereich 512 bis 639 steigend und im Bereich 640 bis 767 fallend programmiert. Da für einen Teilbereich nur 128 Adressen zur Verfügung stehen, der Analog-Digital-Umsetzer jedoch über 256 Werte verfügt, kann nur jeder zweite Wert genommen werden. Hierbei ist es gleichgültig, ob die geraden oder die ungeraden genommen werden.

Im Adreßbereich 768 bis 1023 muß das Sinussignal erzeugt werden. Für die Amplitude dieses Signals steht nur der halbe Bereich des Digital-Analog-Umsetzers zur Verfügung. Die Programmierwerte werden am besten errechnet. Mit Adr als Adresse gilt für den Programmierwert

$$PW(Adr) = 0{,}5 \cdot 255\,(1 + \sin((Adr - 768)\,\pi/128)).$$

Diese Werte müssen noch gerundet werden. Für die Adressen 768 bis 831, also dem ersten Viertel der Sinusfunktion, sind die Programmierwerte in Tafel **17**.15 angegeben.

Tafel **17**.15 Adressen Adr und Programmwerte PW für den Sinusgeneratorteil

Adr	PW	Adr	PW	Adr	PW	Adr	PW
768	128	784	176	800	218	816	245
769	131	785	179	801	220	817	246
770	134	786	182	802	222	818	248
771	137	787	185	803	224	819	249
772	140	788	188	804	226	820	250
773	143	789	190	805	228	821	250
774	146	790	193	806	230	822	251
775	149	791	196	807	232	823	252
776	152	792	198	808	234	824	253
777	155	793	201	809	235	825	253
778	158	794	203	810	237	826	254
779	162	795	206	811	238	827	254
780	165	796	208	812	240	828	254
781	167	797	211	813	241	829	255
782	170	798	213	814	243	830	255
783	173	799	215	815	244	831	255

18 Analog-Digital-Umsetzer

Analog-Digital-Umsetzer (auch Verschlüßler genannt) dienen zum Umsetzen von der analogen in die digitale Darstellung einer Nachricht (s. Abschn. 1.2). Die Darstellung einer Nachricht ist analog, wenn ihrem kontinuierlichen Wertebereich ein ebenfalls kontinuierlicher Bereich eines Trägersignals eindeutig umkehrbar zugeordnet ist. Die Darstellung ist hingegen digital, wenn dem kontinuierlichen Wertebereich der Nachricht nur endlich viele diskrete Signalwerte entsprechen, die durch verschiedene Zeichen eines Codes ausgedrückt sind. Hierbei entspricht jedem Signalwert ein Teilbereich des Nachrichtenbereichs (s. Bild 1.1). Bei der Umsetzung von der analogen in die digitale Darstellung muß also der Gesamtbereich des Trägersignals in Teilbereiche unterteilt und jeder Teilbereich codiert werden.

18.1 Quantisierung

Durch die Quantisierung wird der kontinuierliche Wertebereich des Signals in eine endliche Anzahl meist gleicher Teilbereiche, die Quanten, unterteilt. Einem bestimmten Signalwert entspricht immer eine ganz bestimmte Anzahl dieser Quanten. Da durch die Quantisierung nur eine endliche Anzahl von Werten gebildet werden kann, das analoge Signal innerhalb seines Bereichs aber unendlich viele Werte annehmen kann, ist die Quantisierung meist mit einem Fehler, dem Quantisierungsfehler F_Q, verbunden. Die Größe dieses Quantisierungsfehlers hängt von der Anzahl n der Teilbereiche, in die der Signalbereich unterteilt wird, und von der Auslegung des Analog-Digital-Umsetzers ab. Vollzieht sich der Wechsel der Digitalwerte bei vollen Quanten des Signalwerts, dann erreicht der Quantisierungsfehler an dieser Stelle die Größe eines Quants. Er ist negativ, wenn die Digitalwerte vollen Quanten entsprechen, und positiv, wenn sie begonnenen Quanten entsprechen (Bild **18.**1 a und b). Vollzieht sich hingegen der Wechsel der Digitalwerte bei halben Quanten des Signalwerts, dann erreicht der Quantisierungsfehler an dieser Stelle nur die Größe eines halben Quants. Vor dem Wechsel ist er negativ, nach dem Wechsel positiv (Bild **18.**1 c).

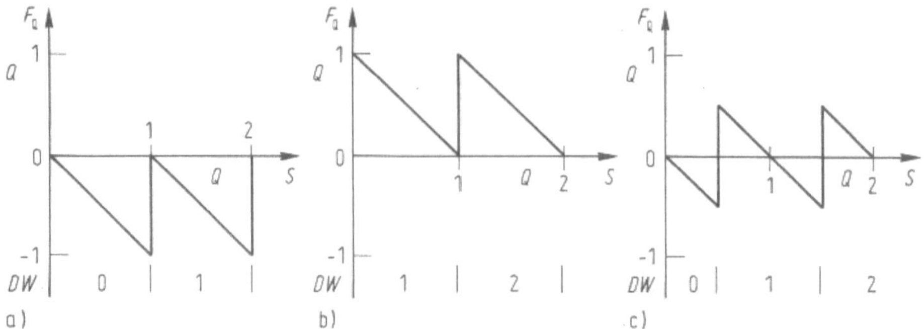

18.1 Zur Größe und zum Vorzeichen des Quantisierungsfehlers
   a) Digitalwert entspricht vollen Quanten
   b) Digitalwert entspricht begonnenen Quanten
   c) Digitalwert entspricht mittleren Quantenbereichen
   F_Q Quantisierungsfehler, Q Quanten, S Signalwert, DW Digitalwert

An Hand von Bild **18.**2 soll der Quantisierungsvorgang noch etwas näher betrachtet werden. Die Quantisierungseinrichtung eines Analog-Digital-Umsetzers sei so ausgelegt, daß der Wechsel der Digitalwerte jeweils bei halben Quanten des Signalwerts stattfinden soll. Der Übergang von einem Digitalwert zum nächsten wird durch Entscheidungsglieder herbeigeführt. Diese Entscheidungsglieder haben aber eine Ansprechschwelle, die mit einem Unsicherheitsbereich δ behaftet ist. Infolgedessen vollzieht sich der Wechsel von einem Digitalwert zum nächsten nicht unbedingt genau bei einem halben Quant, sondern irgendwo innerhalb dieses Unsicherheitsbereichs. Dadurch werden Digitalwerte gebildet, die bei exaktem Arbeiten der Quantisierungseinrichtung um eine Einheit größer oder kleiner wären. Durch den Unsicherheitsbereich der Entscheidungsglieder wird also das Ergebnis einer Analog-Digital-Umsetzung prinzipiell um ± eine Einheit unsicher.

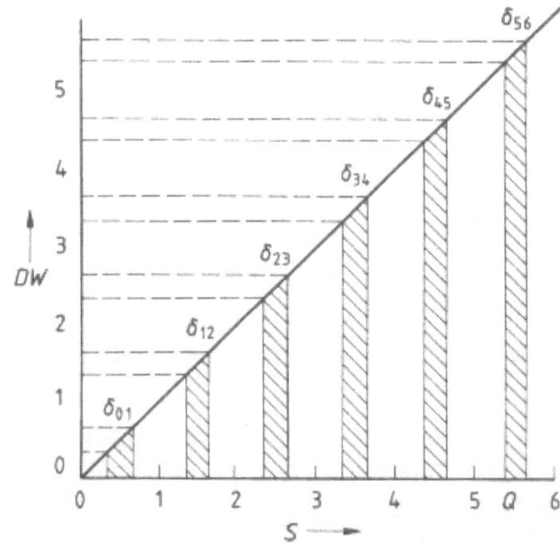

18.2
Unsicherheitsbereiche δ beim Quantisierungsvorgang
S Signalwert, Q Quanten, DW Digitalwert

18.2 Analog-Digital-Umsetzer nach dem Parallelverfahren

Analog-Digital-Umsetzer nach dem Parallelverfahren, die man auch als Direktumsetzer oder im Englischen als Flash-Converter bezeichnet, sind sehr schnelle Umsetzer zum Digitalisieren von analogen Spannungen. Es werden Schaltungen angeboten, die bis zu 10^8 Umsetzungen pro Sekunde ausführen. Damit ist es möglich, sehr schnelle Vorgänge wie Fernseh- und Radarbilder zu digitalisieren.

Das Prinzip der Analog-Digital-Umsetzung nach dem Parallelverfahren ist recht einfach (Bild **18.**3). Mit einer Quellenspannung U_q und einer Spannungsteilerkette aus N Widerständen werden N unterschiedliche Teilerspannungen mit steigenden Werten gebildet. Die umzusetzende analoge Spannung U_X wird über N Komparatoren K_1 bis K_N mit allen diesen N Teilerspannungen gleichzeitig verglichen. Dafür liegt die analoge Spannung U_X parallel an allen Komparatoren. Jeder Komparator, dessen Differenzeingangsspannung positiv ist, d.h., bei dem die analoge Spannung U_X größer ist als die ihm zugeführte Teilerspannung U_T, gibt an seinem Ausgang ein 1-Signal ab. Damit liegt der Digitalwert der

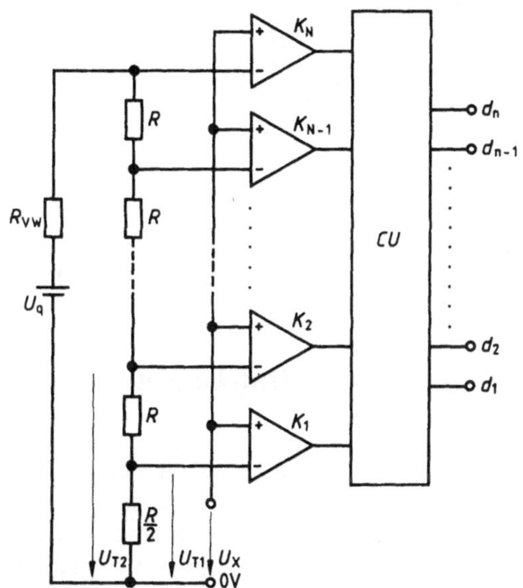

18.3 Analog-Digital-Umsetzer nach dem Parallelverfahren
CU Code-Umsetzer
K Komparator

analogen Spannung an den Komparatoren im sogenannten Zählcode mit N Stellen an. Zur Reduktion der Stellenzahl werden die Signale der Komparatoren auf einen Code-Umsetzer *CU* geführt, der $n \geq \text{ld} N$ Ausgänge d_1 bis d_n hat und den Digitalwert in einem zur Weiterverarbeitung günstigen Code bereitstellt.

Dem Vorteil der äußerst kurzen Umsetzzeit bei Parallelumsetzern steht als Nachteil der große Aufwand an Komparatoren und Teilerwiderständen gegenüber. Außerdem steigt auch mit wachsender Stufenzahl N der Aufwand des Code-Umsetzers stark an.

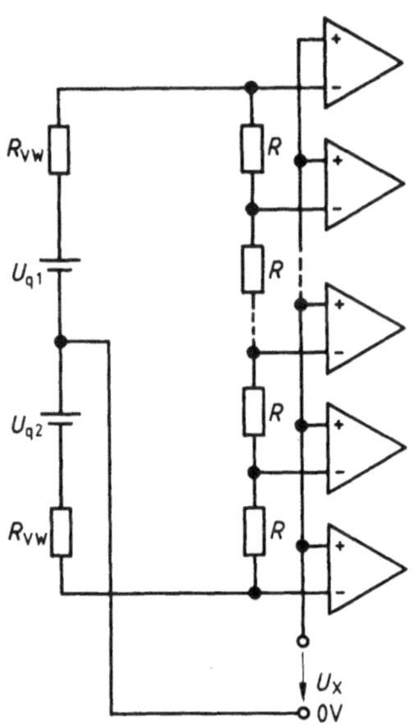

Mit der Schaltung in Bild **18.**3 können nur positive Spannungen U_x digitalisiert werden. Sollen Wechselspannungen digitalisiert werden, so ist die Spannungsteilerkette mit zwei Quellenspannungen U_{q1} und U_{q2} entsprechend Bild **18.**4 zu speisen.

18.4
Speisung der Spannungsteilerkette zur Digitalisierung von Wechselspannungen

18.3 Analog-Digital-Umsetzer nach dem Kompensationsverfahren

Analog-Digital-Umsetzer nach dem Kompensationsverfahren sind selbstabgleichende Kompensatoren, wie sie aus der analogen Meßtechnik bekannt sind [27]. Bei einem Kompensator wird die unbekannte, zu messende Spannung durch eine bekannte Vergleichsspannung nachgebildet. Die Vergleichsspannung wird so lange verändert, bis die Differenz zwischen beiden Spannungen Null wird und der von der unbekannten Spannung im Meßkreis hervorgerufene Strom vom Strom der Vergleichsspannung kompensiert ist.

18.3.1 Arbeitsprinzip

Bei einem Analog-Digital-Umsetzer nach dem Kompensationsverfahren wird die Vergleichsspannung von einem Digital-Analog-Umsetzer gebildet. Eine Steuerung sorgt dafür, daß die Vergleichsspannung so lange verändert wird, bis die Differenz zwischen ihr und der umzusetzenden Spannung kleiner als die kleinste Einheit der Vergleichsspannung ist. Bild **18.**5 zeigt einen Analog-Digital-Umsetzer, bei dem die Vergleichsspannung Schritt für Schritt aufsteigend über einen Zähler gebildet wird. Am Ausgang des Digital-Analog-Umsetzers entsteht also eine Treppenspannung. Ein Komparator K vergleicht die unbekannte Spannung U_x mit der Vergleichsspannung U_v. Er gibt am Ausgang 1-Signal ab, wenn $U_x > U_v$ ist, und 0-Signal, wenn $U_x \leq U_v$ ist. Dieses Signal

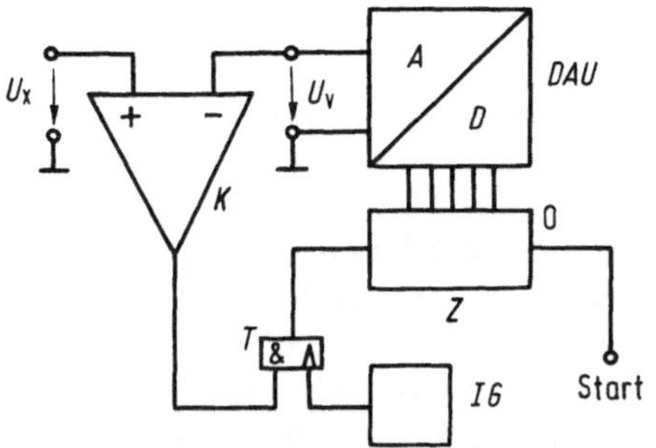

18.5 Einfacher Analog-Digital-Umsetzer nach dem Kompensationsverfahren
K Komparator
T Tor
IG Impulsgenerator
Z Zähler
DAU Digital-Analog-Umsetzer

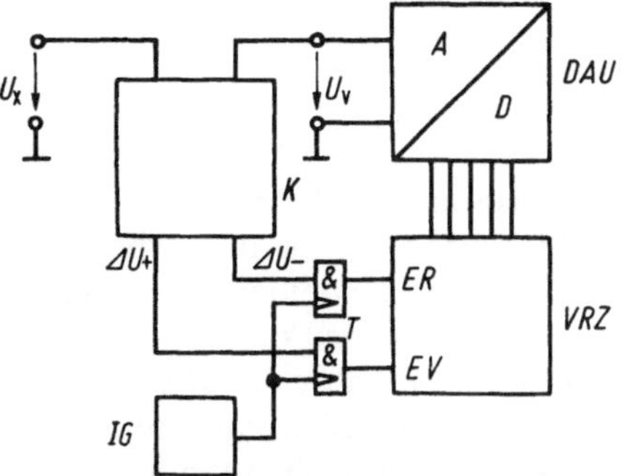

18.6 Analog-Digital-Umsetzer nach dem Kompensationsverfahren mit Nachlaufsteuerung
K Komparator
T Tor
IG Impulsgenerator
VRZ Vorwärts-Rückwärts-Zähler
DAU Digital-Analog-Umsetzer

dient als Steuersignal für das Tor T, über das ein Impulsgenerator IG seine Impulse in den Zähler einzählen kann. Die Analog-Digital-Umsetzung wird gestartet, indem der Zähler auf Null gesetzt wird und dadurch die vom Digital-Analog-Umsetzer abgegebene Vergleichsspannung U_V zu Null wird. Die Abgleichzeit dieses Umsetzers ist direkt proportional zum Digitalwert und kann daher zwischen einer Periode und Z_K Perioden des Impulsgenerators schwanken, wobei Z_K die Zählkapazität des Zählers ist. Mit der Generatorfrequenz f_G ergibt sich die mittlere Abgleichzeit

$$\overline{T}_\mathrm{A} = Z_\mathrm{K}/(2 f_\mathrm{G}). \tag{18.1}$$

Wegen der langen mittleren Abgleichzeit benutzt man diese Umsetzer nur bei geringen Umsetzgenauigkeiten, wo man im Mittel mit 50 bis 100 Abgleichschritten auskommt, und bei Umsetzern mit Nachlaufsteuerung.

Nachlaufsteuerung. Bei einer Nachlaufsteuerung setzt der Abgleich in dem Augenblick wieder ein, in dem die Meßspannung U_X und die Vergleichsspannung U_V nicht mehr übereinstimmen. Bild **18.6** stellt einen Umsetzer mit Nachlaufsteuerung dar. Ist die Meßspannung U_X größer als die Vergleichsspannung U_V, führt der Ausgang ΔU_+ des Komparators 1-Signal und der Ausgang ΔU_- 0-Signal. Dadurch wird in den Zähler vorwärts eingezählt und die Vergleichsspannung U_V so lange vergrößert, bis sie gleich der Meßspannung U_X ist. Dann führen beide Komparatorausgänge 0-Signal, und beide Tore zum Zähler sind geschlossen. Sinkt die Meßspannung U_X unter die Vergleichsspannung U_V ab, so führt der Ausgang ΔU_- des Komparators 1-Signal und der Ausgang ΔU_+ 0-Signal, wodurch in den Zähler rückwärts eingezählt wird, so daß die Vergleichsspannung U_V sinkt.

18.3.2 Dekadenweiser Abgleich

Um die Abgleichzeit und die Anzahl der Abgleichschritte zu verringern, kann ein dekadenweiser Abgleich wie in Bild **18.**7 vorgenommen werden. Die Arbeitsweise soll für die Meßspannung $U_X = 43$ V erklärt werden. Beim Start wird das Monoflop *MF* in die Arbeitslage versetzt. Der 0-1-Übergang am rechten Ausgang setzt die beiden Zähldekaden auf 9. Kippt das Monoflop in die Ruhelage zurück, so wird der Ringzähler um eine Stelle weitergeschaltet. Nun kann der Impulsgenerator *IG* über das Tor T_2 in die Zehnerdekade einzählen und setzt sie von 9 auf 0, dann auf 1, auf 2 usw. So werden, da die Einerdekade noch auf 9 steht, nacheinander die Werte 09, 19, 29 usw. gebildet. Am Ausgang des Digital-Analog-Umsetzers stehen dabei nacheinader 9 V, 19 V, 29 V, 39 V und 49 V an. Bei 49 V ist die Vergleichsspannung U_V größer als die Meßspannung U_X geworden, und der Komparator *K* gibt ein 1-Signal ab, das über das Tor T_1 den Ringzähler um eine Stelle weiterschaltet, so daß der Impulsgenerator nun über das Tor T_3 in die Einerdekade einzählt. Jetzt werden die Werte 40, 41, 42, 43 und 44 gebildet. Bei 44 gibt der Komparator wiederum ein 1-Signal ab, das den Ringzähler auf Null setzt, so daß die Umsetzung beendet ist.

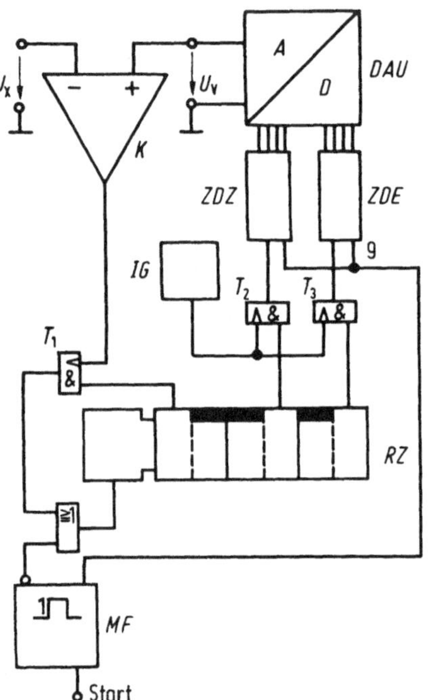

18.7
Analog-Digital-Umsetzer nach dem Kompensationsverfahren mit dekadenweisem Abgleich
K   Komparator, *T* Tor
MF   Monoflop, *RZ* Ringzähler
DAU Digital-Analog-Umsetzer
IG   Impulsgenerator
ZDE Zähldekade Einer
ZDZ Zähldekade Zehner

18.4 Indirekte Verfahren der Analog-Digital-Umsetzung

Bei den indirekten Verfahren der Analog-Digital-Umsetzung wird die analoge Größe zunächst in eine andere analoge Größe umgewandelt, die sich einfach digital erfassen läßt. So wird beim Sägezahn-Umsetzer die Spannung in eine ihr proportionale Zeit umgewandelt, die mit einem digitalen Zeitmesser gemessen wird. Beim Spannungs-Frequenz-Umsetzer wird die Spannung in eine ihr proportionale Frequenz umgewandelt, die mit einem digitalen Frequenzmesser erfaßt wird.

18.4.1 Sägezahn-Umsetzer

Das Prinzip eines Sägezahn-Umsetzers ist in Bild **18.**8 dargestellt. Die beiden Komparatoren K_1 und K_2 und der Sägezahn-Generator S (ein Integrationsverstärker) dienen zum Umwandeln der analogen Spannung U_X in das **analoge Zeitintervall** Δt; der Impulsgenerator IG, das Tor T, dessen Steuerflipflop FF_1 und der Zähler Z bilden einen **Zeitmesser** und die beiden monostabilen Kippstufen MF_1 und MF_2 den **Programmgeber** zum Steuern der Umwandlung und der Zeitmessung.

Das Umwandeln der Spannung U_X in das Zeitintervall Δt vollzieht sich folgendermaßen: Der Ausgang des Sägezahn-Generators S ist mit den Eingängen der beiden Komparatoren verbunden. Am zweiten Eingang des Komparators K_1 liegt das Massepotential 0 V, am zweiten Eingang des Komparators K_2 der positive Pol der Spannung U_X. Der negative Pol der Spannung U_X befindet sich auf

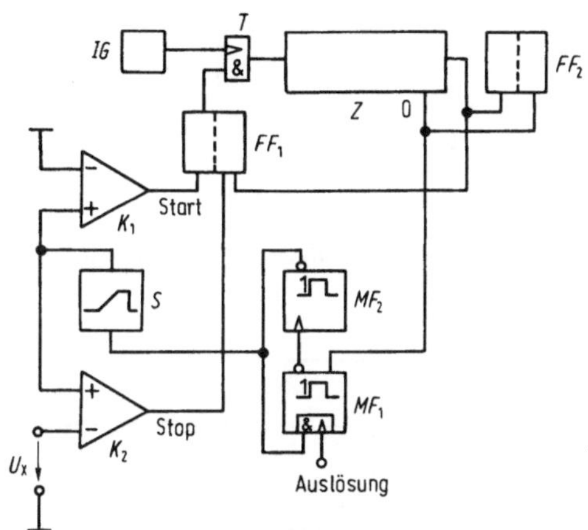

18.8 Sägezahn-Umsetzer
K Komparator, S Sägezahn-Generator
FF Flipflop, MF Monoflop, T Tor
IG Impulsgenerator, Z Zähler

Massepotential. Der Sägezahn-Generator S wird während der Ruhestellung des Monoflops MF_2 in der Wartestellung gehalten. An seinem Ausgang liegt dann eine leicht negative Spannung (Bild **18.**9b). Wird das Monoflop MF_2 in den metastabilen Zustand versetzt, so beginnt die Ausgangsspannung des Sägezahn-Generators S zeitlinear anzusteigen. Zur Zeit $t = t_1$ ist die Sägezahn-Spannung gleich dem Nullpotential geworden, und der Komparator K_1 liefert 1-Signal, das das Flipflop FF_1 von der Ruhelage in die Arbeitslage kippt. Da dieses Signal das Einzählen des Impulsgenerators in den Zähler einleitet, wird es **Startsignal** genannt. Zur Zeit $t = t_2$ ist die Sägezahn-Spannung so weit angestiegen, daß sie gleich der Spannung U_X geworden ist. Nun gibt der Komparator K_2 das **Stopsignal** ab, das das Flipflop FF_1 wieder in die Ruhelage zurückkippt und den Zählvorgang beendet. Am Ausgang des Flipflops FF_1 entsteht also ein Spannungssprung der zeitlichen Dauer $\Delta t = t_2 - t_1$. Dieses Zeitintervall entspricht der Meßspannung zur Zeit t_2, wenn die Sägezahn-Spannung zeitlinear ansteigt.

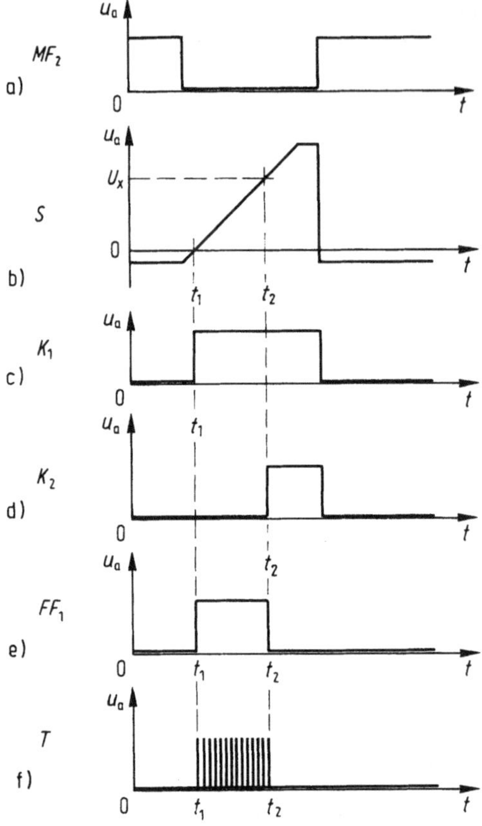

18.9
Impulsdiagramm der wichtigsten
Spannungen des Sägezahn-Umsetzers
nach Bild **18.**8
a) Monoflop MF_2,
b) Sägezahn-Generator S,
c) Komparator K_1,
d) Komparator K_2,
e) Flipflop FF_1,
f) Tor T

Mit der Sägezahn-Spannung

$$u_S = K t \tag{18.2}$$

und der Frequenz f_G des Impulsgenerators ist der Zählerstand

$$N = f_G \, \Delta t = f_G (t_2 - t_1) = f_G \, \frac{U_X - 0\,\text{V}}{K} = \frac{f_G \, U_X}{K} . \tag{18.3}$$

In Bild **18.**8 führt vom Ausgang des Zählers Z eine Leitung zum Stoppeingang des Flipflops FF_1. Dies ist nötig, damit der Zählvorgang auch dann beendet wird, wenn die Spannung U_X größer als die maximale Sägezahn-Spannung ist und daher der Komparator K_2 kein Stopsignal liefert. Das zweite Flipflop FF_2 zeigt in diesem Fall an, daß der Meßbereich überschritten ist. Das Monoflop MF_1 hat die Aufgabe, zu Beginn jeder Messung zunächst den Zähler Z und das Flipflop FF_2 auf Null zu setzen und anschließend über das Monoflop MF_2 die Analog-Digital-Umsetzung einzuleiten.

18.4.2 Zwei-Rampen-Umsetzer (Dual-Slope)

Bei der Analog-Digital-Umsetzung nach dem Sägezahn-Verfahren gibt es einige **Fehlerquellen**, die das Ergebnis verfälschen können: das Abweichen des Impulsgenerators von der Sollfrequenz, die Nichtlinearität des Sägezahn-Generators sowie der Unsicherheitsbereich der beiden Komparatoren. Gelingt es, die Anzahl der Fehlerquellen zu reduzieren, so kann man mit einer größeren Genauigkeit bei der Umsetzung rechnen bzw. bei gleicher Genauigkeit einen geringeren Aufwand treiben.

Beim Zwei-Rampen-Umsetzer, auch Dual-Slope-Umsetzer genannt, werden nacheinander mit demselben Integrationsverstärker die umzusetzende Spannung U_X und eine konstante Spannung U_K integriert. U_X wird während einer konstanten Zeit T_I integriert, die von einem Impulsgenerator abgeleitet wird. Die Ausgangsspannung des Integrationsverstärkers ist dabei von der umzusetzen-

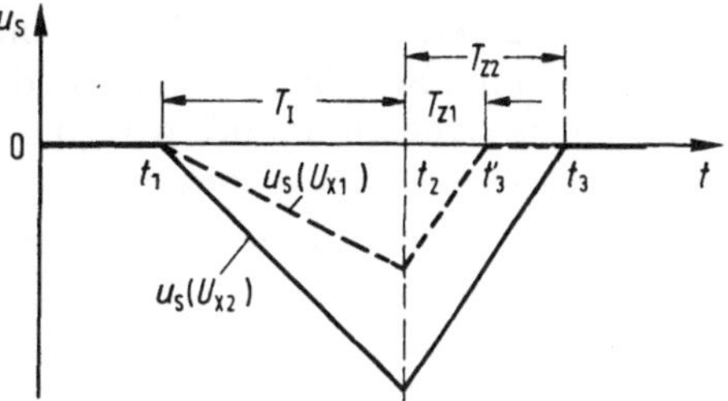

18.10 Verlauf der Sägezahn-Spannung beim Zwei-Rampen-Umsetzer

den Spannung U_X abhängig. Anschließend wird die Konstantspannung U_K umgekehrten Vorzeichens integriert, so daß die vorher erreichte Ausgangsspannung des Integrationsverstärkers wieder abgebaut wird. Die Zeit T_Z, während der der Digitalwert gebildet wird, ist daher von der Höhe der vorher erreichten Sägezahn-Spannung und damit von U_X abhängig (Bild **18.**10). Die konstante Integrierzeit T_I ergibt sich über die Zählkapazität Z_K und die Periodendauer der Frequenz des Impulsgenerators T_G zu

$$T_I = Z_K T_G = Z_K / f_G. \tag{18.4}$$

Die Umsetzung spielt sich wie in Bild **18.**11 dargestellt ab. Durch das Auslösesignal wird das Monoflop MF in den metastabilen Zustand gebracht und der

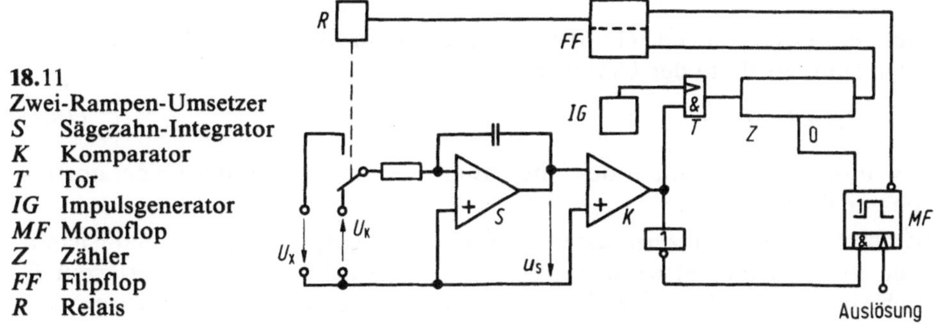

18.11
Zwei-Rampen-Umsetzer
S Sägezahn-Integrator
K Komparator
T Tor
IG Impulsgenerator
MF Monoflop
Z Zähler
FF Flipflop
R Relais

Zähler auf Null gesetzt. Kippt das Monoflop in den Grundzustand zurück, so wird das Flipflop markiert und das Relais R in die Arbeitsstellung gebracht. Nun wird die Spannung U_X integriert. Die Integration verläuft von positiver Ausgangsspannung über 0 V zu negativer Ausgangsspannung. Unterschreitet die Sägezahn-Spannung den Wert 0 V, so spricht der Komparator K an und öffnet das Tor T zum Zähler. Nun zählt der Impulsgenerator in den Zähler ein. Ist der Zähler vollgezählt und geht er wieder auf Null, so gibt er einen Übertragsimpuls ab, der das Flipflop wieder in die Ruhelage versetzt. Dadurch schaltet das Relais von U_X auf U_K um, so daß die Integration zurück in positiver Richtung verläuft. Überschreitet die Sägezahn-Spannung den Wert 0 V, so gibt der Komparator Sperrsignal für das Tor ab, und die Umsetzung ist beendet. Über die Negationsstufe wird das Monoflop während der Umsetzung gegen erneutes Auslösen verriegelt.

Für den Zählerstand am Ende der Umsetzung gilt mit der Zählzeit T_Z und der Generatorfrequenz f_G

$$N = T_Z f_G \, . \tag{18.5}$$

Die während der Integrierzeit T_I erreichte Ausgangsspannung u_S des Sägezahn-Integrators wird während T_Z abgebaut. Daher ist

$$\frac{1}{\tau} \int_{t_1}^{t_2} U_X \, \mathrm{d}t = \frac{1}{\tau} \int_{t_2}^{t_3} U_K \, \mathrm{d}t \, .$$

Die Lösung der Integrale liefert

$$\frac{1}{\tau} U_X (t_2 - t_1) = \frac{1}{\tau} U_K (t_3 - t_2)$$

bzw. mit $t_2 - t_1 = T_I$ und $t_3 - t_2 = T_Z$

$$U_X T_I = U_K T_Z \, .$$

Also ist die Zählzeit

$$T_Z = T_I U_X / U_K \, . \tag{18.6}$$

Durch Einsetzen von Gl. (18.6) und Gl. (18.4) in Gl. (18.5) erhält man den Zählerstand am Ende der Umsetzung

$$N = U_X Z_K / U_K \, , \tag{18.7}$$

der von der Zeitkonstanten des Integrationsverstärkers und der Generatorfrequenz unabhängig ist.

Mit Dual-Slope-Umsetzern lassen sich auch Gleichspannungen digitalisieren, denen eine Störwechselspannung überlagert ist. Macht man die Integrierzeit T_I gleich einem ganzzahligen Vielfachen der Periodendauer der Störwechselspan-

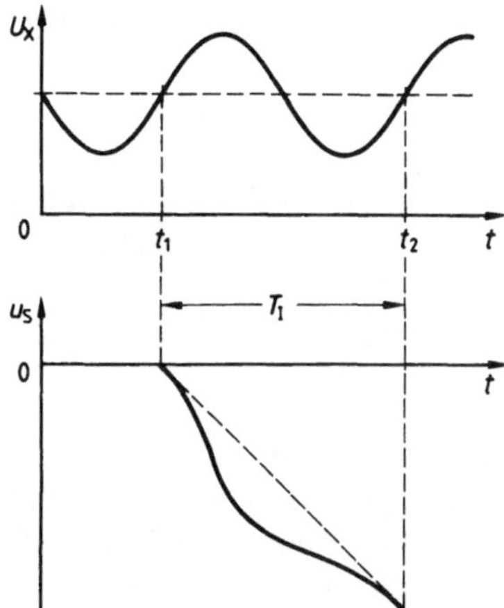

18.12
Integration einer Gleichspannung mit
überlagerter Störwechselspannung

nung, so wird das Integral der Störwechselspannung Null (s. Bild **18.**12), und
man erhält als Ergebnis den reinen Gleichspannungswert.

Beispiel 18.1. Der Gleichspannung $U_G = 0{,}7$ V ist die Wechselspannung $u_W =$
$0{,}3$ V $\sin(2\pi 60$ Hz $t)$ überlagert. Diese Mischspannung wird mit einem dreistelligen
Analog-Digital-Umsetzer nach dem Dual-Slope-Verfahren im Meßbereich 999 mV ge-
messen. Die Integrationszeit des Umsetzers ist 20 ms. In welchen Grenzen schwankt die
Anzeige A des Umsetzers?

Das Integral über eine volle Periode einer Wechselspannung ergibt Null, über eine un-
vollendete Periode einen von Null verschiedenen Wert. Die Wechselspannung hat die
Periodendauer $T = 1$ s$/60 = 50$ ms$/3$. Die Integrationszeit des Umsetzers ist 20 ms und
überschreitet diese Periodendauer um 10 ms$/3$, also um 20%. Verteilen sich diese 20% je
zur Hälfte vor und hinter dem Maximum oder Minimum der Wechselspannung, so entsteht die größte Abweichung vom Sollwert. Zur Berechnung dieser Abweichung muß
man die Wechselspannung von 10% vor bis 10% nach dem Maximum integrieren und
zum 20-ms-Integral der Gleichspannung hinzu addieren oder von ihm subtrahieren. Für
das Integral über die Wechselspannung erhält man:

$$\int_{t_1}^{t_2} \hat{u}\sin(\omega t)\,dt = \frac{-\hat{u}}{\omega}\cos(\omega t)\Big|_{t_1}^{t_2} = \frac{\hat{u}}{\omega}(\cos(\omega t_1) - \cos(\omega t_2))$$

$$= \frac{0{,}3 \text{ Vs}}{120\,\pi}(\cos(0{,}3\,\pi) - \cos(0{,}7\,\pi)) = 0{,}9355 \text{ mVs}.$$

Das Integral über die Gleichspannung ist

$$\int_0^{20\,\text{ms}} U_G\,dt = 0{,}7 \text{ V } 20 \text{ ms} = 14 \text{ mVs}$$

und entspricht dem Digitalwert 700. Damit ergibt sich die Maximalanzeige

$$A_{\max} = 700(14 + 0{,}9355)/14 = 747$$

und die Minimalanzeige

$$A_{\min} = 700(14 - 0{,}9355)/14 = 653\,.$$

18.4.3 Spannungs-Frequenz-Umsetzer

Analog-Digital-Umsetzer mit einer Frequenz als Zwischengröße bestehen aus einem digitalen Frequenzmesser, an dessen Eingang ein Wandler liegt, der die analoge Größe in eine analoge Frequenz umwandelt. Der Wandler übernimmt bei der Analog-Digital-Umsetzung die Aufgabe der Quantisierung, der Frequenzmesser die Aufgabe der Codierung. Diese Umsetzer erfordern als Eingangsgröße eine Spannung und werden daher Spannungs-Frequenz-Umsetzer genannt.

18.4.3.1 Digitaler Frequenzmesser. Bild **18.**13 zeigt die Schaltung eines digitalen Frequenzmessers. Die Meßgröße X wird im Verstärker V verstärkt, im Schwellwertschalter SS pulsgeformt und über das Tor T_1 auf den Ergebniszähler Z_1 geschaltet. Das Tor T_1 wird von einer Zeitbasisschaltung mit synchronisiertem Start gesteuert. Sie besteht aus dem meist quarzstabilisierten Impulsgenerator IG, dem Tor T_2, dem Zeitzähler Z_2, der NOR-Schaltung und den beiden Flipflops.

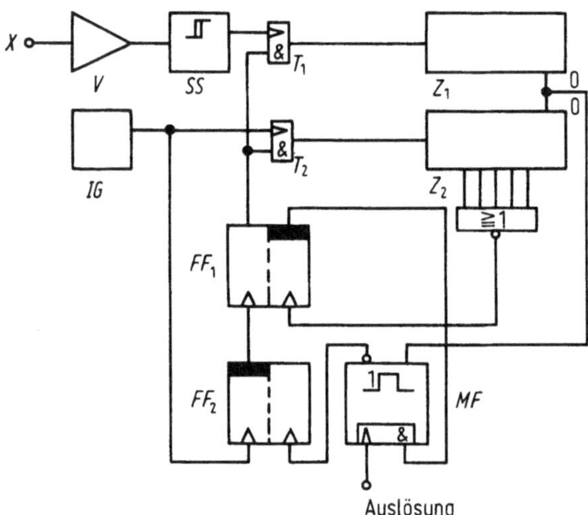

18.13
Digitaler Frequenzmesser
V Verstärker
SS Schwellwertschalter
T Tor
IG Impulsgenerator
Z Zähler
FF Flipflop
MF Monoflop

In der Gesamtschaltung wird das Auslösesignal für eine Messung auf das Monoflop MF geführt. Von diesem werden unverzögert der Ergebniszähler Z_1 sowie der Zeitzähler Z_2 auf Null gesetzt und verzögert der Start für die Zeitbasis gegeben. Damit der Ergebniszähler während einer laufenden Messung nicht gelöscht werden kann, ist die Eingangstorschaltung des Monoflops für die Dauer der Messung durch das Flipflop FF_1 verriegelt. Die Zeitbasis wird am Flipflop FF_2 durch das Monoflop gestartet. Das Flipflop FF_2 wird in die Arbeitslage gesetzt und durch den nächsten Generatorimpuls wieder zurückgesetzt. Hierbei markiert es das Flipflop FF_1, das seinerseits die Tore zu den Zählern öffnet. Nun zählt der Generator in den Zeitzähler ein, wobei der erste Generatorimpuls eine volle Periode nach dem Öffnen des Tores in den Zähler gelangt, was ohne das Flipflop FF_2 nicht gegeben ist. Stimmt der Zählerstand mit dem an der NOR-Schaltung eingestellten Wert überein, so gibt die NOR-Schaltung einen Impuls ab, der das Flipflop FF_1 zurückkippt. Dadurch werden die Tore geschlossen; sie waren während der mit der NOR-Schaltung eingestellten Anzahl von Perioden der Generatorfrequenz geöffnet.

Das Zählergebnis einer Frequenzmessung ist prinzipiell um ± eine Einheit in der letzten Stelle unsicher, weil der Beginn der Zeitbasis keine feste Phasenlage zu der Zählfrequenz hat. Öffnet das Tor zum Ergebniszähler, nachdem gerade ein Impuls abgeklungen ist, und schließt es, kurz bevor ein neuer Impuls kommt, so ist das Ergebnis um fast eine Einheit zu klein. Öffnet das Tor, kurz bevor ein Impuls ankommt, und schließt es, kurz nachdem ein Impuls abgeklungen ist, so ist das Ergebnis um fast eine Einheit zu groß. Öffnet und schließt das Tor jeweils mit derselben Phasenlage zum vorherigen Impuls, dann ist das Ergebnis exakt. Die drei in Bild **18.**14 skizzierten Fälle bringen drei verschiedene Zählerergebnisse, obwohl sich die Frequenzen in den Teilbildern a und b nur um kleine Beträge Δf von der Frequenz f im Teilbild c unterscheiden.

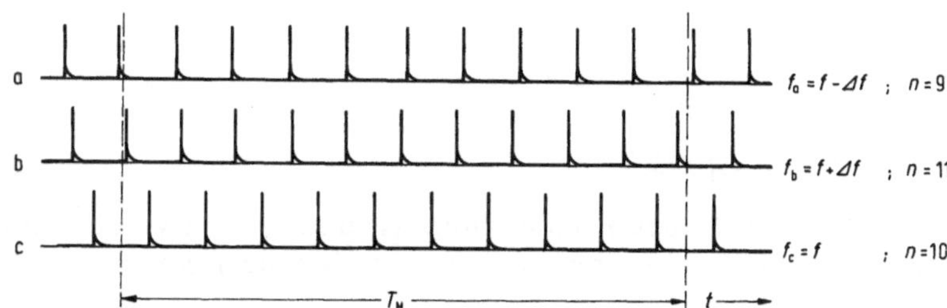

18.14 Unsicherheit des Zählergebnisses bei der digitalen Frequenzmessung

18.4.3.2 Spannungs-Frequenz-Umwandlung. Ein Verfahren zur Spannungs-Frequenz-Umwandlung mit einem Integrationsverstärker ist in Bild **18.**15 dargestellt. Die Meßspannung U_X wird auf den Eingang des Integrationsverstärkers

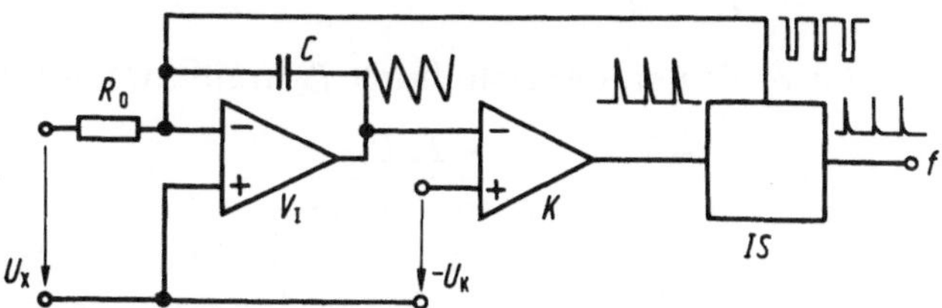

18.15 Spannungs-Frequenz-Umwandlung mit Integrationsverstärker. V_I Integrationsverstärker, K Komparator, *IS* Impulsschaltung

V_{I} gegeben, der sie in eine Sägezahn-Spannung umwandelt. Die Steilheit der Sägezahn-Spannung ist der anliegenden Meßspannung in jedem Augenblick direkt proportional. Der Komparator K vergleicht die Sägezahn-Spannung mit der Konstantspannung U_{K}. Ist die Sägezahn-Spannung bis auf die Konstant-spannung abgesunken, so erzeugt der Komparator einen Impuls. Dieser Impuls wird in der Impulsschaltung IS verstärkt und nach außen abgegeben. Gleichzeitig wird er jedoch noch in der Impulsschaltung umgepolt und derart geformt, daß er, auf den Eingang des Integrationsverstärkers gegeben, die Sägezahn-Spannung am Ausgang auf den Anfangswert der Integration absenkt.

Die Folgefrequenz der Ausgangsimpulse ergibt sich aus dem Kehrwert der Summe von Auflade- und Entladezeit des Kondensators. Der Integrationsverstärker liefert die Ausgangsspannung

$$u_{\mathrm{a}} = -\frac{1}{\tau} U_{\mathrm{X}} t + U_{\mathrm{a0}}. \tag{18.8}$$

Nach Ablauf der Aufladezeit T_{L} ist die Ausgangsspannung u_{a} gleich der Konstantspannung $-U_{\mathrm{K}}$ geworden. Mit dem Anfangswert $U_{\mathrm{a0}} = 0$ und der Ladezeitkonstanten $\tau_{\mathrm{L}} = R_0 C$ aus dem Ladewiderstand R_0 und dem Integrationskondensator C ergibt sich

$$-U_{\mathrm{K}} = -U_{\mathrm{X}} T_{\mathrm{L}}/\tau_{\mathrm{L}}$$

bzw. die Aufladezeit

$$T_{\mathrm{L}} = \tau_{\mathrm{L}} U_{\mathrm{K}}/U_{\mathrm{X}}. \tag{18.9}$$

Die Entladezeit T_{E} des Kondensators ist unabhängig von der Eingangsspannung U_{X} und konstant. Somit erhält man als Folgefrequenz

$$f = \frac{1}{T_{\mathrm{L}} + T_{\mathrm{E}}} = \frac{1}{\tau_{\mathrm{L}} \dfrac{U_{\mathrm{K}}}{U_{\mathrm{X}}} + T_{\mathrm{E}}}. \tag{18.10}$$

Sie ist wegen der Entladezeit T_{E} keine lineare Funktion der Eingangsspannung U_{X}. Für $(T_{\mathrm{E}}/T_{\mathrm{L}}) \ll 1$ ergibt sich mit $1/(1+x) \approx 1-x$

$$f \approx \frac{1}{T_{\mathrm{L}}} - \frac{T_{\mathrm{E}}}{T_{\mathrm{L}}^2}. \tag{18.11}$$

Der relative Fehler, der sich durch T_{E} ergibt, wächst mit U_{X}

$$F_{\mathrm{r}} = \frac{-T_{\mathrm{E}}}{T_{\mathrm{L}} + T_{\mathrm{E}}} = \frac{-T_{\mathrm{E}} U_{\mathrm{X}}}{\tau_{\mathrm{L}} U_{\mathrm{K}} + T_{\mathrm{E}} U_{\mathrm{X}}}. \tag{18.12}$$

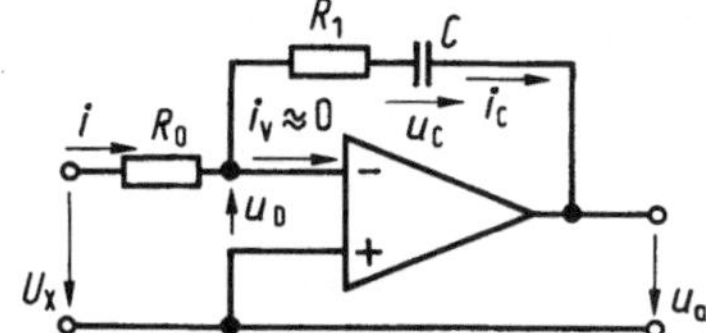

18.16
Integrationsverstärker zur Verbesserung der Linearität der Spannungs-Frequenz-Umwandlung

18.4.3.3 Verbesserung der Linearität. Der Spannungs-Frequenz-Wandler nach Bild **18.**15 kann durch einen Verstärker nach Bild **18.**16 verbessert werden. Auch hier wird ein Operationsverstärker mit sehr großer Verstärkung und sehr großem Eingangswiderstand zugrunde gelegt, so daß der Verstärkereingangsstrom i_v und die Differenzeingangsspannung u_D wieder vernachlässigt werden können. Es gilt für die Meßspannung

$$U_\mathrm{X} \approx i\,R_0 \approx R_0\,C\,\frac{\mathrm{d}u_\mathrm{C}}{\mathrm{d}t} = \tau_\mathrm{L}\,\frac{\mathrm{d}u_\mathrm{C}}{\mathrm{d}t}\,, \tag{18.13}$$

bzw. $\qquad \dfrac{\mathrm{d}u_\mathrm{C}}{\mathrm{d}t} \approx \dfrac{U_\mathrm{X}}{\tau_\mathrm{L}}\,.$

Durch Integration dieser Gleichung erhält man

$$u_\mathrm{C} \approx \frac{U_\mathrm{X}}{\tau_\mathrm{L}}\,t + K\,. \tag{18.14}$$

Für $t=0$ sei $u_\mathrm{C}=0$; daraus folgt für die Integrationskonstante $K=0$ und für den Spannungsverlauf

$$u_\mathrm{C} \approx \frac{U_\mathrm{X}}{\tau_\mathrm{L}}\,t\,. \tag{18.15}$$

Ferner gilt für die Ausgangsspannung

$$u_\mathrm{a} \approx -i_\mathrm{C}\,R_1 - u_\mathrm{C} = -R_1\,C\,\frac{\mathrm{d}u_\mathrm{C}}{\mathrm{d}t} - u_\mathrm{C}\,. \tag{18.16}$$

Gl. (18.13) und Gl. (18.15) in Gl. (18.16) eingesetzt liefern mit der Nachstellzeit $T_\mathrm{N}=R_1\,C$ die Zeitfunktion der Ausgangsspannung

$$u_\mathrm{a} \approx -\frac{U_\mathrm{X}}{\tau_\mathrm{L}}\,(T_\mathrm{N}+t)\,. \tag{18.17}$$

Nach Ablauf der Aufladezeit T_L ist die Ausgangsspannung gleich der Konstantspannung $-U_\mathrm{K}$ geworden:

$$u_{\mathrm{a}_{t-T_\mathrm{L}}} = -U_\mathrm{K} \approx -\frac{U_\mathrm{X}}{\tau_\mathrm{L}}\,(T_\mathrm{N}+T_\mathrm{L})\,. \tag{18.18}$$

Daraus ergibt sich die Aufladezeit

$$T_\mathrm{L} \approx \frac{U_\mathrm{K}}{U_\mathrm{X}}\, \tau_\mathrm{L} - T_\mathrm{N}. \qquad (18.19)$$

Die Periodendauer der Folgefrequenz der Ausgangsimpulse ist die Summe aus Aufladezeit T_L und Entladezeit T_E. Macht man nun durch geeignete Wahl des Widerstands R_1 die Nachstellzeit T_N gleich der Entladezeit T_E, so wird die Folgefrequenz der Ausgangsimpulse

$$f = U_\mathrm{X}/(U_\mathrm{K}\tau_\mathrm{L}) \qquad (18.20)$$

eine lineare Funktion der Meßspannung U_X, wie es bei einem Spannungs-Frequenz-Wandler der Fall sein muß.

Mit Spannungs-Frequenz-Umsetzern lassen sich auch Gleichspannungen digitalisieren, denen eine Störwechselspannung überlagert ist. In diesem Fall ist die Anzahl der Ausgangsimpulse des Wandlers während eines Zeitintervalls gleich dem Integral der Eingangsspannung über diesem Zeitintervall. Macht man die Zeitbasis des Frequenzmessers gleich einem ganzzahligen Vielfachen der Periodendauer der Störwechselspannung, so wird das Integral der Störwechselspannung Null, und man erhält als Ergebnis den reinen Gleichspannungsanteil.

18.5 Analog-Digital-Umsetzer für Wege und Winkel

Analog-Digital-Umsetzer für Wege und Winkel werden hauptsächlich zur Lagemessung translatorisch oder rotatorisch bewegter Teile verwendet, bisweilen auch bei Kompensatoren zur Abtastung von Potentiometerstellungen. Diese Umsetzer arbeiten mit codierten oder gerasterten Stäben und Scheiben, über die die Meßgröße direkt codiert oder als Impulsserie abgenommen wird. Entsprechend diesen zwei verschiedenen Abnahmemöglichkeiten unterscheidet man das Codeverfahren und das Inkrementalverfahren.

18.5.1 Codeverfahren

Analog-Digital-Umsetzer nach dem Codeverfahren arbeiten mit codierten Stäben oder Scheiben, auf denen jedes Wegelement oder jede Winkelstellung eindeutig codiert ist. Die Abtastung solcher Codestäbe oder Codescheiben kann galvanisch, magnetisch oder optisch erfolgen; sie kann als Einfach-, Doppel- oder V-Abtastung ausgeführt werden.

Einfachabtastung. Soll Einfachabtastung verwendet werden, bei der für jede Codestelle nur ein Abtastelement benutzt wird, müssen die Codes einschrittig sein (s. Abschn. 3.3). Wird nämlich ein Code am Übergang zweier Zeichen abgetastet, die sich in m Stellen unterscheiden, so gibt es wegen Fehler in der Justage der Abtastelemente und in der Ausführung der Codelineale 2^m verschiedene Abtastergebnisse. Es dürfen jedoch nur 2 verschiedene Ergebnisse entstehen, und zwar diejenigen, die den beiden benachbarten Zeichen entsprechen. Also dürfen sich bei Einfachabtastung benachbarte Zeichen nur in einer Stelle unterscheiden.

Doppelabtastung. Bei der Doppelabtastung, die für alle Codes geeignet ist, wird jede Codestelle zweimal abgetastet (Bild **18.**17). Die Stelle mit dem kürzesten Bahnsegment (0 oder 1) steuert die Abtastung in den anderen Stellen. In dieser Stelle ist das erste Abtastelement auf der Ableselinie angebracht, das zweite ein halbes Quant versetzt. In den übrigen Stellen liegen die Abtastelemente ein viertel Quant vor bzw. hinter der Abtastlinie. Stimmen die beiden Abtastergebnisse der Steuerstelle überein, so wird in den übrigen Stellen mit den Elementen abgelesen, die zwischen denen der Steuerstelle liegen; stimmen die beiden Abtastergebnisse der Steuerstelle nicht überein, so wird in den übrigen Stellen mit den außen liegenden Elementen abgelesen. Es ist dabei gleichgültig, ob in der Steuerstelle das zweite Abtastelement vor oder hinter der Ableselinie liegt. Von der Steuerstelle wird für das Ergebnis nur der Abtastwert des Elements auf der Ableselinie gewertet. Somit ergibt sich eine einfache Steuerschaltung (Bild **18.**18).

V-Abtastung. Bei der V-Abtastung (Bild **18.**19) wird jede Codestelle bis auf diejenige mit dem kürzesten Bahnsegment (0 oder 1) zweimal abgetastet. Die Abtastelemente liegen um ein Viertel der

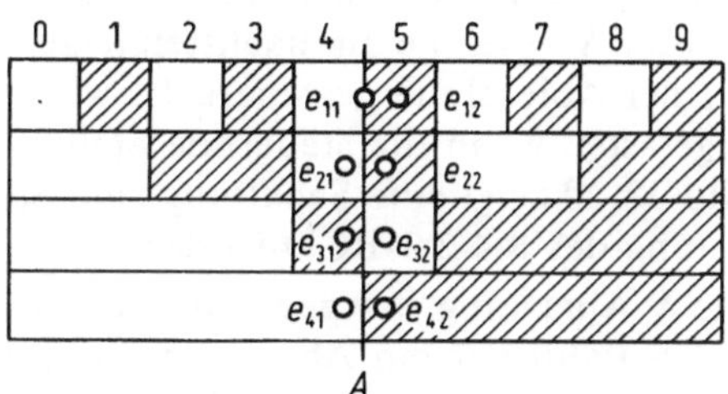

18.17 Anordnung der Abtastelemente bei der Doppelabtastung des Aiken-Codes
A Ableselinie

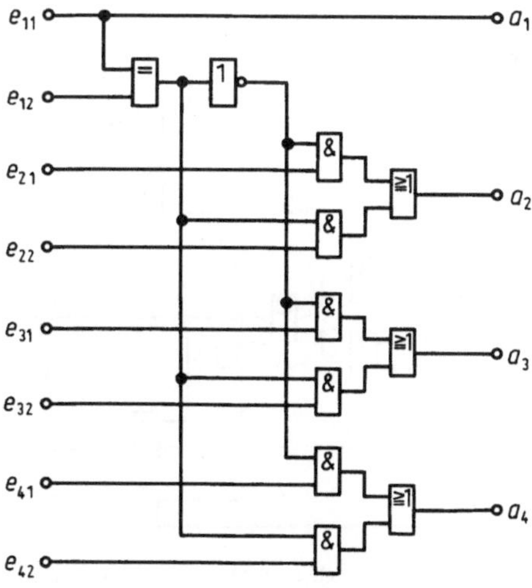

18.18 Steuerung der Abtastelemente bei der Doppelabtastung

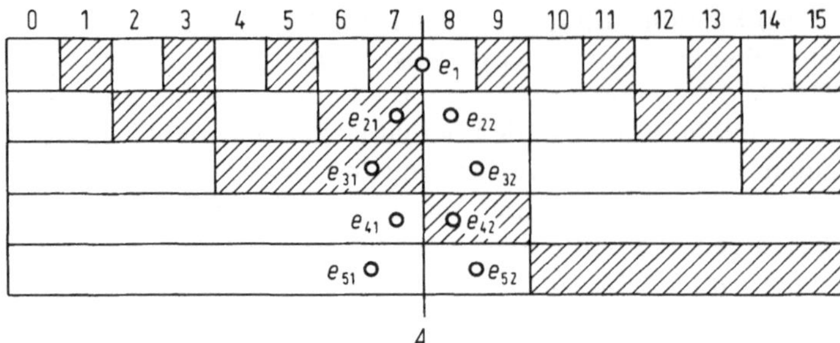

18.19
Anordnung der
Abtastelemente bei
der V-Abtastung
des 8-4-2-1-BCD-
Codes (mit erster
Stelle der zweiten
Dekade)
A Ableselinie

Länge des kürzesten Segments der eigenen Bahn vor bzw. hinter der Ableselinie, jedoch um nicht mehr als das Doppelte der Verschiebung der vorherigen Bahn. Die Abtastung in einer Bahn wird jeweils vom Abtastergebnis derjenigen Stelle gesteuert, deren Abtastelemente etwas näher an der Ableselinie liegen. Die der Ableselinie am nächsten liegenden Elemente werden von dem Element auf der Ableselinie gesteuert. Es wird voreilend, d. h. zu größeren Zahlen hin abgetastet, wenn die steuernde Stelle 0 liest, und nacheilend, wenn sie 1 liest. Bild **18.**20 zeigt eine Schaltung zum Steuern der Abtastelemente bei der V-Abtastung des 8-4-2-1-BCD-Codes.

Die V-Abtastung hat gegenüber der Doppelabtastung den Vorteil, daß in der ersten Bahn nur ein Abtastelement benötigt wird, in den übrigen Bahnen die Abtastelemente weiter auseinander liegen und bei ihrer Einstellung größere Toleranzen zugelassen sind. Die V-Abtastung kann allerdings nur auf solche Codes angewandt werden, bei denen sich beim Übergang von einem Zeichen zum nächsthöheren nur eine Stelle von 0 nach 1 ändert. Daher scheiden z. B. der Aiken- und der Stibitz-Code für die V-Abtastung aus.

18.5.2 Inkrementalverfahren

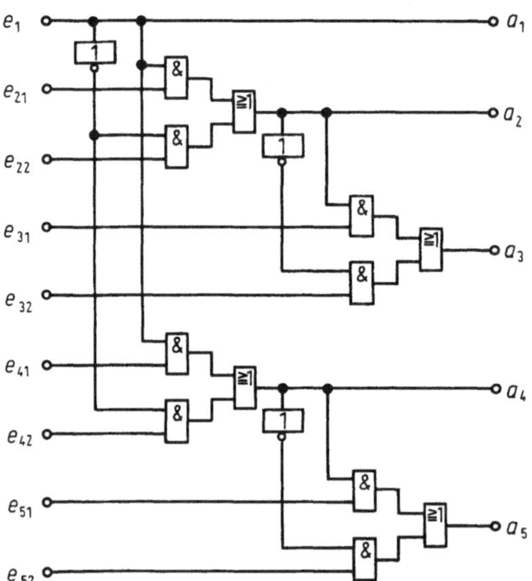

18.20 Steuerung der Abtastelemente bei der
V-Abtastung des 8-4-2-1-BCD-Codes
nach Bild **18.**19

Analog-Digital-Umsetzer nach dem Inkrementalverfahren arbeiten mit S t r i c h r a s t e r n, auf die in stets wechselnder Folge Ja- und Nein-Elemente (Inkremente) aufgebracht sind. Diese Ja- und Nein-Elemente bestimmen die Quantisierung, haben aber keinerlei Bewertung. Der Digitalwert der umzusetzenden Größe ergibt sich vielmehr durch A b z ä h l e n der auf sie

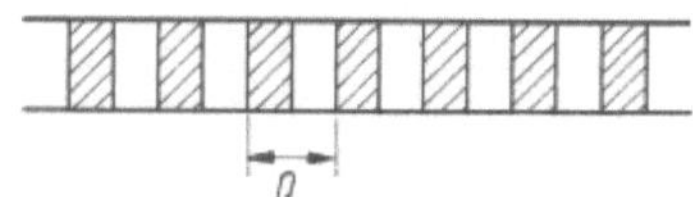

18.21
Strichraster für das Inkrementalverfahren

entfallenden Anzahl von Ja-Nein-Elementen, den Quanten (Bild **18.**21). Die
Codierung des Digitalwerts wird durch den verwendeten Zähler ausgeführt.
Strichraster werden für galvanische, magnetische oder optische Abtastung her-
gestellt. Optische Strichraster gibt es bis zu 200 Strichen pro Millimeter.

Wird nur ein Abtastelement verwendet, so kann nicht zwischen Vorwärts- und
Rückwärtsbewegung unterschieden werden. Bei wechselnder Bewegungsrichtung ergeben sich daher Fehler. Werden dagegen zwei um ¼ Quant (½ Ja-
bzw. Nein-Element) oder wahlweise ein beliebiges Vielfaches des Quants ver-
setzte Abtastelemente mit einem Richtungsdiskriminator verwendet, so lassen
sich Vorwärts- und Rückwärtsbewegungen erfassen. Vom Richtungsdiskriminator wird verlangt, daß er die über Raster und Abtastelemente gebildeten
Zählimpulse je nach der Bewegungsrichtung des Rasters über den Vorwärts-
oder den Rückwärtszählausgang abgibt oder außer den Impulsen ein zusätzliches Richtungssignal liefert. Bild **18.**22 zeigt eine optische Abtastanordnung
mit richtungsabhängigen Impulsausgängen. Bei einer Rechtsbewegung des Rasters bekommt die Photozelle Ph_1 vor der Photozelle Ph_2 Licht. Solange die
Photozelle Ph_2 kein Licht erhält, gibt sie am Ausgang 0-Signal ab, das durch
die Negationsstufe in das 1-Signal umgekehrt wird und das Tor T_1 für den Vor-
wärtszählausgang öffnet. Ein von der Photozelle Ph_1 gelieferter Impuls kann
während des unbeleuchteten Zustands von Photozelle Ph_2 also das Tor T_1 passieren, wohingegen die Impulse der Photozelle Ph_2 bei Rechtsbewegung des
Rasters stets ein geschlossenes Tor T_2 vorfinden. Bei einer Linksbewegung des
Rasters können die Impulse der Photozelle Ph_2 das Tor T_2 passieren, während
das Tor T_1 für Impulse gesperrt ist.

Beim Inkrementalverfahren summieren sich Fehler durch Störimpulse auf.
Darum bringt man zusätzliche Bahnen an, die an bestimmten Stellen definierte
Setzimpulse liefern (z. B. alle 100 Quanten).

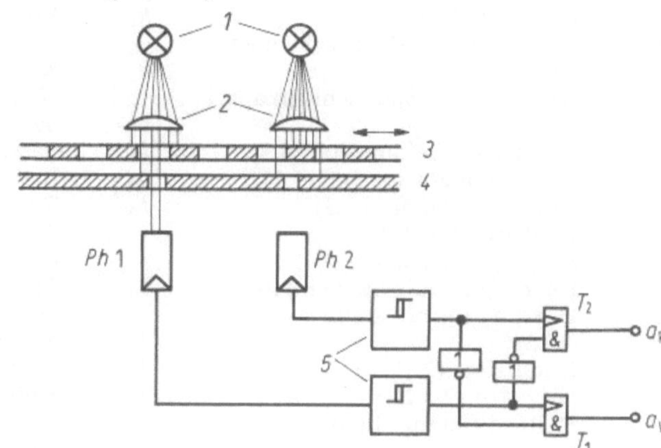

18.22
Optische Abtastanordnung
mit richtungsabhängigen
Impulsausgängen für das
Inkrementalverfahren
1 Lampe
2 Kondensor
3 Strichraster
4 Ablesemarke
5 Schwellwertschalter
Ph Photozelle
T Tor

Anhang

1 Formelzeichen

(In Klammern Abschnittsnummern der Einführung der Zeichen)

A	Dualziffer (10.1)	e	diskrete Variable (4.1)
A_{I}	Gleichstromverstärkung der inversen Basisschaltung (5.2.3)	e	($=2{,}71828$) Basis des natürlichen Logarithmus (7.2.1)
A_{N}	Gleichstromverstärkung der normalen Basisschaltung (5.2.3)	F	Endfunktion (10.6)
A_{n}	Ziffer in der Stelle n (10.2)	F_{a}	Ausgangsfächer (14.1.2.1)
A^{n}	Ausgangsvektor (16)	F_{rI}	relativer Stromfehler (17.2)
a	diskrete Funktion (4.1)	F_{rU}	relativer Spannungsfehler (17.1)
B	Basis eines Zahlensystems (2.1)	f	Frequenz (18.4.3.2)
B	Dualziffer (10.1)	f	Funktionsvektor (16)
B_{N}	Gleichstromverstärkung der normalen Emitterschaltung (5.2.1)	f_{G}	Generatorfrequenz (18.3.1)
B_{min}	minimale Gleichstromverstärkung in Emitterschaltung (5.2.2)	$f_{\alpha\mathrm{I}}$	Grenzfrequenz der inversen Basisschaltung (5.2.3)
B_{n}	Ziffer in der Stelle n (10.2)	$f_{\alpha\mathrm{N}}$	Grenzfrequenz der normalen Basisschaltung (5.2.3)
C	Kapazität (18.4.3)	G	Leitwert (17.1)
C	Übertrag (10.1)	g	Funktionsvektor (16)
C_{BC}	Basis-Kollektor-Sperrschichtkapazität (5.2.3)	h_{11}	Kurzschluß-Eingangswiderstand (7.4.3)
C_{BE}	Basis-Emitter-Sperrschichtkapazität (5.2.3)	h_{21}	Kurzschluß-Stromverstärkung (7.4.3)
C_{DS}	Drain-Source-Kapazität (5.3)	I	Strom (5.2.2)
C_{GS}	Gate-Source-Kapazität (5.3)	I_{B}	Basisstrom (5.2.1)
C_{K}	Koppelkapazität (5.2.3)	I_{BA}	Basis-Ausschaltstrom (5.2.3)
C_{L}	Lastkapazität (5.3)	$I_{\mathrm{BSätt}}$	für den Kollektorsättigungsstrom $I_{\mathrm{CSätt}}$ erforderlicher Basissättigungsstrom (5.2.2)
C_{e}	Eingangskapazität (5.3)		
C_{n}	Übertrag für die Stelle n (10.2)	$I_{\mathrm{BÜ}}$	Basisstrom im Übersteuerungsfall (5.2.2)
$C_{\mathrm{n}+1}$	Übertrag für die Stelle $n+1$ (10.2)	I_{C}	Kollektorstrom (5.2.1)
c	Koeffizient (2.1)	$I_{\mathrm{CSätt}}$	Kollektorsättigungsstrom (5.2.2)
D	Differenz (2.5.2)	I_{CB0}	Kollektor-Basis-Reststrom bei $I_{\mathrm{E}}=0$ (5.2.1)
D_{n}	Stellendifferenz (10.5)		
d	Volldisjunktion, Maxterm (4.3.1)	I_{CE0}	Kollektor-Emitter-Reststrom bei $I_{\mathrm{B}}=0$ (5.2.1)
E	Eingabe einer Folgeschaltung (8.1.3)		
E^{n}	Eingangsvektor (16)	I_{E}	Emitterstrom (5.2.1)
		I_{K}	Konstantstrom (17.3)

I_R Reststrom (5.1)

I_{RL} Strom durch den Lastwiderstand R_L (6.2.1.3)

I_{Sp} Sperrstrom (6.2.1.3)

I_{aH} Ausgangsstrom bei hoher Ausgangsspannung (14.1.2.1)

I_{aL} Ausgangsstrom bei niedriger Ausgangsspannung (14.1.2.1)

I_{aZL} Ausgangsstrom eines passiven Gatters (14.1.2.2)

I_{eH} Eingangsstrom bei hoher Eingangsspannung (14.1.2.1)

I_{eHmin} Eingangsstrom beim Minimalwert der hohen Eingangsspannung (7.2.1)

I_{eLmax} Eingangsstrom beim Maximalwert der niedrigen Eingangsspannung (7.2.1)

I_q Quellenstrom (17.3)

i_C zeitabhängiger Kondensatorstrom (18.4.3)

i_E zeitabhängiger Eingangsstrom (7.4.2)

i_{GK} zeitabhängiger Gegenkopplungsstrom (17.2)

K Komplement (2.5.2)

K Korrektursignal (10.4)

K Konstante (18.4.1)

k Anzahl der Prüfstellen eines Hamming-Codes (3.4.2.2)

k Boltzmann-Konstante (5.2.2)

k Vollkonjunktion, Minterm (4.3.1)

L_P Primtermlösungsfunktion (4.6.1)

M Betriebsartensignal (10.6)

M Minuend (2.5.2)

m Anzahl der Informationsstellen eines Hamming-Codes (3.4.2.2) und Anzahl der mit 1 besetzten Stelle eines gleichgewichtigen Codes (3.4.1.2)

m Anzahl der Senderausgänge (14.1.2.1)

m Stellenzahl rechts vom Komma (2.1)

m Übersteuerungsfaktor (5.2.2)

N Anzahl der darstellbaren Zahlen (2.1)

N Anzahl der Zeichen eines Codes (3.4.1.2)

N Zählerstand (12.2)

n Anzahl der Eingänge (6.2.1.3)

n Anzahl der Teilnehmer (14.1.2.2)

n Anzahl der Variablen (4.2.1)

n Gesamtstellenzahl eines Codes (3.4.1.2)

n Stellenzahl links vom Komma (2.1)

P_S mittlere Verlustleistung eines Schalters beim Umschalten (5.1)

$\overline{P_V}$ mittlere Verlustleistung (6.4.6)

P_{VAus} Verlustleistung des ausgeschalteten Schalters (5.1)

P_{VEin} Verlustleistung des eingeschalteten Schalters (5.1)

P_{VH} Verlustleistung bei hoher Ausgangsspannung (6.4.6)

P_{VL} Verlustleistung bei niedriger Ausgangsspannung (6.4.6)

p Ausschaltfaktor (5.2.3)

p Primterm (4.6.1)

Q Ausgangssignal einer Kippstufe (7)

Q_B Basisladung (5.2.3)

q Elementarladung (5.2.1)

R Wirkwiderstand (6.2.1.2)

R_{Aus} Widerstand des ausgeschalteten Schalters (5.1)

R_B Basisvorwiderstand (6.4.2)

R_C Kollektorwiderstand (5.2.2)

R_D Drainwiderstand (5.3)

R_D Durchlaßwiderstand der Diode (6.2.1.2)

R_E Emitterwiderstand (7.4.3)

R_{Ein} Widerstand des eingeschalteten Schalters (5.1)

R_{GK} Gegenkopplungswiderstand (17.2)

R_L Lastwiderstand (5.1)

R_{NM} Widerstand zwischen Knoten N und Masse M (17.3)

R_S Summierwiderstand (17.2)

R_{Sp} Sperrwiderstand der Diode (6.2.1.2)

R_{VW} Vorwiderstand (17.1)

R_e Eingangswiderstand (7.4.1.2)

R_{eV} Eingangswiderstand des Operationsverstärkers (7.4.1.2)

R_i Innenwiderstand (17.3)

R_{imax} maximaler Innenwiderstand (17.1)

R_{iQ} Innenwiderstand der Signalquelle (5.3)

R^n Rückkopplungsvektor (16.1)

r_{DS} differentieller Drain-Source-Widerstand (5.3)

S	Schaltverhältnis (5.1)		U_{SL}	Störspannungsabstand des L-Signals (6.4.6)
S	Steilheit (5.3)		U_{SO}	obere Schwellenspannung (7.4.1.1)
S	Subtrahend (2.5.2)			
S	Ziffernaufwand (2.1)		U_{SU}	untere Schwellenspannung (7.4.1.1)
S_t	Zeitwert der Leistung (5.1)			
s	Stromfaktor (5.2.3)		U_T	Temperaturspannung (5.2.1)
T	absolute Temperatur (5.2.1)		U_{Th}	Schwellenspannung (5.3)
$\overline{T}$	Teilfunktion (10.6)		U_U	Umschaltspannung (7.2.1)
$\overline{T}_A$	mittlere Abgleichzeit (18.3.1)		$U_{\ddot{U}}$	Spannung an der Übergabestelle (17.2.2)
T_E	Entladezeit (18.4.3.2)			
T_G	Periodendauer des Generators (18.4.2)		U_V	Vorspannung (5.2.2)
T_I	Integrationszeit (18.4.2)		U_X	unbekannte Meßspannung (18.4.1)
T_L	Aufladezeit (18.4.3.2)			
T_N	Nachstellzeit (18.4.3.3)		U_a	Ausgangsspannung (6.4.2)
T_S	Schaltzeit (5.1)		U_{aH}	hohe Ausgangsspannung (5.2.5)
T_Z	Zählzeit (18.4.2)		U_{aHmin}	Minimalwert der hohen Ausgangsspannung (6.4.6)
T_d	Verzögerungszeit (5.2.3)			
$\overline{T}_f$	Abfallzeit (5.2.3)		U_{aL}	niedrige Ausgangsspannung (6.2.1.3)
$\overline{T}_p$	mittlere Signallaufzeit (6.4.6)			
T_{pLH}	Signallaufzeit beim L-H-Wechsel (6.4.6)		U_{aLmax}	Maximalwert der niedrigen Ausgangsspannung (6.4.6)
T_{pHL}	Signallaufzeit beim H-L-Wechsel (6.4.6)		U_{amax}	Maximalwert der Ausgangsspannung (7.4.1.1)
T_r	Anstiegszeit (5.2.3)		U_{amin}	Minimalwert der Ausgangsspannung (7.4.1.1)
T_s	Speicherzeit (5.2.3)			
T_v	Verzögerungszeit (7.2.1)		U_e	Eingangsspannung (5.2.3)
t	Zeit (5.1)		U_{eH}	hohe Eingangsspannung (5.2.3)
U_B	Betriebsspannung (5.1)		U_{eHmin}	Minimalwert der hohen Eingangsspannung (6.4.6)
U_{Bmax}	Maximalwert der Betriebsspannung (14.1.2.1)			
U_{Bmin}	Minimalwert der Betriebsspannung (14.1.2.1)		U_{eL}	niedrige Eingangsspannung (5.2.2)
U_{BEF}	Basis-Emitter-Flußspannung (5.2.2)		U_{eLmax}	Maximalwert der niedrigen Eingangsspannung (6.4.6)
U_{BES}	Basis-Emitter-Sperrspannung (5.2.2)		U_l	Leerlaufspannung (14.1.2)
			U_{max}	Maximalwert der Spannung (5.2)
$U_{CB'}$	Spannung zwischen Kollektor und innerem Basispunkt B' (5.2.1)		U_q	Quellenspannung (14.2)
			u_C	zeitabhängige Kondensatorspannung (7.2.2)
U_{CE}	Kollektor-Emitter-Spannung (5.2.2)		u_D	Differenzeingangsspannung (7.2.2)
U_F	Flußspannung der Diode (5.2.4)			
U_H	Hysteresespannung (7.4.1.1)		u_N	Spannung am Knoten N (17.3)
U_K	Konstantspannung (17.1)		u_S	Sägezahnspannung (18.4.1)
U_{QH}	hohe Ausgangsspannung der Kippstufe (7.2.1)		u_S	zeitabhängige Spannung über dem Schalter (5.1)
U_{QL}	niedrige Ausgangsspannung der Kippstufe (7.2.1)		u_a	zeitabhängige Ausgangsspannung (7.4.1)
U_R	Restspannung (5.1)		u_e	zeitabhängige Eingangsspannung (7.4.1)
U_{SH}	hohe Signalspannung (5.3)		v'	Verstärkung des gegengekoppelten Verstärkers (7.4.1.1)
U_{SH}	Störspannungsabstand des H-Signals (6.4.6)		v_D	Differenzverstärkung (7.4.1)
			v_u	Spannungsverstärkung (5.3)

W	Wertigkeit (3.2)
X	Teilfunktion (10.6)
Y	Hilfsfunktion (10.6)
Z	Stellensumme (10.1)
Z	Zahl (2.1)
Z	Zustand einer Folgeschaltung (8.12)
Z_K	Zählkapazität (12.2)
Z_L	Wellenwiderstand (14.1.2.2)
Z_n	Summenergebnis in der Stelle n (10.2)
Z^n	Zustandsvektor (16)
Z^{n+1}	Folgezustandsvektor (16)
ν	Ordnungszahl (2.1)
τ	Zeitkonstante (5.2.3)
τ_L	Ladezeitkonstante (18.4.3.2)
τ_S	Speicherzeitkonstante (5.2.3)
τ_a	Ausgangszeitkonstante (5.3)
τ_e	Eingangszeitkonstante (5.3)

2 Schaltzeichen

	Widerstand, allgemein
	Photowiderstand
	Induktivität
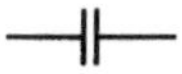	Kapazität
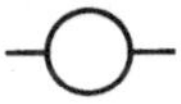	Generator, allgemein
	Gleichstromquelle
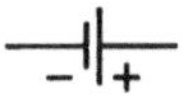	Batterie
	Quarz
	Masse
	Diode
	Z-Diode
	Schottky-Diode
	PNP-Transistor
	NPN-Transistor
	NPN-Transistor mit 3 Emittern
	Anreicherungs-Isolierschicht-Feldeffekt-Transistor mit N-Kanal auf P-Substrat
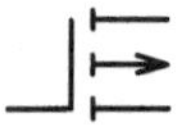	Anreicherungs-Isolierschicht-Feldeffekt-Transistor mit P-Kanal auf N-Substrat
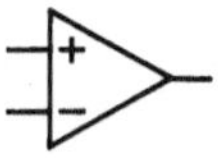	Differenzverstärker
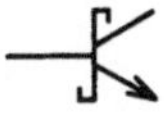	NPN-Transistor mit Schottky-Diode zwischen Basis und Kollektor
	Arbeitskontakt (Schließer)
	Ruhekontakt (Öffner)
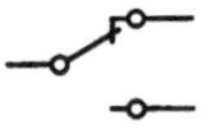	Umschaltkontakt (Wechsler)

statischer Eingang mit Wirkung bei 1

statischer Eingang mit Wirkung bei 0 durch Negation (der Kreis stellt die Negation dar)

dynamischer Eingang mit Wirkung beim Übergang von 0 auf 1

dynamischer Eingang mit Wirkung beim Übergang von 1 auf 0

Negationsglied (NICHT-Glied)

Konjunktionsglied (UND-Glied) mit 2 Eingängen

Disjunktionsglied (ODER-Glied) mit 2 Eingängen

Äquivalenzglied

Antivalenzglied

Exklusiv-ODER-Glied

bistabile Kippstufe (Flipflop)

bistabile Kippstufe mit Kennzeichnung der Grundstellung für die binäre 1

bistabile Kippstufe mit zwei vom Takteingang e_C abhängigen Eingängen e_1 und e_2, sowie zwei taktunabhängigen Eingängen e_3 und e_4

bistabile Kippstufe mit Zweizustandssteuerung (Master-Slave-Flipflop)

monostabile Kippstufe (Monoflop)

astabile Kippstufe

Verzögerungsglied, allgemein

Steuerblock

Konzentrierender Multiplexer. Am Datenausgang a_D liegt das Signal desjenigen Dateneingangs e_D, der der Kombination der Steuereingänge e_S zugeordnet ist.

Gegenüberstellung der unterschiedlichen Schaltzeichen für digitale Informationsverarbeitung nach neuer und alter Norm DIN 40 700 sowie amerikanischer Darstellung.

DIN-Norm Neu	DIN-Norm Alt	Amerikanische Norm	
			statischer Eingang mit Wirkung bei 0
			dynamischer Eingang mit Wirkung beim Übergang von 1 auf 0
			NICHT-Glied
			UND-Glied
			ODER-Glied
			NAND-Glied
			NOR-Glied
			Äquivalenz-Glied
			Antivalenz-Glied
			Exklusiv-ODER-Glied
			JK-Flipflop
			Monoflop

3 Weiterführende Bücher

[1] Bergmann, K.: Elektrische Meßtechnik. 4. Aufl. Braunschweig 1988
[2] Giloi, W.; Liebig, H.: Logischer Entwurf digitaler Systeme. 2. Aufl. Berlin/Heidelberg/New York 1980
[3] Grass, W.: Steuerwerke. Berlin/Heidelberg/New York 1978
[4] Hannemann, D.: Einführung in die Mikrocomputer-Technik. 2. Aufl. Essen 1983
[5] Harth, W.: Halbleitertechnologie. 2. Aufl. Stuttgart 1981 (= Teubner Studienskripten Bd. 54)
[6] Heilmayer, E.: AD-DA-Wandler-Bausteine der Datenerfassung. Haar 1982
[7] Henze, E.: Homuth, H.: Einführung in die Codierungstheorie. Braunschweig 1974
[8] Hilberg, W.: Digitale Speicher. München/Wien 1987
[9] Hilberg, W.; Piloty, R.: Grundlagen elektronischer Digitalschaltungen. 2. Aufl. München/Wien 1981
[10] Hilpert, H.: Halbleiterbauelemente. 3. Aufl. Stuttgart 1983 (= Teubner Studienskripten Bd. 8)
[11] Hoffmann, R.: Rechenwerke u. Mikroprogrammierung. 2. Aufl. München 1983
[12] Horninger, K.: Integrierte MOS-Schaltungen. 2. Aufl. Berlin/Heidelberg/New York 1987
[13] Lange, W. R.: Digital-Analog-, Analog-Digital-Wandlung. München/Wien 1974
[14] Lesea, A.; Zaks, R.: Mikroprozessor-Interface-Techniken. 4. Aufl. Düsseldorf 1982
[15] Mäusl, R.: Digitale Modulationsverfahren. 2. Aufl. Heidelberg 1988
[16] Müller, R.: Grundlagen der Halbleiter-Elektronik. 5. Aufl. Berlin/Heidelberg/New York 1987
[17] –: Bauelemente der Halbleiter-Elektronik. 3. Aufl. Berlin/Heidelberg/New York 1987
[18] Paul, R.: Elektronische Halbleiterbauelemente. Stuttgart 1986
[19] Petersen, W. W.: Prüfbare und korrigierbare Codes. München/Wien 1967
[20] Pietrowski, A.: IEC-Bus. 3. Aufl. München 1987
[21] Rein, H.-M.; Ranfft, R.: Integrierte Bipolarschaltungen. Berlin/Heidelberg/New York 1987
[22] Reiß, K.; Liedl, H.; Spichal, W.: Integrierte Digitalbausteine. Berlin/München 1977
[23] Rembold, U. (Hrsg): Einführung in die Informatik. München/Wien 1987
[24] Ruge, I.: Halbleiter-Technologie. 2. Aufl. Berlin/Heidelberg/New York 1984
[25] Schaller, G.; Nüchel, W.: Nachrichtenverarbeitung. 3 Bde. Stuttgart 1987, 1987, 1984 (= Teubner Studienskripten Bde. 51 bis 53)
[26] Schmidt, V.: Digitalelektronisches Praktikum. 2. Aufl. Stuttgart 1977 (= Teubner Studienskripten Bd. 19)
[27] –: Digitalschaltungen mit Mikroprozessoren. 2. Aufl. Stuttgart 1981 (= Teubner Leitfäden der angewandten Informatik)
[28] Schnell, G.; Hoyer, K.: Mikrocomputerfibel. 3. Aufl. Braunschweig/Wiesbaden 1987
[29] –: Mikrocomputer Interfacefibel. 2. Aufl. Braunschweig/Wiesbaden 1986
[30] Scholze, R.: Einführung in die Mikrocomputertechnik. 2. Aufl. Stuttgart 1987
[31] Schöne, A.: Digitaltechnik und Mikrorechner. Braunschweig/Wiesbaden 1984
[32] Seifart, M.: Digitale Schaltungen. Heidelberg 1986
[33] Seitzer, D.: Arbeitsspeicher für Digitalrechner. Berlin/Heidelberg/New York 1975

[34] –: Elektronische Analog-Digital-Umsetzer. Berlin/Heidelberg/New York 1977
[35] Söll, W.; Kirchner, J.-H.: Digitale Speicher. Würzburg 1978
[36] Steinbuch, K.; Rupprecht, W.; Wendt, S.: Nachrichtentechnik. Bd. III. 3. Aufl. Berlin/Heidelberg/New York 1982
[37] Stöckl, M.; Winterling, K. H.: Elektrische Meßtechnik. 8. Aufl. Stuttgart 1987
[38] Swoboda, J.: Codierung zur Fehlerkorrektur und Fehlererkennung. München/Wien 1973
[39] Tholl, H.: Mikroprozessortechnik. Stuttgart 1982
[40] Tietze, U.; Schenk, Ch.: Halbleiterschaltungstechnik. 8. Aufl. Berlin/Heidelberg/New York 1986
[41] Tränkler, H.-R.: Die Technik des digitalen Messens. München/Wien 1976
[42] Waldschmidt, K.: Schaltungen der Datenverarbeitung. Stuttgart 1980
[43] Wendt, S.: Entwurf komplexer Schaltwerke. Berlin/Heidelberg/New York 1974
[44] Widmann, D.; Mader, H.; Friedrich, H.: Technologie hochintegrierter Schaltungen. Berlin/Heidelberg/New York 1988
[45] Zander, H.: Datenwandler. Würzburg 1985
[46] Zuiderveen, E. A.: Handbuch der digitalen Schaltungen. 2. Aufl. München 1987

4 DIN-Normen (Auswahl)

DIN 1301   Einheiten, Kurzzeichen
DIN 1302   Mathematische Zeichen
DIN 1304   Allgemeine Formelzeichen
DIN 1313   Schreibweise physikalischer Gleichungen in Naturwissenschaft und Technik
DIN 1319   Grundbegriffe der Meßtechnik: Messen, Prüfen, Zählen
DIN 1344   Formelzeichen der elektrischen Nachrichtentechnik
DIN 1357   Einheiten elektrischer Größen
DIN 5494   Größensysteme und Einheitensysteme
DIN 19226   Regelungstechnik und Steuerungstechnik: Begriffe und Benennungen
DIN 40700   Blatt 8 Schaltzeichen. Halbleiterbauelemente
          Blatt 14 Schaltzeichen. Digitale Informationsverarbeitung
          Blatt 22 Schaltzeichen. Digitale Informationsverarbeitung. Speicher-Verknüpfungsglieder
DIN 40713   Schaltzeichen. Schaltgeräte, Antriebe, Auslöser
DIN 41785   Halbleiter-Bauelemente
DIN 41792   Halbleiter-Bauelemente für die Nachrichtentechnik
DIN 41854   Transistoren. Begriffe
DIN 41858   Feldeffekttransistoren. Begriffe
DIN 41859   Elektrische Digitalschaltungen
DIN 44300   Informationsverarbeitung. Begriffe
DIN 44302   Datenübertragung. Begriffe
DIN 66000   Mathematische Zeichen der Schaltalgebra
DIN 66006   Informationsverarbeitung. Darstellung von ALGOL-Symbolen auf 5-Spur-Lochstreifen und 80spaltigen Lochkarten
DIN 66020   Funktionelle Anforderungen an die Schnittstelle zwischen DEE und DÜE
DIN 66021   Schnittstelle zwischen DEE und DÜE
DIN 66258   Schnittstellen und Steuerungsverfahren für die Datenübermittlung
DIN 66259   Elektrische Eigenschaften der Schnittstellenleitungen

5 Glossar

ACIA

Abkürzung für die englische Bezeichnung „Asynchronous Communication Interface Adapter", auf deutsch „Schnittstellen – Verbindungsstück für asynchrone Übertragung". Es handelt sich um eine Schaltung zur Serien-Parallel- bzw. Parallel-Serien-Umwandlung bei seriellen Schnittstellen, wobei die beiden Taktsignale für Empfänger und Sender nicht synchronisiert sind.

Adresse

Zahl zur Kennzeichnung einer bestimmten Speicherzelle.

ALU

Abkürzung für die englische Bezeichnung „Arithmetic-Logic-Unit", auf deutsch „arithmetische logische Einheit". Eine Schaltung, die mit zwei Datenwörtern verschiedene arithmetische und logische Operationen durchführen kann.

analog

Wörtlich „entsprechend". Die Darstellung einer Nachricht (z. B. die Höhe einer Temperatur) heißt analog, wenn ihrem kontinuierlichen Wertebereich ebenfalls ein kontinuierlicher Wertebereich einer anderen physikalischen Größe (z. B. die Höhe einer elektrischen Spannung) zugeordnet ist.

Analog-Digital-Umsetzer

Schaltung zum Umsetzen von der analogen in die digitale Darstellung einer Nachricht.

Analogschalter

Auch Transmissionsglied genannt. Schaltung zum Durchschalten (Übertragen) von analogen Signalen.

Antivalenz

Schaltalgebraische Funktion von zwei Variablen, die dann logisch 1 wird, wenn die Variablen ungleiche Werte haben.

Äquivalenz

Schaltalgebraische Funktion von Variablen, die dann logisch 1 wird, wenn die Variablen gleiche Werte haben. Sie wird auch Bijunktion genannt.

Ausschaltfaktor

Beim Ausschalten eines bipolaren Transistors der Betrag des Verhältnisses von Basisentladestrom zu Basissättigungsstrom.

Automat

Eine Digitalschaltung mit dem Eingangsvektor $E = (e_1, e_2, \ldots, e_k)$, dem Zustandsvektor $Z = (Q_1, Q_2, \ldots, Q_l)$ und dem Ausgangsvektor $A = (a_1, a_2, \ldots, a_m)$, die durch die Übergangsfunktion $g(E, Z)$ und die Ausgangsfunktion $f(E, Z)$ beschrieben wird.

BASIC

Abkürzung für die englische Bezeichnung „Beginner's All purpose Symbolic Instruction Code", auf deutsch „symbolischer Allzweck-Informations-Code für Anfänger". Eine problemorientierte Programmiersprache

binär

Zweier Werte fähig. Ein Binärsignal hat nur zwei Werte, z. B. L und H.

Bit

Kurzform für Binärzeichen oder Binärstelle. Klein geschrieben ist bit hingegen die Maßeinheit der Information und bezeichnet eine Ja-Nein-Entscheidung.

BUS

Eine Gruppe von Leitungen zur Übertragung von Binärsignalen.

Code

Eine Vorschrift für die eindeutige Zuordnung der Zeichen eines Zeichenvorrates zu denjenigen eines anderen Zeichenvorrates.

Codierer

Codeumsetzer, der Zeichen vom (1 aus n)-Code in einen beliebigen anderen Code umsetzt.

Codeumsetzer

Schaltung, die die Codierung eines Zeichens in eine andere Codierung umsetzt.

Decodierer

Codeumsetzer, der Zeichen eines beliebigen Codes in den (1 aus n)-Code umsetzt.

Demultiplexer

Andere Bezeichnung für einen expandierenden Multiplexer, der Daten von einem Eingang auf einen von n Ausgängen übergibt.

digit

Englisch für Ziffer oder Stelle.

digital

In Ziffernform. Unter Digitaltechnik versteht man diejenige Technik, die sich mit der ziffernmäßigen Darstellung physikalischer Größen befaßt.

Digital-Analog-Umsetzer

Schaltung zum Umsetzen von der digitalen in die analoge Darstellung von Nachrichten.

Disjunktion

Schaltalgebraische Funktion, die das logische „oder" mit einschließender Wirkung, das „inklusive oder" realisiert. Oberbegriff für alle schaltalgebraischen Funktionen, die nur in einem Falle 0 sind.

dual

Zweiziffrig. Das duale Zahlensystem verwendet als Basis die Zwei und arbeitet mit nur zwei Ziffern, der 0 und der 1.

EEPROM

Abkürzung für die englische Bezeichnung „Electrical Erasable Programmable Read Only Memory", auf deutsch „elektrisch löschbarer programmierbarer Nur-Lese-Speicher". Ein Festwertspeicher, der elektrisch programmiert und gelöscht wird.

EPROM

Abkürzung für die englische Bezeichnung „Electrical Programmable Read Only Memory", auf deutsch „elektrisch programmierbarer Nur-Lese-Speicher". Ein Festwertspeicher, der elektrisch programmiert und mit UV-Licht gelöscht wird.

fan out

Wörtlich „Ausgangsfächer". Er gibt die Anzahl der gleichartigen Schaltungen an, die vom Ausgang eines Schaltglieds gespeist werden können.

Festkommadarstellung

Zahlendarstellung mit Komma, bei der das Komma immer an derselben Stelle steht (z.B. bei DM-Beträgen).

Festwertspeicher

Speicher mit festem (unveränderbarem) Inhalt, der nur gelesen, nicht aber beschrieben werden kann. Der feste Speicherinhalt wird entweder beim Herstellungsprozeß oder durch einen Programmiervorgang erzeugt.

FIFO-Speicher

FIFO ist die Abkürzung für die englische Bezeichnung „First In First Out", auf deutsch „als Erstes ein als Erstes aus". Man bezeichnet damit seriell organisierte Schreib-Lese-Speicher, die das Auslesen nur in derselben Reihenfolge wie das Einlesen erlauben.

Flipflop

Auch bistabile Kippstufe genannt. Eine rückgekoppelte binäre Schaltung, die zwei verschiedene innere Zustände annehmen kann, die beide bei einer bestimmten Eingangsbeschaltung stabil sind.

FORTRAN

Abkürzung für die englische Bezeichnung „FORmula TRANslation", auf deutsch „Formel Übersetzung". Eine problemorientierte Programmiersprache.

Gleitkommadarstellung

Darstellung von Zahlen mit Komma, bei der das Komma zunächst an unterschiedlichen Stellen der Zahl steht. Gleitkommazahlen werden durch eine Mantisse und einen Exponenten dargestellt.

Halbaddierer

Schaltung zum Addieren von zwei Dualziffern.

Handshake

Englisch für „Handschütteln", auch Quittungsbetrieb genannt. Methode, um Geräte mit verschiedenen Arbeitsgeschwindigkeiten durch den Austausch von Steuersignalen zu synchronisieren.

IEC-Bus

Ein von der internationalen elektrotechnischen Kommission (International Electrotechnical Commission) genormter Bus mit Handshake über drei Leitungen.

Implikation

Schaltalgebraische Funktion, die das logische „wenn – dann" ausdrückt. Die Implikation wird auch Subjunktion genannt und fällt unter die Obergruppe der Disjunktionen.

Interface

Englische Bezeichnung für „Schnittstelle" (zwischen Teilen einer Verarbeitungsanlage). Im weiteren Sinne ist die gesamte Anpassungs- und Koppelelektronik an der Schnittstelle, also ein Schnittstellenbaustein, gemeint.

Komparator

Fremdwort für „Vergleicher". Eine Schaltung, die zwei Signale miteinander vergleicht.

Konjunktion

Schaltalgebraische Funktion, die das logische „und" realisiert. Oberbegriff für alle schaltalgebraischen Funktionen, die nur in einem Falle 1 sind.

KV-Diagramm

Kurzform für Karnaugh-Veitch-Diagramm. Diagramm zum graphischen Vereinfachungsverfahren von schaltalgebraischen Funktionen nach Karnaugh und Veitch.

LIFO-Speicher

LIFO ist die Abkürzung für die englische Bezeichnung „Last In First Out", auf deutsch „als Letztes ein als Erstes aus". Man bezeichnet damit seriell organisierte Schreib-Lese-Speicher, die das Auslesen nur in umgekehrter Reihenfolge wie das Einlesen erlauben.

Master-Slave-Flipflop

Eine Anordnung aus zwei hintereinander geschalteten Flipflops. Das erste Flipflop, der Master (Meister), empfängt seine Eingangsinformation von außen, das zweite Flipflop, der Slave (Sklave), hingegen übernimmt nur die Information des Masters. Der Master und der Slave werden von den entgegengesetzten Taktzuständen oder Taktflanken gesteuert.

Mealy-Automat

Ein Automat, bei dem die Ausgangsfunktion sowohl von den inneren als auch von den äußeren Variablen abhängt.

Maxterm

Andere Bezeichnung für Volldisjunktion, eine Disjunktion, in der sämtliche vereinbarten Variablen entweder bejaht oder verneint vorkommen.

Minterm

Andere Bezeichnung für Vollkonjunktion, eine Konjunktion, in der sämtliche vereinbarten Variablen entweder bejaht oder verneint vorkommen.

Moore-Automat

Ein Automat, bei dem die Ausgangsfunktion nur von den inneren Variablen abhängt. Sie wird daher zur Unterscheidung als Markierungsfunktion bezeichnet.

Monoflop

Auch monostabile Kippstufe genannt. Eine rückgekoppelte binäre Schaltung, die zwei verschiedene innere Zustände annehmen kann, von denen aber nur einer stabil und der andere metastabil ist. Der metastabile Zustand kann nur für eine begrenzte Zeit, die Verzögerungszeit des Monoflops bestehen.

MPS

Abkürzung für Mikro-Programmierte Steuerung; eine Steuerschaltung, bei der die für den Ablauf der Steuerung notwendigen Informationen als Inhalt eines programmierbaren Festwertspeichers vorliegen.

Multiplexer

Funktionseinheit, die Nachrichten von einer Gruppe von Nachrichtenkanälen an eine andere Gruppe von Nachrichtenkanälen übergibt. Meist im Sinne des konzentrierenden Multiplexers gebraucht, der eine Nachricht, die an einem von n Kanälen anliegt, an einen Ausgang übergibt.

NAND

Schaltalgebraische Funktion, die einerseits die Negation der UND-Funktion, andererseits die ODER-Funktion für negierte Variablen ist. Das NAND fällt unter die Obergruppe der Disjunktionen.

NOR

Schaltalgebraische Funktion, die einerseits die Negation der ODER-Funktion, andererseits die UND-Funktion für negierte Variablen ist. Das NOR fällt unter die Obergruppe der Konjunktionen.

Normalform

Darstellung einer schaltalgebraischen Funktion durch Auflisten der 1- oder der 0-Fälle. Bei der disjunktiven Normalform werden die 1-Fälle durch Minterme dargestellt, die disjunktiv verknüpft sind, bei der konjunktiven Normalform die 0-Fälle durch Maxterme, die konjunktiv verknüpft sind.

ODER (OR)

Schaltalgebraische Funktion, die das logische „oder" realisiert. Die Funktion ist immer dann 1, wenn mindestens eine der miteinander verknüpften Variablen 1 ist.

oktal

Achtziffrig. Das oktale Zahlensystem verwendet als Basis die Acht und arbeitet mit den acht Ziffern 0 bis 7.

Paritätsbit

Zusatzstelle eines Codes, der die einzelnen Zeichen auf eine gerade (oder ungerade) Anzahl von Einsen ergänzt. Durch diese Parität (Gleichartigkeit) der Quersumme kann ein bei der Übertragung entstandener Fehler in einem Zeichen erkannt werden.

PLA

Abkürzung für „Programmierbare Logische Anordnung" (Programmable Logic Array). Im Unterschied zu PROMs können vereinfachte schaltalgebraische Funktionen sowie Speicherfunktionen programmiert werden.

PROM

Abkürzung für die englische Bezeichnung „Programmable Read Only Memory", auf deutsch „Programmierbarer Nur-Lese-Speicher". Funktionen können nur in Normalform programmiert werden.

Prüfbit

Stelle eines Codes, die nicht zur Informationsdarstellung, sondern zu Prüfzwecken und damit zur Codesicherung dient.

Quantisierung(sfehler)

Bei der Analog-Digital-Umsetzung wird der kontinuierliche Wertebereich des analogen Signals in eine endliche Anzahl von Teilbereichen (Quanten) unterteilt. Diesen Vorgang nennt man Quantisierung. Da nur endlich viele Teilbereiche entstehen, das analoge Signal aber unendlich viele Werte annehmen kann, entsteht bei der Digitalisierung der Quantisierungsfehler.

Quittungsbetrieb

Methode, um Geräte mit verschiedenen Arbeitsgeschwindigkeiten durch den Austausch von Steuersignalen zu synchronisieren.

RAM

Abkürzung für die englische Bezeichnung „Random Access Memory", auf deutsch „Speicher mit wahlfreiem Zugriff"; Bezeichnung für einen Schreib-Lese-Speicher, der gelesen und beschrieben werden kann.

Receiver

Englische Bezeichnung für „Empfänger". An einem Bussystem derjenige Teil, der nur Daten aufnimmt.

Redundanz

Eine Variablenkombination, der in der Schaltalgebra kein Funktionswert bzw. bei Codes kein Zeichen zugeordnet ist.

Register

Anordnung von parallelen Flipflops zum Zwischenspeichern von Daten.

ROM

Abkürzung für die englische Bezeichnung „Read Only Memory", auf deutsch „Nur-Lese-Speicher", der nur gelesen, nicht aber beschrieben werden kann.

Schaltnetz

Auch Zuordner oder kombinatorische Schaltung genannt. Eine Digitalschaltung, in der es für jede Kombination der Eingangsvariablen nur eine Kombination der Ausgangsvariablen gibt.

Schaltwerk

Auch Folgeschaltung oder sequentielle Schaltung genannt. Eine Digitalschaltung, in der es auf Grund von Rückkopplungen oder Flipflops für mindestens eine Kombination der Eingangsvariablen mehr als eine Kombination der Ausgangsvariablen gibt.

Schieberegister

Anordnung von hintereinander geschalteten Flipflops zum Verschieben von Daten. Schieberegister werden bevorzugt zur Serien-Parallel- und zur Parallel-Serien-Umsetzung verwandt.

Schmitt-Trigger

Ein von Schmitt im Jahre 1938 mit Röhren aufgebauter Schwellwertschalter, der auch mit Transistoren realisierbar ist. Die Bezeichnung Schmitt-Trigger wird oft synonym zu Schwellwertschalter verwandt.

Schnittstelle

Auch Interface genannt. Eigentlich die Beschreibung der physikalischen Eigenschaften der Verbindungsleitungen sowie deren Signale an der Schnittstelle zwischen Teilen einer Verarbeitungsanlage. Im weiteren Sinne ist die gesamte Anpassungs- und Koppelelektronik an der Schnittstelle, also ein Schnittstellenbaustein, gemeint.

Schwellwertschalter

Eine rückgekoppelte Schaltung mit binärem Ausgangsverhalten, die mit einer analogen Eingangsspannung angesteuert wird. Erreicht die Eingangsspannung die obere Schwellenspannung, so nimmt der Ausgang das eine Signal an, erreicht sie die untere Schwellenspannung, so nimmt er das andere Signal an.

Signallaufzeit

Zeit, die ein Signal benötigt, um ein Schaltglied zu durchlaufen oder sich auf einer Leitung auszubreiten.

Speicher

Funktionseinheiten von digitalen nachrichtenverarbeitenden Systemen, die digitale Daten aufnehmen, bewahren und abgeben können.

Speicherelement

Kleinste Einheit eines digitalen Speichers, das ein Bit speichern kann.

Speicherzelle

Bei einem wortorganisierten Speicher eine Gruppe von Speicherelementen, die ein Datenwort aufnimmt. Eine Speicherzelle wird von einer Adresse angesteuert.

Transceiver

Englische Bezeichnung für „Sender-Empfänger". An einem Bussystem derjenige Teil, der Daten abgibt und aufnimmt.

Transmitter

Englische Bezeichnung für „Sender". An einem Bussystem derjenige Teil, der Daten nur abgibt.

Tristate-Ausgang

Vereinfachte Schreibweise für Threestate-Ausgang. Ein Ausgang, der drei Zustände annehmen kann. Diese drei Zustände sind: L-Signal niederohmig, H-Signal niederohmig, hochohmig.

Übersteuerungsfaktor

Beim leitenden bipolaren Transistor das Verhältnis des Basisstroms im übersteuerten Zustand zum Basissättigungsstrom.

Umschaltspannung

Eingangsspannung einer Digitalschaltung, bei der die Ausgangsspannung gleich der Eingangsspannung ist.

UND

Schaltalgebraische Funktion, die das logische „und" realisiert. Die Funktion ist dann und nur dann 1, wenn alle miteinander verknüpften Variablen 1 sind.

Vergleicher

Digitalschaltung zum Vergleichen zweier Daten.

Volladdierer

Schaltung zum Addieren von drei Dualziffern.

worst case

Englische Bezeichnung für „ungünstigster Fall". Er muß bei der Schaltungsberechnung mit Toleranzen der Bauelemente zugrunde gelegt werden.

Zeichen

Ein Element aus einer zur Darstellung von Informationen vereinbarten endlichen Menge von verschiedenen Elementen. Die Menge wird Zeichenvorrat genannt.

Zuordner

Auch Schaltnetz oder kombinatorische Schaltung genannt. Eine Digitalschaltung, in der es für jede Kombination der Eingangsvariablen nur eine Kombination der Ausgangsvariablen gibt.

Zugriffszeit

Bei einem Speicher die Zeitspanne zwischen dem Beginn der Ansteuerung einer Speicherzelle und dem Ende der Datenübertragung in diese oder aus dieser.

Sachverzeichnis

Moeller, Leitfaden der Elektrotechnik

Herausgegeben von Prof. Dr.-Ing. **H. Fricke**, Braunschweig, Prof. Dr.-Ing. **H. Frohne**, Hannover, Prof. Dr.-Ing. **K.-H. Löcherer**, Hannover, und Prof. Dr.-Ing. **P. Vaske** †

Band I

Grundlagen der Elektrotechnik

Teil 1: Elektrische Netzwerke

Von Prof. Dr.-Ing. **H. Fricke**, Braunschweig, und Prof. Dr.-Ing. **P. Vaske**

17., neubearbeitete und erweiterte Auflage. XVIII, 733 Seiten mit 567 teils mehrfarbigen Bildern, 34 Tafeln und 553 Beispielen. Geb. DM 68,–   ISBN 978-3-519-26415-6

Teil 2: Elektrische und magnetische Felder

Von Prof. Dr.-Ing. **H. Frohne**, Hannover

In Vorbereitung   ISBN 3-519-06404-9

Teil 3: Elektrische und magnetische Eigenschaften der Materie

Von Prof. Dr. phil. nat. **W. von Münch**, Stuttgart

X, 276 Seiten mit 210 Bildern, 44 Tafeln und 40 Beispielen. Geb. DM 56,–   ISBN 978-3-519-26415-6

Band II

Elektrische Maschinen und Umformer

Teil 1: Aufbau, Wirkungsweise und Betriebsverhalten

Von Prof. Dr.-Ing. **P. Vaske**

12., neubearbeitete und erweiterte Auflage. XII, 289 Seiten mit 248 teils zweifarbigen Bildern, 12 Tafeln und 61 Beispielen. Kart. DM 48,–   ISBN 978-3-519-26415-6

Band III

Bauelemente der Halbleiterelektronik

Von Prof. Dr. rer. nat. **H. Tholl**, Hamburg

Teil 2: Feldeffekt-Transistoren, Thyristoren und Optoelektronik

XII, 323 Seiten mit 309 Bildern, 32 Tafeln und 77 Beispielen. Kart. DM 48,–   ISBN 978-3-519-26415-6

Band IV

Grundlagen der elektrischen Meßtechnik

Von Prof. Dr.-Ing. **H. Frohne**, Hannover, und Prof. Dr.-Ing. **E. Ueckert**, Hannover

XII, 548 Seiten mit 271 Bildern, 48 Tafeln und 111 Beispielen. Geb. DM 74,–   ISBN 978-3-519-26415-6

Band V

Grundlagen der Regelungstechnik

Von Prof. Dr.-Ing. **F. Dörrscheidt**, Paderborn, und Prof. Dr.-Ing. **W. Latzel**, Paderborn

XII, 466 Seiten mit 401 Bildern, 30 Tafeln und 134 Beispielen. Geb. DM 58,–   ISBN 978-3-519-26415-6

Band VI

Hochspannungstechnik

Von Prof. Dr.-Ing. **G. Hilgarth**, Braunschweig/Wolfenbüttel

X, 162 Seiten mit 138 Bildern, 13 Tafeln und 35 Beispielen. Kart. DM 44,–   ISBN 978-3-519-26415-6

 **B. G. Teubner Stuttgart**

Moeller, Leitfaden der Elektrotechnik (Fortsetzung)

Band VII

Programmierbare Taschenrechner in der Elektrotechnik
Anwendung der TI 58 und TI 59

Von Prof. Dr.-Ing. **P. Vaske**, Prof. Dr.-Ing. **F. Dörrscheidt**, Paderborn, und Prof. Dr.-Ing. **D. Selle**, Braunschweig/Wolfenbüttel
unter Mitwirkung von Prof. Dipl.-Ing. **R. Flosdorff**, Aachen, und Prof. Dr. Ing. **G. Hilgarth**, Braunschweig/Wolfenbüttel

XII, 425 Seiten mit 143 Bildern, 32 Tafeln, 129 Beispielen und 40 Programmen. Kart. DM 44,–
ISBN 978-3-519-26415-6

Band IX

Elektrische Energieverteilung

Von Prof. Dipl.-Ing. **R. Flosdorff**, Aachen, und Prof. Dr.-Ing. **G. Hilgarth**, Braunschweig/Wolfenbüttel

5., überarbeitete Auflage. XIV, 352 Seiten mit 274 Bildern, 46 Tafeln und 72 Beispielen. Kart. DM 54,–
ISBN 978-3-519-26415-6

Band X

Digitaltechnik

Von Prof. Dipl.-Ing. **L. Borucki**, Krefeld
unter Mitwirkung von Prof. Dipl.-Ing. **G. Stockfisch**, Moers

3., überarbeitete und erweiterte Auflage. XIV, 334 Seiten mit 318 Bildern, 82 Tafeln und 55 Beispielen. Kart. DM 52,–   ISBN 978-3-519-26415-6

Band XI

Grundlagen der elektrischen Nachrichtenübertragung

Von Prof. Dr.-Ing. **H. Fricke**, Braunschweig, Prof. Dr.-Ing. habil. **K. Lamberts**, Clausthal, und Prof. Dipl.-Ing. **E. Patzelt**, Braunschweig/Wolfenbüttel

XV, 375 Seiten mit 302 Bildern, 15 Tafeln und 39 Beispielen. Geb. DM 58,–   ISBN 978-3-519-26415-6

Band XII

Grundlagen der Verstärker

Von Prof. Dr.-Ing. **H. Gad**, Lemgo, und Prof. Dr.-Ing. **H. Fricke**, Braunschweig

XII, 305 Seiten mit 202 Bildern, 1 Tafel und 90 Beispielen. Kart. DM 54,–   ISBN 978-3-519-26415-6

Band XIII

Grundlagen der Impulstechnik

Von Dr.-Ing. **G.-H. Schildt**, Braunschweig

XII, 439 Seiten mit 364 Bildern, 9 Tafeln und 34 Beispielen. Kart. DM 68,–   ISBN 978-3-519-26415-6

Preisänderungen vorbehalten

 **B. G. Teubner Stuttgart**